工程数学基础教程

天津大学数学系编写组　编

天津大学出版社
TIANJIN UNIVERSITY PRESS

图书在版编目(CIP)数据

工程数学基础教程 / 天津大学数学系编写组编. —
天津:天津大学出版社,2016.11(2024.9 重印)
ISBN 978-7-5618-5650-5

Ⅰ.①工… Ⅱ.①天… Ⅲ.①工程数学-教材 Ⅳ.
①TB11

中国版本图书馆 CIP 数据核字(2016)第 203305 号

出版发行 天津大学出版社
地　　址 天津市卫津路 92 号天津大学内(邮编:300072)
电　　话 发行部:022-27403647
网　　址 www.tjupress.com.cn
印　　刷 天津泰宇印务有限公司
经　　销 全国各地新华书店
开　　本 148mm × 210mm
印　　张 12.25
字　　数 365 千
版　　次 2016 年 9 月第 1 版
印　　次 2024 年 9 月第 6 次
定　　价 35.00 元

前　言

天津大学为工程硕士研究生开设“工程数学基础”课程已将近 20 年，任课教师在教学中严格执行教学大纲，仔细研究《工程数学基础》(2001 版)教材，认真分析学生的学习情况，积累了丰富的经验，也找出了存在的问题. 本书是按照总结经验、发扬优点、改进不足的原则，根据多位任课教师的讲稿编写而成的.

为保持教学工作的连续性和巩固教学改革的成果，本书沿用《工程数学基础》(2001 版)的结构体系，沿袭其简明扼要的行文风格，并根据工程硕士研究生入学水平和培养目标，在满足教学大纲的基本要求前提下，删除了一些内容(如非线性方程组的解法等)，略去了工科学生不必掌握的某些定理的证明，从而降低了难度；增加了广义逆矩阵的内容，供有需要的专业领域人员使用，但不作为教学的基本要求；补充了若干属于本科数学的内容，以便教学工作的顺利进行.

根据工程硕士研究生的培养目标及特点，本书在保证重要数学概念及理论严密准确的前提下，叙述方式直观简洁、通俗易懂，且语言流畅、行文风格平实，可读性强.

各章所配的习题，都分为 A，B 两类. 其中，A 类题是为理解掌握基本内容而设计的，而通过 B 类题的练习则有助于提高分析问题、解决问题的能力.

参与本书编写的有曾绍标、苗新河、汤雁、袁和军. 曾绍标教授为本书的编写做了大量前期工作，并对全书行文风格进行了协调统一.

本书在编写出版过程中，得到了众多任课教师的鼓励和帮助，得到了天津大学出版社及研究生教材主管部门的大力支持. 愿借本书问世之机，对他们表示衷心感谢.

由于编者水平有限,加之时间紧迫,书中不妥甚至错误之处一定不少,恳请广大读者批评指正.

编者

目　　录

第1章　线性空间与线性算子

本章在介绍集合与映射的基础上，给出线性空间的概念，然后介绍线性算子及其矩阵表示. 这些知识在本科阶段应该具备，此处作为复习，也为本书系统的完整性而列出，在教学中可根据具体情况取舍. 本章还将简单介绍实数系的连续性以及几个重要不等式.

§1.1　集合及其运算

集合理论是现代数学的基础.

一、集合的概念

集合是数学中最基本、最原始的概念之一，不能用其他数学概念对其进行严格定义，只能用人们所熟悉的、容易理解的术语来加以描述. 但这并不影响集合作为数学的基础的作用.

所谓“集合”，是指具有某种确定性质（或满足某种确定条件）的“事物”的全体. 集合也可简称为“集”，并将构成集合的一个个“事物”称为该集合的“元素”，也可简称为“元”. 比如：

(1) 中国所有的直辖市构成一个集合（北京、上海、天津、重庆是它的元素）；

(2) 全体自然数是一个集合；

(3) 一份学生名单是一个集合；

(4) 单位圆周是平面上的一个点集；

(5) 中国的首都也是一个集合.

集合存在于我们的工作、学习、日常生活、经济活动和社会交往的各个方面.为简单方便起见,通常用大写字母 $A,B,C,\cdots$ 来记一个集合,例如可将上述各个集合分别记为 $A,\mathbb{N},B,C,F$;而将元素记成小写字母 $a,b,c,\cdots$.

设 x 是某个"事物",A 是某个集合.若 x 是 A 的元素,则称 x 属于 A,记为 $x\in A$;否则,称 x 不属于 A,记为 $x\notin A$.

将集合清楚地表示出来的方法一般有以下两种.

一是"列举法":若一个集合的所有元素都能列出来,则将它们写在一个花括号内,并用逗号隔开,这种方法称为列举法.例如上述各个集合除 C 外可分别表示为

$A=\{$北京,上海,天津,重庆$\}$,

$\mathbb{N}=\{1,2,3,\cdots,n,\cdots\}$,

$B=\{$张××,王××,李××,…,赵××$\}$,

$F=\{$北京$\}$.

二是"描述法":若 $p(x)$ 是集合的任意一个元素 x 所满足的条件,则可将该集合表示为 $\{x\mid p(x)\}$,这种方法称为描述法.例如上述集合中的 $C=\{(x,y)\mid x^2+y^2=1\}$,又如方程 $x^2-1=0$ 的解集合可表示为 $\{x\mid x^2-1=0\}$.

如果一个集合含有有限多个元素,则称其为**有限集**,如上述集合中的 A,B,F 都是有限集.其中,将只含一个元素的集合称为**单元素集**(或单点集),例如 $F=\{$北京$\}$ 即是单元素集.将不含任何元素的集合称为**空集**,用专门记号 $\varnothing$ 表示,例如"方程 $x^2+1=0$ 的实根"就是一个空集.本书将空集也算作有限集.不是有限集的集合称为**无限集**,例如上述集合中的 $\mathbb{N}=\{1,2,3,\cdots,n,\cdots\}$ 和 $C=\{(x,y)\mid x^2+y^2=1\}$ 都是无限集.

元素均为数的集合称为数集.下面的几个数集经常用到,并以专用记号记之,今后不再一一解释.

$\mathbb{N}=\{1,2,3,\cdots,n,\cdots\}$——全体自然数的集合;

$\mathbb{Z}=\{0,\pm1,\pm2,\cdots\}$——全体整数的集合;

$\mathbb{Q}$——全体有理数的集合;

$\mathbb{R}=(-\infty,+\infty)$——全体实数的集合；

$\mathbb{C}=\{a+bi \mid a,b\in\mathbb{R},i=\sqrt{-1}\}$——全体复数的集合.

此外还有

$\varnothing$——空集；

$\mathbb{R}^{m\times n}$——全体实的 $m\times n$ 矩阵的集合；

$\mathbb{C}^{m\times n}$——全体复的 $m\times n$ 矩阵的集合

也经常用到.

记号$\mathbb{Q}^+$,$\mathbb{R}^-$,$\mathbb{Z}^-$,…分别表示全体正有理数的集合、全体负实数的集合、全体负整数的集合,等等.

在理解集合概念时,要注意以下几点.

(1)一个集合的元素所具有的性质(或满足的条件)必须是明确的. 例如,“大于或等于 1 的全体实数”是明确的,是一个集合,即$\{x\in\mathbb{R} \mid x\geqslant 1\}$;而“远大于 1 的全体实数”是不明确的,不是集合. 因此,对于任意的 x 及给定集合 A,要么 $x\in A$,要么 $x\notin A$,二者必居其一,且只居其一.

(2)集合中的各元素必须是彼此能够分辨的、互异的. 因此,在用列举法表示集合时,其中的元素不能重复出现.

(3)集合中的元素没有先后次序之分. 因此,$\{1,2,3\}$,$\{2,3,1\}$,$\{3,1,2\}$等表示的是同一个集合.

二、集合的包含关系与子集

定义 1.1　设 A,B 是任意集合.

(1)若 $\forall x\in A\Rightarrow x\in B$,则称 A 含于 B(或 B 包含 A),记为 $A\subset B$(或 $B\supset A$),并称 A 是 B 的**子集**.

例如$\mathbb{N}$是$\mathbb{R}$的子集,{北京}是{北京,上海,天津,重庆}的子集.

(2)若 $A\subset B$,且 $B\subset A$,则称 A 与 B 相等,记为 $A=B$,否则则记为 $A\neq B$.

例如$\{x \mid x^2-1=0\}=\{-1,1\}$.

(3)若 $A\subset B$,但 $A\neq B$,则称 A 是 B 的**真子集**,记为 $A\subsetneq B$.

显然$\mathbb{N}$ 是$\mathbb{R}$ 的真子集.

由定义可知,空集$\varnothing$是任何集合 A 的子集,即总有$\varnothing\subset A$. 此外,不难得出集合之间的包含关系"$\subset$"具有以下性质:

(1)(自反性)$A\subset A$;

(2)(传递性)若 $A\subset B$,$B\subset C$,则 $A\subset C$.

注意:并不是任何集合之间都具有包含关系. 例如$\mathbb{N}=\{1,2,3,\cdots,n,\cdots\}$与 $C=\{(x,y)\mid x^2+y^2=1\}$就没有包含关系.

三、集合的交、并、差运算

在研究某个问题时,所涉及的所有集合都是某个集合 X 的子集,于是我们将 X 称为**基本集合**(也可称为**全集**). 比如,在单元函数的微积分中,$\mathbb{R}$ 是基本集合;在概率论中,样本空间是基本集合;在空间解析几何中,全空间$\mathbb{R}^3$ 是基本集合.

定义 1.2 设 X 是基本集合,$A,B\subset X$.

(1)A 与 B 的交:$A\cap B\equiv\{x\mid x\in A$ 且 $x\in B\}$,即由 A 与 B 的公共元素构成的集合.

(2)A 与 B 的并:$A\cup B\equiv\{x\mid x\in A$ 或 $x\in B\}$,即由 A 和 B 的所有元素构成的集合.

(3)A 与 B 的差:$A\backslash B\equiv\{x\mid x\in A$ 且 $x\notin B\}$,即由属于 A 而不属于 B 的元素构成的集合,也可记为 $A-B$;称差 $X\backslash A$ 为集合 A 的余集或补集,记为 A^{C}.

通常可用文氏(Venn)图来直观地表现定义 1.2 中的各个集合(图 1-1)及一些运算律.

由定义不难知道集合的交、并、差、补具有下列性质:

(1)$A\cap B\subset A$,$A\cap B\subset B$,$A\subset A\cup B$,$B\subset A\cup B$,$A\backslash B\subset A$,$A\backslash B\not\subset B$;

(2)$A\cap\varnothing=\varnothing$,$A\cup\varnothing=A$,$A\cap X=A$,$A\cup X=X$;

(3)$A\cap A^{\mathrm{C}}=\varnothing$,$A\cup A^{\mathrm{C}}=X$,$(A^{\mathrm{C}})^{\mathrm{C}}=A$,$X^{\mathrm{C}}=\varnothing$,$\varnothing^{\mathrm{C}}=X$;

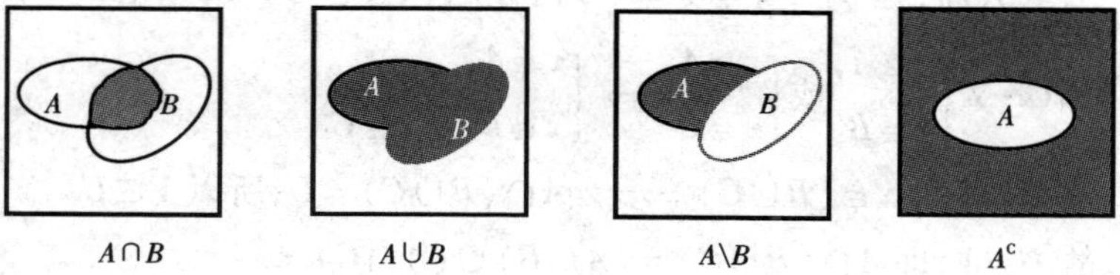

图 1 – 1

(4) $A\subset B \Leftrightarrow A^{C}\supset B^{C}$;

(5) $A\backslash B = A\cap B^{C}$;

(6) 当 $A\cap B=\varnothing$ (即 A 与 B 不相交) 时, $A\subset B^{C}$, $B\subset A^{C}$.

定理 1.1　设 X 是基本集合, $A,B,C\subset X$, 则有

(1) (幂等律) $A\cap A=A$, $A\cup A=A$;

(2) (交换律) $A\cap B=B\cap A$, $A\cup B=B\cup A$;

(3) (结合律) $(A\cap B)\cap C=A\cap(B\cap C)$,

$$(A\cup B)\cup C=A\cup(B\cup C);$$

(4) (分配律) $A\cap(B\cup C)=(A\cap B)\cup(A\cap C)$,

$$A\cup(B\cap C)=(A\cup B)\cap(A\cup C);$$

(5) (对偶律) $(A\cap B)^{C}=A^{C}\cup B^{C}$, $(A\cup B)^{C}=A^{C}\cap B^{C}$, 即 **De Morgan** 公式.

证　(1)、(2) 由定义即得.

(3) 通过作文氏图可知等式成立 (严格的证明请读者自己完成).

(4) 记 $U=A\cap(B\cup C)$, $V=(A\cap B)\cup(A\cap C)$, 要证 $U=V$, 只需证明 $U\subset V$, 且 $V\subset U$.

因为 $\forall x\in U=A\cap(B\cup C)\Rightarrow x\in A$ 且 $x\in B\cup C\Rightarrow \begin{cases} x\in A, \\ x\in B \text{ 或 } x\in C \end{cases}$

$$\Rightarrow \begin{cases} x\in A, \\ x\in B \end{cases} \text{或} \begin{cases} x\in A, \\ x\in C \end{cases} \Rightarrow x\in A\cap B \text{ 或 } x\in A\cap C \Rightarrow x\in(A\cap B)\cup(A\cap C)=V,$$

所以 $U\subset V$.

另一方面,因为 $\forall x \in V = (A \cap B) \cup (A \cap C) \Rightarrow x \in A \cap B$ 或 $x \in B \cap C \Rightarrow \begin{cases} x \in A, \\ x \in B \end{cases}$ 或 $\begin{cases} x \in A, \\ x \in C \end{cases} \Rightarrow \begin{cases} x \in A, \\ x \in B \text{ 或 } x \in C \end{cases}$

$\Rightarrow x \in A$ 且 $x \in (B \cup C) \Rightarrow x \in A \cap (B \cup C) = U$,所以 $V \subset U$.

故 $U = V$,即 $A \cap (B \cup C) = (A \cap B) \cup (A \cap C)$.

类似地可证 $A \cup (B \cap C) = (A \cup B) \cap (A \cup C)$.

(5)关于公式 $(A \cap B)^{C} = A^{C} \cup B^{C}$ 的证明请读者自己给出,下面证明公式 $(A \cup B)^{C} = A^{C} \cap B^{C}$.

因为 $x \in (A \cap B)^{C} \Leftrightarrow x \notin A \cap B \Leftrightarrow x \notin A$ 或 $x \notin B \Leftrightarrow x \in A^{C}$ 或 $x \in B^{C} \Leftrightarrow x \in A^{C} \cup B^{C}$,所以 $(A \cap B)^{C} = A^{C} \cup B^{C}$.

四、集合的直积

两个集合的直积运算稍微复杂一些,不过通过下面的实例,直积概念还是很好理解的.

实例:设某工程须分前后两期完成,若完成前期工程有 3 种方案 a_1, a_2, a_3 可供选择,完成后期工程有 2 种方案 b_1, b_2 可供选择,那么完成整个工程可供选择的方案共有 $(a_1, b_1), (a_1, b_2), (a_2, b_1), (a_2, b_2), (a_3, b_1), (a_3, b_2)$ 6 种.

上述问题可用集合来表示:若前期工程方案的集合记为 $A = \{a_1, a_2, a_3\}$,后期工程方案的集合记为 $B = \{b_1, b_2\}$,则整个工程方案的集合可记为

$$A \times B = \{(a_1, b_1), (a_1, b_2), (a_2, b_1), (a_2, b_2), (a_3, b_1)(a_3, b_2)\}.$$

注意:集合 $A \times B$ 是由集合 A 和 B 产生的,但不是由 A 的元素和 B 的元素按某种法则取舍而得的;集合 $A \times B$ 的元素是由 A 的元素和 B 的元素按照“先后”次序构成的**有序对**.

设 A, B 是任意集合,$\forall a \in A$, $\forall b \in B$ 作有序对 (a, b),写在前面的 a 称为有序对 (a, b) 的第 1 坐标,写在后面的 b 称为有序对 (a, b) 的第

2 坐标,并且规定

$$(a_1,b_1)=(a_2,b_2)\Leftrightarrow\begin{cases}a_1=a_2,\\ b_1=b_2.\end{cases}$$

平面上点的坐标(x,y)就是有序实数对,空间中点的坐标(x,y,z)是有序三元实数组.一般地,设$A_1,A_2,\cdots,A_n$是n个集合,则可作成**有序 n 元组**$(a_1,a_2,\cdots,a_n)$,其中$a_i\in A_i(i=1,2,\cdots,n)$.

定义 1.3　设A,B是任意集合,由所有有序对(a,b)构成的集合

$$\{(a,b)\mid a\in A,b\in B\}$$

称为 **A 与 B 的直积**,或 Descartes 乘积,记为$A\times B$.并将A与B分别称为$A\times B$的第 1 坐标集和第 2 坐标集.

例 1.1　直积$[1,3]\times[0,1]$是平面上横坐标$x\in[1,3]$,纵坐标$y\in[0,1]$的所有点构成的矩形,即

$$[1,3]\times[0,1]=\{(x,y)\mid 1\leqslant x\leqslant 3,0\leqslant y\leqslant 1\}.$$

直积有如下性质:

(1)不满足交换律,即一般地$A\times B\neq B\times A$;

(2)满足结合律,即$A\times(B\times C)=(A\times B)\times C$;

(3)$A\times\varnothing=\varnothing,\varnothing\times A=\varnothing$.

五、n 个集合的交、并及直积

任意n个集合$A_1,A_2,\cdots,A_n$的交、并、直积现分述如下:

$$\bigcap_{i=1}^{n}A_i=A_1\cap A_2\cap\cdots\cap A_n\equiv\{x\mid\forall i\in\{1,2,\cdots,n\},\text{有 }x\in A_i\}$$

——所有A_i的公共元素构成的集合;

$$\bigcup_{i=1}^{n}A_i=A_1\cup A_2\cup\cdots\cup A_n\equiv\{x\mid\exists i\in\{1,2,\cdots,n\},\text{使得 }x\in A_i\}$$

——所有A_i的所有元素放在一起构成的集合;

$$\prod_{i=1}^{n}A_i=A_1\times A_2\times\cdots\times A_n\equiv\{(x_1,x_2,\cdots,x_n)\mid x_i\in A_i,i=1,2,\cdots,n\}$$

——由 $A_1, A_2, \cdots, A_n$ 的元素作成的所有有序 n 元组构成的集合.

当 $A_1 = A_2 = \cdots = A_n = A$ 时，$\prod_{i=1}^{n} A_i$ 可简记为 A^n. 例如

$$\mathbb{R}^n = \underbrace{\mathbb{R} \times \mathbb{R} \times \cdots \times \mathbb{R}}_{n个}, \quad \mathbb{C}^n = \underbrace{\mathbb{C} \times \mathbb{C} \times \cdots \times \mathbb{C}}_{n个}.$$

对两个集合的运算成立的性质和运算规律（交、并的交换律、结合律、分配律、De Morgan 公式等），对 n 个集合的相应的运算也是成立的. 如

$$B \cup \left(\bigcap_{i=1}^{n} A_i\right) = \bigcap_{i=1}^{n} (B \cup A_i), \left(\bigcup_{i=1}^{n} A_i\right)^{\mathrm{C}} = \bigcap_{i=1}^{n} A_i^{\mathrm{C}}, \cdots$$

§1.2 映射及其性质

映射也是本课程的一个基本概念.

一、映射的概念

映射是高等数学中的函数和线性代数中的变换概念的推广.

定义 1.4 设 X, Y 是两个非空集合，若存在对应法则 f，使得对于 X 中的每一个元素 x，在 Y 中存在唯一的元素 y 与之对应，则称 f 是**集合 X 到集合 Y 的映射**，记为 $f: X \to Y$ 或 $f: x \mapsto y$. y 称为 x 在映射 f 下的**像**，记为 $y = f(x)$ 或 $y = fx$；集合 X 称为 f 的**定义域**，记为 $\mathscr{D}(f)$，即 $\mathscr{D}(f) = X$；Y 的子集 $\{y \mid y = f(x), x \in X\}$（即 X 的所有元素的像的集合）称为 f 的**值域**，记为 $\mathscr{R}(f)$.

当 Y 为数集时，称 $f: X \to Y$ 是集合 X 上的泛函；当 X, Y 都是数集时，称 $f: X \to Y$ 为函数. 我们所熟悉的（高等数学中的）函数，就是（实）数集到（实）数集的映射.

设 $A \subset X$，称 Y 的子集 $\{y \mid y = f(x), x \in A\}$ 为集合 A 在 f 下的像，记为 $f(A)$，于是也可将 f 的值域记为 $f(X)$.

设 $B \subset Y$，将 X 的子集 $\{x \in X \mid f(x) \in B\}$（即 X 中像属于 B 的元素

的集合)称为集合 B 在 f 下的**原像**或逆像,记为 $f^{-1}(B)$;单元素集 $\{y\}\subset Y$ 在 f 下的逆像 $f^{-1}(\{y\})$ 就称为元素 y 在 f 下的逆像,简记为 $f^{-1}(y)$.

注意:$f^{-1}(B)$ 和 $f^{-1}(y)$ 都是一个整体记号,表示一个集合,并且 $f^{-1}(y)=\{x\in X\mid f(x)=y\}$ 不一定是单元素集,当然 $f^{-1}(B)$ 和 $f^{-1}(y)$ 可能是空集.

例 1.2　图 1－2 中箭头所示的对应法则 f 是 X 到 Y 的映射(确切地说是 X 上的泛函),即 $f:X\to Y$. 求 $f(b)$, $\mathscr{R}(f)$; $f^{-1}(\{2,3\})$, $f^{-1}(3)$ 及 $f^{-1}(1)$.

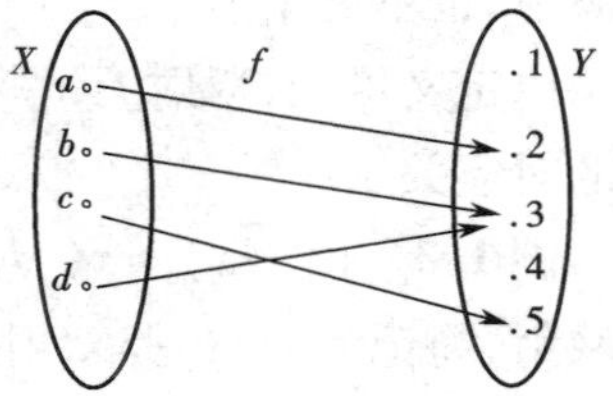

图 1－2

解　$f(b)=3$, $f(\{a,d\})=\{2,3\}$, $\mathscr{R}(f)=\{2,3,5\}$;

$f^{-1}(\{2,3\})=\{a,b,d\}$, $f^{-1}(3)=\{b,d\}$, $f^{-1}(1)=\varnothing$.

称映射 f 与 g 相等或相同(记为 $f=g$),是指它们的定义域和对应法则都相同,即

$$f=g \Leftrightarrow \begin{cases}\mathscr{D}(f)=\mathscr{D}(g)\overset{\text{设为}}{=\!=\!=}X,\\ \forall x\in X,\ f(x)=g(x).\end{cases}$$

下面给出映射的基本性质,其证明作为练习留给读者.

定理 1.2　设有 $f:X\to Y$,则 $\forall A,B\subset X$, $\forall C,D\subset Y$,有

(1) $f(A\cup B)=f(A)\cup f(B)$;

(2) $f(A\cap B)\subset f(A)\cap f(B)$,当 f 是单射时 $f(A\cap B)=f(A)\cap f(B)$;

(3) $f^{-1}(C\cup D)=f^{-1}(C)\cup f^{-1}(D)$;

(4) $f^{-1}(C\cap D)=f^{-1}(C)\cap f^{-1}(D)$;

(5) $f^{-1}(D^{\mathrm{C}})=[f^{-1}(D)]^{\mathrm{C}}$,其中 $D^{\mathrm{C}}=Y\backslash D$, $[f^{-1}(D)]^{\mathrm{C}}=X\backslash f^{-1}(D)$.

二、几种重要的映射

定义 1.5　对于映射 $f:X\to Y$.

(1)若$\mathscr{R}(f)=Y$(即$\forall y\in Y$,$\exists x\in X$,使得$y=f(x)$,亦即$\forall y\in Y$,$f^{-1}(y)\neq\varnothing$),则称f是**满射**;

(2)若$\forall y\in\mathscr{R}(f)$,存在唯一的$x\in X$,使得$f(x)=y$(即$x_1\neq x_2$时$f(x_1)\neq f(x_2)$),则称$f$是**单射**;

(3)若f既是满射又是单射,则称f是**双射**.

单调函数是单射;$f:x\mapsto x^3(x\in\mathbb{R})$是双射;例1.2中的映射既不是满射,也不是单射.

由定义可知,双射$f:X\to Y$在集合X与Y的元素之间建立了一对一的对应关系.

例1.3 由$I(x)=x(\forall x\in X)$定义的映射$I:X\to X$称为X上的**恒等映射**,简记为I_X. I_X是双射.

例1.4 设A是非空集合. 若$\forall n\in\mathbb{N}$,取$a_n\in A$,则得到一个无穷序列(a_n):

$$a_1,a_2,\cdots,a_n,\cdots$$

由(a_n)确定的映射$f:\mathbb{N}\to A$(即$f(n)=a_n$),一般说来不是单射(序列的某两项可能相同),也不一定是满射(A中可能有未取到的元素).

当序列(a_n)的各项互不相同时,$f:\mathbb{N}\to\{a_n\mid n\in\mathbb{N}\}$是双射.

三、逆映射与复合映射

定义1.6 设$f:X\to Y$是单射,则$\forall y\in\mathscr{R}(f)$,由关系式$f(x)=y$确定唯一的$x\in X$与之对应,于是定义了一个从集合$\mathscr{R}(f)$到集合$X$(即$\mathscr{D}(f)$)的映射,称此映射为$f$的**逆映射**,记为$f^{-1}:\mathscr{R}(f)\to X$.

由定义可知,$f:X\to Y$的逆映射存在,当且仅当$f:X\to Y$是单射. 当$f:X\to Y$为双射时,其逆映射记为$f^{-1}:Y\to X$. 易知恒等映射I_X的逆映射就是其自身,即$I_X^{-1}=I_X$.

定义1.7 设有映射$f:X\to Y$,$g:Y\to Z$,称X到Z的映射$x\mapsto g(f(x))$为f与g的复合映射,记为$g\circ f:X\to Z$,即$\forall x\in X$,

$(g\circ f)(x)=g(f(x))$.

复合函数是复合映射.

逆映射、复合映射有如下性质.

定理1.3　(1)若$f:X\to Y$是双射,则$f^{-1}:Y\to X$也是双射,且

$$f^{-1}\circ f=I_X,\quad f\circ f^{-1}=I_Y.$$

(2)若$f:X\to Y,g:Y\to Z$都是单射(或满射),则$g\circ f:X\to Z$也是单射(或满射).

(3)若$f:X\to Y,g:Y\to Z$都是双射,则$g\circ f:X\to Z$也是双射,且

$$(g\circ f)^{-1}=f^{-1}\circ g^{-1}.$$

证　(1)当$f:X\to Y$是双射时,显然$f^{-1}:Y\to X$也是双射,$f^{-1}\circ f=I_X$.其证明留给读者,下面证明$f\circ f^{-1}=I_Y$.

因为$\forall y\in Y$,存在唯一$x\in X$,使得$y=f(x)$,即$x=f^{-1}(y)$,所以

$$(f\circ f^{-1})(y)=f(f^{-1}(y))=f(x)=y,\text{即}f\circ f^{-1}=I_Y.$$

(2)我们只证明满射的情况.

因为$\forall z\in Z$,由$g:Y\to Z$是满射知,$\exists y\in Y$,使得$g(y)=z$;又因为$f:X\to Y$是满射,所以$\exists x\in X$,使得$f(x)=y$;于是有$(g\circ f)(x)=g(f(x))=g(y)=z$,故$g\circ f:X\to Z$是满射.

(3)由(2)即知$g\circ f:X\to Z$是双射.要证$(g\circ f)^{-1}=f^{-1}\circ g^{-1}$,只需证明$\forall z\in Z$,总有$(g\circ f)^{-1}(z)=(f^{-1}\circ g^{-1})(z)$即可.事实上,$\forall z\in Z$,由$g\circ f:X\to Z$是双射知,存在唯一$x\in X$使得$(g\circ f)^{-1}(z)=x$,也就是$(g\circ f)(x)=g(f(x))=z$.若记$f(x)=y$,则$g(y)=z$.又因为$f:X\to Y$和$g:Y\to Z$是双射,从而可逆,故$y=g^{-1}(z)$,$x=f^{-1}(y)$.于是$\forall z\in Z$,有$(g\circ f)^{-1}(z)=x=f^{-1}(y)=f^{-1}(g^{-1}(z))=(f^{-1}\circ g^{-1})(z)$.

四、可数集及其性质

定义1.8　设A是无限集,若在集合$\mathbb{N}$与A之间存在一个双射,则称集合A是**可数集**,或可列集.不是可数集的无限集称为**不可数集**.

$\mathbb{N}$本身是可数集,因为$I:\mathbb{N}\to\mathbb{N}$是双射;全体正的奇数的集合是

可数的，因为$f:n\mapsto 2n-1$是双射；凡是与某个可数集之间存在双射的集合，都是可数集；稍后我们还会看到$\mathbb{Z}$和$\mathbb{Q}$也是可数集.

例 1.5 集合A可数的充要条件是A的所有元素可以排成一个各项互异的无穷序列，即$A=(a_1,a_2,\cdots,a_n,\cdots)$（当$i\neq j$时，$a_i\neq a_j$）.

证 因为$f:n\mapsto a_n$是双射，故结论成立.

可数多个集合$A_1,A_2,\cdots,A_n,\cdots$（即$A_1,A_2,\cdots,A_n,\cdots$是一个集合序列）的交、并分别为

$$\bigcap_{n=1}^{\infty}A_n\equiv\{x\mid\forall n\in\mathbb{N},\text{有 }x\in A_n\},$$

$$\bigcup_{n=1}^{\infty}A_n\equiv\{x\mid\exists n\in\mathbb{N},\text{使得 }x\in A_n\}.$$

A,B是非空集合，则下列结论显然成立：

(1)若A为有限集，B为可数集，则$A\cap B$为有限集，而$A\cup B$为可数集；

(2)若A为不可数集，B为可数集，则$A\cup B$为不可数集.

定理 1.4 (1)可数集的子集是可数集或有限集.

(2)有限多个或者可数多个可数集的并集，仍然是可数集.

(3)有限多个可数集的直积是可数集.

证 (1)显然.

(2)①设

$$A_1=(a_{11},a_{12},\cdots,a_{1k},\cdots),A_2=(a_{21},a_{22},\cdots,a_{2k},\cdots),\cdots,$$
$$A_n=(a_{n1},a_{n2},\cdots,a_{nk},\cdots)$$

是n个可数集，将它们的全部元素按下列次序排成一列，

$$(a_{11},a_{21},\cdots,a_{n1},a_{12},a_{22},\cdots,a_{n2},\cdots,a_{1k},a_{2k},\cdots,a_{nk},\cdots),$$

并去掉其中重复出现的元素，就得到$\bigcup_{i=1}^{n}A_i$，故$\bigcup_{i=1}^{n}A_i$是可数集.

②设$A_1,A_2,\cdots,A_i,\cdots$是可数多个可数集，其中$A_i=(a_{i1},a_{i2},\cdots,a_{ik},\cdots)$，$i=1,2,\cdots$.

沿图 1-3 中箭头所指引的顺序将$A_1,A_2,\cdots,A_i,\cdots$的所有元素排成一列，

$$A_1:\ a_{11},\to a_{12},\quad a_{13},\to a_{14},\ \cdots$$

$$A_2:\ a_{21},\quad a_{22},\quad a_{23},\quad a_{24},\ \cdots$$

$$A_3:\ a_{31},\quad a_{32},\quad a_{33},\quad a_{34},\ \cdots$$

$$A_i:\ a_{i1},\quad a_{i2},\quad a_{i3},\quad a_{i4},\ \cdots$$

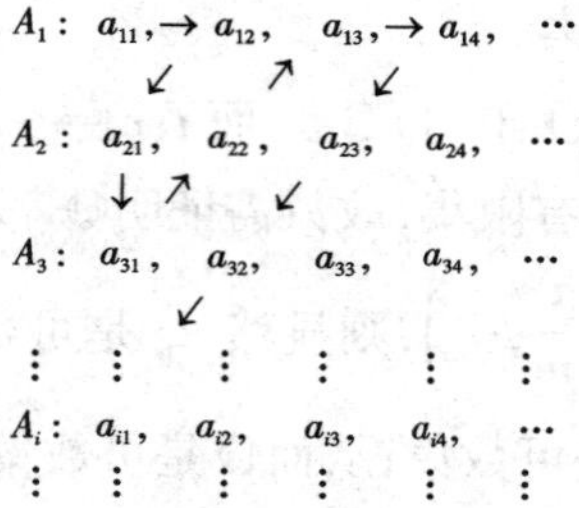

图 1 - 3

$$(a_{11},a_{12},a_{21},a_{31},a_{22},a_{13},a_{14},a_{23},a_{32},a_{41},a_{51},a_{42},\cdots),$$

从中删去重复出现的元素,则得 $\overset{\infty}{\underset{i=1}{\cup}}A_i$,故 $\overset{\infty}{\underset{i=1}{\cup}}A_i$ 是可数集.

(3)只需证明两个集合的直积是可数集即可.

设 $A=(a_1,a_2,\cdots,a_i,\cdots)$,$B=(b_1,b_2,\cdots,b_j,\cdots)$,则

$$A\times B=\left\{(a_i,b_j)\ \big|\ a_i\in A,b_j\in B,(i,j=1,2,\cdots)\right\}$$

的所有元素可以排成一个各项互异的无穷序列(见图 1 - 4):

$$((a_1,b_1),(a_1,b_2),(a_2,b_1),(a_3,b_1),(a_2,b_2),(a_1,b_3),$$

$$(a_1,b_4),(a_2,b_3),\cdots),$$

故 $A\times B$ 是可数集.

$A\backslash B$	$b_1,$	$b_2,$	$b_3,$	$b_4,\ \cdots,$	$b_j,$	$\cdots$
a_1	$(a_1,b_1)\ \to$	(a_1,b_2)	$(a_1,b_3)\ \to$	$(a_1,b_4)\ \cdots$	$(a_1,b_j)\ \cdots$	
a_2	(a_2,b_1)	(a_2,b_2)	(a_2,b_3)	$(a_2,b_4)\ \cdots$	$(a_2,b_j)\ \cdots$	
a_3	(a_3,b_1)	(a_3,b_2)	(a_3,b_3)	$(a_3,b_4)\ \cdots$	$(a_3,b_j)\ \cdots$	
a_4	(a_4,b_1)	(a_4,b_2)	(a_4,b_3)	$(a_4,b_4)\ \cdots$	$(a_4,b_j)\ \cdots$	
$\vdots$	$\vdots$	$\vdots$	$\vdots$	$\vdots$		
a_i	(a_i,b_1)	(a_i,b_2)	(a_i,b_3)	$(a_i,b_4)\ \cdots$	$(a_i,b_j)\ \cdots$	
$\vdots$	$\vdots$	$\vdots$	$\vdots$	$\vdots$		

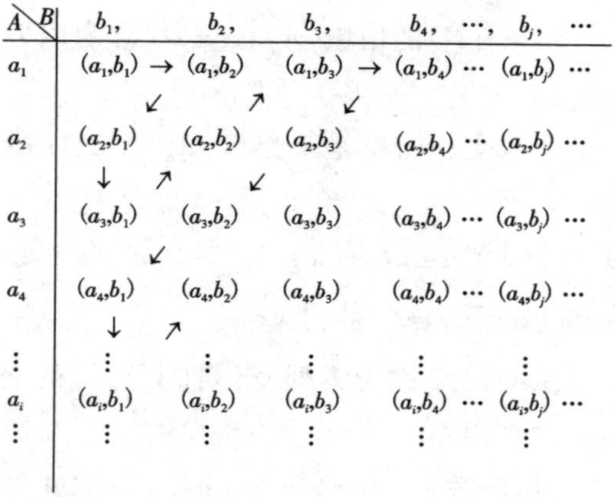

图 1 - 4

例 1.6　$\mathbb{Q}$是可数集.

证　因为$\mathbb{Q}=\mathbb{Q}^{+}\cup\{0\}\cup\mathbb{Q}^{-}$，而$f:r\mapsto -r(\forall r\in\mathbb{Q}^{+})$是$\mathbb{Q}^{+}$与$\mathbb{Q}^{-}$之间的双射，$\{0\}$是有限集，故只需证明$\mathbb{Q}^{+}$是可数集即可.

若令$A_n=\left\{\frac{1}{n},\frac{2}{n},\frac{3}{n},\cdots\right\}$，则显然$A_n$是可数集，且$\mathbb{Q}^{+}=\bigcup\limits_{n=1}^{\infty}A_n$，故由定理1.4(2)知$\mathbb{Q}^{+}$是可数集；从而$\mathbb{Q}$是可数集.

应当指出的是，不可数集是大量存在的. 首先，区间(0,1)是不可数的（证明从略），于是任何包含区间(0,1)的集合都是不可数的，例如$\mathbb{R}$，$\mathbb{C}$，等等；其次，凡是与(0,1)之间存在双射的集合皆不可数，于是$\mathbb{R}$中的任何区间(a,b)都是不可数的；事实上，任何与某个不可数集之间存在双射的集合，都是不可数的.

顺便指出：由全体无理数构成的集合P是不可数集，这是因为$\mathbb{Q}$可数而$\mathbb{R}$不可数.

五、任意多个集合的交、并运算

任意多个（有限多个、可数多个或不可数多个）集合，要用“集族”来表示. 设D是非空（有限、可数或不可数）集合，X是基本集合. 将映射$f:\alpha\mapsto A_\alpha\subset X(\forall\alpha\in D)$的值域$\{A_\alpha\mid\alpha\in D\}$称为以$D$为指标集的集族，简记为$\{A_\alpha\}_{\alpha\in D}$.

任意多个集合的交、并，就是某集族$\{A_\alpha\}_{\alpha\in D}$的（所有集合的）交、并：

$$\bigcap_{\alpha\in D}A_\alpha\equiv\{x\mid\forall\alpha\in D,\text{有 }x\in A_\alpha\},$$
$$\bigcup_{\alpha\in D}A_\alpha\equiv\{x\mid\exists\alpha\in D,\text{使得 }x\in A_\alpha\}.$$

当$D=\mathbb{N}$时，$\{A_n\}_{n\in\mathbb{N}}$称为集列. 集列$(A_n)_{n\in\mathbb{N}}$的交、并，就是前述的可数多个集合的交、并.

例如，对于多值函数$y=f(x)=\text{Arcsin }x$，若记$A_x=\{y\mid y=\text{Arcsin }x\}(\forall x\in[-1,1])$，则其值域就是$\{A_x\}_{x\in[-1,1]}$的并集，即

$$\mathscr{R}(f)=\bigcup_{x\in[-1,1]}A_x.$$

任意多个集合的交、并的运算规律，与有限多个集合的情况相同. 例如，交及并的交换律、结合律、分配律、对偶原理；定理 1.2 的结论也是成立的.

六、数域，实数集的确界，重要不等式

定义 1.9　设数集 K 中至少含有一个非零数，若 K 对于数的四则运算是封闭的（即 $\forall a,b\in K$，有 $a\pm b\in K,ab\in K,\dfrac{a}{b}\in K(b\neq 0)$），则称 K 是**数域**.

由定义立即可知：$\mathbb{Q}$，$\mathbb{R}$，$\mathbb{C}$ 都是数域，并分别称为**有理数域**、**实数域**和**复数域**；而$\mathbb{N}$，$\mathbb{Z}$，$\mathbb{R}^+$等都不是数域. 任何数域必定含有 0 和 1 这两个数. 今后用$\mathbb{K}$表示实数域$\mathbb{R}$或复数域$\mathbb{C}$.

为更好地理解实数集的确界概念及重要结论，有必要回忆一下"有界实数集"及其上界、下界概念. 设 $A\subset\mathbb{R}$，

(1) 若存在 $M>0$，使得 $\forall x\in A$，有 $|x|\leqslant M$，则称 A 是界的；

(2) 若存在 $L\in\mathbb{R}$，使得 $\forall x\in A$，有 $x\leqslant L$，则称 A 是有上界的，L 称为 A 的一个上界；

(3) 若存在 $l\in\mathbb{R}$，使得 $\forall x\in A$，有 $x\geqslant l$，则称 A 是有下界的，l 称为 A 的一个下界.

显然：(1) 实数集 A 有界，当且仅当 A 既有上界，又有下界；

(2) 若实数集 A 有上（下）界，则必有无穷多个上（下）界，且无最大（小）者.

问题：若 A 有上（下）界，是否存在一个最小（大）的上（下）界？回答是肯定的！

下面先对"最小（大）的上（下）界"给出精确定义（关键是如何表述"最小（大）"），然后再回答这个问题.

定义 1.10　设 $A\subset\mathbb{R}$，且 $A\neq\varnothing$.

(1)若 $\exists \mu \in \mathbb{R}$,满足条件 $\begin{cases} \forall x \in A, x \leqslant \mu, \\ \forall \varepsilon > 0, \exists x_\varepsilon \in A, 使得\ x_\varepsilon > \mu - \varepsilon, \end{cases}$

则称 μ 是 A 的**上确界**(即最小上界),记为 $\sup A = \mu$;

(2)若 $\exists \nu \in \mathbb{R}$,满足条件 $\begin{cases} \forall x \in A, x \geqslant \nu, \\ \forall \varepsilon > 0, \exists x_\varepsilon \in A, 使得\ x_\varepsilon < \nu + \varepsilon, \end{cases}$

则称 ν 是 A 的**下确界**(即最大下界),记为 $\inf A = \nu$.

关于上、下确界,有以下几点应当注意:

(1) $\sup A$($\inf A$)不一定属于 A,当 $\sup A \in A$($\inf A \in A$)时,

$\sup A = \max A$($\inf A = \min A$);

(2)若 $\sup A$($\inf A$)存在,则 $\sup A$($\inf A$)必定是唯一的(见习题一 B:№3);

(3)要注意 $\sup A$ 与 $\max A$($\inf A$ 与 $\min A$)的区别与联系;

(4)由定义可知,实数集的上确界必定是其一个上界,故无上界的实数集 A 自然无上确界,但为了方便起见,将无上界的实数集 A 的上确界说成是 $+\infty$,记为 $\sup A = +\infty$,类似地,若 A 无下界,则记 $\inf A = -\infty$;

(5)设 $A, B \subset \mathbb{R}$,若 $A \subset B$,则 $\inf B \leqslant \inf A \leqslant \sup A \leqslant \sup B$.

例 1.7 设 $A = (0,1)$,则 $\sup A = 1$,$\inf A = 0$;

设 $B = [-1,2) \cup \{e\}$,则 $\sup B = e$,$\inf B = -1$;

设 $C = \left(-1, -\frac{1}{2}, -\frac{1}{3}, \cdots\right)$,则 $\sup C = 0$,$\inf C = -1$;

$\inf \mathbb{N} = 1$,$\sup \mathbb{N} = +\infty$(不存在);

$\inf \mathbb{R} = -\infty$,$\sup \mathbb{R} = +\infty$.

公理(确界存在原理) 非空有上界(下界)的实数集必有上确界(下确界).

注意:与此原理等价的还有 7 个原理(或称准则)(比如高等数学中的"单调有界准则",数学分析中的"Cauchy 收敛准则"),它们都是关于 $\mathbb{R}$ 的连续性或完备性的表述. 以其中任何一个作为公理,都可以推

出其余原理,本课程以确界原理作为公理建立理论体系.

定理 1.5　(单调有界准则)单调增(减)有上界(下界)的实数列 (x_n) 必收敛,且

$$\lim_{n\to\infty} x_n = \sup_{n\in\mathbb{N}}\{x_n\} \quad \left(\lim_{n\to\infty} x_n = \inf_{n\in\mathbb{N}}\{x_n\}\right).$$

证　只证明单调减的情况,可类似地证明单调增的情况.

[**分析**]　事实上,只需证明 $\nu=\inf\{x_n\}$ 是 (x_n) 的极限,即要证 $\forall\varepsilon>0$, $\exists N\in\mathbb{N}$, 使得当 $n>N$ 时,有 $|x_n-\nu|<\varepsilon$,即 $\nu-\varepsilon<x_n<\nu+\varepsilon$.

[**证明**]　因为 (x_n) 有下界,即 $\{x_n\mid n\in\mathbb{N}\}$ 有下界,故有下确界,记为 $\nu=\inf\limits_{n\in\mathbb{N}}\{x_n\}$. 于是 $\forall\varepsilon>0$,由下确界定义知,$\exists N\in\mathbb{N}$,使得

$$x_N\in\{x_n\mid n\in\mathbb{N}\} \text{ 且 } x_N<\nu+\varepsilon.$$

又因为 (x_n) 单调减,故当 $n>N$ 时,恒有

$$\nu-\varepsilon<\nu\leqslant x_n\leqslant x_N<\nu+\varepsilon, \text{即 } |x_n-\nu|<\varepsilon,$$

所以

$$\lim_{n\to\infty} x_n=\inf_{n\in\mathbb{N}}\{x_n\}.$$

最后给出两个重要不等式,而略去其繁难的证明.

Hölder 不等式　设 $p>1$, $q>1$,且 $\frac{1}{p}+\frac{1}{q}=1$,则 $\forall(x_1,x_2,\cdots,x_n),(y_1,y_2,\cdots,y_n)\in\mathbb{R}^n(\mathbb{C}^n)$, Hölder 不等式

$$\sum_{k=1}^{n}|x_ky_k|\leqslant\left(\sum_{k=1}^{n}|x_k|^p\right)^{\frac{1}{p}}\left(\sum_{k=1}^{n}|y_k|^q\right)^{\frac{1}{q}}$$

成立.

还有级数形式的 Hölder 不等式

$$\sum_{k=1}^{\infty}|x_ky_k|\leqslant\left(\sum_{k=1}^{\infty}|x_k|^p\right)^{\frac{1}{p}}\left(\sum_{k=1}^{\infty}|y_k|^q\right)^{\frac{1}{q}},$$

和积分形式的 Hölder 不等式

$$\int_a^b|x(t)y(t)|\,\mathrm{d}t\leqslant\left(\int_a^b|x(t)|^p\mathrm{d}t\right)^{\frac{1}{p}}\left(\int_a^b|y(t)|^q\mathrm{d}t\right)^{\frac{1}{q}}.$$

当 $p=q=2$ 时,Hölder 不等式就是 Cauchy 不等式.

由 Hölder 不等式可以证明下面的 Minkowski 不等式.

Minkowski 不等式 设 $1 \leqslant p < +\infty$，则有

$$\left(\sum_{k=1}^{n} |x_k \pm y_k|^p\right)^{\frac{1}{p}} \leqslant \left(\sum_{k=1}^{n} |x_k|^p\right)^{\frac{1}{p}} + \left(\sum_{k=1}^{n} |y_k|^p\right)^{\frac{1}{p}},$$

或

$$\left(\sum_{k=1}^{\infty} |x_k \pm y_k|^p\right)^{\frac{1}{p}} \leqslant \left(\sum_{k=1}^{\infty} |x_k|^p\right)^{\frac{1}{p}} + \left(\sum_{k=1}^{\infty} |y_k|^p\right)^{\frac{1}{p}},$$

或

$$\left(\int_a^b |x(t) \pm y(t)|^p \mathrm{d}t\right)^{\frac{1}{p}} \leqslant \left(\int_a^b |x(t)|^p \mathrm{d}t\right)^{\frac{1}{p}} + \left(\int_a^b |y(t)|^p \mathrm{d}t\right)^{\frac{1}{p}}.$$

§1.3 线性空间

通俗地讲，空间就是在其上建立了某种"结构"的非空集合. 常用的是建立了"代数结构"的线性空间和建立了"拓扑结构"的拓扑空间，特别是在线性空间基础上再赋予"范数"的赋范空间和定义了"内积"的内积空间. 这两种空间都是我们熟悉的三维欧氏空间 $\mathbb{R}^3$ 的直接推广. 本节介绍线性空间的定义及有关概念.

一、线性空间的概念

在 $\mathbb{R}^3$ 中，$\forall \boldsymbol{a},\boldsymbol{b},\boldsymbol{c} \in \mathbb{R}^3$ 及 $\forall \lambda,\mu \in \mathbb{R}$，可以进行加法运算 $\boldsymbol{a}+\boldsymbol{b}$ 和数乘运算 $\lambda \cdot \boldsymbol{a}$，并且

(1)" + "和" · "满足 $\boldsymbol{a}+\boldsymbol{b} \in \mathbb{R}^3$，$\lambda \cdot \boldsymbol{a} \in \mathbb{R}^3$；

(2)" + "满足 $\boldsymbol{a}+\boldsymbol{b}=\boldsymbol{b}+\boldsymbol{a}$，$\boldsymbol{a}+(\boldsymbol{b}+\boldsymbol{c})=(\boldsymbol{a}+\boldsymbol{b})+\boldsymbol{c}$，$\boldsymbol{a}+\boldsymbol{0}=\boldsymbol{a}$，$\boldsymbol{a}+(-\boldsymbol{a})=\boldsymbol{0}$；

(3)" · "满足：$\lambda(\mu \boldsymbol{a})=(\lambda\mu)\boldsymbol{a}$，$\lambda(\boldsymbol{a}+\boldsymbol{b})=\lambda\boldsymbol{a}+\lambda\boldsymbol{b}$，$(\lambda+\mu)\boldsymbol{a}=\lambda\boldsymbol{a}+\mu\boldsymbol{a}$，$1 \cdot \boldsymbol{a}=\boldsymbol{a}$.

我们称(1)为封闭性公理，称(2)中的 4 条为加法公理；称(3)中的 4 条为数乘公理. 将满足加法公理与数乘公理的" + "和" · "统称为线性运算，$\mathbb{R}^3$ 对线性运算是封闭的.

上述的线性运算就是在 $\mathbb{R}^3$ 上建立的"代数结构"，$\mathbb{R}^3$ 是一个线性空间.

注意到，$\mathbb{R}^3$ 上的"+"实际上是 $\mathbb{R}^3\times\mathbb{R}^3$ 到 $\mathbb{R}^3$ 的映射，"·"是 $\mathbb{R}\times\mathbb{R}^3$ 到 $\mathbb{R}^3$ 的映射，我们就可以在一般集合上定义加法和数乘，使之成为线性空间.

定义 1.11 设 X 是非空集合，$\mathbb{K}$ 是数域（$\mathbb{K}=\mathbb{R}$ 或 $\mathbb{C}$）. 定义两个映射：

"+"：$X\times X\to X$ 为 $(x,y)\mapsto x+y\in X$（称"+"为 X 上的加法，$x+y$ 称为元素 x 与 y 的和）；

"·"：$\mathbb{K}\times X\to X$ 为 $(\lambda,x)\mapsto\lambda\cdot x\in X$（称"·"为 X 上的数乘，$\lambda\cdot x$ 称为数 λ 与元素 x 的积，简记为 λx）.

若"+"满足加法公理，即

(1)（交换律）$\forall x,y\in X$，有 $x+y=y+x$；

(2)（结合律）$\forall x,y,z\in X$，有 $(x+y)+z=x+(y+z)$；

(3)（零元存在性）$\exists 0\in X$，使得 $\forall x\in X$，有 $x+0=x$（称 0 为 X 的零元素）；

(4)（负元存在性）$\forall x\in X$，$\exists u\in X$，使得 $x+u=0$（称 u 为 x 的负元素，记为 $-x$，即 $x+(-x)=0$）.

而"·"满足数乘公理，即

(5)（与数的乘法的结合律）$\forall\lambda,\mu\in\mathbb{K}$ 及 $\forall x\in X$，有

$$\lambda\cdot(\mu\cdot x)=(\lambda\mu)\cdot x;$$

(6)（关于 X 的加法的分配律）$\forall\lambda\in\mathbb{K}$ 及 $\forall x,y\in X$，有

$$\lambda(x+y)=\lambda x+\lambda y;$$

(7)（关于数的加法的分配律）$\forall\lambda,\mu\in\mathbb{K}$ 及 $\forall x\in X$，有

$$(\lambda+\mu)x=\lambda x+\mu x;$$

(8) $\forall x\in X$，有 $1\cdot x=x$.

则称 X（按照"+"和"·"）是数域 $\mathbb{K}$ 上的线性空间或向量空间（记为 $(X,\mathbb{K},+,\cdot)$，简记为 X）. 当 $\mathbb{K}=\mathbb{R}$ 时称为实线性空间，当 $\mathbb{K}=\mathbb{C}$ 时称为复线性空间.

由定义可知：线性空间就是对线性运算封闭的非空集合.

容易证明线性空间 X 具有如下性质：

(1)零元是唯一的；

(2)任何元素的负元是唯一的；

(3) $\forall x \in X$,有 $0x=0, \lambda 0=0, (-\lambda)x=-(\lambda x)=\lambda(-x)$；

(4) $\lambda x=0 \Rightarrow \lambda=0$ 或 $x=0$.

例 1.8 实线性空间 $\mathbb{R}^n$,复线性空间 $\mathbb{C}^n$.

$$\forall x=(a_1,a_2,\cdots,a_n)^{\mathrm{T}}, y=(b_1,b_2,\cdots,b_n)^{\mathrm{T}} \in \mathbb{R}^n(\mathbb{C}^n),$$

$\forall \lambda \in \mathbb{R}(\mathbb{C})$,定义加法和数乘分别为

$$x+y=(a_1+b_1,a_2+b_2,\cdots,a_n+b_n)^{\mathrm{T}},$$

$$\lambda x=(\lambda a_1,\lambda a_2,\cdots,\lambda a_n)^{\mathrm{T}},$$

显然,$x+y \in \mathbb{R}^n(\mathbb{C}^n), \lambda x \in \mathbb{R}^n(\mathbb{C}^n)$.

由实(复)数的加法和乘法的运算律可知,$\mathbb{R}^n(\mathbb{C}^n)$上的加法与数乘运算满足公理(1)、(2)、(5)、(6)、(7)、(8),$0=(0,0,\cdots,0)^{\mathrm{T}} \in \mathbb{R}^n(\mathbb{C}^n)$是$\mathbb{R}^n(\mathbb{C}^n)$的零元,$x=(a_1,a_2,\cdots,a_n)^{\mathrm{T}}$的负元为$-x=(-a_1,-a_2,\cdots,-a_n)^{\mathrm{T}} \in \mathbb{R}^n(\mathbb{C}^n)$.

于是$\mathbb{R}^n$是$\mathbb{R}$上的线性空间,即实线性空间;而$\mathbb{C}^n$是复线性空间.

例 1.9 实线性空间 $\mathbb{R}^{m\times n}$,复线性空间 $\mathbb{C}^{m\times n}$.

$$\forall \boldsymbol{A}=[a_{ij}], \boldsymbol{B}=[b_{ij}] \in \mathbb{R}^{m\times n}(\mathbb{C}^{m\times n}),及\ \forall \lambda \in \mathbb{R}(\mathbb{C}),$$

定义$\boldsymbol{A}+\boldsymbol{B}=[a_{ij}+b_{ij}]_{m\times n}, \lambda\boldsymbol{A}=[\lambda a_{ij}]_{m\times n}$,则显然有$\boldsymbol{A}+\boldsymbol{B} \in \mathbb{R}^{m\times n}(\mathbb{C}^{m\times n}), \lambda\boldsymbol{A} \in \mathbb{R}^{m\times n}(\mathbb{C}^{m\times n})$,即$\mathbb{R}^{m\times n}(\mathbb{C}^{m\times n})$上的加法和数乘就是通常的矩阵的加法和数与矩阵的乘法.

由矩阵的运算规律可知,$\mathbb{R}^{m\times n}(\mathbb{C}^{m\times n})$上的加法和数乘满足加法公理和数乘公理(其中$\boldsymbol{O}_{m\times n}$是$\mathbb{R}^{m\times n}(\mathbb{C}^{m\times n})$的零元,$\boldsymbol{A}=[a_{ij}] \in \mathbb{R}^{m\times n}(\mathbb{C}^{m\times n})$的负元为$-\boldsymbol{A}=[-a_{ij}] \in \mathbb{R}^{m\times n}(\mathbb{C}^{m\times n})$),于是$\mathbb{R}^{m\times n}(\mathbb{C}^{m\times n})$是实(复)线性空间.

$\mathbb{R}^{n\times n}(\mathbb{C}^{n\times n})$是由 n 阶实(复)方阵构成的线性空间.

例 1.10 连续函数空间 $C[a, b]$.

将在闭区间$[a, b]$上连续的所有函数的集合记为 $C[a, b]$,则显

然 $C[a,b]\neq\varnothing$.

$\forall f,g\in C[a,b]$, $\forall\lambda\in\mathbb{R}$,定义 $f+g,\lambda f$ 分别为

$$(f+g)(x)=f(x)+g(x)\quad(\forall x\in[a,b]),$$

$$(\lambda f)(x)=\lambda f(x)\quad(\forall x\in[a,b]),$$

则由连续函数的性质及实数的运算规律可知:

(1) $f+g\in C[a,b]$, $\lambda f\in C[a,b]$;

(2)"+"满足加法公理,其中零函数 O(即 $\forall x\in[a,b]$, $O(x)=0$)是 $C[a,b]$ 的零元;

(3)"·"满足数乘公理.

故 $C[a,b]$ 是一个(实)线性空间,通常称为连续函数空间.

例 1.11　有界数列空间 l^∞.

l^∞ 为全体实(复)的有界数列的集合.

$\forall x=(\xi_1,\xi_2,\cdots,\xi_k,\cdots)$, $y=(\eta_1,\eta_2,\cdots,\eta_k,\cdots)\in l^\infty$ 及 $\forall\lambda\in\mathbb{R}(\mathbb{C})$,定义 $x+y,\lambda x$ 为

$$x+y=(\xi_1+\eta_1,\cdots,\xi_k+\eta_k,\cdots),\quad \lambda x=(\lambda\xi_1,\cdots,\lambda\xi_k,\cdots),$$

则显然 $x+y,\lambda x$ 仍为有界数列,即 $x+y\in l^\infty$, $\lambda x\in l^\infty$;由实数(或复数)加法和乘法的交换律、结合律、分配律可知 l^∞ 上的加法和数乘运算满足公理(1)、(2)、(5)、(6)、(7)、(8),零数列 0(即 $0=(0,0,\cdots,0,\cdots)$)是 l^∞ 的零元,$x=(\xi_1,\xi_2,\cdots,\xi_k,\cdots)$ 的负元为 $-x=(-\xi_1,-\xi_2,\cdots,-\xi_k,\cdots)$;故 l^∞ 是实(复)线性空间,通常称为有界数列空间.

容易验证 c(全体收敛数列的集合),c_0(全体收敛于 0 的数列的集合)按 l^∞ 的加法和数乘也构成线性空间.

还可验证 $l^2=\left\{x=(\xi_1,\xi_2,\cdots,\xi_k,\cdots)\,\middle|\,\sum\limits_{k=1}^{\infty}|\xi_k|^2<+\infty\right\}$ 按照 l^∞ 上的加法和数乘也构成线性空间.

以上各例中的加法和数乘尽管各不相同,但在局部(每一坐标、每一点、每一项)都是我们所熟悉的数的加法和乘法.然而并非一定要如此不可,因为按定义,加法和数乘就是一个映射,只要它们满足加法公

理和数乘公理,就是线性运算,若非空集合 X 对其封闭,则 X 就是线性空间.

例 1.12 全体正实数的集合$\mathbb{R}^+$显然非空,$\forall a,b\in\mathbb{R}^+$,$\forall k\in\mathbb{R}$,定义加法为 $a\oplus b=ab$,定义数乘为 $k\odot a=a^k$,则$\mathbb{R}^+$按照$\oplus$,$\odot$构成一个实线性空间.

证 显然 $a\oplus b\in\mathbb{R}^+$,$k\odot a\in\mathbb{R}^+$,下面验证$\oplus$,$\odot$是线性运算:

(1) $a\oplus b=ab=ba=b\oplus a$;

(2) $(a\oplus b)\oplus c=(ab)c=a(bc)=a\oplus(b\oplus c)$;

(3) 存在$\mathbb{R}^+$中元素 1,使得 $\forall a\in\mathbb{R}^+$,有 $a\oplus 1=a\cdot 1=a$,故 1 是$\mathbb{R}^+$的零元;

(4) $\forall a\in\mathbb{R}^+$,$a\oplus\dfrac{1}{a}=a\cdot\dfrac{1}{a}=1$(零元),故 a 的负元是$\dfrac{1}{a}$;

(5) $\forall a\in\mathbb{R}^+$,$\forall k,l\in\mathbb{R}$,有

$$k\odot(l\odot a)=k\odot(a^l)=(a^l)^k=a^{kl}=(kl)\odot a;$$

(6) $\forall a,b\in\mathbb{R}^+$,$\forall k\in\mathbb{R}$,有

$$k\odot(a\oplus b)=k\odot(ab)=(ab)^k=a^kb^k=a^k\oplus b^k=k\odot a\oplus k\odot b;$$

(7) $\forall a\in\mathbb{R}^+$,$\forall k,l\in\mathbb{R}$,有

$$(k+l)\odot a=a^{k+l}=a^ka^l=a^k\oplus a^l=k\odot a\oplus l\odot a;$$

(8) $1\odot a=a^1=a$.

所以,$\mathbb{R}^+$是一个实线性空间.

例 1.13 次数为 n 的全体多项式的集合 V,按 $C[a,b]$上的加法和数乘,不能构成线性空间,因为 V 对加法(和数乘)不封闭.

二、线性空间的子空间

定义 1.12 设 X 是$\mathbb{K}$上的线性空间,Y 是 X 的非空子集. 若 Y 对 X 上的线性运算是封闭的,即 $\forall x,y\in Y\subset X$ 及 $\forall\lambda\in\mathbb{K}$,有 $x+y\in Y$,$\lambda x\in Y$,则 Y 也是$\mathbb{K}$上的线性空间,称线性空间 Y 是线性空间 X 的子空间,简称 Y 是 X 的线性子空间.

显然，$\{0\}$ 与 X 一定是 X 的线性子空间，称为 X 的平凡子空间；X 的其余子空间称为 X 的真子空间.

例 1.14　由齐次线性方程组解的性质可知，$\boldsymbol{Ax}=\boldsymbol{0}$（其中 $\boldsymbol{A}\in\mathbb{R}^{n\times n}$，$\boldsymbol{x}\in\mathbb{R}^{n}$）的解集合

$$W=\{\boldsymbol{x}=(\xi_1,\xi_2,\cdots,\xi_n)^{\mathrm{T}}\mid \boldsymbol{Ax}=\boldsymbol{0}\}$$

是 $\mathbb{R}^n$ 的一个线性子空间.

例 1.15　不难验证，所有 n 阶实对角矩阵构成的集合

$$V=\{\Lambda=\operatorname{diag}(a_{11},a_{22},\cdots,a_{nn})\mid a_{ii}\in\mathbb{R},i=1,2,\cdots,n\}$$

是 $\mathbb{R}^{n\times n}$ 的线性子空间.

例 1.16　$\mathbb{R}^2$ 中任何过原点的直线都是 $\mathbb{R}^2$ 的子空间，$\mathbb{R}^3$ 中任何过原点的直线和平面都是 $\mathbb{R}^3$ 的子空间.

例 1.17　由零多项式（即数 0）与所有次数不超过 n 的多项式构成的集合 $P_n[a,b]=\{0\}\cup\{p_k(t)\mid t\in[a,b],k=0,1,2,\cdots,n\}$ 是线性空间 $C[a,b]$ 的子空间，因为 $P_n[a,b]$ 非空且对 $C[a,b]$ 上的线性运算是封闭的. 显然所有多项式的集合 $P[a,b]=\{0\}\cup\{p_k(t)\mid t\in[a,b],k=0,1,2,\cdots\}$ 也是线性空间 $C[a,b]$ 的子空间. 而由例 1.13 知，仅由次数为 n 的多项式构成的集合则不是 $C[a,b]$ 的子空间.

显然，当线性空间 X 的非空子集 M 不包含零元素时，M 不可能是 X 的子空间.

关于线性子空间的运算，我们有结论：线性空间 X 的任意多个子空间的交，仍是 X 的子空间（请自行证明）；但两个子空间的并，却不一定是 X 的子空间. 例如 Ox 轴 $R_1=\{(x,0)\mid x\in\mathbb{R}\}$ 和 Oy 轴 $R_2=\{(0,y)\mid y\in\mathbb{R}\}$ 都是 $\mathbb{R}^2$ 的子空间，但 $R_1\cup R_2$ 不是 $\mathbb{R}^2$ 的子空间，因为 $R_1\cup R_2$ 对 $\mathbb{R}^2$ 上的加法不封闭.

线性空间 X 的非空子集 M 或者本身就是 X 的一个线性子空间，或者可以由集合 M 生成 X 的一个线性子空间.

定义 1.13　设 X 是 $\mathbb{K}$ 上的线性空间，$M=\{x_1,x_2,\cdots,x_n\}$ 是 X 的有限子集，$\lambda_1,\lambda_2,\cdots,\lambda_n\in\mathbb{K}$. 称元素 $x=\lambda_1x_1+\lambda_2x_2+\cdots+\lambda_nx_n$ 是集合

$M=\{x_1,x_2,\cdots,x_n\}$（或元素 $x_1,x_2,\cdots,x_n$）的一个线性组合，也称元素 x 可以由元素组 $x_1,x_2,\cdots,x_n$ 线性表出.

例如，$\mathbb{R}^3$ 中任一向量 $\boldsymbol{x}=(a_1,a_2,a_3)^{\mathrm{T}}$ 均可由基本向量组

$$\boldsymbol{e}_1=(1,0,0)^{\mathrm{T}},\boldsymbol{e}_2=(0,1,0)^{\mathrm{T}},\boldsymbol{e}_3=(0,0,1)^{\mathrm{T}}$$

线性表出，即

$$\boldsymbol{x}=a_1\boldsymbol{e}_1+a_2\boldsymbol{e}_2+a_3\boldsymbol{e}_3.$$

定义 1.14 设 X 是 $\mathbb{K}$ 上的线性空间，M 是 X 的非空子集. 由 M 的所有有限子集 $\{x_1,x_2,\cdots,x_n\}$ $(n\in\mathbb{N})$ 的任意线性组合

$$x=\boldsymbol{\lambda}_1x_1+\boldsymbol{\lambda}_2x_2+\cdots+\boldsymbol{\lambda}_nx_n\ (\forall\boldsymbol{\lambda}_i\in\mathbb{K},i=1,2,\cdots,n)$$

构成的集合，称为由 M 所**生成**（或**张成**）的**子空间**，记为 span M，即

$$\operatorname{span}M\equiv\left\{x=\sum_{i=1}^{n}\boldsymbol{\lambda}_ix_i\mid x_i\in M,\boldsymbol{\lambda}_i\in\mathbb{K},i=1,2,\cdots,n,n\in\mathbb{N}\right\}.$$

例如，$\operatorname{span}\{\boldsymbol{e}_1,\boldsymbol{e}_2,\boldsymbol{e}_3\}=\mathbb{R}^3$.

例 1.18 $\operatorname{span}\{1,x,x^2,\cdots,x^n\}=P_n[a,b]$；而 $\operatorname{span}\{1,x,x^2,\cdots,x^n,\cdots\}=P[a,b]$.

例 1.19 证明 span M 是 X 的包含 M 的最小子空间.

证 (1) 显然 span $M\supset M$；

(2) 容易验证 span M 对 X 的线性运算是封闭的，从而是 X 的线性子空间；

(3) 若 $Y\supset M$ 是 X 的任一线性子空间，则 $\forall x\in\operatorname{span}M$，$\exists x_i\in M\subset Y$，$\exists\boldsymbol{\lambda}_i\in\mathbb{K}$，使得 $x=\boldsymbol{\lambda}_1x_1+\boldsymbol{\lambda}_2x_2+\cdots+\boldsymbol{\lambda}_nx_n\in Y$，即 span $M\subset Y$.

所以，span M 是 X 的包含 M 的最小子空间，亦即 span M 是所有包含 M 的子空间的交：

$$\operatorname{span}M=\cap\{Y\mid Y\text{ 是 }X\text{ 的子空间且 }Y\supset M\}.$$

故有时将 span M 称为 M 的线性包，并以 $L(M)$ 记之.

§1.4 线性空间的基与维数

为了更好地研究线性空间，需要掌握构成线性空间的“最基本的

元素”——线性空间的基. 线性空间中许多问题都可以化为对于“基”的相应问题来研究. 根据“基”所含元素个数的情况,将线性空间分为“有限维”和“无限维”两类,有限维线性空间研究起来比较容易.

一、集合的线性相关性

定义 1.15　设 X 是 $\mathbb{K}$ 上的线性空间, $\{x_1,x_2,\cdots,x_n\}$ 是 X 的有限子集. 若

$$\lambda_1x_1+\lambda_2x_2+\cdots+\lambda_nx_n=0$$

仅当 $\lambda_1=\lambda_2=\cdots=\lambda_n=0$ 时成立,则称集合 $\{x_1,x_2,\cdots,x_n\}$ 是线性无关的,也可称元素(组) $x_1,x_2,\cdots,x_n$ 线性无关;否则(即存在一组不全为 0 的数 $\lambda_1,\lambda_2,\cdots,\lambda_n\in\mathbb{K}$,使得 $\lambda_1x_1+\lambda_2x_2+\cdots+\lambda_nx_n=0$),就称 $\{x_1,x_2,\cdots,x_n\}$ 是线性相关的.

设 M 是 X 的任意子集,若 M 的任一有限子集都是线性无关的,则称 M 是**线性无关**的;否则称 M 是**线性相关**的.

由定义立即可知:

(1)含有零元的集合必线性相关;

(2)单元素集 $\{x\}$ 线性无关,当且仅当 $x\neq0$;

(3) $\{x_1,x_2,\cdots,x_n\}$ 线性相关,当且仅当其中至少有一个元素可由其余 $n-1$ 个元素线性表出.

例如在 $\mathbb{R}^3$ 中, $\{(0,0,-1)^{\mathrm{T}}\}$ 和 $\{(1,0,0)^{\mathrm{T}},(0,1,0)^{\mathrm{T}}\}$ 都是线性无关的,而 $\{(0,0,0)^{\mathrm{T}},(0,1,0)^{\mathrm{T}}\}$ 和 $\{(1,0,0)^{\mathrm{T}},(0,1,0)^{\mathrm{T}},(0,0,1)^{\mathrm{T}},(1,2,0)^{\mathrm{T}}\}$ 都是线性相关的.

例 1.20　在 $\mathbb{R}^n$ ($\mathbb{C}^n$) 中,集合 $\{\boldsymbol{e}_1,\boldsymbol{e}_2,\cdots,\boldsymbol{e}_n\}$ (其中 $\boldsymbol{e}_k=(0,\cdots,0,\underset{(k)}{1},0,\cdots,0)^{\mathrm{T}}, k=1,2,\cdots,n$)是线性无关的.

证　若令 $\lambda_1\boldsymbol{e}_1+\lambda_2\boldsymbol{e}_2+\cdots+\lambda_n\boldsymbol{e}_n=0$,则由

$$\begin{aligned}&\lambda_1(1,0,0,\cdots,0)^{\mathrm{T}}+\lambda_2(0,1,0,\cdots,0)^{\mathrm{T}}+\cdots+\lambda_n(0,0,0,\cdots,1)^{\mathrm{T}}\\&\quad=(\lambda_1,\lambda_2,\cdots,\lambda_n)^{\mathrm{T}},\end{aligned}$$

得$(\lambda_1,\lambda_2,\cdots,\lambda_n)^{\mathrm{T}}=(0,0,\cdots,0)^{\mathrm{T}}$,即$\lambda_1=\lambda_2=\cdots=\lambda_n=0$,故$\{e_1,e_2,\cdots,e_n\}$线性无关.

例 1.21 设$u_k(t)=t^k(t\in[a,b],k=0,1,2,\cdots)$,则$S=\{u_0,u_1,u_2,\cdots\}$是$P[a,b]$中的线性无关集.

证 这是一个无限集,只需证明S的任一有限子集$\{u_{k_1},u_{k_2},\cdots,u_{k_n}\}$线性无关即可.

令$\lambda_1u_{k_1}+\lambda_2u_{k_2}+\cdots+\lambda_nu_{k_n}=0$,即$\lambda_1t^{k_1}+\lambda_2t^{k_2}+\cdots+\lambda_nt^{k_n}\equiv 0(t\in[a,b])$,故$\lambda_1=\lambda_2=\cdots=\lambda_n=0$,即$\{u_{k_1},u_{k_2},\cdots,u_{k_n}\}$线性无关,从而$S$线性无关.

显然,S在$C[a,b]$中线性无关.

二、基与维数

定义 1.16 设X是$\mathbb{K}$上的线性空间,$B\subset X$.若B线性无关,且$\operatorname{span}B=X$(即X中的任意元素都可由B的有限多个元素线性表出),则称B是X的一个**基**或**基底**.

若基B是有限集合,则称B是有限基,否则称B是无限基.

若线性空间X具有一个有限基,则称X是**有限维**的;若线性空间X具有一个无限基,则称X是**无限维**的.

例 1.22 (1)因为$\{e_1,e_2,\cdots,e_n\}$(见例1.20)是$\mathbb{R}^n(\mathbb{C}^n)$的线性无关集,且$\mathbb{R}^n(\mathbb{C}^n)$中任一元素都可由$\{e_1,e_2,\cdots,e_n\}$线性表出,故$\{e_1,e_2,\cdots,e_n\}$是$\mathbb{R}^n(\mathbb{C}^n)$的一个基(通常称这个基为自然基或标准基);从而$\mathbb{R}^n(\mathbb{C}^n)$是有限维的;设$b_k=(\underbrace{1,\cdots,1}_{k个},0,\cdots,0)^{\mathrm{T}}(k=1,2,\cdots,n)$,则$\{b_1,b_2,\cdots,b_n\}$也是$\mathbb{R}^n(\mathbb{C}^n)$的一个基.

(2)因为$\{1,x,x^2,\cdots,x^n,\cdots\}$是$P[a,b]$的线性无关集,且$P[a,b]$中任一元素(即任一多项式)都是$\{1,x,x^2,\cdots,x^n,\cdots\}$的有限多个元素的线性组合,故$\{1,x,x^2,\cdots,x^n,\cdots\}$是$P[a,b]$的一个基,而$P[a,b]$是无限维线性空间.

(3) 虽然 $\{1,x,x^2,\cdots,x^n,\cdots\}$ 也是 $C[a,b]$ 的线性无关集，但却不是 $C[a,b]$ 的基，因为并不是每一个连续函数都能表示为一个多项式（即 $\operatorname{span}\{1,x,x^2,\cdots,x^n,\cdots\}\neq C[a,b]$）. 显然 $C[a,b]$ 是无限维的.

任何线性空间（除 $\{0\}$ 外）均存在基（证明从略），且线性空间的基不是唯一的.

定理 1.6　有限维线性空间的任何两个基所含元素的个数相同.

证　设 B,S 是有限维线性空间 X 的任意两个基，其所含元素个数分别为 n 与 m.

要证 $n=m$. 事实上，由 S 线性无关且 B 是 X 的基可得 $m\leqslant n$；同理可得 $n\leqslant m$；故 $n=m$.

定义 1.17　若有限维线性空间 X 的基含有 $n(n\in\mathbb{N})$ 个元素，则称 X 是 n 维线性空间，记为 $\dim X=n$；规定 $\dim\{0\}=0$. 当 X 是无限维线性空间时，可记 $\dim X=+\infty$.

例如，$\dim\mathbb{R}^n=n$，$\dim\mathbb{C}^n=n$，$\dim P_n[a,b]=n+1$，$\dim P[a,b]=+\infty$.

容易知道下列结论是正确的：

(1) 若 Y 是 X 的线性子空间，则 $\dim Y\leqslant\dim X$，且当 $\dim Y=\dim X<+\infty$ 时，$Y=X$；

(2) 若 $\dim X=n$，则 X 的任意由 n 个元素组成的线性无关集都是 X 的一个基；

(3) 若 $\dim X=n$，则 X 中任意多于 n 个元素的集合，都线性相关.

例 1.23　$\dim\mathbb{R}^{n\times n}(\mathbb{C}^{n\times n})=n^2$，因为 $\{E_{11},\cdots,E_{1n},E_{21},\cdots,E_{2n},\cdots,E_{n1},\cdots,E_{nn}\}$（其中 E_{ij} 是第 i 行第 j 列的元素为 1，其余元素为 0 的 n 阶方阵）是 $\mathbb{R}^{n\times n}(\mathbb{C}^{n\times n})$ 的一个基.

类似地，$\dim\mathbb{R}^{m\times n}(\mathbb{C}^{m\times n})=mn$.

三、元素在基下的坐标

定义 1.18　设 X 是 $\mathbb{K}$ 上的 n 维线性空间，选定 X 的一个基 $B=(e_1,e_2,\cdots,e_n)$（注：圆括号表示基的元素是有先后次序的，今后总这样表示基!)于是$\forall x \in X$,存在唯一的$(a_1,a_2,\cdots,a_n)^{\mathrm{T}} \in \mathbb{K}^n$,使得$x=\sum_{i=1}^{n} a_i e_i$. 称有序$n$元数组$(a_1,a_2,\cdots,a_n)^{\mathrm{T}}$为元素$x$**在基$B$下的坐标**,$a_i$称为$x$关于基$B=(e_1,e_2,\cdots,e_n)$的第$i$个坐标$(i=1,2,\cdots,n)$.

$\mathbb{R}^n(\mathbb{C}^n)$中任一元素$x=(\xi_1,\xi_2,\cdots,\xi_n)^{\mathrm{T}}$在自然基下的坐标就是其自身.

设X是$\mathbb{K}$上的n维线性空间,选定X的一个基$B=(e_1,e_2,\cdots,e_n)$. 于是$\forall(a_1,a_2,\cdots,a_n)^{\mathrm{T}} \in \mathbb{K}^n$,令$x=\sum_{i=1}^{n} a_i e_i$,则$x \in X$.

因此,在给定基下,元素与其坐标是一一对应的,故在不至于引起混淆的情况下,可以将X中的元素用其坐标表示为$x=(a_1,a_2,\cdots,a_n)^{\mathrm{T}}$.

例 1.24 (线性运算的坐标表达式)设X是$\mathbb{K}$上的n维线性空间,x,y是X的任意元素,若在基$B=(e_1,e_2,\cdots,e_n)$下,$x=(\xi_1,\xi_2,\cdots,\xi_n)^{\mathrm{T}}$,$y=(\eta_1,\eta_2,\cdots,\eta_n)^{\mathrm{T}}$,则在基$B$下,有

$$x+y=(\xi_1+\eta_1,\xi_2+\eta_2,\cdots,\xi_n+\eta_n)^{\mathrm{T}},$$

$$\lambda x=(\lambda\xi_1,\lambda\xi_2,\cdots,\lambda\xi_n)^{\mathrm{T}}(\forall \lambda \in \mathbb{K}).$$

证 因为$x=\xi_1 e_1+\xi_2 e_2+\cdots+\xi_n e_n$,$y=\eta_1 e_1+\eta_2 e_2+\cdots+\eta_n e_n$,所以

$$\begin{aligned} x+y &=(\xi_1 e_1+\xi_2 e_2+\cdots+\xi_n e_n)+(\eta_1 e_1+\eta_2 e_2+\cdots+\eta_n e_n) \\ &=(\xi_1+\eta_1)e_1+(\xi_2+\eta_2)e_2+\cdots+(\xi_n+\eta_n)e_n, \\ \lambda x &=\lambda(\xi_1 e_1+\xi_2 e_2+\cdots+\xi_n e_n) \\ &=(\lambda\xi_1)e_1+(\lambda\xi_2)e_2+\cdots+(\lambda\xi_n)e_n(\forall \lambda \in \mathbb{K}), \end{aligned}$$

于是在基B下$x+y$的坐标为$(\xi_1+\eta_1,\xi_2+\eta_2,\cdots,\xi_n+\eta_n)^{\mathrm{T}}$,$\lambda x$的坐标为$(\lambda\xi_1,\lambda\xi_2,\cdots,\lambda\xi_n)^{\mathrm{T}}$.

值得注意的是,同一元素在不同基下的坐标,一般说来是不同的. 例如,$x=(-1,2,3)^{\mathrm{T}} \in \mathbb{R}^3$在自然基下坐标为$(-1,2,3)^{\mathrm{T}}$;

在基$(\boldsymbol{e}_2,\boldsymbol{e}_1,e_3)=((0,1,0)^{\mathrm{T}},(1,0,0)^{\mathrm{T}},(0,0,1)^{\mathrm{T}})$下的坐标为$(2,-1,3)^{\mathrm{T}}$;

在基$((1,0,0)^{\mathrm{T}},(1,1,0)^{\mathrm{T}},(1,1,1)^{\mathrm{T}})$下的坐标为$(-3,-1,3)^{\mathrm{T}}$.

§1.5　线性算子

一、线性算子及其性质

定义 1.19　设 X,Y 都是$\mathbb{K}$上的线性空间,若映射 $T:X\to Y$ 满足条件:

(1)$T(x_1+x_2)=Tx_1+Tx_2(\forall x_1,x_2\in X)$,

(2)$T(\lambda x)=\lambda T(x)(\forall\lambda\in\mathbb{K},\forall x\in X)$,

则称 T 是线性的,通常将线性映射称为**线性算子**.

例 1.25　由定义立即可知:

(1)恒等算子 $I:X\to X$ 显然是线性的;

(2)零算子 $O:x\mapsto 0\in Y(\forall x\in X)$也是线性的;

(3)数乘算子 $T_\alpha:x\mapsto\alpha x(\forall x\in X)$(其中 $\alpha\in\mathbb{K}$ 是固定的常数)是线性算子.

例 1.26　设 X,Y 都是$\mathbb{K}$上的线性空间,则 $T:X\to Y$ 是线性算子的充要条件是$\forall x,y\in X$ 及$\forall\lambda,\mu\in\mathbb{K}$,有 $T(\lambda x+\mu y)=\lambda T(x)+\mu T(y)$.

证　先证条件是必要的:$\forall x,y\in X$ 及$\forall\lambda,\mu\in\mathbb{K}$,因为 T 是线性算子,故有

$$T(\lambda x+\mu y)=T(\lambda x)+T(\mu y)=\lambda T(x)+\mu T(y).$$

再证条件是充分的:在 $T(\lambda x+\mu y)=\lambda T(x)+\mu T(y)$ 中若取 $\lambda=\mu=1$,则得 $T(x+y)=T(x)+T(y)$,若取 $\lambda=1,\mu=0$,则得 $T(\lambda x)=\lambda T(x)$.

例 1.27　试证$\forall f\in C[a,b]$,由变上限的定积分$\int_a^x f(t)\,\mathrm{d}t\overset{\text{记为}}{=\!=\!=}(Tf)(x)(\forall x\in[a,b])$确定的映射 $T:f\mapsto Tf\in C[a,b]$是线性算子.

证　首先解释一下有关的记法:因为$f\in C[a,b]$,即f是$[a,b]$上

的连续函数,故由变上限定积分的性质可知 $\varphi(x)=\int_a^x f(t)\,\mathrm{d}t$ 必定是 $[a,b]$ 上的连续函数. 不过,为了从记号上就能表明此函数与 f 的关系,将其记为 $(Tf)(x)$. 由于 $Tf\in C[a,b]$ 是 $[a,b]$ 上的连续函数,即为一种"对应法则",要将此法则 Tf 表现出来的方式之一就是给出它在每点 $x\in[a,b]$ 处的值,即 $(Tf)(x)=\int_a^x f(t)\,\mathrm{d}t$.

再验证 $T:f\mapsto Tf\in C[a,b]$ 是线性的:因为 $\forall f,g\in C[a,b]$ 及 $\forall\lambda,\mu\in\mathbb{R}$,关系式

$$\begin{aligned}[T(\lambda f+\mu g)](x)&=\int_a^x(\lambda f+\mu g)(t)\,\mathrm{d}t\\&=\int_a^x[\lambda f(t)+\mu g(t)]\,\mathrm{d}t\\&=\lambda\int_a^x f(t)\,\mathrm{d}t+\mu\int_a^x g(t)\,\mathrm{d}t\\&=\lambda(Tf)(x)+\mu(Tg)(x)\\&=[\lambda T(f)+\mu T(g)](x),\end{aligned}$$

对任意 $x\in[a,b]$ 成立,于是 $T(\lambda f+\mu g)=\lambda T(f)+\mu T(g)$,所以算子 $T:f\mapsto Tf\in C[a,b]$ 是线性的.

例 1.28 设 $\boldsymbol{A}=[a_{ij}]\in\mathbb{C}^{m\times n}$,定义算子 $T:\mathbb{C}^n\to\mathbb{C}^m$ 为 $T\boldsymbol{x}=\boldsymbol{A}\boldsymbol{x}$ $(\forall\boldsymbol{x}\in\mathbb{C}^n)$,则这个由矩阵确定的算子是线性的.

证 因为 $\forall\boldsymbol{x},\boldsymbol{y}\in\mathbb{C}^n$ 及 $\forall\lambda,\mu\in\mathbb{C}$,有

$$T(\lambda\boldsymbol{x}+\mu\boldsymbol{y})=\boldsymbol{A}(\lambda\boldsymbol{x}+\mu\boldsymbol{y})=\lambda\boldsymbol{A}\boldsymbol{x}+\mu\boldsymbol{A}\boldsymbol{y}=\lambda T\boldsymbol{x}+\mu T\boldsymbol{y},$$

故由矩阵 $\boldsymbol{A}_{m\times n}$ 所确定的从 $\mathbb{C}^n$ 到 $\mathbb{C}^m$ 的映射是线性的.

定理 1.7 设 X,Y 都是 $\mathbb{K}$ 上的线性空间,$T:X\to Y$ 是线性算子,那么

(1) $T(0)=0$;

(2) $T\left(\sum\limits_{i=1}^{n}\lambda_i x_i\right)=\sum\limits_{i=1}^{n}\lambda_i T(x_i)$

$(\forall\lambda_i\in\mathbb{K},\forall x_i\in X,i=1,2,\cdots,n)$.

证明作为练习留给读者.

二、线性算子的零空间

定义 1.20　设 X,Y 都是 $\mathbb{K}$ 上的线性空间, $T:X\to Y$ 是线性算子. 称 X 的子集 $T^{-1}(0)\equiv\{x\in X\mid Tx=0\}$ 为线性算子 T 的零空间, 记为 $\mathscr{N}(T)$.

定理 1.8　设 X,Y 都是 $\mathbb{K}$ 上的线性空间, $T:X\to Y$ 是线性算子, 则: (1) $\mathscr{N}(T)$ 是 X 的线性子空间; (2) $\mathscr{R}(T)$ 是 Y 的线性子空间.

证　(1) 因为 $0\in\mathscr{N}(T)$, 故 $\mathscr{N}(T)\neq\varnothing$. 下面验证 $\mathscr{N}(T)$ 对 X 上的线性运算是封闭的.

$\forall x_1,x_2\in\mathscr{N}(T)$, 有 $Tx_1=0, Tx_2=0$, 从而有 $T(x_1+x_2)=Tx_1+Tx_2=0+0=0$, 于是 $x_1+x_2\in\mathscr{N}(T)$, 即 $\mathscr{N}(T)$ 对加法封闭; 又 $\forall x\in\mathscr{N}(T)$ 及 $\forall\lambda\in\mathbb{K}$, 有 $T(\lambda x)=\lambda Tx=\lambda\cdot 0=0$, 于是 $\lambda x\in\mathscr{N}(T)$, 即 $\mathscr{N}(T)$ 对数乘也是封闭的.

(2) 显然 $\mathscr{R}(T)$ 是非空的. $\forall y,z\in\mathscr{R}(T)$ 及 $\forall\lambda\in\mathbb{K}$, 必存在 $x,u\in X$, 使得 $y=T(x), z=T(u)$. 由 $x+u\in X, \lambda x\in X$, 知

$$y+z=T(x)+T(u)=T(x+u)\in\mathscr{R}(T),$$
$$\lambda y=\lambda T(x)=T(\lambda x)\in\mathscr{R}(T),$$

故 $\mathscr{R}(T)$ 是 Y 的线性子空间.

三、线性算子的运算

首先, 介绍线性算子的加法与数乘, 即线性算子的线性运算.

设 X,Y 都是 $\mathbb{K}$ 上的线性空间, 将 X 到 Y 的全体线性算子构成的集合记为 $\mathscr{L}(X,Y)$.

$\forall T,S\in\mathscr{L}(X,Y)$, $\forall\lambda\in\mathbb{K}$, 定义

$T+S$ 为 $\forall x\in X, (T+S)(x)=Tx+Sx$,

λT 为 $\forall x\in X, (\lambda T)(x)=\lambda Tx$.

容易验证: $T+S\in\mathscr{L}(X,Y)$, $\lambda T\in\mathscr{L}(X,Y)$, 且满足加法公理和数

乘公理,即 $\mathscr{L}(X,Y)$ 关于上述的"+"和"·"构成$\mathbb{K}$上的线性空间,称为**线性算子空间**.

其次,介绍线性算子的乘积.

设 X,Y,Z 都是$\mathbb{K}$上的线性空间,$\forall T\in\mathscr{L}(X,Y)$,$\forall S\in\mathscr{L}(Y,Z)$,定义 S 与 T 的乘积

$$ST\equiv S\circ T(\text{即 }\forall x\in X,(ST)(x)=(S\circ T)(x)=S(Tx)).$$

可以证明 $ST\in\mathscr{L}(X,Z)$,即线性算子的乘积仍是线性算子:

因为 $\forall x_1,x_2\in X,(ST)(x_1+x_2)=S(T(x_1+x_2))$,由 $T\in\mathscr{L}(X,Y)$ 得 $S(T(x_1+x_2))=S(Tx_1+Tx_2)$,而由 $S\in\mathscr{L}(Y,Z)$ 知

$$S(Tx_1+Tx_2)=S(Tx_1)+S(Tx_2)=(ST)x_1+(ST)x_2,$$

所以 $$(ST)(x_1+x_2)=(ST)x_1+(ST)x_2;$$

此外,$\forall x\in X$,$\forall\lambda\in\mathbb{K}$,

$$(ST)(\lambda x)=S(T(\lambda x))=S(\lambda Tx)=\lambda S(Tx)=\lambda(ST)x;$$

所以 ST 是 X 到 Z 的线性算子,即 $ST\in\mathscr{L}(X,Z)$.

四、线性算子的矩阵

在一定条件下,可将线性算子用矩阵表示出来,以便进行线性算子的运算.

设 X,Y 都是$\mathbb{K}$上的有限维线性空间,且 $\dim X=n,\dim Y=m$. $T\in\mathscr{L}(X,Y)$,$\forall x\in X$,记 $y=Tx\in Y$.

取定 X 的一个基 $B_X=(e_1,e_2,\cdots,e_n)$,Y 的一个基 $B_Y=(u_1,u_2,\cdots,u_m)$,则 $x=\sum\limits_{j=1}^{n}\xi_je_j$,即 $x=(\xi_1,\xi_2,\cdots,\xi_n)^{\mathrm{T}}$;$y=\sum\limits_{i=1}^{m}\eta_iu_i$,即 $y=(\eta_1,\eta_2,\cdots,\eta_m)^{\mathrm{T}}$. 于是 $\sum\limits_{i=1}^{m}\eta_iu_i=y=T(x)=T\Big(\sum\limits_{j=1}^{n}\xi_je_j\Big)=\sum\limits_{j=1}^{n}\xi_jT(e_j)$.

设 $T(e_j)=\sum\limits_{i=1}^{m}a_{ij}u_i$,即 $T(e_j)=(a_{1j},a_{2j},\cdots,a_{nj})^{\mathrm{T}}(j=1,2,\cdots,n)$,将其代入上式得

$$\sum_{i=1}^{m}\eta_i u_i=\sum_{j=1}^{n}\xi_j T(e_j)=\sum_{j=1}^{n}\xi_j\Big(\sum_{i=1}^{m}a_{ij}u_i\Big)=\sum_{i=1}^{m}\Big(\sum_{j=1}^{n}a_{ij}\xi_j\Big)u_i,$$

移项得$\sum_{i=1}^{m}\Big(\eta_i-\sum_{j=1}^{n}a_{ij}\xi_j\Big)u_i=0.$

因为$u_1,u_2,\cdots,u_m$线性无关,所以对于$i=1,2,\cdots,m$有$\eta_i-\sum_{j=1}^{n}a_{ij}\xi_j=0$,即$\eta_i=\sum_{j=1}^{n}a_{ij}\xi_j$,亦即

$$\begin{cases}\eta_1=a_{11}\xi_1+a_{12}\xi_2+\cdots+a_{1n}\xi_n,\\ \eta_2=a_{21}\xi_1+a_{22}\xi_2+\cdots+a_{2n}\xi_n,\\ \cdots\cdots\\ \eta_m=a_{m1}\xi_1+a_{m2}\xi_2+\cdots+a_{mn}\xi_n,\end{cases}$$

$$\begin{bmatrix}\eta_1\\ \eta_2\\ \vdots\\ \eta_m\end{bmatrix}=\begin{bmatrix}a_{11}&a_{12}&\cdots&a_{1n}\\ a_{21}&a_{22}&\cdots&a_{2n}\\ \vdots&\vdots&&\vdots\\ a_{m1}&a_{m2}&\cdots&a_{mn}\end{bmatrix}\begin{bmatrix}\xi_1\\ \xi_2\\ \vdots\\ \xi_n\end{bmatrix}.\qquad(*)$$

若记$\boldsymbol{A}=[a_{ij}]\in\mathbb{K}^{m\times n}$,则得$y=\boldsymbol{A}x$. 这说明,在取定的基下,$\forall x\in X$在$T$下的像与用$\boldsymbol{A}$乘$x$的结果是一样的. 称$\boldsymbol{A}$是$T$在基$B_X$和$B_Y$下的矩阵.

反之,在X和Y的取定基下,$\forall\boldsymbol{A}=[a_{ij}]\in\mathbb{K}^{m\times n}$,由式($*$)确定了唯一的从$X$到$Y$的线性算子.

因此,在选定X的基$B_X=(e_1,e_2,\cdots,e_n)$和Y的基$B_Y=(u_1,u_2,\cdots,u_m)$时,线性算子$T\in\mathscr{L}(X,Y)$与一个$m\times n$矩阵$\boldsymbol{A}=[a_{ij}]$是一一对应的. 而且$\boldsymbol{A}$的第j个列向量$(a_{1j},a_{2j},\cdots,a_{nj})^{\mathrm{T}}$就是$X$的第$j$个基元$e_j$的像$T(e_j)$在$Y$的基$B_Y$下的坐标.

由此可知:

(1)n维线性空间X上的线性变换($T:X\to X$)的矩阵是n阶方阵;

(2)$\forall\boldsymbol{A}=[a_{ij}]\in\mathbb{C}^{m\times n}$总可以看作$\mathbb{C}^n$到$\mathbb{C}^m$的线性算子;

(3)同一线性算子在不同基下的矩阵一般是不同的,但零算子的矩阵总是零矩阵,X 上的恒等算子 I 在 X 的任何基下的矩阵都是单位矩阵 $\boldsymbol{E}$.

例 1.29 若 $\forall(\xi_1,\xi_2,\xi_3)^{\mathrm{T}}\in\mathbb{C}^3$,令 $T((\xi_1,\xi_2,\xi_3)^{\mathrm{T}})=(\xi_1+\xi_2,\xi_1-\xi_2-\xi_3)^{\mathrm{T}}\in\mathbb{C}^2$,则 $T\in\mathscr{L}(\mathbb{C}^3,\mathbb{C}^2)$,并求 T 在$\mathbb{C}^3$ 和$\mathbb{C}^2$ 的自然基下的矩阵 $\boldsymbol{A}$.

解 因为 $\forall\boldsymbol{x}=(\xi_1,\xi_2,\xi_3)^{\mathrm{T}},\boldsymbol{y}=(\eta_1,\eta_2,\eta_3)^{\mathrm{T}}\in\mathbb{C}^3$ 及 $\forall\lambda\in\mathbb{C}$,有

$$\begin{aligned}
T(\boldsymbol{x}+\boldsymbol{y})&=T((\xi_1+\eta_1,\xi_2+\eta_2,\xi_3+\eta_3)^{\mathrm{T}})\\
&=((\xi_1+\eta_1)+(\xi_2+\eta_2),(\xi_1+\eta_1)\\
&\quad-(\xi_2+\eta_2)-(\xi_3+\eta_3))^{\mathrm{T}}\\
&=((\xi_1+\xi_2)+(\eta_1+\eta_2),(\xi_1-\xi_2-\xi_3)\\
&\quad+(\eta_1-\eta_2-\eta_3))^{\mathrm{T}}\\
&=(\xi_1+\xi_2,\xi_1-\xi_2-\xi_3)^{T}+(\eta_1+\eta_2,\eta_1-\eta_2-\eta_3)^{\mathrm{T}}\\
&=T\boldsymbol{x}+T\boldsymbol{y},
\end{aligned}$$

$$\begin{aligned}
T(\lambda\boldsymbol{x})&=T((\lambda\xi_1,\lambda\xi_2,\lambda\xi_3)^{\mathrm{T}})=(\lambda\xi_1+\lambda\xi_2,\lambda\xi_1-\lambda\xi_2-\lambda\xi_3)^{\mathrm{T}}\\
&=\lambda(\xi_1+\xi_2,\xi_1-\xi_2-\xi_3)^{\mathrm{T}}=\lambda T\boldsymbol{x},
\end{aligned}$$

所以 $T\in\mathscr{L}(\mathbb{C}^3,\mathbb{C}^2)$.

因为$\mathbb{C}^3$ 的自然基为$\left(\begin{pmatrix}1\\0\\0\end{pmatrix},\begin{pmatrix}0\\1\\0\end{pmatrix},\begin{pmatrix}0\\0\\1\end{pmatrix}\right)$,$\mathbb{C}^2$ 的自然基为$\left(\begin{pmatrix}1\\0\end{pmatrix},\begin{pmatrix}0\\1\end{pmatrix}\right)$,

且

$$T((1,0,0)^{\mathrm{T}})=(1,1)^{\mathrm{T}}=1\cdot\begin{pmatrix}1\\0\end{pmatrix}+1\cdot\begin{pmatrix}0\\1\end{pmatrix},\text{即坐标为}\begin{pmatrix}1\\1\end{pmatrix},$$

$$T((0,1,0)^{\mathrm{T}})=(1,-1)^{\mathrm{T}}=1\cdot\begin{pmatrix}1\\0\end{pmatrix}-1\cdot\begin{pmatrix}0\\1\end{pmatrix},\text{即坐标为}\begin{pmatrix}1\\-1\end{pmatrix},$$

$$T((0,0,1)^{\mathrm{T}})=(0,-1)^{\mathrm{T}}=0\cdot\begin{pmatrix}1\\0\end{pmatrix}-1\cdot\begin{pmatrix}0\\1\end{pmatrix},\text{即坐标为}\begin{pmatrix}0\\-1\end{pmatrix},$$

所以　$A=\begin{bmatrix}1 & 1 & 0\\ 1 & -1 & -1\end{bmatrix}$.

例 1.30　证明:

(1)设 $T,S\in\mathscr{L}(X,Y)$ 在基 B_X 和 B_Y 下的矩阵分别为 $\boldsymbol{A},\boldsymbol{B}\in\mathbb{C}^{m\times n}$,则 $T+S,\lambda T$ 在基 B_X 和 B_Y 下的矩阵为 $\boldsymbol{A}+\boldsymbol{B}$ 和 $\lambda\boldsymbol{A}$;

(2)若 $S,T\in\mathscr{L}(X,X)$ 在基 B_X 下的矩阵分别为 $\boldsymbol{A}\in\mathbb{C}^{n\times n}$ 和 $\boldsymbol{B}\in\mathbb{C}^{n\times n}$,则 $ST\in\mathscr{L}(X,X)$ 在基 B_X 下的矩阵为 $\boldsymbol{AB}$.

证　(1)由题设知,在基 B_X 和 B_Y 下,$\forall x\in X$ 及 $\forall\lambda\in\mathbb{C}$,有 $Tx=\boldsymbol{A}x,Sx=\boldsymbol{B}x$,从而有 $(T+S)x=Tx+Sx=\boldsymbol{A}x+\boldsymbol{B}x=(\boldsymbol{A}+\boldsymbol{B})x$,及 $(\lambda T)x=\lambda Tx=\lambda\boldsymbol{A}x=(\lambda\boldsymbol{A})x$,故在基 B_X 和 B_Y 下,$T+S,\lambda T$ 的矩阵分别为 $\boldsymbol{A}+\boldsymbol{B}$ 和 $\lambda\boldsymbol{A}$.

(2)在 B_X 下,$\forall x\in X$ 有 $Tx=\boldsymbol{B}x\xlongequal{\text{记为}}y,Sy=\boldsymbol{A}y$,于是 $(ST)x=S(Tx)=Sy=\boldsymbol{A}y=\boldsymbol{A}(\boldsymbol{B}x)=(\boldsymbol{AB})x$,故 ST 在基 B_X 下的矩阵为 $\boldsymbol{AB}$.

习题 1

A

一、判断题

1. 设 X 是基本集合,$A,B\subset X$,则 $(A\cap B)^{C}=A^{C}\cup B^{C}$.　(　　)
2. $A\cup(B\cap C)=(A\cup B)\cap(A\cup C)$.　(　　)
3. $A\times B=B\times A$.　(　　)
4. 由全体无理数构成的集合 P 是可数的.　(　　)
5. 设 $E\subset\mathbb{R}$,则 $\sup E\in E$.　(　　)
6. 设 M_1,M_2 是线性空间 X 的子空间,则 $M_1\cup M_2$ 也是 X 的子空间.　(　　)
7. 线性空间 $P_n[a,b]$ 是 n 维的.　(　　)
8. 设 $T:X\to X,S:X\to X$ 都是线性算子,则 $S\circ T:X\to X$ 也是线性算

子. ( )

9. 线性算子 $T:X\to Y$ 的值域 $\mathscr{R}(T)$ 是 Y 的线性子空间. ( )

10. $(1,x,x^2,\cdots,x^n,\cdots)$ 是 $C[a,b]$ 的一个基. ( )

二、填空题

1. 设 X 是基本集合,$A,B\subset X$,则 $(A\cup B)^{\mathrm{C}}=$________.

2. 设 $A=\{1,2,3,4\}$,$B=\{a,b,c,d,e\}$,$A_1=\{1,3,4\}$,$B_1=\{a,c,e\}$. 若映射 $f:A\to B$ 的定义是 $f(1)=a$,$f(2)=b$,$f(3)=b$,$f(4)=e$,则

$\mathscr{D}(f)=$________,$\mathscr{R}(f)=$________,$f(A_1)=$________,$f^{-1}(B_1)=$________,$f^{-1}(b)=$________.

3. 设有映射 $f:A\to B$,若 $\mathscr{R}(f)=B$,则 f 是______射.

4. 设 $E=(-3,\sqrt{2}]$,则 $\sup E=$______,$\inf E=$______.

5. 设 $T:X\to Y$ 是线性算子,则 $T(0)=$______.

6. 设 $T\in\mathscr{L}(X,Y)$ 和 $S\in\mathscr{L}(Y,Z)$,则 $(ST)(0)=$________.

7. 设 $V=\{\Lambda=\mathrm{diag}(a_{11},a_{22},\cdots,a_{nn})\mid a_{ii}\in\mathbb{R},i=1,2,\cdots,n\}$,则 $\dim V=$______.

8. 设 Y 是线性空间 X 的子空间,则 $\mathrm{span}\,Y=$________.

B

1. 设有 $f:X\to Y$,试证:

(1) $\forall A,B\in X$,有 $f(A\cap B)\subset f(A)\cap f(B)$,当 f 是单射时 $f(A\cap B)=f(A)\cap f(B)$,并举例说明 $f(A\cap B)\subsetneqq f(A)\cap f(B)$ 是可能的;

(2) $\forall C,D\in Y$,有 $f^{-1}(C\cap D)=f^{-1}(C)\cap f^{-1}(D)$.

2. 证明 $\mathbb{R}$ 中的开区间 $(-2,2)$ 和闭区间 $[-2,2]$ 可分别表示为

$$(-2,2)=\bigcup_{n=1}^{\infty}\left[-2+\frac{1}{n},2-\frac{1}{n}\right],[-2,2]=\bigcap_{n=1}^{\infty}\left(-2-\frac{1}{n},2+\frac{1}{n}\right).$$

3. 证明:若 $\sup A$(或 $\inf A$)存在,则 $\sup A$(或 $\inf A$)必定是唯一的.

4. 证明线性空间 X 的任意多个子空间的交仍然是 X 的子空间.

5. 验证 $P_n[0,1]$ 的子集 $W=\{f\in P_n[0,1]\mid f(0)+f'(0)=0\}$ 是

$P_n[0,1]$的线性子空间,并求 $\dim W$.

6. 设 $T \in \mathscr{L}(X,Y)$,且 T 是满射. 证明:

(1)逆映射 $T^{-1}: Y \to X$ 存在的充分必要条件是若 $T(x)=0$,则必有 $x=0$;

(2)若 $T^{-1}: Y \to X$ 存在,则 T^{-1}也是线性的.

7. 任意取定$\mathbb{R}^{2\times 2}$的非零元素 $\boldsymbol{A}_0 = \begin{bmatrix} a & b \\ c & d \end{bmatrix}$,求由 $\sigma(\boldsymbol{X}) = \boldsymbol{A}_0\boldsymbol{X}$ ($\forall \boldsymbol{X} \in \mathbb{R}^{2\times 2}$) 定义的算子 σ: $\mathbb{R}^{2\times 2} \to \mathbb{R}^{2\times 2}$ 在基 $B = \left(\begin{bmatrix} 1 & 0 \\ 0 & 0 \end{bmatrix}, \begin{bmatrix} 0 & 1 \\ 0 & 0 \end{bmatrix}, \begin{bmatrix} 0 & 0 \\ 1 & 0 \end{bmatrix}, \begin{bmatrix} 0 & 0 \\ 0 & 1 \end{bmatrix}\right)$下的矩阵 $\boldsymbol{A}$.

第2章　矩阵的相似标准形

本章的主要内容是矩阵的相似标准形,它是线性代数中关于方阵对角化问题以及相似对角形的深入与推广. 讨论的方法是从方阵的特征矩阵入手,建立判别方阵相似、可对角化、求方阵的相似标准形(Jordan 标准形和有理标准形)的有效方法.

本章前两节的内容应该是在本科线性代数课程中学过. 因为它是学习相似标准形的必备知识,故将其列出. 熟悉这部分内容的读者可直接进入后续章节的学习.

§2.1　方阵的特征值与特征向量

一、特征值与特征向量的概念

定义 2.1　设 $\boldsymbol{A}=[a_{ij}]\in\mathbb{C}^{n\times n}$,若存在 $\lambda\in\mathbb{C}$ 及非零向量 $\boldsymbol{x}\in\mathbb{C}^{n}$,满足 $\boldsymbol{Ax}=\lambda\boldsymbol{x}$,则称 λ 为 $\boldsymbol{A}$ 的一个**特征值**,$\boldsymbol{x}$ 为 $\boldsymbol{A}$ 的对应于(或属于)λ 的**特征向量**. $\boldsymbol{A}$ 的所有特征值的集合称为 $\boldsymbol{A}$ 的谱,记为 $\sigma(\boldsymbol{A})$.

若将 $\boldsymbol{Ax}=\lambda\boldsymbol{x}$ 改写为 $(\lambda\boldsymbol{E}-\boldsymbol{A})\boldsymbol{x}=\boldsymbol{0}$,并设 $\boldsymbol{x}=(\xi_1,\xi_2,\cdots,\xi_n)^{\mathrm{T}}$,则有

$$\begin{bmatrix}\lambda-a_{11} & -a_{12} & \cdots & -a_{1n}\\ -a_{21} & \lambda-a_{22} & \cdots & -a_{2n}\\ \vdots & \vdots & & \vdots\\ -a_{n1} & -a_{n2} & \cdots & \lambda-a_{nn}\end{bmatrix}\begin{bmatrix}\xi_1\\ \xi_2\\ \vdots\\ \xi_n\end{bmatrix}=\begin{bmatrix}0\\ 0\\ \vdots\\ 0\end{bmatrix}.$$

由此可知:$\boldsymbol{A}$ 的对应于某个特征值 λ_i 的特征向量,就是齐次线性方程组

$$(\lambda_i \boldsymbol{E}-\boldsymbol{A})\boldsymbol{x}=\boldsymbol{0}$$

的非零解向量.

因为齐次线性方程组的解的线性组合仍然是解,故 $\boldsymbol{A}$ 的对应于 λ_i 的各个特征向量的非零的线性组合,还是 $\boldsymbol{A}$ 的对应于 λ_i 的特征向量.

含 λ 的 n 阶方阵

$$\lambda\boldsymbol{E}-\boldsymbol{A}=\begin{bmatrix}\lambda-a_{11} & -a_{12} & \cdots & -a_{1n}\\ -a_{21} & \lambda-a_{22} & \cdots & -a_{2n}\\ \vdots & \vdots & & \vdots\\ -a_{n1} & -a_{n2} & \cdots & \lambda-a_{nn}\end{bmatrix}$$

与 $\boldsymbol{A}$ 一一对应,称为 $\boldsymbol{A}$ 的**特征矩阵**.

由行列式的定义可知:特征矩阵的行列式

$$\det(\lambda\boldsymbol{E}-\boldsymbol{A})=\begin{vmatrix}\lambda-a_{11} & -a_{12} & \cdots & -a_{1n}\\ -a_{21} & \lambda-a_{22} & \cdots & -a_{2n}\\ \vdots & \vdots & & \vdots\\ -a_{n1} & -a_{n2} & \cdots & \lambda-a_{nn}\end{vmatrix}$$

是一个关于 λ 的首 1(最高次项系数为 1)的 n 次多项式,即

$$\begin{aligned}f(\lambda)&=\det(\lambda\boldsymbol{E}-\boldsymbol{A})\\ &=\lambda^n-(a_{11}+a_{22}+\cdots+a_{nn})\lambda^{n-1}+\cdots+c_{n-1}\lambda+(-1)^n\det\boldsymbol{A},\end{aligned}$$

称 $f(\lambda)=\det(\lambda\boldsymbol{E}-\boldsymbol{A})$ 为 $\boldsymbol{A}$ 的**特征多项式**.

由于齐次线性方程组 $(\lambda_i\boldsymbol{E}-\boldsymbol{A})\boldsymbol{x}=\boldsymbol{0}$ 有非零解的充要条件是其系数行列式等于零,所以 $\boldsymbol{A}$ 的特征值 λ_i 就是一元 n 次方程(也称为 $\boldsymbol{A}$ 的特征方程)

$$\det(\lambda\boldsymbol{E}-\boldsymbol{A})=\begin{vmatrix}\lambda-a_{11} & -a_{12} & \cdots & -a_{1n}\\ -a_{21} & \lambda-a_{22} & \cdots & -a_{2n}\\ \vdots & \vdots & & \vdots\\ -a_{n1} & -a_{n2} & \cdots & \lambda-a_{nn}\end{vmatrix}=0$$

的 n 个根(重根以重数计),亦即 $\boldsymbol{A}$ 的特征值就是 $\boldsymbol{A}$ 的特征多项式 $f(\lambda)$ 的 n 个零点.

归纳以上分析可知,求 $\boldsymbol{A}$ 的特征值与 $\boldsymbol{A}$ 的(一组线性无关)特征向量可按以下步骤进行.

(1)解一元 n 次方程 $\det(\lambda\boldsymbol{E}-\boldsymbol{A})=0$,得 $\boldsymbol{A}$ 的 n 个特征值 $\lambda_1,\lambda_2,\cdots,\lambda_n$;显然,三角形矩阵、对角形矩阵的特征值就是其主对角元 $a_{11},a_{22},\cdots,a_{nn}$,单位矩阵的 n 个特征值都是 1.

(2)对每一个互异的特征值 $\lambda_i\in\sigma(\boldsymbol{A})\ (i=1,2,\cdots,s,s\leqslant n)$,求齐次线性方程组

$$(\lambda_i\boldsymbol{E}-\boldsymbol{A})\boldsymbol{x}=\boldsymbol{0}$$

的一个基础解系 $\boldsymbol{x}_1^{(i)},\boldsymbol{x}_2^{(i)},\cdots,\boldsymbol{x}_{n_i}^{(i)}$.

(3)$\boldsymbol{x}_1^{(1)},\boldsymbol{x}_2^{(1)},\cdots,\boldsymbol{x}_{n_1}^{(1)},\boldsymbol{x}_1^{(2)},\boldsymbol{x}_2^{(2)},\cdots,\boldsymbol{x}_{n_2}^{(2)},\cdots,\boldsymbol{x}_1^{(s)},\boldsymbol{x}_2^{(s)},\cdots,\boldsymbol{x}_{n_s}^{(s)}$ 就是 $\boldsymbol{A}$ 的一组线性无关的特征向量.

例 2.1 求 $\boldsymbol{A}=\begin{bmatrix}-2&1&1\\0&2&0\\-4&1&3\end{bmatrix}$ 的特征值和一组线性无关的特征向量.

解 因为 $\det(\lambda\boldsymbol{E}-\boldsymbol{A})=\begin{vmatrix}\lambda+2&-1&-1\\0&\lambda-2&0\\4&-1&\lambda-3\end{vmatrix}=(\lambda-2)^2(\lambda+1)$,

故 $\boldsymbol{A}$ 的 3 个特征值为

$$\lambda_1=\lambda_2=2,\lambda_3=-1.$$

对于 $\lambda=2$,解齐次线性方程组 $(2\boldsymbol{E}-\boldsymbol{A})\boldsymbol{x}=\boldsymbol{0}$,即

$$\begin{bmatrix}4&-1&-1\\0&0&0\\4&-1&-1\end{bmatrix}\begin{bmatrix}\xi_1\\\xi_2\\\xi_3\end{bmatrix}=\begin{bmatrix}0\\0\\0\end{bmatrix},$$

亦即 $4\xi_1-\xi_2-\xi_3=0$,得 $\xi_3=4\xi_1-\xi_2$.

分别取 $\xi_1=1,\xi_2=0$ 和 $\xi_1=0,\xi_2=1$，得基础解系 $\boldsymbol{x}_1=\begin{bmatrix}1\\0\\4\end{bmatrix}$，

$\boldsymbol{x}_2=\begin{bmatrix}0\\1\\-1\end{bmatrix}$. $\boldsymbol{x}_1,\boldsymbol{x}_2$ 是 $\boldsymbol{A}$ 的对应于 $\boldsymbol{\lambda}_1=\boldsymbol{\lambda}_2=2$ 的线性无关特征向量.

对于 $\boldsymbol{\lambda}=-1$，解齐次线性方程组 $(-\boldsymbol{E}-\boldsymbol{A})\boldsymbol{x}=\boldsymbol{0}$，即

$$\begin{bmatrix}1&-1&-1\\0&-3&0\\4&-1&-4\end{bmatrix}\begin{bmatrix}\xi_1\\\xi_2\\\xi_3\end{bmatrix}=\begin{bmatrix}0\\0\\0\end{bmatrix},$$

亦即 $\begin{cases}\xi_1-\xi_2-\xi_3=0,\\-3\xi_2=0,\\4\xi_1-\xi_2-4\xi_3=0,\end{cases}$ 得 $\begin{cases}\xi_1=\xi_3,\\\xi_2=0.\end{cases}$

取 $\xi_3=1$，得基础解系 $\boldsymbol{x}_3=\begin{bmatrix}1\\0\\1\end{bmatrix}$. $\boldsymbol{x}_3$ 是 $\boldsymbol{A}$ 的对应于 $\boldsymbol{\lambda}_3=-1$ 的线性无关特征向量.

所以 $\boldsymbol{x}_1=\begin{bmatrix}1\\0\\4\end{bmatrix},\boldsymbol{x}_2=\begin{bmatrix}0\\1\\-1\end{bmatrix},\boldsymbol{x}_3=\begin{bmatrix}1\\0\\1\end{bmatrix}$ 是 $\boldsymbol{A}$ 的一组线性无关的特征向量.

二、有关特征值与特征向量的重要结论

(1) n 阶方阵 $\boldsymbol{A}$ 必有 n 个特征值 $\boldsymbol{\lambda}_1,\boldsymbol{\lambda}_2,\cdots,\boldsymbol{\lambda}_n\in\mathbb{C}$（$k$ 重的算 k 个），实矩阵的特征值也可能是复数，其特征向量可能是复向量；显然，三角形矩阵（包括对角矩阵）的特征值就是它的主对角元素.

(2) 设 $\boldsymbol{\lambda}_1,\boldsymbol{\lambda}_2,\cdots,\boldsymbol{\lambda}_n$ 是 $\boldsymbol{A}\in\mathbb{C}^{n\times n}$ 的 n 个特征值，则 $\prod\limits_{i=1}^{n}\boldsymbol{\lambda}_i=\det\boldsymbol{A}$，

$\sum_{i=1}^{n} \lambda_i = \mathrm{tr}\boldsymbol{A}$（其中 $\mathrm{tr}\boldsymbol{A} = a_{11} + a_{22} + \cdots + a_{nn}$ 称为方阵 $\boldsymbol{A}$ 的迹）.

(3) $\boldsymbol{A} \in \mathbb{C}^{n\times n}$ 的对应于不同特征值的特征向量线性无关.

(4) 设 $g(\boldsymbol{A}) = b_0\boldsymbol{A}^m + b_1\boldsymbol{A}^{m-1} + \cdots + b_{m-1}\boldsymbol{A} + b_m\boldsymbol{E}$ 是 $\boldsymbol{A} \in \mathbb{C}^{n\times n}$ 的任一多项式. 若 λ 是 $\boldsymbol{A}$ 的任一特征值，$\boldsymbol{x} \in \mathbb{C}^n$ 是对应于 λ 的特征向量，则 $g(\lambda) = b_0\lambda^m + b_1\lambda^{m-1} + \cdots + b_{m-1}\lambda + b_m$ 是 $g(\boldsymbol{A})$ 的特征值，$\boldsymbol{x}$ 仍是 $g(\boldsymbol{A})$ 的对应于 $g(\lambda)$ 的特征向量.

(5) 设 $\boldsymbol{A} \in \mathbb{C}^{n\times n}$ 可逆，若 λ 是 $\boldsymbol{A}$ 的任一特征值（显然 $\lambda \neq 0$），$\boldsymbol{x} \in \mathbb{C}^n$ 是对应于 λ 的特征向量，则 $\frac{1}{\lambda}$ 是 $\boldsymbol{A}^{-1}$ 的特征值，$\boldsymbol{x}$ 仍是 $\boldsymbol{A}^{-1}$ 的对应于 $\frac{1}{\lambda}$ 的特征向量；$\frac{\det \boldsymbol{A}}{\lambda}$ 是 $\mathrm{adj}\,\boldsymbol{A}$ 的特征值，$\boldsymbol{x}$ 是 $\mathrm{adj}\,\boldsymbol{A}$ 的对应于 $\frac{\det \boldsymbol{A}}{\lambda}$ 的特征向量.

§2.2 相似矩阵

一、相似矩阵及其性质

由 §1.5 我们知道：n 维线性空间 X 上的线性变换 $T: X \to X$ 在不同基下的矩阵（n 阶方阵）是不同的. 但它们既然都是 T 的矩阵，就必然有某种关系，这种“关系”就是下面要介绍的“相似”.

定义 2.2 设 $\boldsymbol{A}, \boldsymbol{B} \in \mathbb{C}^{n\times n}$，若存在可逆矩阵 $\boldsymbol{P} \in \mathbb{C}^{n\times n}$ 使得 $\boldsymbol{P}^{-1}\boldsymbol{A}\boldsymbol{P} = \boldsymbol{B}$，则称 $\boldsymbol{A}$ 与 $\boldsymbol{B}$ **相似**，记为 $\boldsymbol{A} \sim \boldsymbol{B}$. 可逆矩阵 $\boldsymbol{P}$ 通常称为相似变换矩阵.

容易验证，n 阶方阵间的相似“~”关系是集合 $\mathbb{C}^{n\times n}$ 上的一种“等价关系”，即“~”具有下列 3 个性质：

(1)（自反性）$\boldsymbol{A} \sim \boldsymbol{A}$；

(2)（对称性）$\boldsymbol{A} \sim \boldsymbol{B} \Rightarrow \boldsymbol{B} \sim \boldsymbol{A}$；

(3)（传递性）$\boldsymbol{A} \sim \boldsymbol{B}, \boldsymbol{B} \sim \boldsymbol{C} \Rightarrow \boldsymbol{A} \sim \boldsymbol{C}$.

定理 2.1　n 维线性空间 X 上的线性变换 $T:X\to X$ 在不同基下的矩阵是相似的.(证明可参见本科教材《线性代数》.)

注意:按照定义判断两个同阶方阵是否相似,一般是很困难的.

定理 2.2　设 $\boldsymbol{A},\boldsymbol{B}\in\mathbb{C}^{n\times n}$,若 $\boldsymbol{A}\sim\boldsymbol{B}$,则

(1)$\boldsymbol{A}$ 与 $\boldsymbol{B}$ 有相同的特征多项式,从而有相同的特征值,反之不真;

(2)$\det\boldsymbol{A}=\det\boldsymbol{B}$, $\operatorname{tr}\boldsymbol{A}=\operatorname{tr}\boldsymbol{B}$,反之不真;

(3)$\operatorname{rank}\boldsymbol{A}=\operatorname{rank}\boldsymbol{B}$,反之不真;

(4)$g(\boldsymbol{A})\sim g(\boldsymbol{B})$(其中 $g(\lambda)$ 为多项式),特别地,$\boldsymbol{A}^m\sim\boldsymbol{B}^m$ $(m\in\mathbb{N})$,$k\boldsymbol{A}\sim k\boldsymbol{B}(k\in\mathbb{C})$;

(5)$\boldsymbol{A}^{\mathrm{T}}\sim\boldsymbol{B}^{\mathrm{T}}$;

(6)当 $\boldsymbol{A},\boldsymbol{B}$ 均可逆时,$\boldsymbol{A}^{-1}\sim\boldsymbol{B}^{-1}$.

(以后还会介绍相似矩阵的一些性质,请自己归纳补充.)

证　作为例子,我们证明(1)、(4)、(5),其余请自己证明.

(1)因为 $\boldsymbol{A}\sim\boldsymbol{B}$,即存在可逆矩阵 $\boldsymbol{P}\in\mathbb{C}^{n\times n}$,使得 $\boldsymbol{P}^{-1}\boldsymbol{AP}=\boldsymbol{B}$,所以

$$\begin{aligned}f_{\boldsymbol{B}}(\lambda)&=|\lambda\boldsymbol{E}-\boldsymbol{B}|=|\lambda\boldsymbol{E}-\boldsymbol{P}^{-1}\boldsymbol{AP}|=|\boldsymbol{P}^{-1}(\lambda\boldsymbol{E}-\boldsymbol{A})\boldsymbol{P}|\\&=|\boldsymbol{P}^{-1}|\,|\lambda\boldsymbol{E}-\boldsymbol{A}|\,|\boldsymbol{P}|=|\lambda\boldsymbol{E}-\boldsymbol{A}|=f_{\boldsymbol{A}}(\lambda).\end{aligned}$$

(4)设 $g(\boldsymbol{A})=b_0\boldsymbol{A}^m+b_1\boldsymbol{A}^{m-1}+\cdots+b_{m-1}\boldsymbol{A}+b_m\boldsymbol{E}$. 因为 $\boldsymbol{A}\sim\boldsymbol{B}$,即存在可逆矩阵 $\boldsymbol{P}\in\mathbb{C}^{n\times n}$,使得 $\boldsymbol{P}^{-1}\boldsymbol{AP}=\boldsymbol{B}$,且 $(\boldsymbol{P}^{-1}\boldsymbol{AP})^k=\boldsymbol{P}^{-1}\boldsymbol{A}^k\boldsymbol{P}$ $(\forall k\in\mathbb{N})$,所以

$$\begin{aligned}g(\boldsymbol{B})&=b_0\boldsymbol{P}^{-1}\boldsymbol{A}^m\boldsymbol{P}+b_1\boldsymbol{P}^{-1}\boldsymbol{A}^{m-1}\boldsymbol{P}+\cdots+b_{m-1}\boldsymbol{P}^{-1}\boldsymbol{AP}+b_m\boldsymbol{E}\\&=\boldsymbol{P}^{-1}(b_0\boldsymbol{A}^m+b_1\boldsymbol{A}^{m-1}+\cdots+b_{m-1}\boldsymbol{A}+b_m\boldsymbol{E})\boldsymbol{P}\\&=\boldsymbol{P}^{-1}g(\boldsymbol{A})\boldsymbol{P},\end{aligned}$$

即　$g(\boldsymbol{A})\sim g(\boldsymbol{B})$.

(5)因为 $\boldsymbol{A}\sim\boldsymbol{B}$,即存在可逆矩阵 $\boldsymbol{P}\in\mathbb{C}^{n\times n}$,使得 $\boldsymbol{P}^{-1}\boldsymbol{AP}=\boldsymbol{B}$,于是

$$(\boldsymbol{P}^{-1}\boldsymbol{AP})^{\mathrm{T}}=\boldsymbol{B}^{\mathrm{T}}.$$

而　$(\boldsymbol{P}^{-1}\boldsymbol{AP})^{\mathrm{T}}=\boldsymbol{P}^{\mathrm{T}}\boldsymbol{A}^{\mathrm{T}}(\boldsymbol{P}^{-1})^{\mathrm{T}}=\boldsymbol{P}^{\mathrm{T}}\boldsymbol{A}^{\mathrm{T}}(\boldsymbol{P}^{\mathrm{T}})^{-1}$,

所以 $\boldsymbol{P}^{\mathrm{T}}\boldsymbol{A}^{\mathrm{T}}(\boldsymbol{P}^{\mathrm{T}})^{-1}=\boldsymbol{B}^{\mathrm{T}}$. 显然 $\boldsymbol{P}^{\mathrm{T}}\in\mathbb{C}^{n\times n}$可逆,故 $\boldsymbol{A}^{\mathrm{T}}\sim\boldsymbol{B}^{\mathrm{T}}$.

二、方阵的相似对角形

用$\mathbb{C}^{n\times n}$上的"~"关系，将$\mathbb{C}^{n\times n}$的全部元素（n阶方阵）分成若干个"等价类"，各个等价类互不相交. 同一等价类中的各方阵彼此相似，从而有许多共同的性质（见定理2.2），因此在研究这些共同性质时，只需对其中的一个进行讨论即可. 当然我们应选择形式最为简单的那个方阵作为"代表"，这样的"代表"就称为标准形. 由于是按相似关系划分的等价类，故将其称为"相似标准形".

对角形矩阵是形式最简单的方阵，若某类能找到对角形矩阵作为代表，则称此对角形矩阵为其相似对角形. 值得注意的是，不是每个相似等价类都具有相似对角形.

定义 2.3 若$\boldsymbol{A}\in\mathbb{C}^{n\times n}$能与一个对角形矩阵$\boldsymbol{\Lambda}=\mathrm{diag}(\lambda_1,\lambda_2,\cdots,\lambda_n)$相似，即存在可逆矩阵$\boldsymbol{P}\in\mathbb{C}^{n\times n}$，使得$\boldsymbol{P}^{-1}\boldsymbol{A}\boldsymbol{P}=\boldsymbol{\Lambda}$，则称$\boldsymbol{A}$ **可对角化**，并称$\boldsymbol{\Lambda}$是$\boldsymbol{A}$的**相似对角形**.

定理 2.3 $\boldsymbol{A}\in\mathbb{C}^{n\times n}$可对角化的充要条件是$\boldsymbol{A}$有$n$个线性无关的特征向量.

证 必要性. 设$\boldsymbol{A}\sim\boldsymbol{\Lambda}=\mathrm{diag}(\lambda_1,\lambda_2,\cdots,\lambda_n)$，即存在可逆矩阵$\boldsymbol{P}\in\mathbb{C}^{n\times n}$，使得$\boldsymbol{P}^{-1}\boldsymbol{A}\boldsymbol{P}=\mathrm{diag}(\lambda_1,\lambda_2,\cdots,\lambda_n)$，于是$\boldsymbol{A}\boldsymbol{P}=\boldsymbol{P}\mathrm{diag}(\lambda_1,\lambda_2,\cdots,\lambda_n)$. 若记$\boldsymbol{P}=[\boldsymbol{x}_1,\boldsymbol{x}_2,\cdots,\boldsymbol{x}_n]$，其中$\boldsymbol{x}_j(j=1,2,\cdots,n)$是$\boldsymbol{P}$的第$j$个列向量，则有

$$\boldsymbol{A}[\boldsymbol{x}_1,\boldsymbol{x}_2,\cdots,\boldsymbol{x}_n]=[\boldsymbol{x}_1,\boldsymbol{x}_2,\cdots,\boldsymbol{x}_n]\begin{bmatrix}\lambda_1 & & & \\ & \lambda_2 & & \\ & & \ddots & \\ & & & \lambda_n\end{bmatrix},$$

即 $$[\boldsymbol{A}\boldsymbol{x}_1,\boldsymbol{A}\boldsymbol{x}_2,\cdots,\boldsymbol{A}\boldsymbol{x}_n]=[\lambda_1\boldsymbol{x}_1,\lambda_2\boldsymbol{x}_2,\cdots,\lambda_n\boldsymbol{x}_n].$$

由此得 $\boldsymbol{A}\boldsymbol{x}_j=\lambda_j\boldsymbol{x}_j(j=1,2,\cdots,n)$.

这表明λ_j是$\boldsymbol{A}$的第j个特征值，而$\boldsymbol{P}$的第j个列向量$\boldsymbol{x}_j$就是$\boldsymbol{A}$的对应于λ_j的特征向量$(j=1,2,\cdots,n)$. 由于$\boldsymbol{P}$是可逆（即满秩）的，故

$\boldsymbol{x}_1,\boldsymbol{x}_2,\cdots,\boldsymbol{x}_n$ 是 $\boldsymbol{A}$ 的 n 个线性无关的特征向量.

充分性. 设 $\boldsymbol{x}_1,\boldsymbol{x}_2,\cdots,\boldsymbol{x}_n$ 是 $\boldsymbol{A}$ 对应于 $\lambda_1,\lambda_2,\cdots,\lambda_n$ 的 n 个线性无关的特征向量,即 $\boldsymbol{A}\boldsymbol{x}_j=\lambda_j\boldsymbol{x}_j(j=1,2,\cdots,n)$. 构造矩阵 $\boldsymbol{P}=[\boldsymbol{x}_1,\boldsymbol{x}_2,\cdots,\boldsymbol{x}_n]$,则 $\boldsymbol{P}\in\mathbb{C}^{n\times n}$可逆. 且有

$$\begin{aligned}\boldsymbol{AP}&=\boldsymbol{A}[\boldsymbol{x}_1,\boldsymbol{x}_2,\cdots,\boldsymbol{x}_n]=[\boldsymbol{A}\boldsymbol{x}_1,\boldsymbol{A}\boldsymbol{x}_2,\cdots,\boldsymbol{A}\boldsymbol{x}_n]\\&=[\lambda_1\boldsymbol{x}_1,\lambda_2\boldsymbol{x}_2,\cdots,\lambda_n\boldsymbol{x}_n]\\&=[\boldsymbol{x}_1,\boldsymbol{x}_2,\cdots,\boldsymbol{x}_n]\begin{bmatrix}\lambda_1&&&\\&\lambda_2&&\\&&\ddots&\\&&&\lambda_n\end{bmatrix}\\&=\boldsymbol{P}\mathrm{diag}(\lambda_1,\lambda_2,\cdots,\lambda_n),\end{aligned}$$

从而有 $\boldsymbol{P}^{-1}\boldsymbol{AP}=\mathrm{diag}(\lambda_1,\lambda_2,\cdots,\lambda_n)$,即 $\boldsymbol{A}$ 可对角化,且其相似对角形的主对角元就是 $\boldsymbol{A}$ 的 n 个特征值.

由定理2.3及其证明过程,立即可得下面的推论.

推论1　若 $\boldsymbol{A}\in\mathbb{C}^{n\times n}$有 n 个互不相同的特征值,则 $\boldsymbol{A}$ 可对角化.

推论2　若 $\boldsymbol{A}\sim\boldsymbol{\Lambda}=\mathrm{diag}(\lambda_1,\lambda_2,\cdots,\lambda_n)$,则 $\lambda_1,\lambda_2,\cdots,\lambda_n$ 就是 $\boldsymbol{A}$ 的 n 个特征值,而 $\boldsymbol{A}$ 的属于 $\lambda_1,\lambda_2,\cdots,\lambda_n$ 的 n 个线性无关的特征向量 $\boldsymbol{x}_1,\boldsymbol{x}_2,\cdots,\boldsymbol{x}_n$ 即为 $\boldsymbol{P}$ 的 n 个列向量,并且 $\boldsymbol{x}_1,\boldsymbol{x}_2,\cdots,\boldsymbol{x}_n$ 在 $\boldsymbol{P}$ 中的次序与 $\lambda_1,\lambda_2,\cdots,\lambda_n$ 在 $\boldsymbol{\Lambda}$ 中的次序是一致的.

例2.2　设 $\boldsymbol{A}=\begin{bmatrix}-2&1&1\\0&2&0\\-4&1&3\end{bmatrix}$. 证明 $\boldsymbol{A}$ 可对角化,并求 $\boldsymbol{A}$ 的相似对角形及相应的相似变换矩阵.

解　由例2.1知,$\boldsymbol{A}$ 有3个线性无关的特征向量,$\boldsymbol{x}_1=\begin{bmatrix}1\\0\\4\end{bmatrix}$, $\boldsymbol{x}_2=\begin{bmatrix}0\\1\\-1\end{bmatrix}$,$\boldsymbol{x}_3=\begin{bmatrix}1\\0\\1\end{bmatrix}$,故 $\boldsymbol{A}$ 可对角化. 由于 $\boldsymbol{x}_1,\boldsymbol{x}_2,\boldsymbol{x}_3$ 是分别对应于特征

值2,2,−1 的特征向量,故 $\boldsymbol{A}$ 的相似对角形为 $\boldsymbol{\Lambda}=\mathrm{diag}(2,2,-1)$,相应的相似矩阵 $\boldsymbol{P}=\begin{bmatrix}1 & 0 & 1\\ 0 & 1 & 0\\ 4 & -1 & 1\end{bmatrix}$.

思考题:使 $\boldsymbol{A}$ 对角化的相似矩阵,即 $\boldsymbol{P}^{-1}\boldsymbol{A}\boldsymbol{P}=\mathrm{diag}(\lambda_1,\lambda_2,\cdots,\lambda_n)$ 中的 $\boldsymbol{P}$ 是唯一的吗?

§2.3 多项式矩阵及其 Smith 标准形

关于矩阵的相似,至少有以下两个重要问题还没有解决:

(1)给定 $\boldsymbol{A},\boldsymbol{B}\in\mathbb{C}^{n\times n}$,如何判定它们是否相似;

(2)任意 $\boldsymbol{A}\in\mathbb{C}^{n\times n}$ 的相似标准形是什么,如何求.

此外,还有是否存在判定 $\boldsymbol{A}\in\mathbb{C}^{n\times n}$ 可对角化的比较简单的方法等问题.

上述问题可借助多项式矩阵的有关理论加以解决.

一、多项式的有关概念

1. 多项式的次数

设有多项式

$$p(x)=a_0x^n+a_1x^{n-1}+\cdots+a_{n-1}x+a_n.$$

若 $a_0\neq0$,则称 $p(x)$ 是 n 次的,记为 $\deg p(x)=n$;一个非零的常数 $c\neq0$ 叫做零次多项式;数 0 称为零多项式,对零多项式不言次数.

$p(x)=a_0x^n+a_1x^{n-1}+\cdots+a_{n-1}x+a_n$ 是零多项式,当且仅当 $p(x)\equiv0$,当且仅当 $a_0=a_1=\cdots=a_{n-1}=a_n=0$.

若一个多项式的最高次项的系数是 1,则称其为首 1 多项式. 例如 $\boldsymbol{A}\in\mathbb{C}^{n\times n}$ 的特征多项式 $f(\lambda)=\det(\lambda\boldsymbol{E}-\boldsymbol{A})$ 就是首 1 的 n 次多项式. 首 1 的零次多项式就是常数 1.

2. 多项式的因式、整除、公因式、最高公因式

设有 x 的多项式 $p(x),q(x),g(x),r(x)$.

(1)若 $p(x)=g(x)q(x)$,则称 $g(x)$,$q(x)$ 是 $p(x)$ 的因式,也称 $p(x)$ 能被 $g(x)$(同样能被 $q(x)$)整除,记为 $g(x)\mid p(x)$.

(2)若 $p(x)=g(x)q(x)+r(x)$,其中 $r(x)$ 是一个非零多项式,且 $\deg r(x)<\deg g(x)$,则 $p(x)$ 不能被 $g(x)$ 整除,并称 $r(x)$ 为余式,$q(x)$ 为商式. 显然 $p(x)$ 能被 $g(x)$ 整除,当且仅当 $r(x)$ 是零多项式,即 $r(x)\equiv 0$.

(3)若多项式 $d(x)$ 同时是多项式 $p_1(x),p_2(x),\cdots,p_t(x)$ 的因式,则称 $d(x)$ 为 $p_1(x),p_2(x),\cdots,p_t(x)$ 的公因式. 例如,$x-1$ 是 x^4-2x^2+1 和 $(x-1)^3$ 的公因式. $2(x-1)$,$(x-1)^2$ 也是 x^4-2x^2+1 与 $(x-1)^3$ 的公因式.

(4)$p_1(x),p_2(x),\cdots,p_t(x)$ 的全部公因式中次数最高的公因式称为最高公因式;显然最高公因式是不唯一的,但首1的最高公因式是唯一的.

(5)当 $p_1(x),p_2(x),\cdots,p_t(x)$ 没有公因式时,就称它们是互质的. 也可以认为互质的多项式的首1(最高)公因式是1.

3. 多项式的零点

设 $f(x)$ 是 n 次多项式,若 $\exists x_i\in\mathbb{C}$,使得 $f(x_i)=0$,则称 x_i 是多项式 $f(x)$ 的一个零点(即 x_i 是方程 $f(x)=0$ 的根).

关于多项式的零点有如下结论:

(1)n 次多项式必定有 n 个零点(重零点按重数计);

(2)多项式的零点可能是实数,也可能是复数;

(3)实系数多项式的复零点是成对出现的(若 $a+b\mathrm{i}$ 是其零点,则 $a-b\mathrm{i}$ 也必为其零点),因此奇数次实系数多项式至少有一个实零点;

(4)若 $\boldsymbol{\lambda}_1,\boldsymbol{\lambda}_2,\cdots,\boldsymbol{\lambda}_s$ 分别是首1的 n 次多项式 $f(\boldsymbol{\lambda})$ 的 $m_1,m_2,\cdots,m_s$ 重零点(其中 $1\leqslant s\leqslant n$,$m_1+m_2+\cdots+m_s=n$),则在复数域上可将 $f(\boldsymbol{\lambda})$ 分解为 s 个一次式 $(\boldsymbol{\lambda}-\boldsymbol{\lambda}_j)$ 的方幂的乘积:

$$f(\boldsymbol{\lambda})=(\boldsymbol{\lambda}-\boldsymbol{\lambda}_1)^{m_1}(\boldsymbol{\lambda}-\boldsymbol{\lambda}_2)^{m_2}\cdots(\boldsymbol{\lambda}-\boldsymbol{\lambda}_s)^{m_s}.$$

二、多项式矩阵

以 λ 的多项式(包括零多项式)为元素的矩阵,称为**多项式矩阵**或**λ - 矩阵**,通常记为 $\boldsymbol{A}(\lambda),\boldsymbol{B}(\lambda),\cdots$. 相应地,以前遇到的以常数为元素的矩阵叫做**数字矩阵**. 当然,数字矩阵也可看作是多项式矩阵. 为简便起见,我们引入下列记号:

$\mathbb{R}[\lambda]^{m\times n}$——元素为实系数多项式的 $m\times n$ 阶多项式矩阵的集合;

$\mathbb{C}[\lambda]^{m\times n}$——元素为复系数多项式的 $m\times n$ 阶多项式矩阵的集合;

$\mathbb{K}[\lambda]^{m\times n}$——元素为实或复系数多项式的 $m\times n$ 阶多项式矩阵的集合.

多项式矩阵的运算的定义及所遵从的规律,均同数字矩阵.

n 阶多项式矩阵的行列式的定义也与数字矩阵相同,即 $\boldsymbol{A}(\lambda)=[a_{ij}(\lambda)]\in\mathbb{K}[\lambda]^{n\times n}$ 的行列式为

$$\det \boldsymbol{A}(\lambda)=\sum_{j_1j_2\cdots j_n}(-1)^{\tau(j_1j_2\cdots j_n)}a_{1j_1}(\lambda)a_{2j_2}(\lambda)\cdots a_{nj_n}(\lambda),$$

它是 λ 的多项式(包括零次多项式和零多项式).

多项式矩阵的各阶子式、元素的余子式和代数余子式的定义也与数字矩阵相同,它们都是 λ 的多项式(包括零次多项式和零多项式).

同样,n 阶方阵 $\boldsymbol{A}(\lambda)=[a_{ij}(\lambda)]\in\mathbb{K}[\lambda]^{n\times n}$ 的伴随矩阵为

$$\operatorname{adj}\boldsymbol{A}(\lambda)=\begin{bmatrix}A_{11}(\lambda) & A_{21}(\lambda) & \cdots & A_{n1}(\lambda)\\ A_{12}(\lambda) & A_{22}(\lambda) & \cdots & A_{n2}(\lambda)\\ \vdots & \vdots & & \vdots\\ A_{1n}(\lambda) & A_{2n}(\lambda) & \cdots & A_{nn}(\lambda)\end{bmatrix},$$

其中 $A_{ij}(\lambda)$ 是元素 $a_{ij}(\lambda)$ 的代数余子式.

同数字矩阵一样,当 $\boldsymbol{A}(\lambda)\in\mathbb{K}[\lambda]^{m\times n}$ 的行数 m 或列数 n 较大时,为便于运算,也常常将其进行“分块”. 分块多项式矩阵的运算及注

意事项均与数字矩阵相同. 也有分块对角形及准对角形矩阵的概念.

$$\boldsymbol{A}(\lambda)=\begin{bmatrix}\boldsymbol{A}_1(\lambda) & & & \\ & \boldsymbol{A}_2(\lambda) & & \\ & & \ddots & \\ & & & \boldsymbol{A}_s(\lambda)\end{bmatrix}$$

称为分块对角形矩阵. 若 $\boldsymbol{A}(\lambda)$ 是 n 阶方阵,且其中每个子块 $\boldsymbol{A}_i(\lambda)$ 也都是方阵,则称 $\boldsymbol{A}(\lambda)$ 是准对角形矩阵.

但是关于多项式矩阵的秩与多项式矩阵的逆等概念及结论,却与数字矩阵不尽相同.

定义 2.4 若 $\boldsymbol{A}(\lambda)\in\mathbb{K}[\lambda]^{m\times n}$ 有一个 $r(1\leqslant r\leqslant\min\{m,n\})$ 阶子式是非零多项式,而所有 $r+1$ 阶子式(如果有的话)都是零多项式,则称 r 为 $\boldsymbol{A}(\lambda)$ 的**秩**,记为 $\operatorname{rank}\boldsymbol{A}(\lambda)=r$,规定 $\operatorname{rank}\boldsymbol{O}=0$.

若 $\boldsymbol{A}(\lambda)\in\mathbb{K}[\lambda]^{n\times n}$ 的秩等于 n,则称 $\boldsymbol{A}(\lambda)$ 是**满秩**的. 显然 $\boldsymbol{A}(\lambda)\in\mathbb{K}[\lambda]^{n\times n}$ 满秩,当且仅当 $\det\boldsymbol{A}(\lambda)$ 是非零多项式(此时也称 $\boldsymbol{A}(\lambda)$ 是**非奇异**的).

由定义可知, $\forall\boldsymbol{A}\in\mathbb{C}^{n\times n}$, $\operatorname{rank}(\lambda\boldsymbol{E}-\boldsymbol{A})=n$,即 $\lambda\boldsymbol{E}-\boldsymbol{A}$ 是满秩的,自然也是非奇异的.

定义 2.5 设 $\boldsymbol{A}(\lambda)\in\mathbb{K}[\lambda]^{n\times n}$,若 $\exists\boldsymbol{B}(\lambda)\in\mathbb{K}[\lambda]^{n\times n}$,使得 $\boldsymbol{A}(\lambda)\boldsymbol{B}(\lambda)=\boldsymbol{B}(\lambda)\boldsymbol{A}(\lambda)=\boldsymbol{E}$,则称 $\boldsymbol{A}(\lambda)$ 是**可逆的**或单模态的, $\boldsymbol{B}(\lambda)$ 称为 $\boldsymbol{A}(\lambda)$ 的**逆矩阵**, $\boldsymbol{A}(\lambda)$ 的逆矩阵记为 $\boldsymbol{A}^{-1}(\lambda)$.

定理 2.4 $\boldsymbol{A}(\lambda)\in\mathbb{K}[\lambda]^{n\times n}$ 可逆的充要条件是 $\det\boldsymbol{A}(\lambda)$ 是一个非零的常数. 可逆时

$$\boldsymbol{A}^{-1}(\lambda)=\frac{\operatorname{adj}\boldsymbol{A}(\lambda)}{\det\boldsymbol{A}(\lambda)}.$$

证 必要性. 设 $\boldsymbol{A}(\lambda)\in\mathbb{K}[\lambda]^{n\times n}$,可逆则 $\boldsymbol{A}(\lambda)\boldsymbol{A}^{-1}(\lambda)=\boldsymbol{E}$,两边取行列式得

$$\det\boldsymbol{A}(\lambda)\cdot\det\boldsymbol{A}^{-1}(\lambda)=1.$$

因为 $\det\boldsymbol{A}(\lambda)$ 和 $\det\boldsymbol{A}^{-1}(\lambda)$ 都是 λ 的多项式,且它们的乘积等于

1,故它们都是零次多项式,于是 det $\boldsymbol{A}(\lambda)$是非零常数.

充分性. 设 det $\boldsymbol{A}(\lambda)=c\neq0$,$\boldsymbol{A}(\lambda)$的伴随矩阵为 adj $\boldsymbol{A}(\lambda)$,则

$$\boldsymbol{A}(\lambda)\cdot\frac{1}{c}\operatorname{adj}\boldsymbol{A}(\lambda)$$

$$=\begin{bmatrix} a_{11}(\lambda) & a_{12}(\lambda) & \cdots & a_{1n}(\lambda)\\ a_{21}(\lambda) & a_{22}(\lambda) & \cdots & a_{2n}(\lambda)\\ \vdots & \vdots & & \vdots\\ a_{n1}(\lambda) & a_{n2}(\lambda) & \cdots & a_{nn}(\lambda)\end{bmatrix}\frac{1}{c}\begin{bmatrix} A_{11}(\lambda) & A_{21}(\lambda) & \cdots & A_{n1}(\lambda)\\ A_{12}(\lambda) & A_{22}(\lambda) & \cdots & A_{n2}(\lambda)\\ \vdots & \vdots & & \vdots\\ A_{1n}(\lambda) & A_{2n}(\lambda) & \cdots & A_{nn}(\lambda)\end{bmatrix}$$

$$=\frac{1}{c}\begin{bmatrix} \sum_{k=1}^{n} a_{1k}(\lambda)A_{1k}(\lambda) & \sum_{k=1}^{n} a_{1k}(\lambda)A_{2k}(\lambda) & \cdots & \sum_{k=1}^{n} a_{1k}(\lambda)A_{nk}(\lambda)\\ \sum_{k=1}^{n} a_{2k}(\lambda)A_{1k}(\lambda) & \sum_{k=1}^{n} a_{2k}(\lambda)A_{2k}(\lambda) & \cdots & \sum_{k=1}^{n} a_{2k}(\lambda)A_{nk}(\lambda)\\ \vdots & \vdots & & \vdots\\ \sum_{k=1}^{n} a_{nk}(\lambda)A_{1k}(\lambda) & \sum_{k=1}^{n} a_{nk}(\lambda)A_{2k}(\lambda) & \cdots & \sum_{k=1}^{n} a_{nk}(\lambda)A_{nk}(\lambda)\end{bmatrix}$$

$$=\frac{1}{c}\begin{bmatrix} c & 0 & \cdots & 0\\ 0 & c & \cdots & 0\\ \vdots & \vdots & & \vdots\\ 0 & 0 & \cdots & c\end{bmatrix}=\begin{bmatrix} 1 & 0 & \cdots & 0\\ 0 & 1 & \cdots & 0\\ \vdots & \vdots & & \vdots\\ 0 & 0 & \cdots & 1\end{bmatrix}=\boldsymbol{E},$$

类似地有$\frac{1}{c}\operatorname{adj}\boldsymbol{A}(\lambda)\cdot\boldsymbol{A}(\lambda)=\boldsymbol{E}$,由定义知$\boldsymbol{A}(\lambda)$可逆,且

$$\boldsymbol{A}^{-1}(\lambda)=\frac{1}{c}\operatorname{adj}\boldsymbol{A}(\lambda)=\frac{\operatorname{adj}\boldsymbol{A}(\lambda)}{\det\boldsymbol{A}(\lambda)}.$$

由定理 2.4 知,$\forall \boldsymbol{A}\in\mathbb{C}^{n\times n}$,$\lambda\boldsymbol{E}-\boldsymbol{A}$ 不可逆.

推论 若$\boldsymbol{A}(\lambda)\in\mathbb{K}[\lambda]^{n\times n}$可逆,则$\boldsymbol{A}(\lambda)$必然非奇异(满秩);反之不真.

这表明对数字矩阵成立的结论"$\boldsymbol{A}\in\mathbb{C}^{n\times n}$可逆,当且仅当$\boldsymbol{A}$ 非奇异(满秩)",对一般多项式矩阵不再成立.

三、多项式矩阵的初等变换

初等变换是研究数字矩阵的重要手段和方法，比如可以用初等变换求矩阵的简化（行）阶梯形及秩、方阵的逆矩阵等. 初等变换对于一般多项式矩阵的研究显得更为重要.

定义 2.6　下列三种变换称为多项式矩阵的初等行（列）变换：

（1）交换多项式矩阵的两行（列），记为

$$\boldsymbol{A}(\lambda)\xrightarrow{[i,j]}\boldsymbol{B}(\lambda)\left(\boldsymbol{A}(\lambda)\xrightarrow[{[i,j]}]{}\boldsymbol{B}(\lambda)\right);$$

（2）多项式矩阵的某一行（列）乘以不为零的常数 a，记为

$$\boldsymbol{A}(\lambda)\xrightarrow{[i(a)]}\boldsymbol{B}(\lambda)\left(\boldsymbol{A}(\lambda)\xrightarrow[{[i(a)]}]{}\boldsymbol{B}(\lambda)\right);$$

（3）将多项式矩阵的某一行（列）乘以多项式 $\varphi(\lambda)$ 后加到另一行（列）上去，记为

$$\boldsymbol{A}(\lambda)\xrightarrow{[i+j(\varphi(\lambda))]}\boldsymbol{B}(\lambda)\left(\boldsymbol{A}(\lambda)\xrightarrow[{[i+j(\varphi(\lambda))]}]{}\boldsymbol{B}(\lambda)\right).$$

初等行变换与初等列变换统称为**初等变换**.

单位矩阵经过一次初等变换所得到的矩阵称为**初等矩阵**. 初等矩阵共有 3 类：

$$(1)\begin{bmatrix}1&&&&&&\\&\ddots&&&&&\\&&1&&&&\\&&&\ddots&&&\\&&&&1&&\\&&&&&\ddots&\\&&&&&&1\end{bmatrix}\xrightarrow[{[i,j]}]{[i,j]}\begin{bmatrix}1&&&&&&\\&\ddots&&&&&\\&&0&\cdots&1&&\\&&\vdots&\ddots&\vdots&&\\&&1&\cdots&0&&\\&&&&&\ddots&\\&&&&&&1\end{bmatrix}=\boldsymbol{P}(i,j);$$

$$(2)\begin{bmatrix}1 & & & & & \\ & \ddots & & & & \\ & & 1 & & & \\ & & & \ddots & & \\ & & & & 1 & \\ & & & & & \ddots & \\ & & & & & & 1\end{bmatrix}\xrightarrow[{[i(a)]}]{[i(a)]}\begin{bmatrix}1 & & & & & \\ & \ddots & & & & \\ & & a & & & \\ & & & \ddots & & \\ & & & & 1 & \\ & & & & & \ddots & \\ & & & & & & 1\end{bmatrix}=\boldsymbol{P}(i(a));$$

$$(3)\begin{bmatrix}1 & & & & & \\ & \ddots & & & & \\ & & 1 & & & \\ & & & \ddots & & \\ & & & & 1 & \\ & & & & & \ddots & \\ & & & & & & 1\end{bmatrix}\xrightarrow[{[j+i(\varphi(\lambda))]}]{[i+j(\varphi(\lambda))]}\begin{bmatrix}1 & & & & & \\ & \ddots & & & & \\ & & 1 & \cdots & \varphi(\lambda) & \\ & & & \ddots & \vdots & \\ & & & & 1 & \\ & & & & & \ddots & \\ & & & & & & 1\end{bmatrix}$$

$=\boldsymbol{P}(i,j(\varphi))$.

显然，$\det \boldsymbol{P}(i,j)=-1\neq 0$，$\det \boldsymbol{P}(i(a))=a\neq 0$，$\det \boldsymbol{P}(i,j(\varphi))=1\neq 0$，即初等矩阵是可逆的，各类初等矩阵的逆矩阵仍为同类初等矩阵：

$$[\boldsymbol{P}(i,j)]^{-1}=\boldsymbol{P}(i,j),[\boldsymbol{P}(i(a))]^{-1}=\boldsymbol{P}\left(i\left(\frac{1}{a}\right)\right),$$

$$[\boldsymbol{P}(i,j(\varphi))]^{-1}=\boldsymbol{P}(i,j(-\varphi)).$$

同数字矩阵的情形一样，对多项式矩阵施行一次初等行(列)变换，相当于左(右)乘一个相应的初等矩阵.

例如 $\begin{bmatrix}a_{11}(\lambda) & a_{12}(\lambda) & a_{13}(\lambda)\\ a_{21}(\lambda) & a_{22}(\lambda) & a_{23}(\lambda)\\ a_{31}(\lambda) & a_{32}(\lambda) & a_{33}(\lambda)\end{bmatrix}\xrightarrow{[1,3]}\begin{bmatrix}a_{31}(\lambda) & a_{32}(\lambda) & a_{33}(\lambda)\\ a_{21}(\lambda) & a_{22}(\lambda) & a_{23}(\lambda)\\ a_{11}(\lambda) & a_{12}(\lambda) & a_{13}(\lambda)\end{bmatrix}$,

相当于 $\begin{bmatrix}0 & 0 & 1\\ 0 & 1 & 0\\ 1 & 0 & 0\end{bmatrix}\begin{bmatrix}a_{11}(\lambda) & a_{12}(\lambda) & a_{13}(\lambda)\\ a_{21}(\lambda) & a_{22}(\lambda) & a_{23}(\lambda)\\ a_{31}(\lambda) & a_{32}(\lambda) & a_{33}(\lambda)\end{bmatrix}=$

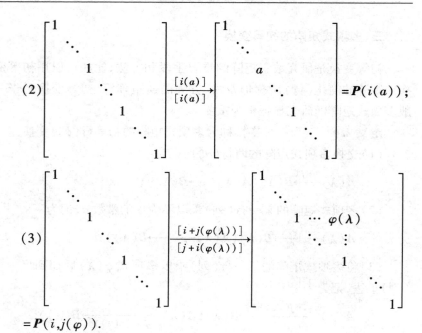

$$\begin{bmatrix} a_{31}(\lambda) & a_{32}(\lambda) & a_{33}(\lambda) \\ a_{21}(\lambda) & a_{22}(\lambda) & a_{23}(\lambda) \\ a_{11}(\lambda) & a_{12}(\lambda) & a_{13}(\lambda) \end{bmatrix}.$$

又如 $\begin{bmatrix} 1 & \lambda & -\lambda \\ 0 & \lambda-1 & 0 \\ 2 & 3\lambda & \lambda^3 \end{bmatrix} \xrightarrow[{[1+3(\lambda^2)]}]{} \begin{bmatrix} 1-\lambda^3 & \lambda & -\lambda \\ 0 & \lambda-1 & 0 \\ 2+\lambda^5 & 3\lambda & \lambda^3 \end{bmatrix}$,

相当于 $\begin{bmatrix} 1 & \lambda & -\lambda \\ 0 & \lambda-1 & 0 \\ 2 & 3\lambda & \lambda^3 \end{bmatrix}\begin{bmatrix} 1 & 0 & 0 \\ 0 & 1 & 0 \\ \lambda^2 & 0 & 1 \end{bmatrix} = \begin{bmatrix} 1-\lambda^3 & \lambda & -\lambda \\ 0 & \lambda-1 & 0 \\ 2+\lambda^5 & 3\lambda & \lambda^3 \end{bmatrix}$.

由于可逆多项式矩阵的乘积仍是可逆的多项式矩阵,故对多项式矩阵 $\boldsymbol{A}(\lambda) \in \mathbb{K}[\lambda]^{m\times n}$ 施行有限次初等变换得到 $\boldsymbol{B}(\lambda)$,相当于将 $\boldsymbol{A}(\lambda)$ 左乘可逆矩阵 $\boldsymbol{P}(\lambda) \in \mathbb{K}[\lambda]^{m\times m}$,右乘可逆矩阵 $\boldsymbol{Q}(\lambda) \in \mathbb{K}[\lambda]^{n\times n}$ 而得到 $\boldsymbol{B}(\lambda)$,即 $\boldsymbol{A}(\lambda)\to\cdots\to\boldsymbol{B}(\lambda)$,相当于

$$\boldsymbol{P}(\lambda)\boldsymbol{A}(\lambda)\boldsymbol{Q}(\lambda) = \boldsymbol{B}(\lambda).$$

同数字矩阵一样,一个多项式矩阵乘以可逆的多项式矩阵后,其秩不变. 因此,初等变换不改变多项式矩阵的秩.

四、多项式矩阵的 Smith 标准形

定义 2.7　设 $\boldsymbol{A}(\lambda),\boldsymbol{B}(\lambda) \in \mathbb{K}[\lambda]^{m\times n}$,若 $\boldsymbol{A}(\lambda)$ 可经过有限次初等变换化为 $\boldsymbol{B}(\lambda)$,即存在可逆方阵 $\boldsymbol{P}(\lambda) \in \mathbb{K}[\lambda]^{m\times m}$ 及 $\boldsymbol{Q}(\lambda) \in \mathbb{K}[\lambda]^{n\times n}$,使得 $\boldsymbol{P}(\lambda)\boldsymbol{A}(\lambda)\boldsymbol{Q}(\lambda) = \boldsymbol{B}(\lambda)$,则称 $\boldsymbol{A}(\lambda)$ 与 $\boldsymbol{B}(\lambda)$ 等价,记为 $\boldsymbol{A}(\lambda) \cong \boldsymbol{B}(\lambda)$.

定理 2.5　等价的多项式矩阵有相同的秩,即

$$\boldsymbol{A}(\lambda) \cong \boldsymbol{B}(\lambda) \Rightarrow \operatorname{rank} \boldsymbol{A}(\lambda) = \operatorname{rank} \boldsymbol{B}(\lambda).$$

证　因为初等变换不改变多项式矩阵的秩,故定理得证.

容易验证多项式矩阵之间的等价关系“$\cong$”具有以下性质:

(1)(自反性)$\boldsymbol{A}(\lambda) \cong \boldsymbol{A}(\lambda)$;

(2)(对称性)$\boldsymbol{A}(\lambda)\cong\boldsymbol{B}(\lambda)\Rightarrow\boldsymbol{B}(\lambda)\cong\boldsymbol{A}(\lambda)$;

(3)(传递性)$\boldsymbol{A}(\lambda)\cong\boldsymbol{B}(\lambda),\boldsymbol{B}(\lambda)\cong\boldsymbol{C}(\lambda)\Rightarrow\boldsymbol{A}(\lambda)\cong\boldsymbol{C}(\lambda)$.

因此,"$\cong$"是集合$\mathbb{K}[\lambda]^{m\times n}$上的一种等价关系.按等价关系"$\cong$",将$\mathbb{K}[\lambda]^{m\times n}$的全部元素($m\times n$ 多项式矩阵)分成若干个等价类.同一类中各矩阵彼此等价,等价的多项式矩阵有许多共同的性质,比如它们的秩相同等.在研究这些共同性质时,只需对其中的一个矩阵进行研究即可.我们将每一类中形式最为简单的代表元称为等价标准形.

根据本课程的需要,我们仅介绍方阵$\boldsymbol{A}(\lambda)\in\mathbb{K}[\lambda]^{n\times n}$的一种"等价标准形"——Smith 标准形.

定义 2.8 若 n 阶对角形矩阵

$$\boldsymbol{S}(\lambda)=\begin{bmatrix} d_1(\lambda) & & & & & & \\ & d_2(\lambda) & & & & & \\ & & \ddots & & & & \\ & & & d_r(\lambda) & & & \\ & & & & 0 & & \\ & & & & & \ddots & \\ & & & & & & 0 \end{bmatrix}$$

中的每一个 $d_i(\lambda)$都是首 1 多项式,且 $d_i(\lambda)\mid d_{i+1}(\lambda)(i=1,2,\cdots,r-1)$,则称 $\boldsymbol{S}(\lambda)$是一个 **Smith 标准形**,或法对角形.

由定义可知,若某个 $d_i(\lambda)=1$,则必有 $d_1(\lambda)=d_2(\lambda)=\cdots=d_{i-1}(\lambda)=1$;若某个 $d_i(\lambda)=0$,则必有 $d_{i+1}(\lambda)=d_{i+2}(\lambda)=\cdots=d_n(\lambda)=0$.

例如

$$\begin{bmatrix} 1 & & \\ & \lambda & \\ & & \lambda(\lambda+1) \end{bmatrix}\text{与}\begin{bmatrix} \lambda-1 & & \\ & \lambda^2(\lambda-1) & \\ & & 0 \end{bmatrix}$$

都是 Smith 标准形,而

$$\begin{bmatrix}1 & & \\ & \lambda-1 & \\ & & \lambda(\lambda+1)\end{bmatrix} \text{和} \begin{bmatrix}1 & & \\ & 2\lambda & \\ & & \lambda(\lambda+1)\end{bmatrix}$$

都不是 Smith 标准形.

定理 2.6　任意 $\boldsymbol{A}(\lambda) \in \mathbb{K}[\lambda]^{n\times n}$都与一个 Smith 标准形 $\boldsymbol{S}(\lambda)$等价,即任意 $\boldsymbol{A}(\lambda)$都可经过有限次的初等变换化为 Smith 标准形,并且 $\boldsymbol{S}(\lambda)$是由 $\boldsymbol{A}(\lambda)$唯一确定的,称此 $\boldsymbol{S}(\lambda)$是 $\boldsymbol{A}(\lambda)$的 Smith 标准形.

(证明从略,有需要的读者可参阅参考文献[1].)

由定理 2.6 可知:若 $\boldsymbol{A}(\lambda) \in \mathbb{K}[\lambda]^{n\times n}$满秩,则其 Smith 标准形 $\boldsymbol{S}(\lambda)$的主对角元都是非零的首 1 多项式,因此 $\forall \boldsymbol{A} \in \mathbb{C}^{n\times n}$,$\lambda\boldsymbol{E}-\boldsymbol{A}$ 的 Smith 标准形

$$\boldsymbol{S}(\lambda)=\begin{bmatrix}d_1(\lambda) & & & \\ & d_2(\lambda) & & \\ & & \ddots & \\ & & & d_n(\lambda)\end{bmatrix}.$$

例 2.3　求 $\boldsymbol{A}(\lambda)=\begin{bmatrix}1-\lambda & \lambda^2 & \lambda \\ \lambda & \lambda & -\lambda \\ \lambda-1 & -\lambda^2 & -\lambda\end{bmatrix}$的 Smith 标准形 $\boldsymbol{S}(\lambda)$.

解　$$\boldsymbol{A}(\lambda)=\begin{bmatrix}1-\lambda & \lambda^2 & \lambda \\ \lambda & \lambda & -\lambda \\ \lambda-1 & -\lambda^2 & -\lambda\end{bmatrix} \xrightarrow{[3+1]} \begin{bmatrix}1-\lambda & \lambda^2 & \lambda \\ \lambda & \lambda & -\lambda \\ 0 & 0 & 0\end{bmatrix}$$

$$\xrightarrow[{[1+3],[2+3]}]{} \begin{bmatrix}1 & \lambda^2+\lambda & \lambda \\ 0 & 0 & -\lambda \\ 0 & 0 & 0\end{bmatrix} \xrightarrow[{[2-1(\lambda^2+\lambda)],[3-1(\lambda)]}]{} \begin{bmatrix}1 & 0 & 0 \\ 0 & 0 & -\lambda \\ 0 & 0 & 0\end{bmatrix}$$

$$\xrightarrow[{[2,3]}]{} \begin{bmatrix}1 & 0 & 0 \\ 0 & -\lambda & 0 \\ 0 & 0 & 0\end{bmatrix} \xrightarrow[{[2(-1)]}]{} \begin{bmatrix}1 & 0 & 0 \\ 0 & \lambda & 0 \\ 0 & 0 & 0\end{bmatrix},$$

即 $$S(\lambda)=\begin{bmatrix}1&0&0\\0&\lambda&0\\0&0&0\end{bmatrix}.$$

例 2.4 设 $A=\begin{bmatrix}-1&1&0\\-4&3&0\\1&0&2\end{bmatrix}$,求 $\lambda E-A$ 的 Smith 标准形.

解 $$\lambda E-A=\begin{bmatrix}\lambda+1&-1&0\\4&\lambda-3&0\\-1&0&\lambda-2\end{bmatrix}$$

$$\xrightarrow{[1+3(\lambda+1)],[2+3(4)]}\begin{bmatrix}0&-1&(\lambda+1)(\lambda-2)\\0&\lambda-3&4(\lambda-2)\\-1&0&\lambda-2\end{bmatrix}$$

$$\xrightarrow[{[3+1(\lambda-2)],[1(-1)]}]{}\begin{bmatrix}0&-1&(\lambda+1)(\lambda-2)\\0&\lambda-3&4(\lambda-2)\\1&0&0\end{bmatrix}$$

$$\xrightarrow{[1,3]}\begin{bmatrix}1&0&0\\0&\lambda-3&4(\lambda-2)\\0&-1&(\lambda+1)(\lambda-2)\end{bmatrix}$$

$$\xrightarrow{[2+3(\lambda-3)]}\begin{bmatrix}1&0&0\\0&0&(\lambda-2)(\lambda-1)^2\\0&-1&(\lambda+1)(\lambda-2)\end{bmatrix}$$

$$\xrightarrow[{[3+2\cdot(\lambda+1)(\lambda-2)]}]{}\begin{bmatrix}1&0&0\\0&0&(\lambda-2)(\lambda-1)^2\\0&-1&0\end{bmatrix}$$

$$\xrightarrow{[3(-1)],[2,3]}\begin{bmatrix}1&0&0\\0&1&0\\0&0&(\lambda-2)(\lambda-1)^2\end{bmatrix},$$

故 $\lambda E-A$ 的 Smith 标准形为

$$\begin{bmatrix}1 & 0 & 0\\0 & 1 & 0\\0 & 0 & (\lambda-2)(\lambda-1)^2\end{bmatrix}.$$

§2.4　多项式矩阵的不变因子与初等因子

本节介绍在求方阵的相似标准形中起关键作用的不变因子和初等因子.

一、多项式矩阵的行列式因子与不变因子

定义 2.9　设 $\boldsymbol{A}(\lambda)\in\mathbb{K}[\lambda]^{n\times n}$, $\operatorname{rank}\boldsymbol{A}(\lambda)=r$. 对于 $k=1,2,\cdots,r$, $\boldsymbol{A}(\lambda)$的所有非零的 k 阶子式的首 1 的最高公因式 $D_k(\lambda)$称为 $\boldsymbol{A}(\lambda)$的 k **阶行列式因子**.

例如

$$\boldsymbol{A}(\lambda)=\begin{bmatrix}1 & 0 & 0\\0 & 0 & (\lambda-2)(\lambda-1)^2\\0 & -1 & (\lambda+1)(\lambda-2)\end{bmatrix}$$

的秩为 3, 故存在 $D_1(\lambda)$, $D_2(\lambda)$, $D_3(\lambda)$.

非零的 1 阶子式有

$$1,-1,(\lambda-2)(\lambda-1)^2,(\lambda+1)(\lambda-2),$$

其首 1 最高公因式为 1, 即 $D_1(\lambda)=1$;

非零的 2 阶子式有

$$(\lambda-2)(\lambda-1)^2,(\lambda+1)(\lambda-2),-1,(\lambda-2)(\lambda-1)^2,$$

其首 1 最高公因式为 1, 即 $D_2(\lambda)=1$;

其 3 阶子式只有一个

$$(\lambda-2)(\lambda-1)^2,$$

且是首 1 多项式, 故 $D_3(\lambda)=(\lambda-2)(\lambda-1)^2$.

显然, $\forall \boldsymbol{A}\in\mathbb{C}^{n\times n}$的特征矩阵 $\lambda\boldsymbol{E}-\boldsymbol{A}$ 的 n 阶行列式因子 $D_n(\lambda)=$

$\det(\lambda\boldsymbol{E}-\boldsymbol{A})$，即为特征多项式. $\lambda\boldsymbol{E}-\boldsymbol{A}$ 的行列式因子也简称为 $\boldsymbol{A}$ 的行列式因子.

定理 2.7 初等变换不改变多项式矩阵的行列式因子，即等价的多项式矩阵有相同的各阶行列式因子.

由初等变换定义及行列式的性质可以证明此定理，此处从略.

根据定理 2.7，为求 $\boldsymbol{A}(\lambda)$ 的行列式因子，可对 $\boldsymbol{A}(\lambda)$ 作适当的初等变换变成 $\boldsymbol{B}(\lambda)$，使 $\boldsymbol{B}(\lambda)$ 的（即 $\boldsymbol{A}(\lambda)$ 的）行列式因子容易求出. 特别地，由 $\boldsymbol{A}(\lambda)$ 的 Smith 标准形

$$\begin{bmatrix} d_1(\lambda) & & & & & & \\ & d_2(\lambda) & & & & & \\ & & \ddots & & & & \\ & & & d_r(\lambda) & & & \\ & & & & 0 & & \\ & & & & & \ddots & \\ & & & & & & 0 \end{bmatrix},$$

容易求得

$$\left.\begin{aligned} &D_1(\lambda)=d_1(\lambda),\\ &D_2(\lambda)=d_1(\lambda)d_2(\lambda),\\ &\cdots\cdots\\ &D_r(\lambda)=d_1(\lambda)d_2(\lambda)\cdots d_r(\lambda). \end{aligned}\right\} \tag{2.1}$$

由此得

$$\left.\begin{aligned} &d_1(\lambda)=D_1(\lambda),\\ &d_2(\lambda)=\frac{D_2(\lambda)}{D_1(\lambda)},\\ &\cdots\cdots\\ &d_r(\lambda)=\frac{D_r(\lambda)}{D_{r-1}(\lambda)}. \end{aligned}\right\} \tag{2.2}$$

以上表明：

(1) $D_k(\lambda) \mid D_{k+1}(\lambda)\ (k=1,2,\cdots,r-1)$，故当 $D_k(\lambda)=1$ 时，$D_1(\lambda)=\cdots=D_k(\lambda)=1$；

(2) $\boldsymbol{A}(\lambda)$ 的 Smith 标准形之主对角元 $d_1(\lambda), d_2(\lambda), \cdots, d_r(\lambda)$ 是由 $\boldsymbol{A}(\lambda)$ 唯一确定的，不因初等变换而改变.

例 2.5 求 $\boldsymbol{A}(\lambda)=\begin{bmatrix}\lambda & 1 & 0\\ 0 & \lambda & 0\\ 0 & 0 & \lambda-1\end{bmatrix}$ 的各阶行列式因子.

解 因为 $\boldsymbol{A}(\lambda)$ 的三阶子式只有一个 $\det \boldsymbol{A}(\lambda)=\lambda^2(\lambda-1)$，且是首1多项式，故 $D_3(\lambda)=\lambda^2(\lambda-1)$；而 $\boldsymbol{A}(\lambda)$ 有两个二阶子式 $\begin{vmatrix}\lambda & 1\\ 0 & \lambda\end{vmatrix}=\lambda^2$ 与 $\begin{vmatrix}1 & 0\\ 0 & \lambda-1\end{vmatrix}=\lambda-1$ 是互质的，故 $D_2(\lambda)=1$；从而 $D_1(\lambda)=1$（事实上，由 $\boldsymbol{A}(\lambda)$ 有不等于零的常数元素即知 $D_1(\lambda)=1$），即 $\boldsymbol{A}(\lambda)$ 的各阶行列式因子为

$$D_1(\lambda)=1, D_2(\lambda)=1, D_2(\lambda)=\lambda^2(\lambda-1).$$

定义 2.10 $\boldsymbol{A}(\lambda)$ 的 Smith 标准形的非零主对角元 $d_1(\lambda), d_2(\lambda), \cdots, d_r(\lambda)$ 称为 $\boldsymbol{A}(\lambda)$ 的**不变因子**.

由定义立即可知 $\boldsymbol{A}(\lambda)$ 的不变因子具有如下性质：

(1) 若 $\operatorname{rank} \boldsymbol{A}(\lambda)=r$，则 $\boldsymbol{A}(\lambda)$ 有 r 个不变因子 $d_1(\lambda), d_2(\lambda), \cdots, d_r(\lambda)$；

(2) $d_1(\lambda), d_2(\lambda), \cdots, d_r(\lambda)$ 均为首1多项式；

(3) $d_i(\lambda) \mid d_{i+1}(\lambda)\ (i=1,2,\cdots,r-1)$；

(4) 公式(2.1)和(2.2)给出了不变因子与行列式因子之间的关系；

(5) $\forall \boldsymbol{A} \in \mathbb{C}^{n\times n}$ 的特征矩阵 $\lambda\boldsymbol{E}-\boldsymbol{A}$ 的（或简称为 $\boldsymbol{A}$ 的）不变因子有 n 个，即 $d_1(\lambda), d_2(\lambda), \cdots, d_n(\lambda)$.

不变因子在后面的讨论中起着关键作用，因此必须会求多项式矩阵的不变因子，特别是要能熟练地求出 $\boldsymbol{A} \in \mathbb{C}^{n\times n}$ 的特征矩阵 $\lambda\boldsymbol{E}-\boldsymbol{A}$ 的不变因子.

可根据定义、公式(2.2)以及初等因子组(见例2.11)来求不变因子.

例2.6 求

$$A(\lambda)=\begin{bmatrix}1-\lambda & \lambda^2 & \lambda \\ \lambda & \lambda & -\lambda \\ \lambda-1 & -\lambda^2 & -\lambda\end{bmatrix}$$

的各个不变因子.

解 由例2.3知 $A(\lambda)\cong S(\lambda)=\begin{bmatrix}1 & 0 & 0 \\ 0 & \lambda & 0 \\ 0 & 0 & 0\end{bmatrix}$,

故 $d_1(\lambda)=1, d_2(\lambda)=\lambda$.

例2.7 设

$$A=\begin{bmatrix}0 & 0 & \cdots & 0 & -a_n \\ 1 & 0 & \cdots & 0 & -a_{n-1} \\ \vdots & \vdots & & \vdots & \vdots \\ 0 & 0 & \cdots & 0 & -a_2 \\ 0 & 0 & \cdots & 1 & -a_1\end{bmatrix},$$

求 $\lambda E-A$ 的不变因子.

解 先求 $\lambda E-A$ 的行列式因子(显然应从 $D_n(\lambda)$ 求起).

$$\lambda E-A=\begin{bmatrix}\lambda & 0 & \cdots & 0 & a_n \\ -1 & \lambda & \cdots & 0 & a_{n-1} \\ \vdots & \vdots & & \vdots & \vdots \\ 0 & 0 & \cdots & \lambda & a_2 \\ 0 & 0 & \cdots & -1 & \lambda+a_1\end{bmatrix},$$

$$D_n(\lambda)=\det(\lambda E-A)=\begin{vmatrix}\lambda & 0 & \cdots & 0 & a_n\\ -1 & \lambda & \cdots & 0 & a_{n-1}\\ \vdots & \vdots & & \vdots & \vdots\\ 0 & 0 & \cdots & \lambda & a_2\\ 0 & 0 & \cdots & -1 & \lambda+a_1\end{vmatrix}$$

$$\xlongequal[i=2,3,\cdots,n]{[1+i(\lambda^{i-1})]}\begin{vmatrix}0 & 0 & \cdots & 0 & \lambda^n+a_1\lambda^{n-1}+\cdots+a_{n-1}\lambda+a_n\\ -1 & \lambda & \cdots & 0 & a_{n-1}\\ \vdots & \vdots & & \vdots & \vdots\\ 0 & 0 & \cdots & \lambda & a_2\\ 0 & 0 & \cdots & -1 & \lambda+a_1\end{vmatrix}$$

$$=(\lambda^n+a_1\lambda^{n-1}+\cdots+a_{n-1}\lambda+a_n)(-1)^{1+n}\begin{vmatrix}-1 & \lambda & & & \\ & -1 & \lambda & & \\ & & \ddots & \ddots & \\ & & & -1 & \lambda\\ & & & & -1\end{vmatrix}_{(n-1)}$$

$$=(\lambda^n+a_1\lambda^{n-1}+\cdots+a_{n-1}\lambda+a_n)(-1)^{1+n}(-1)^{n-1}$$

$$=\lambda^n+a_1\lambda^{n-1}+\cdots+a_{n-1}\lambda+a_n.$$

因为有一个 $n-1$ 阶子式

$$\begin{vmatrix}-1 & \lambda & & & \\ & -1 & \lambda & & \\ & & \ddots & \ddots & \\ & & & -1 & \lambda\\ & & & & -1\end{vmatrix}=(-1)^{n-1}\neq 0$$

为常数,故 $D_{n-1}(\lambda)=1$,从而 $D_1(\lambda)=\cdots=D_{n-2}(\lambda)=1$.

再由不变因子与行列式因子的关系式(2.2),得

$$d_1(\lambda)=d_2(\lambda)=\cdots=d_{n-1}(\lambda)=1,$$

$$d_n(\lambda)=\lambda^n+a_1\lambda^{n-1}+\cdots+a_{n-1}\lambda+a_n.$$

二、多项式矩阵的初等因子

定义 2.11 将 $\boldsymbol{A}(\lambda)$ 的不变因子 $d_i(\lambda)$ $(1 \leqslant i \leqslant r = \operatorname{rank} \boldsymbol{A}(\lambda))$ 在复数域$\mathbb{C}$ 上分解成一次因式的方幂的乘积,即

$$(\lambda-\lambda_1)^{k_{i1}} \cdots (\lambda-\lambda_j)^{k_{ij}} \cdots (\lambda-\lambda_{t_i})^{k_{it_i}},$$

其中,$\lambda_1, \cdots, \lambda_j, \cdots, \lambda_{t_i}$互不相等,$k_{ij} \in \mathbb{N}$ 且

$$k_{i1} + \cdots + k_{ij} + \cdots + k_{it_i} = m_i = \deg d_i(\lambda), 1 \leqslant t_i \leqslant m_i.$$

每一个$(\lambda-\lambda_j)^{k_{ij}}$$(1 \leqslant j \leqslant t_i, 1 \leqslant i \leqslant r)$就叫做 $A(\lambda)$ 的一个**初等因子**, $\boldsymbol{A}(\lambda)$的全体初等因子构成$\boldsymbol{A}(\lambda)$的初等因子组.

例如

$$\boldsymbol{A}(\lambda) = \begin{bmatrix} 1 & 0 & 0 \\ 0 & \lambda^2(\lambda-2\mathrm{i}) & \\ 0 & 0 & \lambda^2(\lambda-2\mathrm{i})^2 \end{bmatrix}$$

的不变因子为 $d_1(\lambda)=1, d_2(\lambda)=\lambda^2(\lambda-2\mathrm{i}), d_3(\lambda)=\lambda^2(\lambda-2\mathrm{i})^2$,则$\boldsymbol{A}(\lambda)$的初等因子组为

$$\lambda^2, \lambda-2\mathrm{i}, \lambda^2, (\lambda-2\mathrm{i})^2.$$

关于初等因子组,有以下几点需要注意.

(1)初等因子组中可能有相同的初等因子,这是因为它们由不同的不变因子分解而得;在计算 $\boldsymbol{A}(\lambda)$的初等因子的个数时,重复出现的要按出现的次数计算.

(2)底相同的各个初等因子$(\lambda-\lambda_j)^{k_{ij}}$都称为与底 $\lambda-\lambda_j$ 相当的初等因子;在所有相当的初等因子中,次数最高的一个必然是由 $d_r(\lambda)$分解而得的,依次类推.

(3) $\forall \boldsymbol{A} \in \mathbb{C}^{n \times n}$的特征矩阵 $\lambda\boldsymbol{E}-\boldsymbol{A}$ 的初等因子组由 $\boldsymbol{A}$ 唯一确定,故也将其简称为 $\boldsymbol{A}$ 的初等因子组.

上例的 $\boldsymbol{A}(\lambda)$ 有 4 个初等因子;λ^2, λ^2 与 λ 相当,有一个 λ^2 由 $d_3(\lambda)$分解而来,$\lambda-2\mathrm{i}, (\lambda-2\mathrm{i})^2$ 与 $\lambda-2\mathrm{i}$ 相当,$(\lambda-2\mathrm{i})^2$ 由 $d_3(\lambda)$分解而来.

例 2.8　设 $\boldsymbol{A}=\begin{bmatrix}-1 & 1 & 0\\-4 & 3 & 0\\1 & 0 & 2\end{bmatrix}$,求 $\lambda\boldsymbol{E}-\boldsymbol{A}$ 的初等因子组.

解　由例 2.4 知 $\lambda\boldsymbol{E}-\boldsymbol{A}$ 的不变因子为

$$d_1(\lambda)=d_2(\lambda)=1,d_3(\lambda)=(\lambda-2)(\lambda-1)^2,$$

故 $\lambda\boldsymbol{E}-\boldsymbol{A}$ 的初等因子组为 $\lambda-2,(\lambda-1)^2$.

以上是按照定义求 $\boldsymbol{A}(\lambda)$ 的初等因子组,即先求出 $\boldsymbol{A}(\lambda)$ 的不变因子,然后将其在复数域$\mathbb{C}$ 上分解为一次式的方幂. 若是通过 $\boldsymbol{A}(\lambda)$ 的 Smith 标准形来求不变因子,则有时是相当复杂的. 事实上,不一定要求出 $\boldsymbol{A}(\lambda)$ 的 Smith 标准形,而只需求出与 $\boldsymbol{A}(\lambda)$ 等价的对角形,甚至是准对角形,就能直接求出 $\boldsymbol{A}(\lambda)$ 的初等因子组. 为此先不加证明地给出两个重要结论.

结论 1　若 $\boldsymbol{A}(\lambda)\cong\begin{bmatrix}f_1(\lambda) & & & & & & \\ & f_2(\lambda) & & & & & \\ & & \ddots & & & & \\ & & & f_r(\lambda) & & & \\ & & & & 0 & & \\ & & & & & \ddots & \\ & & & & & & 0\end{bmatrix}$,

则各$f_1(\lambda),\cdots,f_r(\lambda)$的首 1 的一次因式的方幂,就构成$\boldsymbol{A}(\lambda)$的初等因子组.

结论 2　若 $\boldsymbol{A}(\lambda)\cong\begin{bmatrix}\boldsymbol{A}_1(\lambda) & & & \\ & \boldsymbol{A}_2(\lambda) & & \\ & & \ddots & \\ & & & \boldsymbol{A}_r(\lambda)\end{bmatrix}$,则 $\boldsymbol{A}_1(\lambda)$,$\boldsymbol{A}_2(\lambda),\cdots,\boldsymbol{A}_r(\lambda)$的初等因子的全体就是$\boldsymbol{A}(\lambda)$的初等因子组.

例 2.9 求 $\boldsymbol{A}(\lambda)=\begin{bmatrix} & & & \lambda^2 \\ & & \lambda^2-\lambda & \\ & (\lambda-1)^2 & & \\ \lambda^2-\lambda & & & \end{bmatrix}$ 的初等因子组.

解 易知

$$\boldsymbol{A}(\lambda)=\begin{bmatrix} & & & \lambda^2 \\ & & \lambda^2-\lambda & \\ & (\lambda-1)^2 & & \\ \lambda^2-\lambda & & & \end{bmatrix}$$

$$\cong\begin{bmatrix} \lambda^2 & & & \\ & \lambda^2-\lambda & & \\ & & (\lambda-1)^2 & \\ & & & \lambda^2-\lambda \end{bmatrix},$$

由结论 1 立即可得 $\boldsymbol{A}(\lambda)$ 的初等因子组为

$$\lambda^2,\lambda,\lambda-1,(\lambda-1)^2,\lambda,\lambda-1.$$

注意:要将一个对角形矩阵化为 Smith 标准形,有时也是很困难的.

例 2.10 求 $\boldsymbol{A}(\lambda)=\begin{bmatrix} 1 & 0 & 0 & \lambda \\ \lambda & 0 & 0 & 0 \\ 0 & \lambda & 0 & 0 \\ 0 & 0 & \lambda-1 & 0 \end{bmatrix}$ 的初等因子组.

解 $\boldsymbol{A}(\lambda)=\begin{bmatrix} 1 & 0 & 0 & \lambda \\ \lambda & 0 & 0 & 0 \\ 0 & \lambda & 0 & 0 \\ 0 & 0 & \lambda-1 & 0 \end{bmatrix}\cong\begin{bmatrix} \lambda & 1 & 0 & 0 \\ 0 & \lambda & 0 & 0 \\ 0 & 0 & \lambda & 0 \\ 0 & 0 & 0 & \lambda-1 \end{bmatrix}$

$$=\begin{bmatrix} A_1(\lambda) & \\ & A_2(\lambda) \end{bmatrix}.$$

对于 $A_1(\lambda)=\begin{bmatrix} \lambda & 1 \\ 0 & \lambda \end{bmatrix}$，因 $D_1(\lambda)=1, D_2(\lambda)=\lambda^2$，故 $d_1(\lambda)=1$，$d_2(\lambda)=\lambda^2$，从而初等因子组为 λ^2；

对于 $A_2(\lambda)=\begin{bmatrix} \lambda & 0 \\ 0 & \lambda-1 \end{bmatrix}$，由结论 1 知其初等因子组为 $\lambda, \lambda-1$；

因此，$A(\lambda)$ 的初等因子组为 $\lambda, \lambda^2, \lambda-1$.

如果我们已经求得 $A(\lambda)$ 的初等因子组，则当然也能很方便地求出其各个不变因子，并显然应从最后一个求起.

例 2.11　已知 $A\in\mathbb{C}^{4\times4}$ 的初等因子组为 $\lambda, \lambda^2, \lambda+1$，求 A 的不变因子.

解　(1)求 $\lambda, \lambda^2, \lambda+1$ 的最小公倍式得 $d_4(\lambda)=\lambda^2(\lambda+1)$；

(2)求 λ,1,1 的最小公倍式得 $d_3(\lambda)=\lambda$；

(3)求 1,1,1 的最小公倍式得 $d_2(\lambda)=1$；

(4)于是 $d_1(\lambda)=1$.

故 A 的不变因子为

$$d_1(\lambda)=1, d_2(\lambda)=1, d_3(\lambda)=\lambda, d_4(\lambda)=\lambda^2(\lambda+1).$$

三、多项式矩阵等价的充要条件

由多项式矩阵等价定义、性质及行列式因子、不变因子、初等因子、Smith 标准形之间的关系，不难理解下述定理的正确性，其严格证明从略.

定理 2.8　设 $A(\lambda), B(\lambda)\in\mathbb{K}[\lambda]^{n\times n}$，则 $A(\lambda)\cong B(\lambda)$，当且仅当 $A(\lambda)$ 与 $B(\lambda)$ 满足下列条件之一：

(1)有相同的各阶行列式因子；

(2)有相同的各个不变因子；

(3)有相同的秩和相同的初等因子组；

(4)有相同的 Smith 标准形.

注意:条件(3)中“相同的秩”不能去掉. 例如

$$A(\lambda)=\begin{bmatrix}1 & & \\ & 1 & \\ & & \lambda^2(\lambda+1)\end{bmatrix} 与 B(\lambda)=\begin{bmatrix}1 & & \\ & \lambda^2(\lambda+1) & \\ & & 0\end{bmatrix}$$

的初等因子组都是 $\lambda^2,\lambda+1$,但显然不等价.

由于同阶数字矩阵的特征矩阵的秩必定相同,故有下面的推论.

推论 设 $A,B\in\mathbb{C}^{n\times n}$,则 $\lambda E-A\cong\lambda E-B$,当且仅当 A 与 B 满足下列条件之一:

(1)有相同的各阶行列式因子;

(2)有相同的各个不变因子;

(3)有相同的初等因子组.

§2.5 矩阵的 Jordan 标准形和有理标准形

利用多项式矩阵理论,可以完全解决数字矩阵的相似及相似标准形问题. 本节先给出方阵相似的充要条件,然后介绍方阵的两种相似标准形.

一、方阵相似的充要条件

若 $A\in\mathbb{C}^{n\times n}$ 与 $B\in\mathbb{C}^{n\times n}$ 相似,则存在可逆矩阵 $P\in\mathbb{C}^{n\times n}$ 使得 $P^{-1}AP=B$,即 $A=PBP^{-1}$,于是

$$\lambda E-A=\lambda E-PBP^{-1}=P(\lambda E-PB)P^{-1},$$

注意 P 与 P^{-1} 也是可逆的多项式矩阵,故 $\lambda E-A\cong\lambda E-B$.

反之,亦可证明(参阅参考文献[3])若 $\lambda E-A\cong\lambda E-B$,则 $A\sim B$.

定理 2.9 设 $A,B\in\mathbb{C}^{n\times n}$,则 $A\sim B\Leftrightarrow\lambda E-A\cong\lambda E-B$.

由前面定理 2.8 的推论,立即可得下面的定理 2.10.

定理 2.10　设 $\boldsymbol{A},\boldsymbol{B}\in\mathbb{C}^{n\times n}$，则 $\boldsymbol{A}\sim\boldsymbol{B}$，当且仅当 $\boldsymbol{A}$ 与 $\boldsymbol{B}$ 满足下列条件之一：

(1)有相同的各阶行列式因子；

(2)有相同的各个不变因子；

(3)有相同的初等因子组.

例 2.12　证明

$$\boldsymbol{A}=\begin{bmatrix}-1&1&0\\-4&3&0\\1&0&2\end{bmatrix}\text{与}\boldsymbol{J}=\begin{bmatrix}2&0&0\\0&1&0\\0&1&1\end{bmatrix}$$

相似.

解　由例 2.8 可知 $\boldsymbol{A}$ 的初等因子组为 $\lambda-2,(\lambda-1)^2$；

由 $$\lambda\boldsymbol{E}-\boldsymbol{J}=\begin{bmatrix}\lambda-2&0&0\\0&\lambda-1&0\\0&-1&\lambda-1\end{bmatrix}\cong\begin{bmatrix}1&0&0\\0&\lambda-2&0\\0&0&(\lambda-1)^2\end{bmatrix}$$ 知 $\boldsymbol{J}$ 的初等因子组也是 $\lambda-2,(\lambda-1)^2$.

所以，$\boldsymbol{A}\sim\boldsymbol{J}$.

例 2.13　设 $\boldsymbol{A}\in\mathbb{C}^{n\times n}$，证明 $\boldsymbol{A}^{\mathrm{T}}\sim\boldsymbol{A}$.

证　由 $\lambda\boldsymbol{E}-\boldsymbol{A}^{\mathrm{T}}=(\lambda\boldsymbol{E}-\boldsymbol{A})^{\mathrm{T}}$ 知，$\lambda\boldsymbol{E}-\boldsymbol{A}^{\mathrm{T}}$ 与 $\lambda\boldsymbol{E}-\boldsymbol{A}$ 有相同的各阶行列式因子，故等价，因此 $\boldsymbol{A}^{\mathrm{T}}\sim\boldsymbol{A}$.

二、方阵的 Jordan 标准形

方阵的 Jordan 标准形是相似对角形的拓广，我们将证明任何方阵都存在 Jordan 标准形.

定义 2.12　对形如 $(\lambda-\lambda_i)^{n_i}$ 的 n_i 次多项式，作一个 n_i 阶下三角形矩阵

$$\boldsymbol{J}_i=\begin{bmatrix}\boldsymbol{\lambda}_i & 0 & \cdots & 0\\ 1 & \boldsymbol{\lambda}_i & \cdots & 0\\ 0 & \ddots & \ddots & 0\\ 0 & \cdots & 1 & \boldsymbol{\lambda}_i\end{bmatrix}=\begin{bmatrix}\boldsymbol{\lambda}_i & & & \\ 1 & \boldsymbol{\lambda}_i & & \\ & \ddots & \ddots & \\ & & 1 & \boldsymbol{\lambda}_i\end{bmatrix},$$

与之对应,易知$(\boldsymbol{\lambda}-\boldsymbol{\lambda}_i)^{n_i}$是$\boldsymbol{\lambda E}-\boldsymbol{J}_i$的唯一的初等因子,称$\boldsymbol{J}_i$是属于$(\boldsymbol{\lambda}-\boldsymbol{\lambda}_i)^{n_i}$的 Jordan 块.

注意:(1)属于$\boldsymbol{\lambda}-\boldsymbol{\lambda}_i$的 Jordan 块为$[\boldsymbol{\lambda}_i]$;

(2)许多书将上三角形矩阵

$$\begin{bmatrix}\boldsymbol{\lambda}_i & 1 & & \\ & \boldsymbol{\lambda}_i & \ddots & \\ & & \ddots & 1\\ & & & \boldsymbol{\lambda}_i\end{bmatrix}$$

称为 Jordan 块,但这不会影响它的应用.

例如

$$[-2],\begin{bmatrix}\mathrm{i} & 0\\ 1 & \mathrm{i}\end{bmatrix},\begin{bmatrix}2 & 0 & 0\\ 1 & 2 & 0\\ 0 & 1 & 2\end{bmatrix},\begin{bmatrix}0 & & & \\ 1 & 0 & & \\ & 1 & 0 & \\ & & 1 & 0\end{bmatrix}$$

分别是属于多项式$\boldsymbol{\lambda}+2,(\boldsymbol{\lambda}-\mathrm{i})^2,(\boldsymbol{\lambda}-2)^3$和$\boldsymbol{\lambda}^4$的 Jordan 块;而

$$\begin{bmatrix}\mathrm{i} & 0\\ 0 & \mathrm{i}\end{bmatrix},\begin{bmatrix}2 & 0 & 0\\ 1 & 1 & 0\\ 0 & 1 & 2\end{bmatrix},\begin{bmatrix}0 & & & \\ 1 & 0 & & \\ & & 0 & \\ & & 1 & 0\end{bmatrix}$$

都不是 Jordan 块.

定义 2.13 由若干个 Jordan 块$\boldsymbol{J}_1,\boldsymbol{J}_2,\cdots,\boldsymbol{J}_s(1\leqslant s\leqslant n)$构成的准对角形矩阵

$$J=\begin{bmatrix}J_1 & & & \\ & J_2 & & \\ & & \ddots & \\ & & & J_s\end{bmatrix}$$

称为一个 **Jordan 型矩阵**,或 **Jordan 标准形**.

例如

$$\begin{bmatrix}i & 0\\0 & i\end{bmatrix},\begin{bmatrix}1 & & \\ & 2 & \\ & 1 & 2\end{bmatrix},\begin{bmatrix}0 & & & \\ 1 & 0 & & \\ & & 0 & \\ & & 1 & 0\end{bmatrix}$$

都是 Jordan 型矩阵.

显然,若 Jordan 型矩阵中每一个 Jordan 块 $J_1,J_2,\cdots,J_s$ 都是 1 阶的,则此 Jordan 型矩阵就退化为对角形矩阵.

定理 2.11　任意 $A\in\mathbb{C}^{n\times n}$ 都与一个 Jordan 型矩阵 J 相似,且 J 除了其中的各个 Jordan 块的排列顺序外是唯一的,并将 J 称为 A 的 **Jordan 标准形**.

证　假设 A 的初等因子组为

$$(\lambda-\lambda_1)^{n_1},(\lambda-\lambda_2)^{n_2},\cdots,(\lambda-\lambda_s)^{n_s},$$

其中 $\sum\limits_{i=1}^{s} n_i=n,1\leqslant s\leqslant n.$

若

$$J_i=\begin{bmatrix}\lambda_i & & & \\ 1 & \lambda_i & & \\ & \ddots & \ddots & \\ & & 1 & \lambda_i\end{bmatrix}$$

是 $(\lambda-\lambda_i)^{n_i}$ 所属的 Jordan 块 $(i=1,2,\cdots,s)$,则

$$J=\begin{bmatrix} J_1 & & & \\ & J_2 & & \\ & & \ddots & \\ & & & J_s \end{bmatrix}$$

是一个 Jordan 型矩阵，于是只需证明 $A\sim J$ 即可.

因为 $\lambda E-J_i$ 有唯一的初等因子 $(\lambda-\lambda_i)^{n_i}(i=1,2,\cdots,s)$，故

$$\lambda E-J=\begin{bmatrix} \lambda E-J_1 & & & \\ & \lambda E-J_2 & & \\ & & \ddots & \\ & & & \lambda E-J_s \end{bmatrix}$$

的(即 J 的)初等因子组也是 $(\lambda-\lambda_1)^{n_1},(\lambda-\lambda_2)^{n_2},\cdots,(\lambda-\lambda_s)^{n_s}$. 于是由定理 2.10 知 $A\sim J$.

由于 Jordan 块 J_i 与 $(\lambda-\lambda_i)^{n_i}(i=1,2,\cdots,s)$ 是一一对应，故在不计 J 中各 Jordan 块的排列次序时，J 是由 A 唯一确定的.

方阵可对角化(即能与对角形矩阵相似)意味着其 Jordan 标准形 J 是对角形，即各个 Jordan 块 J_i 都是 1 阶的，即 $n_1=n_2=\cdots=n_n=1$，于是有下面的定理：

定理 2.12 $A\in\mathbb{C}^{n\times n}$ 可对角化的充要条件是 A 的初等因子的方幂均为一次的.

求 $A\in\mathbb{C}^{n\times n}$ 的 Jordan 标准形 J 可按以下步骤进行：

(1)求 A 的初等因子组 $(\lambda-\lambda_1)^{n_1},(\lambda-\lambda_2)^{n_2},\cdots,(\lambda-\lambda_s)^{n_s}$；

(2)写出每个初等因子 $(\lambda-\lambda_i)^{n_i}$ 所属的 Jordan 块 $J_i(i=1,2,\cdots,s)$；

(3)写出 A 的 Jordan 标准形 $J=\mathrm{diag}(J_1,J_2,\cdots,J_s)$.

例 2.14 求 $A=\begin{bmatrix} -1 & -2 & 6 \\ -1 & 0 & 3 \\ -1 & -1 & 4 \end{bmatrix}$ 的 Jordan 标准形 J.

解　(1)

$$\lambda E - A = \begin{bmatrix} \lambda+1 & 2 & -6 \\ 1 & \lambda & -3 \\ 1 & 1 & \lambda-4 \end{bmatrix} \xrightarrow{[1,3]} \begin{bmatrix} 1 & 1 & \lambda-4 \\ 1 & \lambda & -3 \\ \lambda+1 & 2 & -6 \end{bmatrix}$$

$$\xrightarrow[{[3+1(-(\lambda+1))]}]{[2-1]} \begin{bmatrix} 1 & 1 & \lambda-4 \\ 0 & \lambda-1 & -\lambda+1 \\ 0 & -\lambda+1 & -\lambda^2+3\lambda-2 \end{bmatrix}$$

$$\xrightarrow[{[2-1]},\ {[3-1(\lambda-4)]}]{[3+2]} \begin{bmatrix} 1 & 0 & 0 \\ 0 & \lambda-1 & -\lambda+1 \\ 0 & 0 & -\lambda^2+2\lambda-1 \end{bmatrix}$$

$$\xrightarrow[{[3+2]}]{[3(-1)]} \begin{bmatrix} 1 & 0 & 0 \\ 0 & \lambda-1 & 0 \\ 0 & 0 & \lambda^2-2\lambda+1 \end{bmatrix},$$

故 A 的初等因子组为

$$\lambda-1, (\lambda-1)^2.$$

(2) $\lambda-1$ 所属的 Jordan 块 $J_1=[1]$,

$(\lambda-1)^2$ 所属的 Jordan 块 $J_2=\begin{bmatrix} 1 & \\ 1 & 1 \end{bmatrix}$.

(3) $A \sim J = \begin{bmatrix} J_1 & \\ & J_2 \end{bmatrix} = \begin{bmatrix} 1 & & \\ & 1 & \\ & 1 & 1 \end{bmatrix}$.

例 2.15　设 $A=\begin{bmatrix} A_1 & \\ & A_2 \end{bmatrix}$是准对角形矩阵,试证若 A_1 的 Jordan 标准形为 $J^{(1)}$, A_2 的 Jordan 标准形为 $J^{(2)}$,则 $J=\begin{bmatrix} J^{(1)} & \\ & J^{(2)} \end{bmatrix}$是 A 的 Jordan 标准形. 并利用此结论求

$$A=\begin{bmatrix}0&-1&&&\\1&0&&&\\&&-1&1&0\\&&-4&3&0\\&&1&0&2\end{bmatrix}$$

的 Jordan 标准形.

证 显然 $J=\begin{bmatrix}J^{(1)}&\\&J^{(2)}\end{bmatrix}$是一个 Jordan 型矩阵,只需证明

$$A\sim J=\begin{bmatrix}J^{(1)}&\\&J^{(2)}\end{bmatrix}.$$

因为

$$\lambda E-A=\begin{bmatrix}\lambda E-A_1&\\&\lambda E-A_2\end{bmatrix}\cong\begin{bmatrix}\lambda E-J^{(1)}&\\&\lambda E-J^{(2)}\end{bmatrix}$$

$$=\lambda E-\begin{bmatrix}J^{(1)}&\\&J^{(2)}\end{bmatrix}=\lambda E-J,$$

所以 $A\sim J$.

对 $A=\begin{bmatrix}0&-1&&&\\1&0&&&\\&&-1&1&0\\&&-4&3&0\\&&1&0&2\end{bmatrix}$,$A_1=\begin{bmatrix}0&-1\\1&0\end{bmatrix}$,$A_2=\begin{bmatrix}-1&1&0\\-4&3&0\\1&0&2\end{bmatrix}$.

因为

$$f_1(\lambda)=|\lambda E-A_1|=\begin{vmatrix}\lambda&1\\-1&\lambda\end{vmatrix}=\lambda^2+1$$

无重零点,故 A_1 可对角化,即 $A_1\sim J^{(1)}=\begin{bmatrix}\mathrm{i}&\\&-\mathrm{i}\end{bmatrix}$.

由例 2.12 知 A_2 的 Jordan 标准形 $J^{(2)}=\begin{bmatrix}2 & & \\ & 1 & \\ & 1 & 1\end{bmatrix}$.

所以,A 的 Jordan 标准形为

$$J=\begin{bmatrix}J^{(1)} & \\ & J^{(2)}\end{bmatrix}=\begin{bmatrix}\mathrm{i} & & & & \\ & -\mathrm{i} & & & \\ & & 2 & & \\ & & & 1 & \\ & & & 1 & 1\end{bmatrix}.$$

三、方阵的有理标准形

虽然任何方阵都存在 Jordan 标准形,但其 Jordan 标准形可能是复的,即使是实方阵也是如此. 这在许多领域中使用起来很不方便,故需要讨论方阵的其他类型的相似标准形. 本课程只介绍"有理标准形",或称"自然法式".

定义 2.14　对形如

$$\varphi(\lambda)=\lambda^n+a_1\lambda^{n-1}+a_2\lambda^{n-2}+\cdots+a_{n-1}\lambda+a_n$$

的首 1 多项式,作一个 n 阶方阵

$$C=\begin{bmatrix}0 & 0 & \cdots & 0 & -a_n \\ 1 & 0 & \cdots & 0 & -a_{n-1} \\ \vdots & \vdots & & \vdots & \vdots \\ 0 & 0 & \cdots & 0 & -a_2 \\ 0 & 0 & \cdots & 1 & -a_1\end{bmatrix}$$

$$=\begin{bmatrix} 0 & 0 & \cdots & 0 & -a_n \\ & & & & -a_{n-1} \\ & \boldsymbol{E}_{n-1} & & & \vdots \\ & & & & -a_2 \\ & & & & -a_1 \end{bmatrix}$$

与之对应. 由例 2.7 知 $\varphi(\lambda)=\lambda^n+a_1\lambda^{n-1}+a_2\lambda^{n-2}+\cdots+a_{n-1}\lambda+a_n$ 是 $\lambda\boldsymbol{E}-\boldsymbol{C}$ 的唯一的非常数的不变因子,称 $\boldsymbol{C}$ 是 $\varphi(\lambda)=\lambda^n+a_1\lambda^{n-1}+a_2\lambda^{n-2}+\cdots+a_{n-1}\lambda+a_n$ 的**相伴矩阵**.

注意:$\lambda+a$ 的相伴矩阵为 $[-a]$.

由定义立即可写出 $\varphi_1(\lambda)=\lambda-3$ 和 $\varphi_2(\lambda)=\lambda^4+2\lambda^2-3\lambda+1$ 的相伴矩阵分别为

$$[3],\begin{bmatrix} 0 & 0 & 0 & -1 \\ 1 & 0 & 0 & 3 \\ 0 & 1 & 0 & -2 \\ 0 & 0 & 1 & 0 \end{bmatrix}.$$

定理 2.13 对任意 $\boldsymbol{A}\in\mathbb{C}^{n\times n}$,若 $\boldsymbol{A}$ 的非常数的不变因子为

$$\varphi_i(\lambda)=\lambda^{n_i}+a_{i1}\lambda^{n_i-1}+\cdots+a_{in_i-1}\lambda+a_{in_i}$$

$$\left(i=1,2,\cdots,s\leqslant n,\sum_{i=1}^{s}n_i=n\right),$$

则

$$\boldsymbol{A}\sim\boldsymbol{C}=\begin{bmatrix} \boldsymbol{C}_1 & & & \\ & \boldsymbol{C}_2 & & \\ & & \ddots & \\ & & & \boldsymbol{C}_s \end{bmatrix},$$

其中 $\boldsymbol{C}_i$ 是 $\varphi_i(\lambda)$ 的相伴矩阵,除 $\boldsymbol{C}$ 中各个 $\boldsymbol{C}_i$ 的排列次序外,$\boldsymbol{C}=\mathrm{diag}(\boldsymbol{C}_1,\boldsymbol{C}_2,\cdots,\boldsymbol{C}_s)$ 是由 $\boldsymbol{A}$ 唯一确定的. 称 $\boldsymbol{C}=\mathrm{diag}(\boldsymbol{C}_1,\boldsymbol{C}_2,\cdots,\boldsymbol{C}_s)$ 是 $\boldsymbol{A}$ **的有理标准形**,或自然法式.

证　先证 $\boldsymbol{A}\sim\boldsymbol{C}$.

因为将各个

$$\varphi_i(\lambda)=\lambda^{n_i}+a_{i1}\lambda^{n_i-1}+\cdots+a_{in_i-1}\lambda+a_{in_i}\quad(i=1,2,\cdots,s)$$

分解所得的一次式的方幂就是 $\boldsymbol{A}$ 的初等因子组，故只需证明 $\boldsymbol{C}$ 的初等因子组也是由各个

$$\varphi_i(\lambda)=\lambda^{n_i}+a_{i1}\lambda^{n_i-1}+\cdots+a_{in_i-1}\lambda+a_{in_i}\quad(i=1,2,\cdots,s)$$

分解而得的.

$$\lambda\boldsymbol{E}-\boldsymbol{C}=\begin{bmatrix}\lambda\boldsymbol{E}-\boldsymbol{C}_1 & & & \\ & \lambda\boldsymbol{E}-\boldsymbol{C}_2 & & \\ & & \ddots & \\ & & & \lambda\boldsymbol{E}-\boldsymbol{C}_s\end{bmatrix},$$

其中 $\lambda\boldsymbol{E}-\boldsymbol{C}_i$ 的唯一的非常数的不变因子为

$$\varphi_i(\lambda)=\lambda^{n_i}+a_{i1}\lambda^{n-1}+\cdots+a_{in_i-1}\lambda+a_{in_i},$$

于是 $\boldsymbol{C}_i$ 的初等因子就是由 $\varphi_i(\lambda)=\lambda^{n_i}+a_{i1}\lambda^{n-1}+\cdots+a_{in_i-1}\lambda+a_{in_i}$ 分解成的一次因式的方幂. 由 §2.4 的结论 2 可知，由各个

$$\varphi_i(\lambda)=\lambda^{n_i}+a_{i1}\lambda^{n_i-1}+\cdots+a_{in_i-1}\lambda+a_{in_i}\quad(i=1,2,\cdots,s)$$

分解而得的一次因式的方幂就是 $\boldsymbol{C}$ 的初等因子组.

再证唯一性.

由于每个 $\boldsymbol{C}_i$ 与 $\boldsymbol{A}$ 的非常数的不变因子是一一对应的，故在不计 $\boldsymbol{C}$ 中各个 $\boldsymbol{C}_i$ 的排列次序时，$\boldsymbol{C}$ 是由 $\boldsymbol{A}$ 唯一确定的.

求 $\boldsymbol{A}\in\mathbb{C}^{n\times n}$ 的有理标准形 $\boldsymbol{C}$ 的步骤如下：

(1)求 $\boldsymbol{A}$ 的非常数的不变因子 $\varphi_1(\lambda),\varphi_2(\lambda),\cdots,\varphi_s(\lambda)$；

(2)写出每个 $\varphi_i(\lambda)$ 的相伴矩阵 $\boldsymbol{C}_i(i=1,2,\cdots,s)$；

(3)写出 $\boldsymbol{A}$ 的有理标准形 $\boldsymbol{C}=\mathrm{diag}(\boldsymbol{C}_1,\boldsymbol{C}_2,\cdots,\boldsymbol{C}_s)$.

例 2.16　求 $\boldsymbol{A}=\begin{bmatrix}0&1&1\\1&0&1\\1&1&0\end{bmatrix}$ 的有理标准形 $\boldsymbol{C}$.

解 (1)

$$\lambda E - A = \begin{bmatrix} \lambda & -1 & -1 \\ -1 & \lambda & -1 \\ -1 & -1 & \lambda \end{bmatrix} \xrightarrow{[1,3]} \begin{bmatrix} -1 & -1 & \lambda \\ -1 & \lambda & -1 \\ \lambda & -1 & -1 \end{bmatrix}$$

$$\xrightarrow[{[3+1(\lambda)]}]{[2-1]} \begin{bmatrix} -1 & -1 & \lambda \\ 0 & \lambda+1 & -\lambda-1 \\ 0 & -\lambda-1 & \lambda^2-1 \end{bmatrix}$$

$$\xrightarrow[{[2-1]}\ {[3+1(\lambda)]}]{} \begin{bmatrix} 1 & 0 & 0 \\ 0 & \lambda+1 & -\lambda-1 \\ 0 & -\lambda-1 & \lambda^2-1 \end{bmatrix}$$

$$\xrightarrow{[3+2]} \begin{bmatrix} 1 & 0 & 0 \\ 0 & \lambda+1 & -\lambda-1 \\ 0 & 0 & \lambda^2-\lambda-2 \end{bmatrix}$$

$$\xrightarrow[{[3+2]}]{} \begin{bmatrix} 1 & & \\ & \lambda+1 & \\ & & \lambda^2-\lambda-2 \end{bmatrix};$$

$$d_1(\lambda)=1, d_2(\lambda)=\lambda+1, d_3(\lambda)=\lambda^2-\lambda-2.$$

(2) $d_2(\lambda)=\lambda+1$ 的相伴矩阵 $C_1=[-1]$，

$d_3(\lambda)=\lambda^2-\lambda-2$ 的相伴矩阵 $C_2=\begin{bmatrix} 0 & 2 \\ 1 & 1 \end{bmatrix}$.

(3) $A \sim C = \begin{bmatrix} C_1 & \\ & C_2 \end{bmatrix} = \begin{bmatrix} -1 & 0 & 0 \\ 0 & 0 & 2 \\ 0 & 1 & 1 \end{bmatrix}$.

例 2.17 求 $A=\begin{bmatrix} 0 & 1 & & & \\ -1 & 0 & & & \\ & & 0 & 1 & 1 \\ & & 1 & 0 & 1 \\ & & 1 & 1 & 0 \end{bmatrix}$ 的有理标准形 C.

解　记 $A_1=\begin{bmatrix} & 0 & 1\\ -1 & 0\end{bmatrix}$，$A_2=\begin{bmatrix}0&1&1\\1&0&1\\1&1&0\end{bmatrix}$，则 $A=\begin{bmatrix}A_1 & \\ & A_2\end{bmatrix}$.

因为

$$\lambda E-A_1=\begin{bmatrix}\lambda & -1\\ 1 & \lambda\end{bmatrix}$$

的 $D_1^{(1)}(\lambda)=1$，$D_2^{(1)}(\lambda)=\lambda^2+1$，故 A_1 的初等因子组为 $\lambda-\mathrm{i},\lambda+\mathrm{i}$；又由例 2.16 可知 A_2 的初等因子组为 $\lambda+1,\lambda+1,\lambda-2$，所以 A 的初等因子组为

$$\lambda-\mathrm{i},\lambda+\mathrm{i},\lambda+1,\lambda+1,\lambda-2.$$

由此得 A 的非常数的不变因子为

$$\varphi_1(\lambda)=\lambda+1,$$

$$\varphi_2(\lambda)=(\lambda+\mathrm{i})(\lambda-\mathrm{i})(\lambda+1)(\lambda-2)=\lambda^4-\lambda^3-\lambda^2-\lambda-2.$$

它们的相伴矩阵分别是

$$C_1=[-1],C_2=\begin{bmatrix}0&0&0&2\\1&0&0&1\\0&1&0&1\\0&0&1&1\end{bmatrix},$$

故

$$C=\begin{bmatrix}C_1 & \\ & C_2\end{bmatrix}=\begin{bmatrix}-1&0&0&0&0\\0&0&0&0&2\\0&1&0&0&1\\0&0&1&0&1\\0&0&0&1&1\end{bmatrix}.$$

注意：若 $C^{(1)},C^{(2)}$ 分别是 A_1,A_2 的有理标准形，则 $\begin{bmatrix}C^{(1)} & \\ & C^{(2)}\end{bmatrix}$ 不一定是 $A=\begin{bmatrix}A_1 & \\ & A_2\end{bmatrix}$ 的有理标准形.

§2.6 方阵的零化多项式与最小多项式

一、方阵的零化多项式

定义 2.15 设 $\boldsymbol{A}\in\mathbb{C}^{n\times n}$ 且 $\boldsymbol{A}\neq\boldsymbol{O}$，若存在非零多项式 $\varphi(\lambda)$，使得 $\varphi(\boldsymbol{A})=\boldsymbol{O}$，则称 $\varphi(\lambda)$ 是 $\boldsymbol{A}$ 的一个**零化多项式**.

例如，若 $\boldsymbol{A}\in\mathbb{C}^{n\times n}$ 是幂等矩阵（即 $\boldsymbol{A}^2=\boldsymbol{A}$），则 $\varphi(\lambda)=\lambda^2-\lambda$ 是 $\boldsymbol{A}$ 的一个零化多项式.

若 $\varphi(\lambda)$ 是 $\boldsymbol{A}$ 的一个零化多项式，$g(\lambda)$ 是任意的非零多项式，则 $g(\lambda)\varphi(\lambda)$ 仍然是 $\boldsymbol{A}$ 的零化多项式. 这表明若 $\boldsymbol{A}\in\mathbb{C}^{n\times n}$ 存在零化多项式，则其零化多项式不唯一，且有无穷多个.

下面的定理不仅表明任意的 $\boldsymbol{A}\in\mathbb{C}^{n\times n}$ 且 $\boldsymbol{A}\neq\boldsymbol{O}$ 都存在零化多项式，而且给出了 $\boldsymbol{A}$ 的一个我们已经很熟悉的零化多项式.

定理 2.14 （Hamilton-Cayley 定理）对任意 $\boldsymbol{A}\in\mathbb{C}^{n\times n}$ 且 $\boldsymbol{A}\neq\boldsymbol{O}$，其特征多项式 $f(\lambda)=\det(\lambda\boldsymbol{E}-\boldsymbol{A})$ 就是 $\boldsymbol{A}$ 的一个零化多项式，即

$$f(\boldsymbol{A})=\boldsymbol{O}.$$

（证明从略）

利用 Hamilton-Cayley 定理，可以将 $\boldsymbol{A}\in\mathbb{C}^{n\times n}$ 的次数高于或等于 n 的任意多项式，都化为次数低于 n 的多项式，从而简化了求 $\boldsymbol{A}$ 的多项式的计算.

例 2.18 设 $\boldsymbol{A}\in\mathbb{C}^{n\times n}$ 且 $\boldsymbol{A}\neq\boldsymbol{O}$，$f(\lambda)$ 是 $\boldsymbol{A}$ 的特征多项式. 对任意 k（$k\geqslant n$）次多项式 $g(\lambda)$，若 $g(\lambda)=f(\lambda)q(\lambda)+r(\lambda)$（显然 $\deg r(\lambda)<\deg f(\lambda)=n$），则由 Hamilton-Cayley 定理，得

$$g(\boldsymbol{A})=f(\boldsymbol{A})q(\boldsymbol{A})+r(\boldsymbol{A})=r(\boldsymbol{A}).$$

例如，设 $\boldsymbol{A}=\begin{bmatrix}1&0&2\\0&-1&1\\0&1&0\end{bmatrix}$，求 $2\boldsymbol{A}^8-3\boldsymbol{A}^5+\boldsymbol{A}^4+\boldsymbol{A}^2-4\boldsymbol{E}$.

此处 $g(\lambda)=2\lambda^8-3\lambda^5+\lambda^4+\lambda^2-4$，而

$$f(\lambda)=\begin{vmatrix}\lambda-1 & 0 & -2\\ 0 & \lambda+1 & -1\\ 0 & -1 & \lambda\end{vmatrix}=\lambda^3-2\lambda+1,$$

于是
$$\begin{aligned}g(\lambda)&=2\lambda^8-3\lambda^5+\lambda^4+\lambda^2-4\\&=(\lambda^3-2\lambda+1)(2\lambda^5+4\lambda^3-5\lambda^2+9\lambda-14)+24\lambda^2-37\lambda+10,\end{aligned}$$

故

$$2\boldsymbol{A}^8-3\boldsymbol{A}^5+\boldsymbol{A}^4+\boldsymbol{A}^2-4\boldsymbol{E}=24\boldsymbol{A}^2-37\boldsymbol{A}+10\boldsymbol{E}=\begin{bmatrix}-3 & 48 & -26\\ 0 & 95 & -61\\ 0 & -61 & 34\end{bmatrix}.$$

二、方阵的最小多项式

$\boldsymbol{A}$ 的零化多项式还有许多用途，但其不唯一性却给使用带来不方便. 为此，我们对于 $\boldsymbol{A}$ 的零化多项式进行一些限制，使其具有唯一性，这就是下面要介绍的最小多项式.

定义 2.16　设 $\boldsymbol{A}\in\mathbb{C}^{n\times n}$ 且 $\boldsymbol{A}\neq\boldsymbol{O}$，将 $\boldsymbol{A}$ 的次数最低且首 1 的零化多项式 $m(\lambda)$，称为 $\boldsymbol{A}$ 的**最小多项式**.

显然，$\boldsymbol{A}\in\mathbb{C}^{n\times n}$ 的最小多项式 $m(\lambda)$ 必定存在且唯一，并由 Hamilton Cayley 定理知，$\deg[m(\lambda)]\leqslant n$.

定理 2.15　设 $\boldsymbol{A}\in\mathbb{C}^{n\times n}(\boldsymbol{A}\neq\boldsymbol{O})$ 的特征多项式为 $f(\lambda)$，最小多项式为 $m(\lambda)$，第 n 个不变因子为 $d_n(\lambda)$，而 $\varphi(\lambda)$ 是 $\boldsymbol{A}$ 的任意一个零化多项式，则

(1) $m(\lambda)\mid\varphi(\lambda)$，即最小多项式能整除任一零化多项式；

(2) $m(\lambda)$ 与 $f(\lambda)$ 有相同的零点，不同的只可能是零点的重数（由此可知，若 $f(\lambda)$ 无重零点，则 $f(\lambda)$ 就是最小多项式）；

(3) $m(\lambda)=d_n(\lambda)$.

证 (1)因为 $\deg[m(\lambda)]\leqslant\deg[\varphi(\lambda)]$,故

$\varphi(\lambda)=m(\lambda)q(\lambda)+r(\lambda)$,且 $\deg[r(\lambda)]<\deg[m(\lambda)]$; (*)

于是只需证明 $r(\lambda)$ 是零多项式,即 $r(\lambda)\equiv 0$.

<反证法>假设 $r(\lambda)$ 不是零多项式,则

$$\boldsymbol{O}=\varphi(\boldsymbol{A})=m(\boldsymbol{A})q(\boldsymbol{A})+r(\boldsymbol{A})=r(\boldsymbol{A}),$$

即 $r(\lambda)$ 也是 $\boldsymbol{A}$ 的零化多项式,从而 $\deg[m(\lambda)]\leqslant\deg[r(\lambda)]$,这与(*)式矛盾,故 $r(\lambda)\equiv 0$.

(2)设 λ_0 是 $m(\lambda)$ 的任一零点,则由(1)知

$$f(\lambda_0)=m(\lambda_0)q(\lambda_0)=0,$$

即 λ_0 也是 $f(\lambda)$ 的零点.

反之,若 λ_0 是 $f(\lambda)$ 的任一零点,即 λ_0 是 $\boldsymbol{A}$ 的任一特征值,设 $\boldsymbol{x}\in\mathbb{C}^n$ 是对应的特征向量,则 $m(\lambda_0)$ 是 $m(\boldsymbol{A})$ 的特征值,且 $\boldsymbol{x}$ 是相应的特征向量,即

$$m(\lambda_0)\boldsymbol{x}=m(\boldsymbol{A})\boldsymbol{x}=\boldsymbol{0};$$

因为 $\boldsymbol{x}\neq\boldsymbol{0}$,所以 $m(\lambda_0)=0$,即 λ_0 也是 $m(\lambda)$ 的零点.

(3)因证明过繁,故此处从略;有需要的读者可参阅参考文献[1].

下面介绍求最小多项式常用的两种方法.

1."分解–检验"法

先求 $\boldsymbol{A}$ 的特征多项式 $f(\lambda)$ 并将其分解因式,然后根据性质(2)检验得出最小多项式 $m(\lambda)$. 此法对阶数不超过 3 的方阵尤为有效.

例 2.19 求 $\boldsymbol{A}=\begin{bmatrix}7&4&-1\\4&7&-1\\-4&-4&4\end{bmatrix}$ 的最小多项式 $m(\lambda)$.

解 $f(\lambda)=\det(\lambda\boldsymbol{E}-\boldsymbol{A})=\begin{vmatrix}\lambda-7&-4&1\\-4&\lambda-7&1\\4&4&\lambda-4\end{vmatrix}$

$$=\begin{vmatrix}\lambda-7&-4&1\\0&\lambda-3&\lambda-3\\4&4&\lambda-4\end{vmatrix}=\begin{vmatrix}\lambda-7&-4&5\\0&\lambda-3&0\\4&4&\lambda-8\end{vmatrix}$$

$$=(\lambda-3)(\lambda^2-15\lambda+36)=(\lambda-3)^2(\lambda-12).$$

由性质(2)可知，$m(\lambda)=(\lambda-3)(\lambda-12)$ 或 $m(\lambda)=(\lambda-3)^2(\lambda-12)$；因此若 $(\lambda-3)(\lambda-12)$ 是 $\boldsymbol{A}$ 的零化多项式，则 $m(\lambda)=(\lambda-3)(\lambda-12)$，否则 $m(\lambda)=(\lambda-3)^2(\lambda-12)$.

经验证 $(\boldsymbol{A}-3\boldsymbol{E})(\boldsymbol{A}-12\boldsymbol{E})=\boldsymbol{O}$，故 $m(\lambda)=(\lambda-3)(\lambda-12)$.

例 2.20　求 $\boldsymbol{A}=\begin{bmatrix}1 & 4 & 2\\ 0 & -3 & 4\\ 0 & 4 & 3\end{bmatrix}$ 的最小多项式 $m(\lambda)$.

解　因为

$$f(\lambda)=\det(\lambda\boldsymbol{E}-\boldsymbol{A})=\begin{vmatrix}\lambda-1 & -4 & -2\\ 0 & \lambda+3 & -4\\ 0 & -4 & \lambda-3\end{vmatrix}$$

$$=(\lambda-1)(\lambda-5)(\lambda+5).$$

无重零点，故 $m(\lambda)=f(\lambda)=(\lambda-1)(\lambda-5)(\lambda+5)$.

2. “不变因子”法

利用性质(3)，求出 $\boldsymbol{A}$ 的最后一个不变因子即可.

例 2.21　求 $\boldsymbol{A}=\begin{bmatrix}-1 & 1 & 0\\ -4 & 3 & 0\\ 1 & 0 & 2\end{bmatrix}$ 的最小多项式.

解　由例 2.4 知

$$\lambda\boldsymbol{E}-\boldsymbol{A}=\begin{bmatrix}\lambda+1 & -1 & 0\\ 4 & \lambda-3 & 0\\ -1 & 0 & \lambda-2\end{bmatrix}\cong\begin{bmatrix}1 & 0 & 0\\ 0 & 1 & 0\\ 0 & 0 & (\lambda-2)(\lambda-1)^2\end{bmatrix},$$

故

$$m(\lambda)=d_3(\lambda)=(\lambda-2)(\lambda-1)^2.$$

例 2.22 求 $\boldsymbol{A}=\begin{bmatrix} a & 0 & 0 & \cdots & 0 & 0 \\ 1 & a & 0 & \cdots & 0 & 0 \\ 0 & 1 & a & \cdots & 0 & 0 \\ \vdots & \vdots & \vdots & & \vdots & \vdots \\ 0 & 0 & 0 & \cdots & a & 0 \\ 0 & 0 & 0 & \cdots & 1 & a \end{bmatrix}_{n\times n}$ 的最小多项式.

解 因为 $\boldsymbol{A}$ 是一个 Jordan 块,其唯一的初等因子为 $(\lambda-a)^n$,于是 $d_n(\lambda)=(\lambda-a)^n$,故其最小多项式为 $(\lambda-a)^n$.

三、最小多项式的应用

1. 简化求方阵多项式的计算

因为 $g(\boldsymbol{A})=m(\boldsymbol{A})q(\boldsymbol{A})+r(\boldsymbol{A})=r(\boldsymbol{A})$,而 $\deg[r(\lambda)]<\deg[m(\lambda)]\leqslant\deg[f(\lambda)]$,因此使用最小多项式进行简化,可能比使用特征多项式进行简化的效果更好.

例 2.23 设 $\boldsymbol{A}=\begin{bmatrix} 2 & 1 & 0 \\ -4 & -2 & 0 \\ 2 & 1 & 0 \end{bmatrix}$,将 $g(\boldsymbol{A})=\boldsymbol{A}^7-\boldsymbol{A}^5-19\boldsymbol{A}^4+28\boldsymbol{A}^3+6\boldsymbol{A}-4\boldsymbol{E}$ 表示为 $\boldsymbol{A}$ 的次数尽可能低的多项式.

解 因为 $f(\lambda)=\det(\lambda\boldsymbol{E}-\boldsymbol{A})=\begin{vmatrix} \lambda-2 & -1 & 0 \\ 4 & \lambda+2 & 0 \\ -2 & -1 & \lambda \end{vmatrix}=\lambda\begin{vmatrix} \lambda-2 & -1 \\ 4 & \lambda+2 \end{vmatrix}=\lambda^3$,且 $\boldsymbol{A}\neq\boldsymbol{O},\boldsymbol{A}^2=\boldsymbol{O}$,故 $\boldsymbol{A}$ 的最小多项式 $m(\lambda)=\lambda^2$. 又经计算得

$$g(\lambda)=m(\lambda)q(\lambda)+r(\lambda)=\lambda^2(\lambda^5-\lambda^3-19\lambda^2+28\lambda)+6\lambda-4,$$

即 $r(\lambda)=6\lambda-4$,于是

$$g(\boldsymbol{A})=\boldsymbol{A}^7-\boldsymbol{A}^5-19\boldsymbol{A}^4+28\boldsymbol{A}^3+6\boldsymbol{A}-4\boldsymbol{E}=6\boldsymbol{A}-4\boldsymbol{E},$$

仅为 $\boldsymbol{A}$ 的一次多项式.

2. $A\in\mathbb{C}^{n\times n}$可对角化的充要条件

定理 2.16　$A\in\mathbb{C}^{n\times n}$可对角化的充要条件是 A 的最小多项式无重零点.

证　由定理 2.12 及最小多项式的性质(3)即可得证.

推论　$A\in\mathbb{C}^{n\times n}$可对角化的充要条件是 A 有一个无重零点的零化多项式.

例 2.24　设 $A\in\mathbb{C}^{n\times n}$,若 $A^2=E$,则 A 可对角化,且

$$A\sim\begin{bmatrix}E_r & \\ & -E_{n-r}\end{bmatrix}(0\leqslant r\leqslant n).$$

证　由 $A^2=E$ 知 λ^2-1 是 A 的一个无重零点的零化多项式,且 $\sigma(A)\subset\{-1,1\}$,故 A 可对角化. 设 A 的特征值中有 $r(0\leqslant r\leqslant n)$ 个 1, $n-r$ 个 -1,于是

$$A\sim\begin{bmatrix}1 & & & & & \\ & \ddots & & & & \\ & & 1 & & & \\ & & & -1 & & \\ & & & & \ddots & \\ & & & & & -1\end{bmatrix}=\begin{bmatrix}E_r & \\ & -E_{n-r}\end{bmatrix}.$$

习题 2

A

一、判断题

1. 设 $x\in\mathbb{C}^n$ 是 $A\in\mathbb{C}^{n\times n}$的属于 λ 的特征向量,$f(t)$是多项式,则 x 是$f(A)$的属于$f(\lambda)$的特征向量.　(　　)

2. 设 $A\in\mathbb{C}^{n\times n}$,则 $\lambda E-A$ 是可逆的(即单模态的).　(　　)

3. 设 $A\in\mathbb{C}^{n\times n}$, $d_1(\lambda),d_2(\lambda),\cdots,d_n(\lambda)$是 $\lambda E-A$ 的不变因子,若 $d_5(\lambda)=1$,则 $d_1(\lambda)=d_2(\lambda)=d_3(\lambda)=d_4(\lambda)=1$.　(　　)

4. 设$\boldsymbol{A},\boldsymbol{B}\in\mathbb{C}^{n\times n}$,则$\boldsymbol{A}\sim\boldsymbol{B}\Leftrightarrow\lambda\boldsymbol{E}-\boldsymbol{A}\cong\lambda\boldsymbol{E}-\boldsymbol{B}$. ( )

5. 设$\boldsymbol{A},\boldsymbol{B}\in\mathbb{C}^{n\times n}$,则$\boldsymbol{A}\sim\boldsymbol{B}\Leftrightarrow\boldsymbol{A}$与$\boldsymbol{B}$有相同的最小多项式. ( )

6. 设$\boldsymbol{A}\in\mathbb{C}^{n\times n}$,$f(\lambda)=\det(\lambda\boldsymbol{E}-\boldsymbol{A})$,则$f(\boldsymbol{A})=\boldsymbol{O}$. ( )

7. 设$\boldsymbol{A}=\begin{bmatrix}\boldsymbol{A}_1 & \\ & \boldsymbol{A}_2\end{bmatrix}$,$\boldsymbol{C}^{(1)}$,$\boldsymbol{C}^{(2)}$分别是$\boldsymbol{A}_1$,$\boldsymbol{A}_2$的有理标准形,则$\begin{bmatrix}\boldsymbol{C}^{(1)} & \\ & \boldsymbol{C}^{(2)}\end{bmatrix}$是$\boldsymbol{A}$的有理标准形. ( )

8. 设$\varphi(\lambda)=\lambda^3-2\lambda^2+\lambda-3$,则$\varphi(\lambda)$的相伴矩阵为$\begin{bmatrix}0&0&2\\1&0&-1\\0&1&3\end{bmatrix}$. ( )

9. $\boldsymbol{A}\in\mathbb{C}^{n\times n}$可对角化的充要条件是$\boldsymbol{A}$的最小多项式无重零点. ( )

10. 若$\boldsymbol{A}\in\mathbb{C}^{n\times n}$满足$\boldsymbol{A}^2+\boldsymbol{E}=\boldsymbol{O}$,则$\boldsymbol{A}$可对角化. ( )

11. 设$\boldsymbol{A}=\begin{bmatrix}2&&\\&2&\\&1&2\end{bmatrix}$,则$\boldsymbol{A}$的最小多项式是$m(\lambda)=(\lambda-2)^3$. ( )

12. 多项式矩阵$\boldsymbol{A}(\lambda)$可逆的充要条件是$\boldsymbol{A}(\lambda)\cong\boldsymbol{E}$. ( )

二、填空题

1. 设$\boldsymbol{x}\in\mathbb{C}^n$是$\boldsymbol{A}\in\mathbb{C}^{n\times n}$的属于$\lambda$的特征向量,若$\boldsymbol{A}$可逆,则$\boldsymbol{A}^{-1}$的属于$\dfrac{1}{\lambda}$的特征向量为________.

2. 设$\boldsymbol{A}\in\mathbb{C}^{n\times n}$,则$\operatorname{rank}(\lambda\boldsymbol{E}-\boldsymbol{A})=$________.

3. $\boldsymbol{A}(\lambda)=\begin{bmatrix}0&0&\lambda^2+1\\\lambda&0&0\\0&\lambda^2-2\lambda+1&0\end{bmatrix}$的初等因子组为__________.

4. 设 $\boldsymbol{A}=\begin{bmatrix}0&1\\1&0\end{bmatrix}$，则 $\lambda\boldsymbol{E}-\boldsymbol{A}$ 的初等因子组为________________.

5. 设 $\boldsymbol{A}\in\mathbb{C}^{3\times3}$ 的 Jordan 标准形 $\boldsymbol{J}=\begin{bmatrix}2&&\\&2&\\&1&2\end{bmatrix}$，则 $\boldsymbol{A}$ 的有理标准形 $\boldsymbol{C}=$__________.

6. 设 $\boldsymbol{A}\in\mathbb{C}^{3\times3}$ 的有理标准形 $\boldsymbol{C}=\begin{bmatrix}2&0&0\\0&0&-4\\0&1&4\end{bmatrix}$，则 $\boldsymbol{A}$ 的 Jordan 标准形 $\boldsymbol{J}=$__________.

7. 设 $\boldsymbol{A}\in\mathbb{C}^{n\times n}$ 且 $\boldsymbol{A}\neq\boldsymbol{O}$，$\varphi(\lambda)$ 是 $\boldsymbol{A}$ 的最小多项式，则 $\varphi(\boldsymbol{A})=$______.

8. 设 $\boldsymbol{A}\in\mathbb{C}^{n\times n}$ 且 $\boldsymbol{A}\neq\boldsymbol{O}$，$d_n(\lambda)$ 是 $\lambda\boldsymbol{E}-\boldsymbol{A}$ 的第 n 个不变因子，则 $d_n(\boldsymbol{A})=$______.

9. 设 $\boldsymbol{A}\in\mathbb{C}^{3\times3}$ 的特征值为 $1,1,-2$，若 $\boldsymbol{A}$ 可对角化，则 $\lambda\boldsymbol{E}-\boldsymbol{A}$ 的第二个不变因子 $d_2(\lambda)=$______.

10. 设 $\boldsymbol{A}\in\mathbb{C}^{3\times3}$ 的有理标准形 $\boldsymbol{C}=\begin{bmatrix}2&0&0\\0&0&-4\\0&1&4\end{bmatrix}$，则 $\operatorname{tr}\boldsymbol{A}=$________.

三、单项选择题

1. 设 $\boldsymbol{A},\boldsymbol{B}\in\mathbb{C}^{n\times n}$，则 $\boldsymbol{A}\sim\boldsymbol{B}$ 的充要条件是(　　).

A. $\boldsymbol{A}$ 与 $\boldsymbol{B}$ 有相同的特征值

B. $\det\boldsymbol{A}=\det\boldsymbol{B}$

C. $\boldsymbol{A}$ 经过有限次初等变换可化为 $\boldsymbol{B}$

D. $\lambda\boldsymbol{E}-\boldsymbol{A}$ 与 $\lambda\boldsymbol{E}-\boldsymbol{B}$ 有相同的初等因子组

2. $\boldsymbol{A}\in\mathbb{C}^{n\times n}$ 可对角化的充要条件是(　　).

A. $\boldsymbol{A}$ 的特征值互不相同

B. $\boldsymbol{A}$ 有一个无重零点的零化多项式

C. $\boldsymbol{A}$ 的秩等于 n

D. $\boldsymbol{A}$ 经过有限次初等变换可化为对角形矩阵

3. 设 $\boldsymbol{A},\boldsymbol{B}\in\mathbb{C}^{n\times n}$，则“$\boldsymbol{A}$ 与 $\boldsymbol{B}$ 有相同的最小多项式”是“$\boldsymbol{A}\sim\boldsymbol{B}$”的(　　).

A. 充分条件　　B. 必要条件　　C. 充要条件　　D. 无关条件

4. 设 $\boldsymbol{A},\boldsymbol{B}\in\mathbb{C}^{n\times n}$ 均可逆，$f(t)$ 是多项式. 若 $\boldsymbol{A}\sim\boldsymbol{B}$，则下列结论不正确的是(　　).

A. $\boldsymbol{A}^{-1}\sim\boldsymbol{B}^{-1}$　　B. $f(\boldsymbol{A})\sim f(\boldsymbol{B})$

C. $\mathrm{adj}\,\boldsymbol{A}\sim\mathrm{adj}\,\boldsymbol{B}$　　D. $\mathrm{tr}(\boldsymbol{A}^{-1})=\dfrac{1}{\mathrm{tr}\,\boldsymbol{A}}$

5. 设 $\boldsymbol{A}\in\mathbb{C}^{4\times 4}$ 可对角化，且 4 个特征值都等于 2，则 $\boldsymbol{A}$ 的最小多项式为(　　).

A. $\lambda-2$　　B. $(\lambda-2)^2$　　C. $(\lambda-2)^3$　　D. $(\lambda-2)^4$

B

1. 已知数字矩阵 $\boldsymbol{A}$，用初等变换求 $\lambda\boldsymbol{E}-\boldsymbol{A}$ 的 Smith 标准形和不变因子.

(1) $\boldsymbol{A}=\begin{bmatrix}2&1&0\\0&2&1\\0&0&2\end{bmatrix}$；　(2) $\boldsymbol{A}=\begin{bmatrix}0&1&1\\1&0&1\\1&1&0\end{bmatrix}$；

(3) $\boldsymbol{A}=\begin{bmatrix}0&1&0&0\\0&0&1&0\\0&0&0&1\\-5&-4&-3&-2\end{bmatrix}$；　(4) $\boldsymbol{A}=\begin{bmatrix}3&1&0&0\\-4&-1&0&0\\7&1&2&1\\-7&-6&-1&0\end{bmatrix}$.

2. 求下列多项式矩阵的不变因子和初等因子.

$$(1)\boldsymbol{A}(\lambda)=\begin{bmatrix}0&0&1&\lambda+2\\0&1&\lambda+2&0\\1&\lambda+2&0&0\\\lambda+2&0&0&0\end{bmatrix};$$

$$(2)\boldsymbol{B}(\lambda)=\begin{bmatrix}\lambda+\alpha&0&1&0\\0&\lambda+\alpha&0&1\\0&0&\lambda+\alpha&0\\0&0&0&\lambda+\alpha\end{bmatrix};$$

$$(3)\boldsymbol{C}(\lambda)=\begin{bmatrix}\lambda-3&0&-8\\-3&\lambda+1&-6\\2&0&\lambda+5\end{bmatrix};$$

$$(4)\boldsymbol{D}(\lambda)=\begin{bmatrix}\lambda-3&-1&0&0\\4&\lambda+1&0&0\\-7&-1&\lambda-2&-1\\7&6&1&\lambda\end{bmatrix}.$$

3. 求下列矩阵的 Jordan 标准形.

$$(1)\boldsymbol{A}=\begin{bmatrix}1&2&0\\0&2&0\\-2&-1&-1\end{bmatrix};\qquad(2)\boldsymbol{B}=\begin{bmatrix}3&7&-3\\-2&-5&2\\-4&-10&3\end{bmatrix};$$

$$(3)\boldsymbol{C}=\begin{bmatrix}3&1&0&0\\-4&-1&0&0\\7&1&2&1\\-17&-6&-1&0\end{bmatrix};\qquad(4)\boldsymbol{D}=\begin{bmatrix}0&\cdots&0&0\\1&\cdots&0&0\\&\ddots&\vdots&\vdots\\&&1&0\end{bmatrix}.$$

4. 求下列矩阵的有理标准形.

$$(1)\boldsymbol{A}=\begin{bmatrix}0&1&1\\1&0&1\\1&1&0\end{bmatrix};\qquad(2)\boldsymbol{B}=\begin{bmatrix}0&1&0&0\\0&0&1&0\\0&0&0&1\\-5&-4&-3&-2\end{bmatrix}.$$

5. 已知 $\boldsymbol{A}$ 的 Jordan 标准形是 $\boldsymbol{J}=\begin{bmatrix}1&&&&\\1&1&&&\\&&2&&\\&&&2&\\&&&1&2\end{bmatrix}$，求 $\boldsymbol{A}$ 的有理标准形 $\boldsymbol{C}$.

6. 求下列矩阵的最小多项式.

(1) $\boldsymbol{A}=\begin{bmatrix}7&4&-4\\4&-8&-1\\-4&-1&-8\end{bmatrix}$;

(2) $\boldsymbol{B}=\begin{bmatrix}0&1&0\\0&0&1\\2&3&0\end{bmatrix}$;

(3) $\boldsymbol{C}=\begin{bmatrix}3&1&0&0&0\\0&3&0&0&0\\0&0&3&1&0\\0&0&0&3&1\\0&0&0&0&3\end{bmatrix}$

7. 证明定理 2.16 的推论：$\boldsymbol{A}\in\mathbb{C}^{n\times n}$ 可对角化的充要条件是 $\boldsymbol{A}$ 存在一个无重零点的零化多项式.

8. 证明满足下列条件之一的 $\boldsymbol{A}\in\mathbb{C}^{n\times n}$ 可对角化：

(1) $\boldsymbol{A}^2+\boldsymbol{A}=2\boldsymbol{E}$;　　(2) $\boldsymbol{A}^m=\boldsymbol{E}\quad(m\in\mathbb{N})$.

第 3 章　赋范空间

本章主要内容是赋范线性空间的概念、完备性，有限维赋范空间的性质，赋范空间中序列的收敛性与映射的连续性.

§3.1　赋范空间的概念

一、赋范空间定义及常见的赋范空间

为了研究线性空间中序列的收敛性和映射的连续性，需要“距离”的概念. 在$\mathbb{R}$中，两点 x 与 y 之间的距离就等于 $|x-y|$，即通过实数的绝对值可以定义距离；同样在$\mathbb{R}^3$中，可以用向量$\overrightarrow{OA}=\boldsymbol{a}$与$\overrightarrow{OB}=\boldsymbol{b}$之差的模 $|\boldsymbol{a}-\boldsymbol{b}|$ 表示两点 A 与 B 之间的距离. 当然在一般线性空间中没有绝对值或模的概念，但我们可以将绝对值（或模）的基本性质作为“公理”来定义线性空间中元素的模，今后称为范数.

定义 3.1　设 X 是数域$\mathbb{K}$上的线性空间，若映射 $\|\cdot\|: X\to\mathbb{R}$（即 $\forall x\in X$，存在唯一的 $\|x\|\in\mathbb{R}$ 与之对应）满足范数公理，即 $\forall x,y\in X$，$\forall \lambda\in\mathbb{K}$，有

(N_1)（正定性）$\|x\|\geqslant 0$ 且 $\|x\|=0\Leftrightarrow x=0$；

(N_2)（齐次性）$\|\lambda x\|=|\lambda|\,\|x\|$；

(N_3)（三角不等式）$\|x+y\|\leqslant\|x\|+\|y\|$.

则称 $\|\cdot\|$ 是线性空间 X 上的一种**范数**. $(X,\|\cdot\|)$ 称为**赋范线性空间**，简称为**赋范空间**，也可将 $(X,\|\cdot\|)$ 简记为 X. 非负实数 $\|x\|$ 称为元素 x **的范数**. 当$\mathbb{K}=\mathbb{R}$时，称 X 为实赋范空间；当$\mathbb{K}=\mathbb{C}$时，称 X 为复赋范空间.

由定义知，$(\mathbb{R},|\cdot|)$，$(\mathbb{R}^2,|\cdot|)$，$(\mathbb{R}^3,|\cdot|)$是实赋范空间，而$(\mathbb{C},|\cdot|)$是复赋范空间.

例 3.1 n 维欧氏空间$\mathbb{R}^n(\mathbb{C}^n)$.

$\forall \boldsymbol{x}=(\xi_1,\xi_2,\cdots,\xi_n)^{\mathrm{T}}\in\mathbb{R}^n(\mathbb{C}^n)$，定义

$$\|\boldsymbol{x}\|_2=\Big(\sum_{k=1}^{n}|\xi_k|^2\Big)^{\frac{1}{2}}=(\boldsymbol{x}^{\mathrm{H}}\boldsymbol{x})^{\frac{1}{2}},$$

其中 $\boldsymbol{x}^{\mathrm{H}}=(\bar{\boldsymbol{x}})^{\mathrm{T}}=(\overline{\xi_1},\overline{\xi_2},\cdots,\overline{\xi_n})$ 称为 $\boldsymbol{x}$ 的共轭转置；则 $\|\cdot\|_2$ 是$\mathbb{R}^n(\mathbb{C}^n)$上的一种范数(通常称 $\|\boldsymbol{x}\|_2$ 为 $\boldsymbol{x}$ 的 2－范数，或欧几里得范数)，$(\mathbb{R}^n,\|\cdot\|_2)$和$(\mathbb{C}^n,\|\cdot\|_2)$称为 n 维欧氏空间.

证 先验证 $\|\cdot\|_2$ 满足(N_1)：

显然 $\|\boldsymbol{x}\|_2=\Big(\sum_{k=1}^{n}|\xi_k|^2\Big)^{\frac{1}{2}}\geqslant 0$，且

$$\|\boldsymbol{x}\|_2=\Big(\sum_{k=1}^{n}|\xi_k|^2\Big)^{\frac{1}{2}}=0\Leftrightarrow\sum_{k=1}^{n}|\xi_k|^2=0\Leftrightarrow$$
$$\xi_k=0(\forall k=1,2,\cdots,n)\Leftrightarrow\boldsymbol{x}=(0,0,\cdots,0)^{\mathrm{T}}=\boldsymbol{0}.$$

再验证 $\|\cdot\|_2$ 满足(N_2)：

$\forall \boldsymbol{x}=(\xi_1,\xi_2,\cdots,\xi_n)^{\mathrm{T}}\in\mathbb{R}^n(\mathbb{C}^n)$及$\forall\lambda\in\mathbb{R}(\mathbb{C})$，有

$$\|\lambda\boldsymbol{x}\|_2=\Big(\sum_{k=1}^{n}|\lambda\xi_k|^2\Big)^{\frac{1}{2}}=|\lambda|\Big(\sum_{k=1}^{n}|\xi_k|^2\Big)^{\frac{1}{2}}=|\lambda|\,\|\boldsymbol{x}\|_2.$$

最后验证 $\|\cdot\|_2$ 满足(N_3)：

$$\forall \boldsymbol{x}=(\xi_1,\xi_2,\cdots,\xi_n)^{\mathrm{T}}\in\mathbb{R}^n(\mathbb{C}^n),$$
$$\forall \boldsymbol{y}=(\eta_1,\eta_2,\cdots,\eta_n)^{\mathrm{T}}\in\mathbb{R}^n(\mathbb{C}^n),$$

由 $p=2$ 时的 Minkowski 不等式得

$$\begin{aligned}\|\boldsymbol{x}+\boldsymbol{y}\|_2&=\Big(\sum_{k=1}^{n}|\xi_k+\eta_k|^2\Big)^{\frac{1}{2}}\\&\leqslant\Big(\sum_{k=1}^{n}|\xi_k|^2\Big)^{\frac{1}{2}}+\Big(\sum_{k=1}^{n}|\eta_k|^2\Big)^{\frac{1}{2}}\\&=\|\boldsymbol{x}\|_2+\|\boldsymbol{y}\|_2.\end{aligned}$$

例 3.2　连续函数空间$(C[a,b],\|\cdot\|_\infty)$,其中

$$\|f\|_\infty=\max_{a\leqslant x\leqslant b}|f(x)|\quad(\forall f\in C[a,b]).$$

证　易知按上式定义的$\|\cdot\|_\infty$满足(N_1)、(N_2),下面验证$\|\cdot\|_\infty$满足(N_3):

$\forall f,g\in C[a,b]$,不等式

$$\begin{aligned}|f(x)+g(x)|\leqslant|f(x)|+|g(x)|&\leqslant\max_{a\leqslant x\leqslant b}|f(x)|+\max_{a\leqslant x\leqslant b}|g(x)|\\&=\|f\|_\infty+\|g\|_\infty\end{aligned}$$

对任意$x\in[a,b]$成立,故$\|f+g\|_\infty\leqslant\|f\|_\infty+\|g\|_\infty$.

此外,还可以在$C[a,b]$定义 1 - 范数:

$$\|f\|_1=\int_a^b|f(x)|\mathrm{d}x.$$

2 - 范数:

$$\|f\|_2=\left(\int_a^b|f(x)|^2\mathrm{d}x\right)^{\frac{1}{2}}\quad(\forall f\in C[a,b]).$$

更一般地,有p - 范数:

$$\|f\|_p=\left(\int_a^b|f(x)|^p\mathrm{d}x\right)^{\frac{1}{p}}(1\leqslant p<\infty).$$

例 3.3　有界数列空间$(l^\infty,\|\cdot\|_\infty)$,其中

$$\|x\|_\infty=\sup_{k\in\mathbb{N}}|\xi_k|\quad(\forall x=(\xi_1,\xi_2,\cdots,\xi_k,\cdots)\in l^\infty).$$

证　显然满足(N_1)、(N_2). 因为

$$\forall x=(\xi_k),y=(\eta_k)\in l^\infty,$$

不等式

$$|\xi_k+\eta_k|\leqslant|\xi_k|+|\eta_k|\leqslant\sup_{k\in\mathbb{N}}|\xi_k|+\sup_{k\in\mathbb{N}}|\eta_k|=\|x\|_\infty+\|y\|_\infty$$

对任意$k\in\mathbb{N}$成立,所以

$$\|x+y\|_\infty=\sup_{k\in\mathbb{N}}|\xi_k+\eta_k|\leqslant\|x\|_\infty+\|y\|_\infty,$$

即满足(N_3).

例 3.4　在线性空间l^2上定义范数

$$\|x\|_2=\left(\sum_{k=1}^{\infty}|\xi_k|^2\right)^{\frac{1}{2}}\quad(\forall x=(\xi_k)\in l^2),$$

则$(l^2,\|\cdot\|_2)$是赋范空间.

证 (1) $\forall x=(\xi_k)\in l^2$, $\|x\|_2=\left(\sum_{k=1}^{\infty}|\xi_k|^2\right)^{\frac{1}{2}}\geqslant 0$,且

$$\|x\|_2=\left(\sum_{k=1}^{\infty}|\xi_k|^2\right)^{\frac{1}{2}}=0\Leftrightarrow\sum_{k=1}^{\infty}|\xi_k|^2=0$$

$$\Leftrightarrow\xi_k=0(\forall k=1,2,\cdots,n,\cdots)\Leftrightarrow x=(0,0,\cdots)=0;$$

(2) $\forall x=(\xi_k)\in l^2$ 及 $\forall\lambda\in\mathbb{K}$,有

$$\|\lambda x\|_2=\left(\sum_{k=1}^{\infty}|\lambda\xi_k|^2\right)^{\frac{1}{2}}=|\lambda|\left(\sum_{k=1}^{\infty}|\xi_k|^2\right)^{\frac{1}{2}}=|\lambda|\,\|x\|_2;$$

(3) $\forall x=(\xi_k),y=(\eta_k)\in l^2$,有

$$\begin{aligned}\|x+y\|_2&=\left(\sum_{k=1}^{\infty}|\xi_k+\eta_k|^2\right)^{\frac{1}{2}}\\&\leqslant\left(\sum_{k=1}^{\infty}|\xi_k|^2\right)^{\frac{1}{2}}+\left(\sum_{k=1}^{\infty}|\eta_k|^2\right)^{\frac{1}{2}}\\&=\|x\|_2+\|y\|_2.\end{aligned}$$

(此处仍然使用了 $p=2$ 时的 Minkowski 不等式.)

例 3.5 $\forall \boldsymbol{x}=(\xi_1,\xi_2,\cdots,\xi_n)^{\mathrm{T}}\in\mathbb{R}^n(\mathbb{C}^n)$,定义

$$\|x\|_p=\left(\sum_{k=1}^{n}|\xi_k|^p\right)^{\frac{1}{p}}(1\leqslant p<\infty),\quad\|x\|_\infty=\max_{1\leqslant k\leqslant n}|\xi_k|,$$

则$\|\cdot\|_p$, $\|\cdot\|_\infty$都是$\mathbb{R}^n(\mathbb{C}^n)$上的范数(证明作为练习留给读者).

例 3.6 $\forall \boldsymbol{A}=[a_{ij}]\in\mathbb{C}^{n\times n}$,若令

$$\|\boldsymbol{A}\|_\infty=\max_{1\leqslant i\leqslant n}\sum_{j=1}^{n}|a_{ij}|,$$

或
$$\|\boldsymbol{A}\|_1=\max_{1\leqslant j\leqslant n}\sum_{i=1}^{n}|a_{ij}|,$$

则$\|\cdot\|_\infty$, $\|\cdot\|_1$ 都是$\mathbb{C}^{n\times n}$上的范数, $\|\boldsymbol{A}\|_\infty$称为方阵 $\boldsymbol{A}$ 的**行范数**, $\|\boldsymbol{A}\|_1$ 称为方阵 $\boldsymbol{A}$ 的**列范数**.

证 $\|\cdot\|_\infty$显然满足(N_1)、(N_2)，下面验证它也满足(N_3)：

$\forall \boldsymbol{A}=[a_{ij}],\boldsymbol{B}=[b_{ij}]\in\mathbb{C}^{n\times n}$，有

$$\begin{aligned}\|\boldsymbol{A}+\boldsymbol{B}\|_\infty&=\max_{1\leqslant i\leqslant n}\sum_{j=1}^{n}|a_{ij}+b_{ij}|\leqslant\max_{1\leqslant i\leqslant n}\left[\sum_{j=1}^{n}|a_{ij}|+\sum_{j=1}^{n}|b_{ij}|\right]\\&\leqslant\max_{1\leqslant i\leqslant n}\sum_{j=1}^{n}|a_{ij}|+\max_{1\leqslant i\leqslant n}\sum_{j=1}^{n}|b_{ij}|\\&=\|\boldsymbol{A}\|_\infty+\|\boldsymbol{B}\|_\infty.\end{aligned}$$

类似可以验证$\|\cdot\|_1$是$\mathbb{C}^{n\times n}$上的范数.

例3.2，例3.5，例3.6均表明，在同一个线性空间X上可以定义不同的范数$\|\cdot\|_\alpha$，$\|\cdot\|_\beta$等，使之成为不同的赋范空间$(X,\|\cdot\|_\alpha)$，$(X,\|\cdot\|_\beta)$，….

在n维向量空间$\mathbb{R}^n(\mathbb{C}^n)$上，常用的范数有三种：

(1)向量的1－范数，即$\|\boldsymbol{x}\|_1=\sum\limits_{k=1}^{n}|\xi_k|$；

(2)向量的2－范数，即$\|\boldsymbol{x}\|_2=\left(\sum\limits_{k=1}^{n}|\xi_k|^2\right)^{\frac{1}{2}}$；

(3)向量的∞－范数，即$\|\boldsymbol{x}\|_\infty=\max\limits_{1\leqslant k\leqslant n}|\xi_k|$.

不过，今后如无特别申明，在$\mathbb{R}^n(\mathbb{C}^n)$上的范数总是指2－范数，即欧几里得范数；在$C[a,b]$上的范数总是指∞－范数，即最大值范数.

二、由范数导出的度量

给线性空间X的任意元素x赋予范数$\|x\|$，就可以利用范数来定义X的任意两个元素之间的“距离”.

定义3.2 $\forall x,y\in(X,\|\cdot\|)$，令$d(x,y)=\|x-y\|$，并称其为元素$x$与$y$之间的距离，由此确定的映射$d:X\times X\to\mathbb{R}$称为**由范数导出的度量或距离函数**. 此时，也说$(X,\|\cdot\|)$是一个**度量空间**.

根据定义及范数公理，很容易证明由范数导出的度量具有如下的性质.

(1)满足度量公理，即$\forall x,y,z\in X$，有

(M_1)(正定性)$d(x,y)\geqslant 0$,且 $d(x,y)=0\Leftrightarrow x=y$;

(M_2)(对称性)$d(x,y)=d(y,x)$;

(M_3)(三角不等式)$d(x,y)\leqslant d(x,z)+d(z,y)$.

(2)满足

(平移不变性) $\forall x,y,z\in X$,有 $d(x+z,y+z)=d(x,y)$;

(齐次性) $\forall x\in X,\forall\lambda\in\mathbb{K}$,有 $d(\lambda x,0)=|\lambda|d(x,0)$.

证 (1) $\forall x,y,z\in(X,\|\cdot\|)$,因为 $x-y\in X,x-z\in X,z-y\in X$,因此由$(\mathrm{N}_1)$得 $d(x,y)=\|x-y\|\geqslant 0$,且 $d(x,y)=\|x-y\|=0\Leftrightarrow x-y=0\Leftrightarrow x=y$,即由范数导出的度量满足$(\mathrm{M}_1)$.

又由(N_2)有 $d(x,y)=\|x-y\|=\|-(y-x)\|=|-1|\|y-x\|=\|y-x\|=d(y,x)$,即由范数导出的度量满足$(\mathrm{M}_2)$.

再由(N_3)得

$$\begin{aligned}d(x,y)=\|x-y\|&=\|x-z+z-y\|\leqslant\|x-z\|+\|z-y\|\\&=d(x,z)+d(z,y),\end{aligned}$$

即由范数导出的度量满足(M_3).

(2)请读者自己证明.

应当指出,“度量”或“距离”不一定要由范数来定义,事实上对于任意非空集合 X,每一个满足度量公理的二元泛函 $d:X\times X\to\mathbb{R}$ 都是 X 上的度量,(X,d)称为度量空间. 但在赋范空间$(X,\|\cdot\|)$中涉及的两个元素间的“距离”,或者说$(X,\|\cdot\|)$是度量空间时,都指的是由范数导出的度量. 还应当指出,“平移不变性”和“齐次性”是由范数导出的度量的特有性质.

定义 3.3 设$(X,\|\cdot\|)$,$A,B\subset X$ 是非空集合,$x_0\in X$.

(1)非负实数 $d(A,B)\equiv\inf\{d(x,y)\mid x\in A,y\in B\}=\inf\{\|x-y\|\mid x\in A,y\in B\}$ 称为**集合 A 与集合 B 之间的距离**.

(2)非负实数 $d(x_0,A)=d(\{x_0\},A)\equiv\inf\{\|x-x_0\|\mid x\in A\}$ 称为**点 x_0 到集合 A 的距离**.

(3)非负广义实数 $\operatorname{diam}A\equiv\sup\{\|x-y\|\mid x,y\in A\}$ 称为集合 A 的

直径，当 diam $A<+\infty$（即为有限数）时，称 A 是 $(X,\|\cdot\|)$ 中的**有界集**，当 diam $A=+\infty$ 时，称 A 是无界集.

定理 3.1　设 $A\subset(X,\|\cdot\|)$，则 A 为有界集的充要条件是 $\exists M\geqslant 0$，使得 $\|x\|\leqslant M(\forall x\in A)$.

证　先证明条件是必要的.

若 A 有界，即 diam $A<+\infty$，取 A 中一个固定的点 x_0，记 $M=\text{diam }A+\|x_0\|\geqslant 0$，则 $\forall x\in A$，有

$$\|x\|\leqslant\|x-x_0\|+\|x_0\|\leqslant\text{diam }A+\|x_0\|=M.$$

再证条件是充分的.

若 $\exists M\geqslant 0$，使得 $\|x\|\leqslant M(\forall x\in A)$，则 $\forall x,y\in A$，有

$$\|x-y\|\leqslant\|x\|+\|y\|\leqslant M+M\leqslant 2M,$$

故

$$\text{diam }A=\sup_{x,y\in A}\|x-y\|\leqslant 2M<+\infty,$$

即 A 是有界集.

下面借用三维欧氏空间 $(\mathbb{R}^3,\|\cdot\|_2)$ 中的名称，给出一般赋范空间 $(X,\|\cdot\|)$ 中开球、闭球和球面的定义，这些名词今后要用到.

注意：即使在 $\mathbb{R}^2$ 和 $\mathbb{R}^3$ 中，“球”并不总是“圆的”，其形状与范数有关.

定义 3.4　设 $x_0\in(X,\|\cdot\|)$，$r>0$.

(1) X 的子集 $B(x_0;r)\equiv\{x\in X\mid\|x-x_0\|<r\}$ 称为以 x_0 为中心、以 r 为半径的**开球**；

(2) X 的子集 $B[x_0;r]\equiv\{x\in X\mid\|x-x_0\|\leqslant r\}$ 称为以 x_0 为中心、以 r 为半径的**闭球**；

(3) X 的子集 $S(x_0;r)\equiv\{x\in X\mid\|x-x_0\|=r\}$ 称为以 x_0 为中心、以 r 为半径的**球面**.

三、等价范数

下面介绍同一线性空间上不同范数之间，可能存在的一种关系——等价，在后面的学习中经常要用到它.

定义 3.5 设$\|\cdot\|_\alpha$，$\|\cdot\|_\beta$是线性空间 X 上的两种范数，若存在常数 $a,b>0$，使得 $\forall x\in X$，有

$$a\|x\|_\alpha\leqslant\|x\|_\beta\leqslant b\|x\|_\alpha,$$

则称$\|\cdot\|_\alpha$与$\|\cdot\|_\beta$等价.

显然，若$\|\cdot\|_\alpha$与$\|\cdot\|_\beta$等价，则$\|\cdot\|_\beta$也与$\|\cdot\|_\alpha$等价.

例 3.7 $\mathbb{R}^n(\mathbb{C}^n)$上的范数$\|\cdot\|_1$，$\|\cdot\|_2$，$\|\cdot\|_\infty$是等价的，因为它们满足下面的不等式

$$\|x\|_\infty\leqslant\|x\|_2\leqslant\|x\|_1\leqslant n\|x\|_\infty\ (\forall x\in\mathbb{R}^n(\mathbb{C}^n)).$$

下面的例 3.8 可以帮助我们理解范数“等价”的含义，在下一节将会看到等价范数的意义和作用.

例 3.8 设$\|\cdot\|_\alpha$与$\|\cdot\|_\beta$是线性空间 X 上的两种等价范数，$A\subset X$，则 A 在$(X,\|\cdot\|_\alpha)$中有界，当且仅当 A 在$(X,\|\cdot\|_\beta)$中有界.

证 因为$\|\cdot\|_\alpha$与$\|\cdot\|_\beta$等价，故 $\exists a,b>0$，使得 $\forall x\in X$，有

$$a\|x\|_\alpha\leqslant\|x\|_\beta\leqslant b\|x\|_\alpha. \qquad (*)$$

若 A 在$(X,\|\cdot\|_\alpha)$中有界，则 $\exists M_1\geqslant 0$，使得 $\forall x\in A$，有 $\|x\|_\alpha\leqslant M_1$，故由式$(*)$得

$$\|x\|_\beta\leqslant b\|x\|_\alpha\leqslant bM_1=M,$$

即 A 在$(X,\|\cdot\|_\beta)$中有界.

以上证明了必要性，类似可证明充分性.

定理 3.2 有限维线性空间上，任何两种范数都是等价的.

（证明从略）

四、赋范空间的子空间

定义 3.6 设有$(X,\|\cdot\|)$，Y 是 X 的线性子空间. 若 $\forall x\in Y$，令$\|x\|_Y=\|x\|$，则$(Y,\|\cdot\|_Y)$也是赋范空间，并将其称为赋范空间 X 的子空间，简称为 X 的**赋范子空间**.

按定义 3.6 的方式，赋范空间的任何线性子空间都自然地成为其

赋范子空间. 因此,要验证赋范空间 X 的某个集合 M 是 X 的赋范子空间,只需验证 M 是非空的,且对 X 的线性运算是封闭的.

例如,$(\mathbb{R}^2,\|\cdot\|_1)$是$(\mathbb{R}^3,\|\cdot\|_1)$的一个子空间,$P_n[a,b]$和$P[a,b]$都是$(C[a,b],\|\cdot\|_\infty)$的子空间.

§3.2　收敛序列与连续映射

一、序列的收敛性

$\mathbb{R}$ 或$\mathbb{C}$ 中的序列(即数列)(x_k)收敛于数 a(记为$\lim\limits_{k\to\infty} x_k=a$)的充要条件是$\lim\limits_{k\to\infty}|x_k-a|=0$;用“$\varepsilon-N$ 语言”可叙述为$\forall\varepsilon>0$, $\exists N\in\mathbb{N}$,使得 $k>N$ 时,恒有$|x_k-a|<\varepsilon$. 只要将绝对值改为一般的范数,就得到赋范空间中序列收敛的定义.

定义 3.7　设(x_k)是$(X,\|\cdot\|)$中的序列. 若存在 $x_0\in X$,使得$\lim\limits_{k\to\infty}\|x_k-x_0\|=0$(即$\forall\varepsilon>0$, $\exists N\in\mathbb{N}$,使当 $k>N$ 时,恒有$\|x_k-x_0\|<\varepsilon$),则称(x_k)**在赋范空间 X 中收敛**,$x_0\in X$ 称为(x_k)的极限点;或称(x_k)**依范数$\|\cdot\|$收敛于 x_0**;记为$\lim\limits_{k\to\infty} x_k=x_0$,简记为 $x_k\to x_0(k\to\infty)$. 否则,称(x_k)在 X 中不收敛或**发散**.

要特别指出的是:

(1)(x_k)在 X 中收敛与否,与 X 上的范数有关;

(2)若$\lim\limits_{k\to\infty} x_k=x_0$,但 $x_0\notin X$,则(x_k)在 X 中不收敛.

同数列的情况一样,在$(X,\|\cdot\|)$中收敛的序列(x_k)也具有如下性质:

(1)(x_k)是$(X,\|\cdot\|)$中的有界序列(即$\{\|x_k\|\}$是有界数列),反之不真;

(2)(x_k)的极限是唯一的.

这两个性质的证明也同数列的情况一样,只需将那里的$|\cdot|$换

成$\|\cdot\|$即可.

尽管X中(x_k)序列的收敛性,因所用的范数不同而可能不同,但下面的定理3.3表明,对于等价的范数来说却是一样的.

定理3.3 设$\|\cdot\|_\alpha$与$\|\cdot\|_\beta$是线性空间X上的等价范数,(x_k)是X中的序列,$x_0 \in X$. 则(x_k)依范数$\|\cdot\|_\alpha$收敛于x_0,当且仅当(x_k)依范数$\|\cdot\|_\beta$收敛于x_0.

证 因为$\|\cdot\|_\alpha$与$\|\cdot\|_\beta$等价,故存在$a,b>0$,使得$\forall k \in \mathbb{N}$,有

$$\|x_k - x_0\|_\beta \leqslant b\|x_k - x_0\|_\alpha$$

及
$$\|x_k - x_0\|_\alpha \leqslant \frac{1}{a}\|x_k - x_0\|_\beta.$$

"$\Rightarrow$": 若(x_k)依范数$\|\cdot\|_\alpha$收敛于x_0,则$\lim\limits_{k\to\infty}\|x_k - x_0\|_\alpha = 0$,于是有

$$0 \leqslant \|x_k - x_0\|_\beta \leqslant b\|x_k - x_0\|_\alpha \to 0 \quad (k\to\infty),$$

故(x_k)依范数$\|\cdot\|_\beta$收敛于x_0.

"$\Leftarrow$":当(x_k)依范数$\|\cdot\|_\beta$收敛于x_0,即$\lim\limits_{k\to\infty}\|x_k - x_0\|_\beta = 0$,于是有

$$0 \leqslant \|x_k - x_0\|_\alpha \leqslant \frac{1}{a}\|x_k - x_0\|_\beta \to 0 \ (k\to\infty),$$

故(x_k)依范数$\|\cdot\|_\alpha$收敛于x_0.

利用定理3.2及定理3.3的结论,在有限维赋范空间中讨论序列的收敛性时,可根据需要选择使用任何一种范数.

例3.9 设$\boldsymbol{x} = (\xi_1, \xi_2, \cdots, \xi_n)^{\mathrm{T}} \in \mathbb{R}^n(\mathbb{C}^n)$,$\boldsymbol{x}_k = (\xi_1^{(k)}, \xi_2^{(k)}, \cdots, \xi_n^{(k)})^{\mathrm{T}} \in \mathbb{R}^n(\mathbb{C}^n)(k=1,2,\cdots)$. 试证$\lim\limits_{k\to\infty} x_k = x \Leftrightarrow \forall i \in \{1,2,\cdots,n\}$有$\lim\limits_{k\to\infty}\xi_i^{(k)} = \xi_i$, 即在$\mathbb{R}^n(\mathbb{C}^n)$中序列依范数收敛,等价于按坐标收敛.

证 先用图表看"按坐标收敛"的含义:$k\to\infty$时,有

$$
\begin{array}{lllllll}
\boldsymbol{x}_1 = & (\xi_1^{(1)}, & \xi_2^{(1)}, & \cdots, & \xi_i^{(1)}, & \cdots, & \xi_n^{(1)})^{\mathrm{T}} \\
\boldsymbol{x}_2 = & (\xi_1^{(2)}, & \xi_2^{(2)}, & \cdots, & \xi_i^{(2)}, & \cdots, & \xi_n^{(2)})^{\mathrm{T}} \\
\vdots & \vdots & \vdots & & \vdots & & \vdots \\
\boldsymbol{x}_k = & (\xi_1^{(k)}, & \xi_2^{(k)}, & \cdots, & \xi_i^{(k)}, & \cdots, & \xi_n^{(k)})^{\mathrm{T}} \\
\vdots & \vdots & \vdots & & \vdots & & \vdots \\
\downarrow & \downarrow & \downarrow & & \downarrow & & \downarrow \\
\boldsymbol{x} = & (\xi_1, & \xi_2, & \cdots, & \xi_i, & \cdots, & \xi_n)^{\mathrm{T}}
\end{array}
$$

再证明结论是正确的. 由于$\mathbb{R}^n(\mathbb{C}^n)$上的范数是等价的,故不妨就$\infty$-范数来证明.

$$\lim_{k\to\infty} x_k = x \Leftrightarrow \lim_{k\to\infty} \| x_k - x \|_\infty = \lim_{k\to\infty}\max_{1\leqslant i\leqslant n} |\xi_i^{(k)} - \xi_i| = 0$$
$$\Leftrightarrow \forall i\in\{1,2,\cdots,n\},\text{有}\lim_{k\to\infty}|\xi_i^{(k)}-\xi_i|=0$$
$$\Leftrightarrow \forall i\in\{1,2,\cdots,n\},\text{有}\lim_{k\to\infty}\xi_i^{(k)}=\xi_i.$$

例 3.10　在 $C[a,b]$ 中,序列(f_n)依范数$\|\cdot\|_\infty$收敛于$f\in C[a,b]$的充要条件是函数序列$(f_n(x))$在闭区间$[a,b]$上“一致收敛于”连续函数$f(x)$,即

$$\lim_{n\to\infty} f_n = f \Leftrightarrow f_n(x) \rightrightarrows f(x)\ (\forall x\in[a,b]).$$

证　先给出$f_n(x)\rightrightarrows f(x)\ (\forall x\in[a,b])$的定义.

$\forall\varepsilon>0,\exists N\in\mathbb{N}$,使得$\forall x\in[a,b]$,当$n>N$时,恒有

$$|f_n(x)-f(x)|<\varepsilon.$$

再证本题结论:

$$\lim_{n\to\infty} f_n = f \Leftrightarrow \lim_{n\to\infty}\|f_n - f\|_\infty = \lim_{n\to\infty}\max_{a\leqslant x\leqslant b}|f_n(x)-f(x)| = 0$$
$$\Leftrightarrow \lim_{n\to\infty}|f_n(x)-f(x)|=0\ (\forall x\in[a,b]\text{成立})$$
$$\Leftrightarrow \forall\varepsilon>0,\exists N\in\mathbb{N},\text{使得}\forall x\in[a,b],\text{当}n>N\text{时},\text{恒有}$$
$$|f_n(x)-f(x)|<\varepsilon \Leftrightarrow f_n(x)\rightrightarrows f(x)\ (\forall x\in[a,b]).$$

例 3.11　若记$p_n(x)=\sum\limits_{k=0}^{n}\dfrac{x^k}{k!}\ (n=1,2,\cdots)$,$f(x)=\mathrm{e}^x$,则$(p_n)$是

$(P[a,b],\|\cdot\|_{\infty})$中的序列,且$\lim\limits_{n\to\infty}\|p_n-f\|_{\infty}=0$. 但$(p_n)$在$(P[a,b],\|\cdot\|_{\infty})$中不收敛,因为$f\notin P[a,b]$. 当然$(p_n)$在$(C[a,b],\|\cdot\|_{\infty})$中是收敛的.

二、赋范空间中的无穷级数

设(x_k)是$(X,\|\cdot\|)$中的序列,表达式

$$\sum_{k=1}^{\infty}x_k=x_1+x_2+\cdots+x_k+\cdots$$

称为$(X,\|\cdot\|)$的**无穷级数**,简称为级数. $\forall n\in\mathbb{N}$, $\sum\limits_{k=1}^{n}x_k=x_1+x_2+\cdots+x_n\xlongequal{\text{记为}}s_n\in X$,称$s_n$为级数$\sum\limits_{k=1}^{\infty}x_k$的部分和(或前$n$项和),$(s_n)$称为级数$\sum\limits_{k=1}^{\infty}x_k$的部分和序列.

定义 3.8 若$\sum\limits_{k=1}^{\infty}x_k$的部分和序列$(s_n)$在$(X,\|\cdot\|)$中收敛,即$\exists s\in X$,使得$\lim\limits_{n\to\infty}s_n=s$,则称$\sum\limits_{k=1}^{\infty}x_k$在$(X,\|\cdot\|)$中**收敛**,$s$称为该级数的和,记为$\sum\limits_{k=1}^{\infty}x_k=s$;否则称$\sum\limits_{k=1}^{\infty}x_k$在$(X,\|\cdot\|)$中不收敛或**发散**.

若正项级数$\sum\limits_{k=1}^{\infty}\|x_k\|$收敛,则称级数$\sum\limits_{k=1}^{\infty}x_k$**绝对收敛**.

值得注意的是:在一般赋范空间中,绝对收敛的级数不一定是收敛的.

例 3.12 由例 3.11 知,级数$\sum\limits_{k=0}^{\infty}q_k\left(\text{其中 }q_k(x)=\dfrac{x^k}{k!}\right)$在$(P[0,1],\|\cdot\|_{\infty})$中不收敛,而$\sum\limits_{k=0}^{\infty}\|q_k\|_{\infty}=\sum\limits_{k=0}^{\infty}\dfrac{1}{k!}=\mathrm{e}$收敛,即$\sum\limits_{k=0}^{\infty}q_k$绝对收敛而不收敛.

事实上,只有当赋范空间是完备的时候,每个绝对收敛的级数才是

收敛的(见 §3.3).

三、映射的连续性

在高等数学中,函数 $f(x)$ 在 x_0 点连续是指 $\lim\limits_{x\to x_0} f(x)=f(x_0)$. 用"$\varepsilon-\delta$ 语言"可叙述为 $\forall\varepsilon>0$, $\exists\delta>0$,使得当 $|x-x_0|<\delta$ 时,恒有 $|f(x)-f(x_0)|<\varepsilon$.

只要将绝对值改为相应的范数,就得到赋范空间到赋范空间的映射在某点连续的定义.

定义 3.9 设有 $(X,\|\cdot\|)$ 和 $(Y,\|\cdot\|)$, $x_0\in X$ 及 $T:X\to Y$. 若 $\forall\varepsilon>0$, $\exists\delta>0$,使当 $\|x-x_0\|<\delta$ 且 $x\in X$ 时,恒有 $\|T(x)-T(x_0)\|<\varepsilon$,则称 T 在点 x_0 处**连续**. 若 T 在集合 $A\subset X$ 的每一点连续,则称 T 在集合 A 上连续,若 T 在定义域 X 上连续,则称 T 是**连续映射**.

在高等数学中,若 $\lim\limits_{n\to\infty} x_n=x_0$,且函数 $f(x)$ 在 x_0 点连续,则 $\lim\limits_{n\to\infty} f(x_n)=f(x_0)$,即 $\lim\limits_{n\to\infty} f(x_n)=f(\lim\limits_{n\to\infty} x_n)$;例如,$\lim\limits_{n\to\infty}\sin\left(1+\dfrac{1}{n}\right)^n=\sin\left[\lim\limits_{n\to\infty}\left(1+\dfrac{1}{n}\right)^n\right]=\sin e$. 事实上,若对于任意收敛于 x_0 的数列 (x_n),都有 $\lim\limits_{n\to\infty} f(x_n)=f(\lim\limits_{n\to\infty} x_n)=f(x_0)$,则 $f(x)$ 在 x_0 点也是连续的. 这个结论对于映射也是成立的.

定理 3.4 $T:(X,\|\cdot\|)\to(Y,\|\cdot\|)$ 在点 $x_0\in X$ 处连续的充要条件是对于 X 中的任意序列 (x_n),若 $\lim\limits_{n\to\infty} x_n=x_0$,则在 Y 中有 $\lim\limits_{n\to\infty} T(x_n)=T(x_0)$.

证 必要性的证明.

因为 $T:(X,\|\cdot\|)\to(Y,\|\cdot\|)$ 在点 $x_0\in X$ 连续,所以 $\forall\varepsilon>0$, $\exists\delta>0$,使得只要 $\|x-x_0\|<\delta$ 且 $x\in X$ 时,就有 $\|T(x)-T(x_0)\|<\varepsilon$. 因此,若 (x_n) 是 X 中的序列且 $\lim\limits_{n\to\infty} x_n=x_0$,则对于上述的 $\delta>0$, $\exists N\in\mathbb{N}$,使当 $n>N$ 时,有 $\|x_n-x_0\|<\delta$. 从而当 $n>N$ 时,有

$\| T(x_n)-T(x_0) \| < \varepsilon$,即在 Y 中 $\lim\limits_{n\to\infty} T(x_n)=T(x_0)$.

充分性的证明

〈反证法〉. 假设条件成立时 T 在点 $x_0 \in X$ 处不连续,则必存在某个 $\varepsilon_0>0$,使得 $\forall \delta>0$,都能找到 X 中的元素 x_δ 满足 $\| x_\delta - x_0 \| < \delta$,但却有

$$\| T(x_\delta)-T(x_0) \| \geqslant \varepsilon_0.$$

今取 $\delta=\dfrac{1}{n}$,则存在 $x_n \in X(n=1,2,\cdots)$ 满足 $\| x_n - x_0 \| < \dfrac{1}{n}$,但 $\| T(x_n)-T(x_0) \| \geqslant \varepsilon_0$. 由此知,当 X 中的序列 (x_n) 收敛于 x_0 时,序列 $(T(x_n))$ 在 Y 中不收敛于 $T(x_0)$. 此与"假设条件成立"矛盾,于是充分性得证.

由定理 3.4 中条件的必要性可方便地求某些极限: $\lim\limits_{n\to\infty} T(x_n) = T(\lim\limits_{n\to\infty} x_n)$; 而利用其充分性证明某些映射连续也很简单.

定理 3.5 设 X 是 $\mathbb{K}$ 上的赋范空间,则

(1) X 上的范数 $\| \cdot \|: X \to \mathbb{R}$ 是连续的;

(2) X 上的线性运算"$+$": $X \times X \to X$ 和"$\cdot$": $\mathbb{K} \times X \to X$ 是连续的.

证 [分析] 由定理 3.4 知,只需证明 $\forall x,y \in X$, $\forall \lambda \in \mathbb{K}$ 及任意 $(x_n),(y_n) \subset X,(\lambda_n) \subset \mathbb{K}$,若 $\lim\limits_{n\to\infty} x_n = x, \lim\limits_{n\to\infty} y_n = y, \lim\limits_{n\to\infty} \lambda_n = \lambda$, 则

(1) $\lim\limits_{n\to\infty} \| x_n \| = \| x \|$;

(2) $\lim\limits_{n\to\infty}(x_n+y_n)=x+y,\ \lim\limits_{n\to\infty}(\lambda_n \cdot x_n)=\lambda \cdot x$.

[证明] (1) 由三角不等式容易得到不等式 $| \| x \| - \| y \| | \leqslant \| x-y \| (\forall x,y \in X)$, 于是 $| \| x_n \| - \| x \| | \leqslant \| x_n - x \| \to 0 (n \to \infty)$,即 $\lim\limits_{n\to\infty} \| x_n \| = \| x \|$,故 $\| \cdot \|: X \to \mathbb{R}$ 连续.

(2) 因为 $\| (x_n+y_n)-(x+y) \| = \| (x_n-x)+(y_n-y) \| \leqslant \| x_n - x \| + \| y_n - y \| \to 0 (n\to\infty)$, 即 $\lim\limits_{n\to\infty}(x_n+y_n)=x+y$, 所以"$+$": $X \times X \to X$ 连续;

因为 $\|\lambda_n\cdot x_n-\lambda\cdot x\|=\|(\lambda_n x_n-\lambda_n x)+(\lambda_n x-\lambda x)\|\leqslant \|\lambda_n x_n-\lambda_n x\|+\|\lambda_n x-\lambda x\|=|\lambda_n|\,\|x_n-x\|+|\lambda_n-\lambda|\,\|x\|\to 0$ $(n\to\infty)$，即 $\lim\limits_{n\to\infty}(\lambda_n\cdot x_n)=\lambda\cdot x$，所以"·"：$\mathbb{K}\times X\to X$ 连续.

例 3.13　设 $\mathbb{R}^3$ 中的序列 $(\boldsymbol{x}_n)$ 依 $\|\cdot\|_2$ 收敛于向量 $(1,-2,3)^{\mathrm{T}}$，求 $\lim\limits_{n\to\infty}\|\boldsymbol{x}_n\|_1$.

解　$\mathbb{R}^3$ 中的序列 $(\boldsymbol{x}_n)$ 依 $\|\cdot\|_2$ 收敛于向量 $(1,-2,3)^{\mathrm{T}}$，则 (x_n) 也依 $\|\cdot\|_1$ 收敛于 $\boldsymbol{x}=(1,-2,3)^{\mathrm{T}}$，所以

$$\lim_{n\to\infty}\|\boldsymbol{x}_n\|_1=\|\lim_{n\to\infty}\boldsymbol{x}_n\|_1=\|\boldsymbol{x}\|_1=6.$$

§3.3　赋范空间的完备性

由收敛序列的定义可知，若 $\lim\limits_{n\to\infty}x_n=x_0$，则只要项数充分大，$(x_n)$ 的任意两项（比如第 m 项与第 n 项）之间的距离就可以任意小，可描述为 $\|x_m-x_n\|\to 0$（$m,n\to\infty$ 时），具有这种特征的序列称为 Cauchy 序列. 也就是说收敛序列必定是 Cauchy 序列，那么 Cauchy 序列是否就是收敛序列呢？当 (x_n) 是实数列或复数列时，回答是肯定的；这说明 $\mathbb{R}$ 或 $\mathbb{C}$ 包含了它的所有序列的极限点. 而当 (x_n) 是有理数列时，回答是否定的（例如 $(1,1.4,1.41,1.414,\cdots)$ 显然是 Cauchy 序列，但它在 $\mathbb{Q}$ 中不收敛），这表明 $\mathbb{Q}$ 没有包含其所有序列的极限点. 这是 $\mathbb{R}$（或 $\mathbb{C}$）与 $\mathbb{Q}$ 的重要区别之一，据此（Cauchy 序列是否收敛）人们通常说 $\mathbb{R}$（或 $\mathbb{C}$）是完备的，而 $\mathbb{Q}$ 是不完备的.

我们也是用"Cauchy 序列是否收敛"来定义一般赋范空间的完备性的.

一、Cauchy 序列及其性质

定义 3.10　设 (x_n) 是 $(X,\|\cdot\|)$ 中的序列，若 $\forall\varepsilon>0$，$\exists N\in\mathbb{N}$，使得只要 $m,n>N$，就有 $\|x_m-x_n\|<\varepsilon$（可简洁地写为 $\|x_m-x_n\|\to 0$

($m,n\to\infty$ 时)),则称(x_n)是$(X,\|\cdot\|)$中的 **Cauchy 序列或基本序列.**

例 3.14 若序列(x_n)在$(X,\|\cdot\|)$中收敛,则(x_n)是$(X,\|\cdot\|)$中的 Cauchy 序列,反之不真.

证 若$\lim\limits_{n\to\infty} x_n = x_0 \in X$,则$\forall \varepsilon > 0$, $\exists N\in\mathbb{N}$,使得当$n>N$时,恒有

$$\|x_n - x_0\| < \varepsilon/2;$$

同样,当$m>N$时,恒有

$$\|x_m - x_0\| < \varepsilon/2;$$

于是当$m,n>N$时,就有

$$\begin{aligned}\|x_m - x_n\| &= \|x_m - x_0 + x_0 - x_n\| \leqslant \|x_m - x_0\| + \|x_n - x_0\| \\ &< \varepsilon/2 + \varepsilon/2 = \varepsilon,\end{aligned}$$

故(x_n)是$(X,\|\cdot\|)$中的 Cauchy 序列.

反之不真. 例如,设$q_n(x) = \sum\limits_{k=0}^{n} \dfrac{x^k}{k!}$, $x\in[0,1]$,则易知(q_n)是$P[0,1]$的 Cauchy 序列,但由例 3.12 知,(q_n)在$P[0,1]$中不收敛.

由定义 3.10,(x_n)是否是 Cauchy 序列,与所用的范数有关;不过,对于等价范数而言,则是没有区别的.

例 3.15 设$\|\cdot\|_\alpha$与$\|\cdot\|_\beta$是线性空间X上的等价范数,(x_n)是X中的序列,则(x_n)是$(X,\|\cdot\|_\alpha)$中的 Cauchy 序列,当且仅当(x_n)是$(X,\|\cdot\|_\beta)$中的 Cauchy 序列.

证 由于$\|\cdot\|_\alpha$与$\|\cdot\|_\beta$等价,故存在$a>0$, $b>0$,使得$\forall m,n\in\mathbb{N}$,有

$$\|x_m - x_n\|_\beta \leqslant b\|x_m - x_n\|_\alpha,\ \|x_m - x_n\|_\alpha \leqslant \frac{1}{a}\|x_m - x_n\|_\beta.$$

"$\Rightarrow$":若(x_n)是$(X,\|\cdot\|_\alpha)$中的 Cauchy 序列,则当$m,n\to\infty$时,有$\|x_m - x_n\|_\alpha\to 0$,故当$m,n\to\infty$时,$\|x_m - x_n\|_\beta \leqslant b\|x_m - x_n\|_\alpha \to 0$,即$(x_n)$是$(X,\|\cdot\|_\beta)$中的 Cauchy 序列.

"$\Leftarrow$":若(x_n)是$(X,\|\cdot\|_\beta)$中的 Cauchy 序列,则当$m,n\to\infty$

时,有$\|x_m-x_n\|_\beta\to0$,故当$m,n\to\infty$时,$\|x_m-x_n\|_\alpha\leqslant\frac{1}{a}\|x_m-x_n\|_\beta\to0$,即$(x_n)$是$(X,\|\cdot\|_\alpha)$中的Cauchy序列.

例3.16 $\mathbb{R}^n$(或$\mathbb{C}^n$)中的序列(x_k)是Cauchy序列的充要条件是(x_k)的各个坐标所构成的数列$(\xi_i^{(k)})$($\forall i\in\{1,2,\cdots,n\}$)是Cauchy数列.

证 因为

$$\lim_{m,k\to\infty}\|x_m-x_k\|_\infty=\lim_{m,k\to\infty}\max_{1\leqslant i\leqslant n}|\xi_i^{(m)}-\xi_i^{(k)}|=0$$

$$\Leftrightarrow\forall i\in\{1,2,\cdots,n\},\text{有}\lim_{m,k\to\infty}|\xi_i^{(m)}-\xi_i^{(k)}|=0,$$

所以结论成立.

定理3.6 设(x_n)是$(X,\|\cdot\|)$中的Cauchy序列,则

(1)(x_n)是$(X,\|\cdot\|)$中的有界序列;

(2)若(x_n)有一个子序列(x_{n_k})收敛(记$\lim\limits_{k\to\infty}x_{n_k}=x\in X$),那么$(x_n)$就是收敛的(显然$\lim\limits_{n\to\infty}x_n=x\in X$).

证 (1)设(x_n)是$(X,\|\cdot\|)$中的Cauchy序列,则对于$\varepsilon=1$,$\exists N\in\mathbb{N}$,使得当$n>N$时,恒有$\|x_{N+1}-x_n\|<1$,从而有$\|x_n\|-\|x_{N+1}\|\leqslant\|x_{N+1}-x_n\|<1$,即$\|x_n\|<1+\|x_{N+1}\|$. 取$M=\max\{\|x_1\|,\|x_2\|,\cdots,\|x_N\|,1+\|x_{N+1}\|\}$,则$\forall n\in\mathbb{N}$,有$\|x_n\|\leqslant M$,故$(x_n)$是$(X,\|\cdot\|)$中的有界序列.

(2)$\forall\varepsilon>0$,因为$\lim\limits_{k\to\infty}x_{n_k}=x\in X$,所以$\exists N_1\in\mathbb{N}$,使得当$n_k>N_1$时,恒有

$$\|x_{n_k}-x\|<\varepsilon/2;$$

又因为(x_n)是Cauchy序列,故$\exists N_2\in\mathbb{N}$,使得当$m,n>N_2$时,恒有

$$\|x_m-x_n\|<\varepsilon/2.$$

今取$N=\max\{N_1,N_2\}$,则当$n>N,n_k>N$时,就有

$$\|x_n-x\|=\|x_n-x_{n_k}+x_{n_k}-x\|\leqslant\|x_n-x_{n_k}\|+\|x_{n_k}-x\|<\varepsilon,$$

即 $\lim\limits_{n\to\infty} x_n = x \in X.$

二、Banach 空间

定义 3.11 如果赋范空间 X 中的任意一个 Cauchy 序列都收敛，则称 X 是完备的，完备的赋范空间又叫做 **Banach 空间**.

由前面的分析可知，$(\mathbb{Q}, |\cdot|)$ 是不完备的；在例 3.14 的证明中，我们给出了一个在 $(P[0,1], \|\cdot\|_\infty)$ 中不收敛的 Cauchy 序列 (q_n) $\left(\text{其中 } q_n(x) = \sum\limits_{k=0}^{n} \dfrac{x^k}{k!}\right)$，因此 $(P[0,1], \|\cdot\|_\infty)$ 是不完备的.

例 3.17 $\mathbb{R}$ 和 $\mathbb{C}$ 都是完备的.

证 (1)可以证明任何实数列必有单调的子数列.（证明过程比较复杂，此处从略，可参阅参考文献[1].）

(2) 证明：$\mathbb{R}$ 中任一 Cauchy 序列 (x_n) 都是收敛的.

设 (x_{n_k}) 是 (x_n) 的单调子数列，因为 Cauchy 数列 (x_n) 是有界的，于是 (x_{n_k}) 是单调有界的实数列，故收敛，从而 Cauchy 数列 (x_n) 也是收敛的. 所以，$\mathbb{R}$ 是完备的.

(3)证明：$\mathbb{C}$ 是完备的.

设 (z_n) 是 $\mathbb{C}$ 中任一 Cauchy 序列，记 $z_n = x_n + \mathrm{i}y_n$ $(n = 1,2,\cdots)$. 由 $|x_n| \leqslant |z_n|$，$|y_n| \leqslant |z_n|$ $(n = 1,2,\cdots)$ 知，(x_n)，(y_n) 是 $\mathbb{R}$ 中的 Cauchy 序列. 因为 $\mathbb{R}$ 完备，故 (x_n)，(y_n) 都收敛，设 $x_n \to x$，$y_n \to y$ $(n \to \infty)$. 若令 $z = x + \mathrm{i}y$，则有

$$|z_n - z| = |(x_n - x) + \mathrm{i}(y_n - y)| \leqslant |x_n - x| + |y_n - y| \to 0 (n \to \infty),$$

即 $z_n \to z \in \mathbb{C}$ $(n \to \infty)$，所以 $\mathbb{C}$ 是完备的.

定理 3.7 设 $\|\cdot\|_\alpha$ 与 $\|\cdot\|_\beta$ 是线性空间 X 上的等价范数，则 $(X, \|\cdot\|_\alpha)$ 完备，当且仅当 $(X, \|\cdot\|_\beta)$ 完备.

证 先证必要性.

设 (x_n) 是 $(X, \|\cdot\|_\beta)$ 的任一 Cauchy 序列，由于 $\|\cdot\|_\alpha$ 与 $\|\cdot\|_\beta$ 等价，故 (x_n) 也是 $(X, \|\cdot\|_\alpha)$ 的 Cauchy 序列. 又因为

$(X, \|\cdot\|_\alpha)$完备,故(x_n)依$\|\cdot\|_\alpha$收敛,从而依$\|\cdot\|_\beta$收敛,即(x_n)在$(X, \|\cdot\|_\beta)$中收敛,所以$(X, \|\cdot\|_\beta)$完备.

只要交换$\|\cdot\|_\alpha$与$\|\cdot\|_\beta$的位置,就可证明充分性.

下面给出常见赋范空间的完备性,证明大多略去,这并不影响今后的应用.

例 3.18　$\mathbb{R}^n$,$\mathbb{C}^n$都是完备的.

证　设$(\boldsymbol{x}_k)$(其中$x_k = (\xi_1^{(k)}, \xi_2^{(k)}, \cdots, \xi_n^{(k)})^{\mathrm{T}}$)是$\mathbb{R}^n$($\mathbb{C}^n$)中任一Cauchy 序列,则$\forall i \in \{1,2,\cdots,n\}$,$(\xi_i^{(k)})$是$\mathbb{R}$($\mathbb{C}$)中的 Cauchy 数列,故收敛. 由例 3.9 知$(\boldsymbol{x}_k)$在$\mathbb{R}^n$($\mathbb{C}^n$)中收敛,所以$\mathbb{R}^n$($\mathbb{C}^n$)是完备的.

例 3.19　$(l^2, \|\cdot\|_2)$是 Banach 空间.

例 3.20　$(C[a,b], \|\cdot\|_\infty)$是 Banach 空间.

例 3.21　若$\forall f \in C[a,b]$,定义$\|f\|_p = \left(\int_a^b |f(x)|^p \mathrm{d}x\right)^{\frac{1}{p}}$ $(1 \leqslant p < \infty)$,则$(C[a,b], \|\cdot\|_p)$是赋范空间,但$(C[a,b], \|\cdot\|_p)$不完备.

三、几个重要的结论

1. 子空间的完备性

Banach 空间的子空间不一定是 Banach 空间. 例如$(C[a,b], \|\cdot\|_\infty)$是 Banach 空间,但其子空间$(P[a,b], \|\cdot\|_\infty)$不完备.

2. 有限维空间的完备性

定理 3.8　有限维赋范空间都是完备的,任何赋范空间的有限维子空间都是 Banach 空间.(证明从略)

3. 赋范空间完备的充要条件

定理 3.9　赋范空间 X 完备的充要条件是 X 中每一个绝对收敛的级数都收敛.(证明从略)

推论　有限维赋范空间中每一个绝对收敛的级数都收敛.

§3.4 有界线性算子

一、线性算子的有界性概念

定义 3.12 设$(X,\|\cdot\|)$、$(Y,\|\cdot\|)$都是$\mathbb{K}$上的赋范空间，$T:X\to Y$ 是线性算子. 若$\exists c>0$，使得$\forall x\in X$，有

$$\|Tx\|\leqslant c\|x\|,$$

则称线性算子 T 是有界的，或称 T 是**有界线性算子**.

例 3.22 由定义立即可知：

(1)恒等算子 $I:X\to X$ 和零算子 $O:x\mapsto 0\in Y(\forall x\in X)$显然是有界的；

(2)数乘算子 $T_\alpha:x\mapsto \alpha x(\forall x\in X)$(其中 $\alpha\in\mathbb{K}$ 是固定的常数)是有界线性算子.

线性算子的"有界性"，与高等数学中函数 $f(x)$ 的"有界性"含义$(\forall x\in X, |f(x)|\leqslant c$，即值域$\{f(x)\mid x\in X\}$是有界实数集)不同，它是指$\dfrac{\|Tx\|}{\|x\|}\leqslant c(\forall x\in X$ 且 $x\neq 0)$，即$\left\{\dfrac{\|Tx\|}{\|x\|}\mid x\in X, x\neq 0\right\}$是有界实数集. 例如，当 $k\neq 0$ 时，$f:x\mapsto kx(x\in\mathbb{R})$，作为函数是无界的，但作为线性算子却是有界的. 此处的"有界"是指 T 将有界集映成有界集.

定理 3.10 线性算子 $T:(X,\|\cdot\|)\to(Y,\|\cdot\|)$是有界的，当且仅当 X 中的任何有界集 A 在 T 下的像 $T(A)$是 Y 中的有界集.

***证** "$\Rightarrow$"：$\forall y\in T(A)$，$\exists x\in A$，使得 $y=T(x)$. 因为 T 是有界的，故$\exists c>0$，使得$\|y\|=\|Tx\|\leqslant c\|x\|$；又因为 A 是有界集，故$\exists M>0$，使得$\forall x\in A$，有$\|x\|\leqslant M$；所以$\forall y\in T(A)$，有$\|y\|=\|Tx\|\leqslant c\|x\|\leqslant cM=r$，即 $T(A)$是 Y 中的有界集.

"$\Leftarrow$"：若 X 中的任何有界集 A 在 T 下的像 $T(A)$是 Y 中的有界集，则 X 中的单位球面 $S(0;1)$在 T 下的像 $T(S(0;1))$在 Y 中有界，于是

$\exists c>0$,使得 $\forall z\in S(0;1)$,有 $\|Tz\|\leqslant c$. 现任取 $x\in X$ 且 $x\neq 0$,则 $\dfrac{x}{\|x\|}\in S(0;1)$,故 $\left\|T\dfrac{x}{\|x\|}\right\|=\dfrac{\|Tx\|}{\|x\|}\leqslant c$. 从而 $\|Tx\|\leqslant c\|x\|$,且此不等式对 $x=0$ 也成立,因此 T 是有界的.

由上面充分性的证明,可将定理的结果改进为下面的推论.

推论　线性算子 $T:(X,\|\cdot\|)\to(Y,\|\cdot\|)$ 是有界的充要条件是 T 将 X 中的单位球面映成 Y 中的有界集.

定理 3.11　定义在有限维赋范空间上的线性算子都是有界的,即线性算子 $T:(X,\|\cdot\|)\to(Y,\|\cdot\|)$ 当 X 是有限维空间时,必定是有界的(证明从略).

例如,由 $\boldsymbol{A}\in\mathbb{C}^{m\times n}$ 确定的线性算子一定有界.

例 3.23　设 $C^1[a,b]=\{f\mid f'\in C[a,b]\}$,则易知 $(C^1[a,b],\|\cdot\|_\infty)$ 是 $(C[a,b],\|\cdot\|_\infty)$ 的子空间. 若定义微分算子 $\mathrm{D}:C^1[a,b]\to C[a,b]$ 为 $\forall f\in C^1[a,b]$,$(\mathrm{D}f)(x)=\dfrac{\mathrm{d}f(x)}{\mathrm{d}x}\ (x\in[a,b])$,则微分算子 D 是无界线性算子.

证　由求导法则即知 D 是线性的,下面证明 D 是无界的.

为简单起见,不妨设 $[a,b]=[0,1]$. 因为 $\forall c>0$, $\exists n\in\mathbb{N}$,使得 $n>c$,且对于 $f_0(x)=x^n$,有 $\|f_0\|_\infty=1$,于是 $\|\mathrm{D}f_0\|_\infty=\max\limits_{0\leqslant x\leqslant 1}|f_0'(x)|=\max\limits_{0\leqslant x\leqslant 1}|nx^{n-1}|=n>c=c\|f_0\|_\infty$,故 D 是无界的.

二、有界线性算子的范数

当 T 是有界线性算子时,$\left\{\dfrac{\|Tx\|}{\|x\|}\,\middle|\,x\in X,x\neq 0\right\}$ 是非空有上界的实数集,从而有上确界(设为 μ). 因为 $\dfrac{\|Tx\|}{\|x\|}$ 可看作映射 T 在点 $x\in X$ 处的"伸缩率",而其上确界 μ 与 x 无关,故 μ 就表示映射 T 本身的"伸缩率",通常称 μ 为 T 的范数.

定义 3.13 设 $T:(X,\|\cdot\|)\to(Y,\|\cdot\|)$ 是有界线性算子,称

$$\|T\|\equiv\sup_{x\neq 0}\frac{\|Tx\|}{\|x\|}$$

为有界线性算子 T 的范数,或 T 的**算子范数**. 当 $X=\{0\}$ 时,规定 $\|T\|=0$. 今后总假设 $X\neq\{0\}$.

例 3.24 由定义可得 $\|T_\alpha\|=\sup\limits_{x\neq 0}\frac{\|T_\alpha x\|}{\|x\|}=\sup\limits_{x\neq 0}\frac{\|\alpha x\|}{\|x\|}$ $=\sup\limits_{x\neq 0}\frac{|\alpha|\ \|x\|}{\|x\|}=|\alpha|\sup\limits_{x\neq 0}\frac{\|x\|}{\|x\|}=|\alpha|$, $\|O\|=0$, $\|I\|=1$.

若 $T:(X,\|\cdot\|)\to(Y,\|\cdot\|)$ 是有界线性算子,则由定义立即可得两个有用的不等式:

(1) $\|Tx\|\leqslant\|T\|\ \|x\|$;

(2) $\|T\|\leqslant c$(当 $\forall x\in X$ 时,有 $\|Tx\|\leqslant c\|x\|$).

定理 3.12 若 $T:(X,\|\cdot\|)\to(Y,\|\cdot\|)$ 是有界线性算子,则

$$\|T\|=\sup_{\|x\|=1}\|Tx\|.$$

证 因为集合 $\left\{\frac{z}{\|z\|}\ \middle|\ \forall z\in X \text{ 且 } z\neq 0\right\}$ 是集合 $\{x\mid x\in X \text{ 且 } \|x\|=1\}$ 的子集,所以

$$\|T\|=\sup_{\substack{z\in X\\ z\neq 0}}\frac{\|Tz\|}{\|z\|}=\sup_{\substack{z\in X\\ z\neq 0}}\left\|T\frac{z}{\|z\|}\right\|\leqslant\sup_{\substack{x\in X\\ \|x\|=1}}\|Tx\|$$
$$\leqslant\sup_{\substack{x\in X\\ \|x\|=1}}(\|T\|\ \|x\|)=\|T\|\sup_{\substack{x\in X\\ \|x\|=1}}\|x\|=\|T\|,$$

于是得 $\|T\|=\sup\limits_{\|x\|=1}\|Tx\|$.

此定理表明,用定义求有界线性算子 T 的范数时,只需对 X 的单位球面上的元素取上确界即可.

例 3.25 积分算子 $T:(C[a,b],\|\cdot\|_\infty)\to(C[a,b],\|\cdot\|_\infty)$ 的定义为 $\forall f\in C[a,b]$,令

$$(Tf)(x)=\int_a^x f(t)\,\mathrm{d}t\quad(\forall x\in[a,b]).$$

试证 T 是有界线性算子,并求 $\|T\|$.

解　(1)先证 T 是线性的(见例1.27).

(2)再证 T 是有界的.

因为 $$\|Tf\|_{\infty}=\max_{a\leqslant x\leqslant b}|(Tf)(x)|=\max_{a\leqslant x\leqslant b}\left|\int_a^x f(t)\,\mathrm{d}t\right|$$
$$\leqslant\max_{a\leqslant x\leqslant b}\int_a^x|f(t)|\,\mathrm{d}t\leqslant\left(\max_{a\leqslant x\leqslant b}\int_a^x\mathrm{d}x\right)\cdot\max_{a\leqslant t\leqslant b}|f(t)|$$
$$=\max_{a\leqslant x\leqslant b}(x-a)\cdot\|f\|_{\infty}=(b-a)\|f\|_{\infty},$$
所以 T 是有界的,且 $\|T\|\leqslant b-a$.

(3)最后求 $\|T\|$.

已证 $\|T\|\leqslant b-a$,只需证 $\|T\|\geqslant b-a$,即可求得 $\|T\|=b-a$.

取 $f_0(x)\equiv1$,则 $\|f_0\|_{\infty}=1$,于是有
$$\|T\|\geqslant\|Tf_0\|_{\infty}=\max_{a\leqslant x\leqslant b}\left|\int_a^x f_0(t)\,\mathrm{d}t\right|=\max_{a\leqslant x\leqslant b}\left|\int_a^x 1\,\mathrm{d}t\right|=b-a,$$
故 $$\|T\|=b-a.$$

例3.26　方阵的算子范数.

设 $\|\cdot\|_{\alpha}$ 是 $\mathbb{C}^n$ 上的任意一种范数,由 $\boldsymbol{A}\in\mathbb{C}^{n\times n}$ 确定的有界线性算子 $\boldsymbol{A}:\mathbb{C}^n\to\mathbb{C}^n$ 的范数
$$\|\boldsymbol{A}\|_{\alpha}=\sup_{\|\boldsymbol{x}\|_{\alpha}=1}\|\boldsymbol{Ax}\|_{\alpha}=\max_{\|\boldsymbol{x}\|_{\alpha}=1}\|\boldsymbol{Ax}\|_{\alpha}$$
称为**方阵 A 的由向量的 α-范数所导出的算子范数**.

注意:(1)在上面的定义中,将 $\sup\limits_{\|\boldsymbol{x}\|_{\alpha}=1}\|\boldsymbol{Ax}\|_{\alpha}$ 写成 $\max\limits_{\|\boldsymbol{x}\|_{\alpha}=1}\|\boldsymbol{Ax}\|_{\alpha}$,是因为在有限维赋范空间 $\mathbb{C}^n$ 中,连续泛函 $\|\boldsymbol{Ax}\|_{\alpha}$ 在单位球面 $S(0;1)$ 上能达到最大值;

(2)由向量的不同范数导出的方阵的算子范数也不同,但单位矩阵 $\boldsymbol{E}$ 的任何一种算子范数都等于1($\|\boldsymbol{E}\|_{\alpha}=\max\limits_{\|\boldsymbol{x}\|_{\alpha}=1}\|\boldsymbol{Ex}\|_{\alpha}=\max\limits_{\|\boldsymbol{x}\|_{\alpha}=1}\|\boldsymbol{x}\|_{\alpha}=1$),这是方阵的算子范数的重要性质;

(3)方阵的算子范数满足次乘性,即 $\forall\boldsymbol{A},\boldsymbol{B}\in\mathbb{C}^{n\times n}$ 有 $\|\boldsymbol{AB}\|_{\alpha}\leqslant\|\boldsymbol{A}\|_{\alpha}\|\boldsymbol{B}\|_{\alpha}$(见后);

(4)方阵的算子范数与导出它的向量范数是相容的,即

$\forall \boldsymbol{A}\in\mathbb{C}^{n\times n}$及$\forall \boldsymbol{x}\in\mathbb{C}^{n}$有

$$\|\boldsymbol{Ax}\|_{\alpha}\leqslant\|\boldsymbol{A}\|_{\alpha}\|\boldsymbol{x}\|_{\alpha}.$$

例 3.27 设$X=C[0,1]$，$\forall f\in X$，令$\|f\|_1=\int_0^1|f(x)|\mathrm{d}x$，$\|f\|_\infty=\max\limits_{x\in[0,1]}|f(x)|$. 算子$T:(X,\|\cdot\|_\infty)\to(X,\|\cdot\|_1)$的定义为$\forall f\in X,(Tf)(x)=x\cdot f(x)\ (\forall x\in[0,1])$，试证$T$是有界线性算子，并求$\|T\|$.

证 (1)因为$\forall f,g\in X$及$\forall\lambda,\mu\in\mathbb{R}$，等式

$$\begin{aligned}(T(\lambda f+\mu g))(x)&=x\cdot[\lambda f(x)+\mu g(x)]\\&=\lambda x\cdot f(x)+\mu x\cdot g(x)\\&=\lambda(Tf)(x)+\mu(Tg)(x)\\&=[\lambda(Tf)+\mu(Tg)](x)\end{aligned}$$

对任意$x\in[0,1]$成立，所以有$T(\lambda f+\mu g)=\lambda T(f)+\mu T(g)$，即$T$是线性的.

(2)因为$\forall f\in X$，有

$$\|Tf\|_1=\int_0^1|xf(x)|\mathrm{d}x\leqslant\max_{0\leqslant x\leqslant 1}|f(x)|\cdot\int_0^1|x|\mathrm{d}x=\frac{1}{2}\|f\|_\infty,$$

所以T有界，且$\|T\|\leqslant\frac{1}{2}$.

(3)取$f_0(x)\equiv 1$，则$\|f_0\|_\infty=1$，于是有

$$\|T\|\geqslant\|Tf_0\|_1=\int_0^1|xf_0(x)|\mathrm{d}x=\int_0^1 x\mathrm{d}x=\frac{1}{2},$$

故$\|T\|=\frac{1}{2}$.

三、线性算子的有界性与连续性的关系

定理 3.13 设$T:(X,\|\cdot\|)\to(Y,\|\cdot\|)$是线性算子，则$T$是有界的，当且仅当$T$是连续的，即线性算子的有界性与连续性是等价的.

证　必要性. 设 x_0 是 X 中的任一点，(x_n) 是 X 中任一序列，则当 $\lim\limits_{n\to\infty} x_n = x_0 \in X$，即 $\lim\limits_{n\to\infty} \| x_n - x_0 \| = 0$ 时，由 T 的有界性及线性性可知，$\exists c>0$，使得

$$\begin{aligned} \| Tx_n - Tx_0 \| &= \| T(x_n - x_0) \| \leqslant \| T \| \, \| x_n - x_0 \| \\ &\leqslant c \, \| x_n - x_0 \| \to 0 \, (n\to\infty), \end{aligned}$$

从而在 Y 中有 $\lim\limits_{n\to\infty} Tx_n = Tx_0$，由定理 3.4 得 T 在点 x_0 处连续. 由 $x_0 \in X$ 的任意性即知 T 是连续的.

充分性. 设 T 是连续的，则 T 在 X 的某点 x_0 处连续. 于是对于 $\varepsilon = 1$，$\exists \delta > 0$，使得 $\forall x \in X$，当 $\| x - x_0 \| < \delta$ 时，恒有 $\| Tx - Tx_0 \| < \varepsilon = 1$.

任取 $z \in X$ 且 $z \neq 0$，令 $x = x_0 + \dfrac{\delta}{2\|z\|} z$，则 $x \in X$ 且 $\| x - x_0 \| = \dfrac{\delta}{2} < \delta$，故有

$$\begin{aligned} \| Tx - Tx_0 \| &= \| T(x - x_0) \| = \left\| T\left(\frac{\delta}{2\|z\|} z\right) \right\| \\ &= \frac{\delta}{2\|z\|} \| Tz \| < 1, \end{aligned}$$

由此得 $\| Tz \| \leqslant \dfrac{2}{\delta} \| z \|$（此式对 $z = 0$ 也成立）. 因为 $\dfrac{2}{\delta}$ 与任取的 $z \in X$ 无关，故 T 是有界的.

注意：在充分性的证明中，实际上只用到了 T 在一点处的连续性，因此有下面的推论.

推论　若线性算子 $T:(X, \|\cdot\|) \to (Y, \|\cdot\|)$ 在 X 的某点 x_0 处连续，则 T 就是连续的，从而也是有界的.

由推论知，例 3.23 中的微分算子 D 在 $C^1[a,b]$ 上处处不连续.

四、有界线性算子空间

设 X, Y 都是 $\mathbb{K}$ 上的赋范空间，$\mathscr{B}(X,Y)$ 表示 X 到 Y 的全体有界线性算子的集合，则 $\mathscr{B}(X,Y)$ 是线性空间 $\mathscr{L}(X,Y)$ 的非空子集.

因为 $\forall T, S \in \mathscr{B}(X,Y)$ 及 $\forall \lambda \in \mathbb{K}$，不等式

$$\|(T+S)x\| = \|Tx+Sx\| \leqslant \|Tx\| + \|Sx\|$$
$$\leqslant \|T\|\|x\| + \|S\|\|x\| \leqslant (\|T\|+\|S\|)\|x\|,$$

及 $$\|(\lambda T)x\| = \|\lambda Tx\| = |\lambda|\|Tx\| \leqslant |\lambda|\|T\|\|x\|$$

对于任意 $x \in X$ 成立,故线性算子 $T+S, \lambda T$ 是有界的,即 $T+S$, $\lambda T \in \mathscr{B}(X,Y)$,所以 $\mathscr{B}(X,Y)$ 对 $\mathscr{L}(X,Y)$ 的线性运算是封闭的,于是 $\mathscr{B}(X,Y)$ 是 $\mathscr{L}(X,Y)$ 的线性子空间. 这表明 $\mathscr{B}(X,Y)$ 也是 $\mathbb{K}$ 上的线性空间,且三角不等式 $\|T+S\| \leqslant \|T\| + \|S\|$ 成立.

定理 3.14 在 $\mathscr{B}(X,Y)$ 上定义范数

$$\|T\| \equiv \sup_{x\neq 0} \frac{\|Tx\|}{\|x\|} \quad (\forall T \in \mathscr{B}(X,Y)),$$

则 $\mathscr{B}(X,Y)$ 是 $\mathbb{K}$ 上的赋范空间,称其为 X 到 Y 的**有界线性算子空间**.

证 (N_1) 显然 $\|T\| \geqslant 0$,且当 $T=O$ 时 $\|T\|=0$,又若 $\|T\| \equiv \sup_{x\neq 0} \frac{\|Tx\|}{\|x\|}=0$,则 $\forall x \in X$,有 $\|Tx\|=0$,从而 $Tx=0$,故 $T=O$;

(N_2) $\forall \lambda \in \mathbb{K}$, $$\|\lambda T\| \equiv \sup_{x\neq 0}\frac{\|\lambda Tx\|}{\|x\|} = \sup_{x\neq 0}\frac{|\lambda|\|Tx\|}{\|x\|}$$
$$= |\lambda| \sup_{x\neq 0}\frac{\|Tx\|}{\|x\|} = |\lambda|\|T\|;$$

(N_3) $\forall T,S \in \mathscr{B}(X,Y)$,有 $\|T+S\| \leqslant \|T\| + \|S\|$.

所以 $\mathscr{B}(X,Y)$ 是 $\mathbb{K}$ 上的赋范空间.

定理 3.15 $\mathscr{B}(X,Y)$ 完备,当且仅当 Y 完备(证明从略).

由定理 3.14 和定理 3.15 知,$\mathbb{C}^{n\times n}$ 按方阵的算子范数,是一个有界线性算子空间,并且是完备的.

五、有界线性算子范数的次乘性

定理 3.16 设 X,Y,Z 都是 $\mathbb{K}$ 上的赋范空间,$T \in \mathscr{B}(X,Y)$, $S \in \mathscr{B}(Y,Z)$,则 S 与 T 的积 $ST = S\circ T \in \mathscr{B}(X,Z)$,且 $\|ST\| = \|S\circ T\| \leqslant \|S\|\|T\|$(即算子范数满足次乘性).

证 (1) ST 是线性的(见 §1.5).

(2) ST 是有界的：$\forall x \in X$，由 S 和 T 的有界性，得

$$\|(ST)x\| = \|(S\circ T)x\| = \|S(Tx)\| \leqslant \|S\|\ \|Tx\| \leqslant (\|S\|\ \|T\|)\|x\|,$$

即 ST 是有界的，且 $\|ST\| = \|S\circ T\| \leqslant \|S\|\ \|T\|$.

例 3.28 方阵 $\boldsymbol{A}$ 的行范数 $\|\boldsymbol{A}\|_{\infty} = \max\limits_{1\leqslant i\leqslant n}\sum\limits_{j=1}^{n}|a_{ij}|$ 和列范数 $\|\boldsymbol{A}\|_{1} = \max\limits_{1\leqslant j\leqslant n}\sum\limits_{i=1}^{n}|a_{ij}|$ 都满足次乘性，即 $\forall \boldsymbol{A},\boldsymbol{B}\in\mathbb{C}^{n\times n}$，有

$$\|\boldsymbol{AB}\|_{\infty} \leqslant \|\boldsymbol{A}\|_{\infty}\ \|\boldsymbol{B}\|_{\infty} \text{及} \|\boldsymbol{AB}\|_{1} \leqslant \|\boldsymbol{A}\|_{1}\ \|\boldsymbol{B}\|_{1}.$$

证 这两个不等式的证明完全类似，此处只证

$$\|\boldsymbol{AB}\|_{1} \leqslant \|\boldsymbol{A}\|_{1}\ \|\boldsymbol{B}\|_{1}.$$

因为 $\forall \boldsymbol{A} = [a_{ik}],\boldsymbol{B} = [b_{kj}]\in\mathbb{C}^{n\times n}$，有 $\boldsymbol{AB} = \left[\sum\limits_{k=1}^{n}a_{ik}b_{kj}\right]\in\mathbb{C}^{n\times n}$，于是对于所有的 $j=1,2,\cdots,n$，有

$$\begin{aligned}\sum_{i=1}^{n}\left|\sum_{k=1}^{n}a_{ik}b_{kj}\right| &\leqslant \sum_{i=1}^{n}\left(\sum_{k=1}^{n}(|a_{ik}|\ |b_{kj}|)\right)\\ &= \sum_{k=1}^{n}\left(\sum_{i=1}^{n}(|a_{ik}|\ |b_{kj}|)\right)\\ &= \sum_{k=1}^{n}\left(|b_{kj}|\sum_{i=1}^{n}|a_{ik}|\right)\\ &\leqslant \sum_{k=1}^{n}\left(|b_{kj}|\max_{1\leqslant k\leqslant n}\sum_{i=1}^{n}|a_{ik}|\right)\\ &= \sum_{k=1}^{n}(|b_{kj}|\ \|\boldsymbol{A}\|_{1})\\ &= \|\boldsymbol{A}\|_{1}\sum_{k=1}^{n}|b_{kj}| \leqslant \|\boldsymbol{A}\|_{1}\|\boldsymbol{B}\|_{1},\end{aligned}$$

所以

$$\|\boldsymbol{AB}\|_{1} = \max_{1\leqslant j\leqslant n}\sum_{i=1}^{n}\left|\sum_{k=1}^{n}a_{ik}b_{kj}\right| \leqslant \|\boldsymbol{A}\|_{1}\ \|\boldsymbol{B}\|_{1}.$$

§3.5 方阵范数与方阵的谱半径

一、方阵范数的概念

方阵$A=[a_{ij}]_{n\times n}$作为n^2维向量,可以定义各种各样的范数,如

$\|A\|_m=\max\limits_{1\leqslant i,j\leqslant n}|a_{ij}|$(类似于$\mathbb{C}^n$上的$\infty$-范数的定义),

$\|A\|_q=\left(\sum\limits_{i=1}^{n}\sum\limits_{j=1}^{n}|a_{ij}|^q\right)^{\frac{1}{q}}(1\leqslant q<\infty)$(类似于$\mathbb{C}^n$上的$p$-范数的定义),

$\|A\|_F=\left(\sum\limits_{i=1}^{n}\sum\limits_{j=1}^{n}|a_{ij}|^2\right)^{\frac{1}{2}}$(类似于$\mathbb{C}^n$上的2-范数的定义);

也可以像例3.6那样,按行或按列定义A的行范数

$$\|A\|_\infty=\max_{1\leqslant i\leqslant n}\sum_{j=1}^{n}|a_{ij}|,$$

与列范数

$$\|A\|_1=\max_{1\leqslant j\leqslant n}\sum_{i=1}^{n}|a_{ij}|;$$

还可以定义各种算子范数,例如由向量的2-范数导出的算子范数

$$\|A\|_2=\max_{\|x\|_2=1}\|Ax\|_2,$$

等等.

在许多领域,需要估计两个方阵乘积AB的"大小"$\|AB\|$、方阵与向量的乘积的"大小"$\|Ax\|_\alpha$. 由§3.4可知,方阵算子范数的两个性质:①次乘性,②与某个向量范数的相容性能满足这两个需要. 稍后我们将证明由性质①可以推出性质②. 因此,我们把"次乘性"作为对"方阵范数"的基本要求.

值得注意的是,不是方阵的所有范数都能满足次乘性(如$\|A\|_m=\max\limits_{1\leqslant i,j\leqslant n}|a_{ij}|$就不满足,详见例3.29),但也不是只有方阵的算

子范数才满足次乘性(如$\|A\|_F=\left(\sum\limits_{i=1}^{n}\sum\limits_{j=1}^{n}|a_{ij}|^2\right)^{\frac{1}{2}}$,详见例3.30).因此,要重新定义方阵范数.

定义3.14 设$\|\cdot\|$是线性空间$\mathbb{C}^{n\times n}$上的一种范数,若$\|\cdot\|$满足次乘性,即$\forall A,B\in\mathbb{C}^{n\times n}$,有$\|AB\|\leqslant\|A\|\,\|B\|$,则称$\|\cdot\|$是$\mathbb{C}^{n\times n}$上的一种**方阵范数**或矩阵范数,$\|A\|$称为**$A$的方阵范数**.

由定义可知,$\|\cdot\|$是$\mathbb{C}^{n\times n}$上的方阵范数,意味着$\|\cdot\|$满足(N_1)、(N_2)、(N_3)和次乘性.

由§3.4可知,方阵A的算子范数必定是A的一种方阵范数;$\|A\|_\infty$,$\|A\|_1$都是A的方阵范数.

例3.29 设$A=[a_{ij}]\in\mathbb{C}^{n\times n}$,令$\|A\|_m=\max\limits_{1\leqslant i,j\leqslant n}|a_{ij}|$,则$\|\cdot\|_m$显然是$\mathbb{C}^{n\times n}$上的一种范数,但不是$A$的方阵范数,因为$\|\cdot\|_m$不满足次乘性.例如

$$A=B=\begin{bmatrix}1&1\\1&1\end{bmatrix}\in\mathbb{C}^{2\times2},\ \|A\|_m=\|B\|_m=1,AB=\begin{bmatrix}2&2\\2&2\end{bmatrix},$$

$$\|AB\|_m=2,$$

显然$\|AB\|_m\nleqslant\|A\|_m\cdot\|B\|_m$.

例3.30 方阵$A=[a_{ij}]\in\mathbb{C}^{n\times n}$的$F$-范数

$$\|A\|_F=\left(\sum_{i=1}^{n}\sum_{j=1}^{n}|a_{ij}|^2\right)^{\frac{1}{2}},$$

是A的一种方阵范数,且与向量的2-范数是相容的,但它不是A的算子范数.

证 (1)容易验证$\|A\|_F$满足(N_1)、(N_2)、(N_3),此处只验证F-范数也满足次乘性:

$$\forall A=[a_{ik}],B=[b_{kj}]\in\mathbb{C}^{n\times n},有$$

$$\begin{aligned}\|AB\|_F&=\left(\sum_{i=1}^{n}\sum_{j=1}^{n}\left|\sum_{k=1}^{n}a_{ik}b_{kj}\right|^2\right)^{\frac{1}{2}}\\&\leqslant\left(\sum_{i=1}^{n}\sum_{j=1}^{n}\left(\sum_{k=1}^{n}|a_{ik}b_{kj}|\right)^2\right)^{\frac{1}{2}}\end{aligned}$$

$$\leqslant\left(\sum_{i=1}^{n}\sum_{j=1}^{n}\left[\left(\sum_{k=1}^{n}|a_{ik}|^2\right)\left(\sum_{k=1}^{n}|b_{kj}|^2\right)\right]\right)^{\frac{1}{2}}$$

$$=\left(\left(\sum_{i=1}^{n}\sum_{k=1}^{n}|a_{ik}|^2\right)\left(\sum_{j=1}^{n}\sum_{k=1}^{n}|b_{kj}|^2\right)\right)^{\frac{1}{2}}$$

$$=\left(\sum_{i=1}^{n}\sum_{k=1}^{n}|a_{ik}|^2\right)^{\frac{1}{2}}\left(\sum_{j=1}^{n}\sum_{k=1}^{n}|b_{kj}|^2\right)^{\frac{1}{2}}$$

$$=\|\boldsymbol{A}\|_F\|\boldsymbol{B}\|_F.$$

因此,$\boldsymbol{A}$ 的 F - 范数是 $\boldsymbol{A}$ 的一种方阵范数.

(2) $\forall \boldsymbol{A}=[a_{ij}]\in\mathbb{C}^{n\times n}$ 及 $\forall \boldsymbol{x}=(\xi_1,\xi_2,\cdots,\xi_n)^{\mathrm{T}}\in\mathbb{C}^n$,有

$$\boldsymbol{Ax}=\left(\sum_{j=1}^{n}a_{1j}\xi_j,\sum_{j=1}^{n}a_{2j}\xi_j,\cdots,\sum_{j=1}^{n}a_{nj}\xi_j\right)^{\mathrm{T}},$$

于是

$$\|\boldsymbol{Ax}\|_2=\left(\sum_{i=1}^{n}\left|\sum_{j=1}^{n}a_{ij}\xi_j\right|^2\right)^{\frac{1}{2}}\leqslant\left(\sum_{i=1}^{n}\left[\sum_{j=1}^{n}|a_{ij}||\xi_j|\right]^2\right)^{\frac{1}{2}}$$

$$\leqslant\left(\sum_{i=1}^{n}\left[\sum_{j=1}^{n}|a_{ij}|^2\right]\left[\sum_{j=1}^{n}|\xi_j|^2\right]\right)^{\frac{1}{2}}$$

$$=\left(\left[\sum_{j=1}^{n}|\xi_j|^2\right]\sum_{i=1}^{n}\left[\sum_{j=1}^{n}|a_{ij}|^2\right]\right)^{\frac{1}{2}}$$

$$=\left(\sum_{i=1}^{n}\left[\sum_{j=1}^{n}|a_{ij}|^2\right]\right)^{\frac{1}{2}}\left[\sum_{j=1}^{n}|\xi_j|^2\right]^{\frac{1}{2}}$$

$$=\|\boldsymbol{A}\|_F\|\boldsymbol{x}\|_2,$$

即 F - 范数与向量的 2 - 范数是相容的.

(3)因为当 $n\geqslant2$ 时,n 阶单位矩阵 $\boldsymbol{E}$ 的 F - 范数 $\|\boldsymbol{E}_n\|_F=\sqrt{n}\neq1$,所以 F - 范数不是算子范数.

例 3.31 设 $\boldsymbol{A}=\begin{bmatrix}1&-\mathrm{i}&2\\1+\mathrm{i}&0&-1\\-2&1&1\end{bmatrix}$,求 $\|\boldsymbol{A}\|_\infty$,$\|\boldsymbol{A}\|_1$,$\|\boldsymbol{A}\|_F$.

解 $\|\boldsymbol{A}\|_\infty=\max\{1+|-\mathrm{i}|+2,|1+\mathrm{i}|+0+|-1|,|-2|+1+1\}$

$=\max\{4,1+\sqrt{2},4\}=4,$

$\|\boldsymbol{A}\|_1=\max\{1+|1+\mathrm{i}|+|-2|,|-\mathrm{i}|+0+1,2+|-1|+1\}$

$$= \max\{3+\sqrt{2}, 2, 4\}$$

$$= 3+\sqrt{2},$$

$$\|A\|_F = \sqrt{1^2 + |-\mathrm{i}|^2 + 2^2 + |1+\mathrm{i}|^2 + 0^2 + |-1|^2 + |-2|^2 + 1^2 + 1^2}$$

$$= \sqrt{15}.$$

定理 3.17　对于$\mathbb{C}^{n\times n}$上的任一种方阵范数$\|\cdot\|$,必存在$\mathbb{C}^n$上的一种向量范数$\|\cdot\|_\beta$,使得$\|\cdot\|$与$\|\cdot\|_\beta$相容;反之亦然.

证　(1)利用方阵范数$\|\cdot\|$构造一个向量范数.

任取$\mathbb{C}^n$中一个非零固定向量$\boldsymbol{\beta} = (\beta_1, \beta_2, \cdots, \beta_n)^{\mathrm{T}}$. $\forall \boldsymbol{x} \in \mathbb{C}^n$,有$\boldsymbol{x}\boldsymbol{\beta}^{\mathrm{T}} \in \mathbb{C}^{n\times n}$,令

$$\|\boldsymbol{x}\|_\beta = \|\boldsymbol{x}\boldsymbol{\beta}^{\mathrm{T}}\|,$$

则$\|\cdot\|_\beta$是$\mathbb{C}^n$上的向量范数. 事实上$\|\cdot\|_\beta$显然满足(N_1)、(N_2),且$\forall \boldsymbol{x}, \boldsymbol{y} \in \mathbb{C}^n$有

$$\|\boldsymbol{x}+\boldsymbol{y}\|_\beta = \|(\boldsymbol{x}+\boldsymbol{y})\boldsymbol{\beta}^{\mathrm{T}}\| = \|\boldsymbol{x}\boldsymbol{\beta}^{\mathrm{T}} + \boldsymbol{y}\boldsymbol{\beta}^{\mathrm{T}}\| \leqslant \|\boldsymbol{x}\boldsymbol{\beta}^{\mathrm{T}}\| + \|\boldsymbol{y}\boldsymbol{\beta}^{\mathrm{T}}\|$$
$$= \|\boldsymbol{x}\|_\beta + \|\boldsymbol{y}\|_\beta,$$

即也满足(N_3).

(2)验证$\|\cdot\|$与$\|\cdot\|_\beta$相容.

$\forall \boldsymbol{A} \in \mathbb{C}^{n\times n}$及$\forall \boldsymbol{x} \in \mathbb{C}^n$,由$\|\cdot\|$的次乘性得

$$\|\boldsymbol{A}\boldsymbol{x}\|_\beta = \|(\boldsymbol{A}\boldsymbol{x})\boldsymbol{\beta}^{\mathrm{T}}\| = \|\boldsymbol{A}(\boldsymbol{x}\boldsymbol{\beta}^{\mathrm{T}})\| \leqslant \|\boldsymbol{A}\|\,\|\boldsymbol{x}\boldsymbol{\beta}^{\mathrm{T}}\|$$
$$= \|\boldsymbol{A}\|\,\|\boldsymbol{x}\|_\beta.$$

反之,对$\mathbb{C}^n$上的任一种向量范数$\|\cdot\|_\beta$,可导出一个方阵的算子范数

$$\|\boldsymbol{A}\| = \max_{\|\boldsymbol{x}\|_\beta = 1} \|\boldsymbol{A}\boldsymbol{x}\|_\beta \quad (\forall \boldsymbol{A} \in \mathbb{C}^{n\times n}),$$

则$\|\cdot\|$与$\|\cdot\|_\beta$相容.

二、方阵的谱半径

关于方阵$\boldsymbol{A}$的“大小”,除了用范数来度量外,还可以用它的特征值的模来度量,这就是下面要介绍的谱半径.

定义 3.15 设 $A \in \mathbb{C}^{n\times n}$ 的 n 个特征值为 $\lambda_1, \lambda_2, \cdots, \lambda_n$，称非负实数

$$\rho(A) = \max\{|\lambda_1|, |\lambda_2|, \cdots, |\lambda_n|\}$$

为方阵 A **的谱半径**.

A 的谱半径就是 A 的谱 $\sigma(A)$ 的半径，见图 3.1.

显然：$\rho(O) = 0, \rho(E) = 1$；相似矩阵有相同的谱半径.

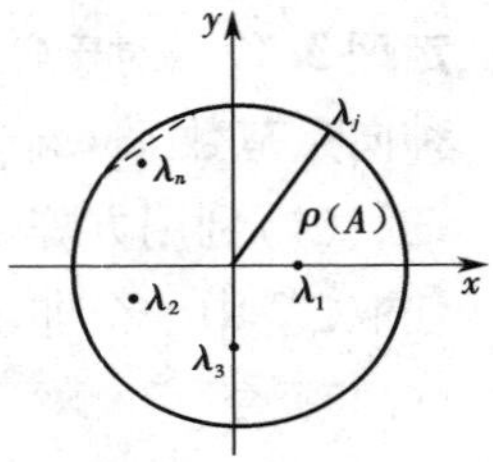

图 3.1

例 3.32 设 $A = \begin{bmatrix} 2 & 0 & 0 \\ 1 & 0 & -1 \\ 0 & 1 & -2 \end{bmatrix}$，求 $\rho(A)$ 及 $\rho(A^{-1})$.

解 令 $\det(\lambda E - A) = \begin{vmatrix} \lambda-2 & 0 & 0 \\ -1 & \lambda & 1 \\ 0 & -1 & \lambda+2 \end{vmatrix} = (\lambda-2)(\lambda+1)^2 = 0$，

得 A 的特征值

$$\lambda_1 = 2, \lambda_2 = \lambda_3 = -1,$$

则 A^{-1} 的特征值为 $\frac{1}{2}, -1, -1$. 故 $\rho(A) = 2, \rho(A^{-1}) = 1$.

一般地说，方阵的谱半径要按定义去求.

例 3.33 证明 $\forall A \in \mathbb{C}^{n\times n}$ 及 $\forall k \in \mathbb{N}$，有

$$\rho(A^k) = [\rho(A)]^k.$$

证 设 A 的 n 个特征值为 $\lambda_1, \lambda_2, \cdots, \lambda_n$，则 A^k 的特征值为 $\lambda_1^k, \lambda_2^k, \cdots, \lambda_n^k$.

若 $\rho(A) = |\lambda_j|$ $(j \in \{1, 2, \cdots, n\})$，则

$$\begin{aligned} \rho(A^k) &= \max\{|\lambda_1^k|, \cdots, |\lambda_j^k|, \cdots, |\lambda_n^k|\} \\ &= \max\{|\lambda_1|^k, \cdots, |\lambda_j|^k, \cdots, |\lambda_n|^k\} \\ &= |\lambda_j|^k = [\rho(A)]^k. \end{aligned}$$

尽管方阵谱半径的定义与方阵范数的定义不同,但它们都是度量方阵"大小"的,因此应该有内在联系. 事实上,谱半径可以由方阵范数表示.

定理3.18 $\forall \boldsymbol{A} \in \mathbb{C}^{n\times n}$,有

$$\rho(\boldsymbol{A}) = \inf\left\{ \|\boldsymbol{A}\| \;\middle|\; \|\cdot\| \text{是}\mathbb{C}^{n\times n}\text{上的方阵范数} \right\}.$$

证 先证:对于$\mathbb{C}^{n\times n}$上的任一种方阵范数$\|\cdot\|$,总有$\rho(\boldsymbol{A}) \leqslant \|\boldsymbol{A}\|$.

设$\boldsymbol{\lambda}$是$\boldsymbol{A}$的任一特征值,$\boldsymbol{x} \in \mathbb{C}^n$是$\boldsymbol{A}$的对应于$\boldsymbol{\lambda}$的特征向量,即$\boldsymbol{Ax} = \boldsymbol{\lambda x}$且$\boldsymbol{x} \neq \boldsymbol{0}$. 由定理3.17知,对于$\|\cdot\|$必存在$\mathbb{C}^n$上的向量范数$\|\cdot\|_\beta$使得$\|\boldsymbol{Ax}\|_\beta \leqslant \|\boldsymbol{A}\| \, \|\boldsymbol{x}\|_\beta$,于是有

$$|\boldsymbol{\lambda}| \, \|\boldsymbol{x}\|_\beta = \|\boldsymbol{\lambda x}\|_\beta = \|\boldsymbol{Ax}\|_\beta \leqslant \|\boldsymbol{A}\| \, \|\boldsymbol{x}\|_\beta.$$

因为$\|\boldsymbol{x}\|_\beta > 0$,故$|\boldsymbol{\lambda}| \leqslant \|\boldsymbol{A}\|$. 由$\boldsymbol{\lambda}$的任意性得$\rho(\boldsymbol{A}) \leqslant \|\boldsymbol{A}\|$.

再证:$\forall \varepsilon > 0$,存在$\mathbb{C}^{n\times n}$上的一种方阵范数$\|\cdot\|_*$,使得$\|\boldsymbol{A}\|_* < \rho(\boldsymbol{A}) + \varepsilon$.

$\forall \boldsymbol{A} \in \mathbb{C}^{n\times n}$,设其 Jordan 标准形 $\boldsymbol{J} = \begin{bmatrix} \boldsymbol{\lambda}_1 & & & & \\ t_1 & \boldsymbol{\lambda}_2 & & & \\ & t_2 & \ddots & & \\ & & \ddots & \ddots & \\ & & & t_{n-1} & \boldsymbol{\lambda}_n \end{bmatrix}$,

其中$t_j = 1$或$0 (j = 1, 2, \cdots, n-1)$. 又设相似变换矩阵为$\boldsymbol{P}$,于是有

$$\boldsymbol{P}^{-1}\boldsymbol{AP} = \boldsymbol{J}.$$

$\forall \varepsilon > 0$,取正数$\eta < \varepsilon$,令$\boldsymbol{D} = \mathrm{diag}(1, \eta^{-1}, \eta^{-2}, \cdots, \eta^{-(n-1)})$,则$\boldsymbol{D}$可逆,且$\boldsymbol{D}^{-1} = \mathrm{diag}(1, \eta, \eta^2, \cdots, \eta^{n-1})$,于是有

$$D^{-1}JD=D^{-1}P^{-1}APD=\begin{bmatrix}\lambda_1 & & & & \\ \eta t_1 & \lambda_2 & & & \\ & \eta t_2 & \ddots & & \\ & & \ddots & \ddots & \\ & & & \eta t_{n-1} & \lambda_n\end{bmatrix}.$$

若令 $\|A\|_*=\|D^{-1}P^{-1}APD\|_\infty$,则容易验证 $\|\cdot\|_*$ 是 $\mathbb{C}^{n\times n}$ 上的一种方阵范数,且

$$\begin{aligned}\|A\|_* &= \max\{|\lambda_1|,|\eta t_1|+|\lambda_2|,|\eta t_2|+|\lambda_3|,\cdots,|\eta t_{n-1}|+|\lambda_n|\}\\ &\leqslant \max_{1\leqslant i\leqslant n}|\lambda_i|+\eta\max_{1\leqslant i\leqslant n-1}\{t_i\}\\ &\leqslant \rho(A)+\eta<\rho(A)+\varepsilon.\end{aligned}$$

由下确界定义知

$$\rho(A)=\inf\left\{\|A\|\ \middle|\ \|\cdot\| 是\mathbb{C}^{n\times n}上的方阵范数\right\}.$$

三、方阵的三种算子范数

由向量的 ∞ – 范数、1 – 范数、2 – 范数导出的方阵 A 的算子范数

$$\|A\|_\infty=\max_{\|x\|_\infty=1}\|Ax\|_\infty,$$

$$\|A\|_1=\max_{\|x\|_1=1}\|Ax\|_1,$$

$$\|A\|_2=\max_{\|x\|_2=1}\|Ax\|_2$$

分别称为 A 的 **∞ – 范数、1 – 范数、2 – 范数**. 它们是 A 的最常用的范数,但按此定义却很难求出一般方阵 A 的 ∞ – 范数、1 – 范数、2 – 范数. 下面的定理 3.19 提供了求 A 的 ∞ – 范数、1 – 范数、2 – 范数的较好方法.

定理 3.19 设 $A\in\mathbb{C}^{n\times n}$,则

(1) $\|A\|_\infty=\max\limits_{\|x\|_\infty=1}\|Ax\|_\infty=\max\limits_{1\leqslant i\leqslant n}\sum\limits_{j=1}^{n}|a_{ij}|$,

即 A 的 ∞ – 范数就是 A 的行范数;

(2) $\|A\|_1 = \max\limits_{\|x\|_1=1} \|Ax\|_1 = \max\limits_{1\leqslant j\leqslant n} \sum\limits_{i=1}^{n} |a_{ij}|$,

即 A 的 1－范数就是 A 的列范数；

(3) $\|A\|_2 = \max\limits_{\|x\|_2=1} \|Ax\|_2 = \sqrt{\rho(A^{\mathrm{H}}A)}$, ($\|A\|_2 = \sqrt{\rho(A^{\mathrm{H}}A)}$)

称为 A 的谱范数($A^{\mathrm{H}} = (\overline{A})^{\mathrm{T}} = \overline{A^{\mathrm{T}}}$ 是 A 的共轭转置)，即 A 的 2－范数就是 A 的谱范数.

(证明从略，可参阅参考文献[1].)

例 3.34　设 $A = \begin{bmatrix} 1 & \mathrm{i} \\ \mathrm{i} & -1 \end{bmatrix}$，求 $\rho(A)$, $\|A\|_F$, $\|A\|_2$.

解　(1) 由 $\det(\lambda E - A) = \begin{vmatrix} \lambda - 1 & -\mathrm{i} \\ -\mathrm{i} & \lambda + 1 \end{vmatrix} = \lambda^2$，得 $\rho(A) = 0$；

(2) $\|A\|_F = \sqrt{1^2 + |\mathrm{i}|^2 + |\mathrm{i}|^2 + |-1|^2} = 2$；

(3) $A^{\mathrm{H}}A = \begin{bmatrix} 1 & -\mathrm{i} \\ -\mathrm{i} & -1 \end{bmatrix}\begin{bmatrix} 1 & \mathrm{i} \\ \mathrm{i} & -1 \end{bmatrix} = \begin{bmatrix} 2 & 2\mathrm{i} \\ -2\mathrm{i} & 2 \end{bmatrix}$,

$$\det(\lambda E - A^{\mathrm{H}}A) = \begin{vmatrix} \lambda - 2 & -2\mathrm{i} \\ 2\mathrm{i} & \lambda - 2 \end{vmatrix} = \lambda(\lambda - 4), \rho(A^{\mathrm{H}}A) = 4,$$

故 $\|A\|_2 = \sqrt{\rho(A^{\mathrm{H}}A)} = 2$.

一般说来，验证 A 的某种范数满足“次乘性”和“与向量的某种范数的相容性”是比较困难的，但如果能证明它是由向量的某种范数导出的算子范数，则自然具有这两个性质. 由于 $\|A\|_\infty$, $\|A\|_1$, $\|A\|_2$ 分别是由向量的 ∞－范数、1－范数、2－范数导出的 A 的算子范数，故有

(1) $\|AB\|_\infty \leqslant \|A\|_\infty \|B\|_\infty$, $\|Ax\|_\infty \leqslant \|A\|_\infty \|x\|_\infty$；

(2) $\|AB\|_1 \leqslant \|A\|_1 \|B\|_1$, $\|Ax\|_1 \leqslant \|A\|_1 \|x\|_1$；

(3) $\|AB\|_2 \leqslant \|A\|_2 \|B\|_2$, $\|Ax\|_2 \leqslant \|A\|_2 \|x\|_2$.

习题 3

A

一、判断题

1. 设 $x \in (X, \|\cdot\|)$，当 $x \neq 0$ 时，必有 $\|x\| > 0$. ( )

2. 设 A 是 $(X, \|\cdot\|)$ 的子集，则 A 是有界集的充要条件是 $\exists r > 0$，使得 $\forall x \in A$，有 $\|x\| \leq r$. ( )

3. 在 Banach 空间中，Cauchy 序列与收敛序列是等价的. ( )

4. Cauchy 序列是有界序列. ( )

5. Cauchy 序列收敛于 $x \in (X, \|\cdot\|)$，当且仅当它有一个子序列收敛于 x. ( )

6. 设 $\|\cdot\|_\alpha$，$\|\cdot\|_\beta$ 是线性空间 X 上的等价范数，则 $(X, \|\cdot\|_\alpha)$ 与 $(X, \|\cdot\|_\beta)$ 有相同的完备性. ( )

7. 设 d 是由 X 上的 $\|\cdot\|$ 导出的度量，则 $\forall x, y \in X$，$\forall \lambda \in \mathbb{K}$，有 $d(\lambda x, \lambda y) = |\lambda| d(x, y)$. ( )

8. $C[a,b]$ 上的范数 $\|x\|_\infty = \max\limits_{a \leq t \leq b} |x(t)|$ 和 $\|x\|_1 = \int_a^b |x(t)| \mathrm{d}t$ 是等价的. ( )

9. 设 W 是赋范空间 X 的完备子空间，(x_n) 是 W 中的序列. 若 $x_n \to x \in X$，则 $x \in W$. ( )

10. 在赋范空间中，绝对收敛的级数一定是收敛的. ( )

11. 设 (x_n) 在 $(X, \|\cdot\|)$ 收敛于 x_0，则 $\lim\limits_{n \to \infty} \|x_n\| = \|x_0\|$. ( )

12. 设 Y 是有限维赋范空间 X 的子空间，则 Y 是完备的. ( )

13. 在 Banach 空间中，收敛级数都是绝对收敛的. ( )

14. Banach 空间的子空间也是 Banach 空间. ( )

15. $(l^\infty, \|\cdot\|)$ 是 Banach 空间. ( )

16. 线性算子 $T:(X,\|\cdot\|)\to(Y,\|\cdot\|)$ 是连续的，当且仅当 $T(S(0;1))$ 是 Y 中的有界集.　（　）

17. 设 $T:(X,\|\cdot\|)\to(Y,\|\cdot\|)$ 是线性算子，则 T 是连续的，当且仅当 T 在点 $0\in X$ 处连续.　（　）

18. 设 $T,S\in\mathscr{B}(X,X)$，则 $TS\in\mathscr{B}(X,X)$ 且 $\|TS\|\leqslant\|T\|\,\|S\|$.　（　）

19. 由 $\boldsymbol{A}\in\mathbb{C}^{n\times n}$ 确定的线性算子是连续的.　（　）

20. 设 X,Y 是同一数域上的赋范空间，若 X 是有限维的，则映射 $T:X\to Y$ 是连续的.　（　）

21. 设 X,Y 是同一数域上的赋范空间，若 Y 是有限维的，则 $\mathscr{B}(X,Y)$ 是完备的.　（　）

22. $\forall\boldsymbol{A}\in\mathbb{C}^{n\times n}$ 及 $\forall\boldsymbol{x}\in\mathbb{C}^{n}$，均有 $\|\boldsymbol{Ax}\|_2\leqslant\|\boldsymbol{A}\|_F\|\boldsymbol{x}\|_2$.　（　）

23. 设 $\|\cdot\|$ 是 $\mathbb{C}^{n\times n}$ 上的任意一种方阵范数，$\boldsymbol{E}\in\mathbb{C}^{n\times n}$ 是单位矩阵，则 $\|\boldsymbol{E}\|=1$.　（　）

24. 设 $\|\cdot\|$ 是 $\mathbb{C}^{n\times n}$ 上的任意一种方阵范数，$\boldsymbol{A}\in\mathbb{C}^{n\times n}$ 可逆，则 $\dfrac{1}{\|\boldsymbol{A}^{-1}\|}\leqslant\rho(\boldsymbol{A})\leqslant\|\boldsymbol{A}\|$.　（　）

25. $\forall\boldsymbol{A}\in\mathbb{C}^{n\times n}$，$\|\boldsymbol{A}\|_2^2\leqslant\|\boldsymbol{A}\|_1\|\boldsymbol{A}\|_\infty$.　（　）

二、填空题

1. 设 $\|\cdot\|_\alpha,\|\cdot\|_\beta$ 是线性空间 X 上的等价范数，(x_n) 是 X 中的序列，$x\in X$. 若 (x_n) 依范数 $\|\cdot\|_\alpha$ 收敛于 x，则 $\lim\limits_{n\to\infty}\|x_n-x\|_\beta=$ ______.

2. 设 $f:(X,\|\cdot\|)\to(Y,\|\cdot\|)$ 是连续映射，若 $\lim\limits_{n\to\infty}x_n=x_0\in X$ 且 $f(x_0)=y_0$，则 $\lim\limits_{n\to\infty}f(x_n)=$ ______.

3. 设 $\boldsymbol{x}_k=(\xi_1^{(k)},\xi_2^{(k)},\cdots,\xi_j^{(k)},\cdots,\xi_n^{(k)})^{\mathrm{T}}\in\mathbb{R}^n(k\in\mathbb{N})$，若 $\forall j=1,2,$

$\cdots,n$ 有 $\lim\limits_{k\to\infty}\xi_j^{(k)}=\dfrac{1}{j}$，则 $\lim\limits_{k\to\infty}\boldsymbol{x}_k=$ ________.

4. 设 $\boldsymbol{A}\in\mathbb{C}^{n\times n}$，若 $\|2\boldsymbol{A}^{\mathrm{T}}\|_1=1$，则 $\|\boldsymbol{A}\|_\infty=$ ______.

5. 若赋范空间 X 中的每一个绝对收敛的级数都是收敛的，则 X 是 ________空间.

6. $f:(X,\|\cdot\|)\to(Y,\|\cdot\|)$ 是双射，则 $\|f^{-1}\circ f\|=$ ______.

7. 设有界线性算子 $T:C[-1,2]\to C[-1,2]$ 的定义为 $\forall f\in C[-1,2]$，$(Tf)(x)=\int_{-1}^{x}f(t)\mathrm{d}t\ (\forall x\in[-1,2])$，则 $\|T\|=$ ______.

8. 设 $\boldsymbol{A}=\begin{bmatrix}\mathrm{i}&1&-1\\0&2&1-\mathrm{i}\\-1&2&0\end{bmatrix}$，则 $\|\boldsymbol{A}\|_1=$ ______，$\|\boldsymbol{A}\|_\infty=$ ______，$\|\boldsymbol{A}\|_F=$ ______.

9. 设 $\boldsymbol{A}=\begin{bmatrix}-3&4&5&1\\&2&6&3\\&&-1&8\\&&&2\end{bmatrix}$，则 $\rho(\boldsymbol{A})=$ ______.

三、单项选择题

1. $\forall x,y,z\in(X,\|\cdot\|)$，恒有(　　).

A. $\|x-y\|\leqslant\|x+y\|$　　B. $\|x+y\|\leqslant\|x-y\|$

C. $\big|\|x\|-\|y\|\big|\leqslant\|x-y\|$　　D. $\|x-y\|\leqslant\|x\|-\|y\|$

2. 下列赋范空间不完备的是(　　).

A. $(\mathbb{C}^{n\times n},\|\cdot\|)$，其中 $\|\boldsymbol{A}\|=\sum\limits_{i=1}^{n}\sum\limits_{j=1}^{n}|a_{ij}|\ (\forall\boldsymbol{A}=[a_{ij}]\in\mathbb{C}^{n\times n})$

B. $(l^\infty,\|\cdot\|)$，其中 $\|x\|=\sup\limits_{i\in N}|\xi_i|\ (\forall x=(\xi_1,\xi_2,\cdots,\xi_i,\cdots)\in l^\infty)$

C. $(C[a,b],\|\cdot\|_2)$，

其中 $\|x\|_2=\left(\int_a^b|x(t)|^2\mathrm{d}t\right)^{\frac{1}{2}}\ (\forall x\in C[a,b])$

D. $(\mathbb{C}^n, \|\cdot\|_\infty)$,

其中 $\|x\|_\infty = \max\limits_{1\leqslant i\leqslant n} |\xi_i| (\forall x = (\xi_1, \xi_2, \cdots, \xi_n)^{\mathrm{T}} \in \mathbb{C}^n$

3. 设 $\|\cdot\|_\alpha, \|\cdot\|_\beta$ 是线性空间 X 上的等价范数, $A\subset X, (x_n)\subset X$, 则下列结论不正确的是(　　).

A. A 在 $(X, \|\cdot\|_\alpha)$ 是有界集, 当且仅当 A 在 $(X, \|\cdot\|_\beta)$ 中是有界集

B. 存在常数 $c>1$, 使得 $\forall x\in X$ 有 $\|x\|_\alpha \leqslant \|x\|_\beta \leqslant c\|x\|_\alpha$

C. $(X, \|\cdot\|_\alpha)$ 是完备的, 当且仅当 $(X, \|\cdot\|_\beta)$ 是完备的

D. $\forall m, n\in \mathbb{N}$,

$\|x_m - x_n\|_\beta \to 0 (m, n\to\infty) \Leftrightarrow \|x_m - x_n\|_\alpha \to 0 (m, n\to\infty)$

4. 设 X, Y 是同一数域上的赋范空间, 若 X 是有限维的, 则(　　).

A. 线性算子 $T: X\to Y$ 是有界的

B. $\mathscr{B}(X, Y)$ 是完备的

C. Y 上任何范数都是等价的

D. X 的任何子集都是有界的

5. 设 $T: (X, \|\cdot\|)\to(Y, \|\cdot\|)$ 是线性算子, 则 T 是连续的充要条件是(　　).

A. 当 A 在 X 中有界时, $T(A)$ 在 Y 中有界

B. T 在 X 的某一点连续

C. T 是单射

D. T 是双射

6. $\forall \boldsymbol{A}\in \mathbb{C}^{n\times n}$, 下列结论不正确的是(　　).

A. $\rho(\boldsymbol{A}) \leqslant \|\boldsymbol{A}\|$

B. $\|\boldsymbol{A}\|_1 = \|\boldsymbol{A}^{\mathrm{H}}\|_\infty$

C. 若 $\boldsymbol{A}$ 可逆, 则 $\|\boldsymbol{A}^{-1}\| = \dfrac{1}{\|\boldsymbol{A}\|}$

D. 若 $\boldsymbol{A}$ 可逆, 则 $\rho(\boldsymbol{A})\rho(\boldsymbol{A}^{-1}) \geqslant 1$

B

1. 在线性空间$\mathbb{R}^n(\mathbb{C}^n)$中，对于$\boldsymbol{x}=(\xi_1,\cdots,\xi_n)^{\mathrm{T}}\in\mathbb{R}^n(\mathbb{C}^n)$，定义

$$\|\boldsymbol{x}\|_1=\sum_{i=1}^{n}|\xi_i|,\ \|\boldsymbol{x}\|_\infty=\max_{1\leqslant i\leqslant n}|\xi_i|,$$

验证$\|\cdot\|_1$，$\|\cdot\|_\infty$都是$\mathbb{R}^n(\mathbb{C}^n)$上的范数.

2. 在线性空间$C[a,b]$中，对于$x\in C[a,b]$，定义$\|x\|_1=\int_a^b|x(t)|\mathrm{d}t$，验证$\|\cdot\|_1$是$C[a,b]$上的范数.

3. 设$\boldsymbol{x}=(1,-\mathrm{i},1+\mathrm{i})^{\mathrm{T}}\in\mathbb{C}^3$，求$\|\boldsymbol{x}\|_1$，$\|\boldsymbol{x}\|_2$，$\|\boldsymbol{x}\|_\infty$.

4. 设$\boldsymbol{A}=\begin{bmatrix}1&0&-1\\2&1&0\\-\mathrm{i}&-1&1-\mathrm{i}\end{bmatrix}$，求$\boldsymbol{A}$的行范数$\|\boldsymbol{A}\|_\infty$和列范数$\|\boldsymbol{A}\|_1$.

5. 证明：若(x_n)在$(X,\|\cdot\|)$中收敛，则(x_n)的极限是唯一的，(x_n)是有界序列.

6. 设X，Y和Z都是赋范线性空间，若$f:X\to Y$与$g:Y\to Z$都是连续映射. 证明$h=g\circ f$是X到Z的连续映射.

7. 设(x_n)和(y_n)是赋范线性空间X中任意两个Cauchy序列，证明数列$(\|x_n-y_n\|)$收敛.

8. 若$C^1[0,1]$中任意一元素f的范数定义为$\|f\|_d=\max\limits_{0\leqslant x\leqslant 1}|f(x)|+\max\limits_{0\leqslant x\leqslant 1}\left|\dfrac{\mathrm{d}f(x)}{\mathrm{d}x}\right|$，并且$C^1[0,1]$到$C[0,1]$上的微分算子D定义为

$$(\mathrm{D}f)(x)=\frac{\mathrm{d}f(x)}{\mathrm{d}x}\quad (f\in C^1[0,1]).$$

证明：(1) $\|\cdot\|_d$是$C^1[0,1]$上的范数；(2) D是有界线性算子.

9. 设$\|\cdot\|$是$\mathbb{C}^{n\times n}$上的方阵范数，$\boldsymbol{S}$是n阶可逆矩阵，$\forall\boldsymbol{A}\in\mathbb{C}^{n\times n}$定义$\|\boldsymbol{A}\|_*=\|\boldsymbol{S}^{-1}\boldsymbol{A}\boldsymbol{S}\|$，证明$\|\cdot\|_*$是$\mathbb{C}^{n\times n}$上的方阵范数.

10. 设$\boldsymbol{A}=\begin{bmatrix}1&\mathrm{i}\\\mathrm{i}&-1\end{bmatrix}$，求$\|\boldsymbol{A}\|_F$，$\|\boldsymbol{A}\|_2$和$\rho(\boldsymbol{A})$.

11. 设 $\|\cdot\|$ 是 $\mathbb{C}^{n\times n}$ 上的任一种方阵范数，$\boldsymbol{\lambda}$ 是 $\boldsymbol{A}\in\mathbb{C}^{n\times n}$ 的特征值. 若 $\boldsymbol{A}$ 是可逆矩阵，证明

$$\frac{1}{\|\boldsymbol{A}^{-1}\|}\leqslant|\boldsymbol{\lambda}|\leqslant\|\boldsymbol{A}\|.$$

12. 设 $T\in\mathscr{B}(X,Y)$，(x_n) 是 $\mathscr{N}(T)$ 中的序列，试证若 $\lim\limits_{n\to\infty}x_n=x_0$，则 $x_0\in\mathscr{N}(T)$.

第 4 章　矩阵分析

本章介绍对矩阵施行的分析运算，重点是方阵函数的值的计算.

§4.1　向量和矩阵的微分与积分

一、单元函数矩阵的微分

以变量 t 的函数为元素的矩阵

$$A(t)=[a_{ij}(t)]_{m\times n}=\begin{bmatrix}a_{11}(t) & a_{12}(t) & \cdots & a_{1n}(t)\\ a_{21}(t) & a_{22}(t) & \cdots & a_{2n}(t)\\ \vdots & \vdots & & \vdots\\ a_{m1}(t) & a_{m2}(t) & \cdots & a_{mn}(t)\end{bmatrix}$$

称为(单元)**函数矩阵**. 前面介绍的多项式矩阵 $A(\lambda)$ 是特殊的函数矩阵，当然数字矩阵也可看作函数矩阵.

函数矩阵的加法、数乘、乘法、转置、方阵的可逆性定义等，都与以前相同.

定义 4.1　设 $A(t)=[a_{ij}(t)]_{m\times n}(t\in\mathbb{C})$，若 $\forall i=1,2,\cdots,m$，$j=1,2,\cdots,n$，$a_{ij}(t)$ 都可导，则称 $A(t)$ **可导**，并且规定 $A(t)$ 对变量 t 的导数为

$$\frac{\mathrm{d}A(t)}{\mathrm{d}t}=[a'_{ij}(t)]_{m\times n}=\begin{bmatrix}a'_{11}(t) & a'_{12}(t) & \cdots & a'_{1n}(t)\\ a'_{21}(t) & a'_{22}(t) & \cdots & a'_{2n}(t)\\ \vdots & \vdots & & \vdots\\ a'_{m1}(t) & a'_{m_2}(t) & \cdots & a'_{mn}(t)\end{bmatrix}.$$

简单地说，对 $\boldsymbol{A}(t)$ 求导，就是对 $\boldsymbol{A}(t)$ 的每个元素求导. 显然，任何数字矩阵的导数都存在，且均为零矩阵.

假设下面所涉及的运算都能进行，则单元函数矩阵求导运算的如下性质成立：

(1)(线性性) $\frac{\mathrm{d}}{\mathrm{d}t}[\alpha\boldsymbol{A}(t)+\beta\boldsymbol{B}(t)]=\alpha\frac{\mathrm{d}\boldsymbol{A}(t)}{\mathrm{d}t}+\beta\frac{\mathrm{d}\boldsymbol{B}(t)}{\mathrm{d}t}$ ($\alpha,\beta\in\mathbb{R}$ 为常数)；

(2)(乘积的导数) $\frac{\mathrm{d}}{\mathrm{d}t}[\boldsymbol{A}(t)\boldsymbol{B}(t)]=\frac{\mathrm{d}\boldsymbol{A}(t)}{\mathrm{d}t}\boldsymbol{B}(t)+\boldsymbol{A}(t)\frac{\mathrm{d}\boldsymbol{B}(t)}{\mathrm{d}t}$；

(3)(复合函数的矩阵的导数) $\frac{\mathrm{d}}{\mathrm{d}t}\boldsymbol{A}(f(t))=\frac{\mathrm{d}\boldsymbol{A}(u)}{\mathrm{d}u}\frac{\mathrm{d}f(t)}{\mathrm{d}t}$ ($u=f(t)$)；

(4)(逆矩阵的导数) $\frac{\mathrm{d}\boldsymbol{A}^{-1}(t)}{\mathrm{d}t}=-\boldsymbol{A}^{-1}(t)\frac{\mathrm{d}\boldsymbol{A}(t)}{\mathrm{d}t}\boldsymbol{A}^{-1}(t)$；

(5) $\frac{\mathrm{d}\boldsymbol{A}^{\mathrm{T}}(t)}{\mathrm{d}t}=\left(\frac{\mathrm{d}\boldsymbol{A}(t)}{\mathrm{d}t}\right)^{\mathrm{T}}$.

证　只证明(4)，其余皆可用定义 4.1 及导数的相应性质直接验证.

因为

$$\boldsymbol{A}^{-1}(t)\boldsymbol{A}(t)=\boldsymbol{E},$$

由性质(3)，两边对 t 求导得

$$\frac{\mathrm{d}\boldsymbol{A}^{-1}(t)}{\mathrm{d}t}\boldsymbol{A}(t)+\boldsymbol{A}^{-1}(t)\frac{\mathrm{d}\boldsymbol{A}(t)}{\mathrm{d}t}=\boldsymbol{O},$$

即

$$\frac{\mathrm{d}\boldsymbol{A}^{-1}(t)}{\mathrm{d}t}\boldsymbol{A}(t)=-\boldsymbol{A}^{-1}(t)\frac{\mathrm{d}\boldsymbol{A}(t)}{\mathrm{d}t},$$

故右乘 $\boldsymbol{A}^{-1}(t)$ 即得

$$\frac{\mathrm{d}\boldsymbol{A}^{-1}(t)}{\mathrm{d}t}=-\boldsymbol{A}^{-1}(t)\frac{\mathrm{d}\boldsymbol{A}(t)}{\mathrm{d}t}\boldsymbol{A}^{-1}(t).$$

应当注意，性质中出现的两个不同矩阵相乘，一般是不能交换次序的. 例如，当 $\boldsymbol{A}(t)$ 是可导的方阵时，$\frac{\mathrm{d}\boldsymbol{A}^2(t)}{\mathrm{d}t}=\frac{\mathrm{d}}{\mathrm{d}t}[\boldsymbol{A}(t)\boldsymbol{A}(t)]=\frac{\mathrm{d}\boldsymbol{A}(t)}{\mathrm{d}t}\boldsymbol{A}(t)$

$+\boldsymbol{A}(t)\dfrac{\mathrm{d}\boldsymbol{A}(t)}{\mathrm{d}t}$，但一般地未必有 $\dfrac{\mathrm{d}\boldsymbol{A}^2(t)}{\mathrm{d}t}=2\boldsymbol{A}(t)\dfrac{\mathrm{d}\boldsymbol{A}(t)}{\mathrm{d}t}$ $\left(\text{请考察}\boldsymbol{A}(t)=\begin{bmatrix} t & 0 \\ 1 & t^2 \end{bmatrix}\right)$.

二、单元函数矩阵的积分

定义 4.2 设 $\boldsymbol{A}(t)=[a_{ij}(t)]_{m\times n}(t\in\mathbb{R})$，若 $\forall i=1,2,\cdots,m$，$j=1,2,\cdots,n$，$a_{ij}(t)$ 在 $[a,b]$ 上都可积，则称 $\boldsymbol{A}(t)$ **在 $[a,b]$ 上可积**，并且规定 $\boldsymbol{A}(t)$ 在 $[a,b]$ 上的定积分为

$$\int_a^b \boldsymbol{A}(t)\mathrm{d}t=\begin{bmatrix} \int_a^b a_{11}(t)\mathrm{d}t & \int_a^b a_{12}(t)\mathrm{d}t & \cdots & \int_a^b a_{1n}(t)\mathrm{d}t \\ \int_a^b a_{21}(t)\mathrm{d}t & \int_a^b a_{22}(t)\mathrm{d}t & \cdots & \int_a^b a_{2n}(t)\mathrm{d}t \\ \vdots & \vdots & & \vdots \\ \int_a^b a_{m1}(t)\mathrm{d}t & \int_a^b a_{m2}(t)\mathrm{d}t & \cdots & \int_a^b a_{mn}(t)\mathrm{d}t \end{bmatrix}$$
$$=\left[\int_a^b a_{ij}(t)\mathrm{d}t\right]_{m\times n}.$$

类似地，定义不定积分为

$$\int \boldsymbol{A}(t)\mathrm{d}t=\left[\int a_{ij}(t)\mathrm{d}t\right]_{m\times n}.$$

简单地说，对 $\boldsymbol{A}(t)$ 求积分，就是对 $\boldsymbol{A}(t)$ 的每个元素求积分.

假设下面所涉及的运算都能进行，则由定义 4.2 及积分的相应性质可直接验证如下性质成立（以不定积分为例列出）：

(1) $\int \boldsymbol{A}^{\mathrm{T}}(t)\mathrm{d}t=\left(\int \boldsymbol{A}(t)\mathrm{d}t\right)^{\mathrm{T}}$；

(2) $\int[\alpha\boldsymbol{A}(t)+\beta\boldsymbol{B}(t)]\mathrm{d}t=\alpha\int\boldsymbol{A}(t)\mathrm{d}t+\beta\int\boldsymbol{B}(t)\mathrm{d}t$ （$\alpha,\beta\in\mathbb{R}$ 为常数）；

(3) $\int \boldsymbol{K}\boldsymbol{A}(t)\mathrm{d}t=\boldsymbol{K}\int\boldsymbol{A}(t)\mathrm{d}t$，$\int\boldsymbol{A}(t)\boldsymbol{M}\mathrm{d}t=\left(\int\boldsymbol{A}(t)\mathrm{d}t\right)\boldsymbol{M}$（$\boldsymbol{K},\boldsymbol{M}$ 为数

字矩阵)；

(4) $\int\left(\boldsymbol{A}(t)\frac{\mathrm{d}\boldsymbol{B}(t)}{\mathrm{d}t}\right)\mathrm{d}t=\boldsymbol{A}(t)\boldsymbol{B}(t)-\int\left(\frac{\mathrm{d}\boldsymbol{A}(t)}{\mathrm{d}t}\boldsymbol{B}(t)\right)\mathrm{d}t.$

作为单元函数矩阵的特殊情况，单元向量值函数

$$\boldsymbol{f}(t)=(f_1(t),f_2(t),\cdots,f_m(t))^{\mathrm{T}}$$

关于 t 求导数与积分，就是将其各个坐标函数关于 t 求导数与积分，即

$$\boldsymbol{f}'(t)=(f_1'(t),f_2'(t),\cdots,f_m'(t))^{\mathrm{T}},$$

$$\int_a^b\boldsymbol{f}(t)\,\mathrm{d}t=\left(\int_a^b f_1(t)\,\mathrm{d}t,\int_a^b f_2(t)\,\mathrm{d}t,\cdots,\int_a^b f_m(t)\,\mathrm{d}t\right)^{\mathrm{T}}.$$

例如，将速度函数

$$\boldsymbol{v}(t)=(v_1(t),v_2(t),v_3(t))^{\mathrm{T}}$$

对时间 t 求导，得加速度函数

$$\boldsymbol{a}(t)=\boldsymbol{v}'(t)=(v_1'(t),v_2'(t),v_3'(t))^{\mathrm{T}};$$

而将其积分，得位移函数

$$\boldsymbol{s}(t)=\int\boldsymbol{v}(t)\,\mathrm{d}t=\left(\int v_1(t)\,\mathrm{d}t,\int v_2(t)\,\mathrm{d}t,\int v_3(t)\,\mathrm{d}t\right)^{\mathrm{T}},$$

即得运动方程 $\boldsymbol{s}=\boldsymbol{s}(t)=(s_1(t),s_2(t),s_3(t))^{\mathrm{T}}$.

三、多元向量值函数的导数

设有映射 $f:\boldsymbol{\Omega}(\subset\mathbb{R}^n)\to\mathbb{R}^m$，即 $\forall x\in\boldsymbol{\Omega}(\subset\mathbb{R}^n)$，存在唯一的 $y\in\mathbb{R}^m$，使得 $y=f(x)$. 在 $\mathbb{R}^n$，$\mathbb{R}^m$ 的自然基下，$x=(x_1,x_2,\cdots,x_n)^{\mathrm{T}}$，

$$\begin{aligned}f(x)&=(f_1(x),f_2(x),\cdots,f_m(x))^{\mathrm{T}}\\&=(f_1(x_1,\cdots,x_n),\cdots,f_m(x_1,\cdots,x_n))^{\mathrm{T}},\end{aligned}$$

即 $f:\boldsymbol{\Omega}(\subset\mathbb{R}^n)\to\mathbb{R}^m$ 是一个 n **元** m **维向量值函数**，或者说 $f:\boldsymbol{\Omega}(\subset\mathbb{R}^n)\to\mathbb{R}^m$ 确定了一组(m 个)有序的 n 元数值函数 $f_1(x_1,\cdots,x_n),\cdots,f_m(x_1,\cdots,x_n)$.

例如质点运动的速度 $\boldsymbol{v}(x,y,z,t)=(v_1(x,y,z,t),v_2(x,y,z,t),v_3(x,y,z,t))^{\mathrm{T}}$ 就是一个 4 元 3 维的向量值函数.

定义 4.3　设 $f(x)=(f_1(x_1,\cdots,x_n),\cdots,f_m(x_1,\cdots,x_n))^{\mathrm{T}}$，若对于

$i=1,2,\cdots,m,j=1,2,\cdots,n,\dfrac{\partial f_i}{\partial x_j}$在点 $x=(x_1,x_2,\cdots,x_n)^{\mathrm{T}}$ 处存在,则称 f **在点 x 处可导或可微**,并规定

$$\frac{\mathrm{d}f(x)}{\mathrm{d}x}=f'(x)=\begin{bmatrix}\dfrac{\partial f_1}{\partial x_1}(x) & \dfrac{\partial f_1}{\partial x_2}(x) & \cdots & \dfrac{\partial f_1}{\partial x_n}(x)\\ \dfrac{\partial f_2}{\partial x_1}(x) & \dfrac{\partial f_2}{\partial x_2}(x) & \cdots & \dfrac{\partial f_2}{\partial x_n}(x)\\ \vdots & \vdots & & \vdots\\ \dfrac{\partial f_m}{\partial x_1}(x) & \dfrac{\partial f_m}{\partial x_2}(x) & \cdots & \dfrac{\partial f_m}{\partial x_n}(x)\end{bmatrix}.$$

这个 $m\times n$ 矩阵$\left[\dfrac{\partial f_i}{\partial x_j}(x)\right]_{m\times n}$ 通常也称为$f(x)$在点 x 处的 Jacobi 矩阵.

例 4.1 设$f(x)=f(x_1,x_2,x_3)=(3x_1+x_3\mathrm{e}^{x_2},x_1^3+x_2^2\sin x_3)^{\mathrm{T}}$,求 $f'(x)$.

解 $f'(x)=\begin{bmatrix}3 & x_3\mathrm{e}^{x_2} & \mathrm{e}^{x_2}\\ 3x_1^2 & 2x_2\sin x_3 & x_2^2\cos x_3\end{bmatrix}.$

当 $m=1$ 时,$f(x)=f(x_1,x_2,\cdots,x_n)$就是通常的 n 元(数值)函数.由定义知,其在点 $x=(x_1,x_2,\cdots,x_n)^{\mathrm{T}}$ 处的导数为 n 维向量

$$f'(x)=\left(\frac{\partial f}{\partial x_1}(x),\frac{\partial f}{\partial x_2}(x),\cdots,\frac{\partial f}{\partial x_n}(x)\right),$$

它就是$f(x)=f(x_1,x_2,\cdots,x_n)$在点 $x=(x_1,x_2,\cdots,x_n)^{\mathrm{T}}$ 处的梯度向量.

如果 n 元 n 维向量值函数 $f'(x)=\left(\dfrac{\partial f}{\partial x_1}(x),\dfrac{\partial f}{\partial x_2}(x),\cdots,\dfrac{\partial f}{\partial x_n}(x)\right)^{\mathrm{T}}$ $(\forall x\in\Omega)$ 在 $x_0\in\Omega$ 处可导,则称 $f''(x_0)=\dfrac{\mathrm{d}f'}{\mathrm{d}x}(x_0)$ 为 $f(x)=f(x_1,x_2,\cdots,x_n)$ 在 $x_0\in\Omega$ 处的**二阶导数**.

由定义 4.3,得

$$f''(x_0)=\frac{\mathrm{d}f'}{\mathrm{d}x}(x_0)=\begin{bmatrix} f''_{x_1x_1}(x_0) & f''_{x_1x_2}(x_0) & \cdots & f''_{x_1x_n}(x_0) \\ f''_{x_2x_1}(x_0) & f''_{x_2x_2}(x_0) & \cdots & f''_{x_2x_n}(x_0) \\ \vdots & \vdots & & \vdots \\ f''_{x_nx_1}(x_0) & f''_{x_nx_2}(x_0) & \cdots & f''_{x_nx_n}(x_0) \end{bmatrix} \xlongequal{\text{记为}} \boldsymbol{H}.$$

n 阶方阵 $\boldsymbol{H}$ 通常称为 n 元(数值)函数 f 在 $x_0\in\Omega$ 处的 Hesse 矩阵. 当各个二阶偏导数连续时,$\boldsymbol{H}$ 是对称矩阵. 它在多元函数的极值理论中有重要应用.

§4.2 方阵序列与方阵级数收敛的充要条件

一、方阵序列收敛的充要条件及性质

设$(\boldsymbol{A}_k)$是$\mathbb{C}^{n\times n}$中的序列,$\boldsymbol{A}\in\mathbb{C}^{n\times n}$,则由赋范空间中序列收敛的定义,有$\lim\limits_{k\to\infty}\boldsymbol{A}_k=\boldsymbol{A}\Leftrightarrow\lim\limits_{k\to\infty}\|\boldsymbol{A}_k-\boldsymbol{A}\|=0$. 且由于$\mathbb{C}^{n\times n}$是有限维的,故其中的$\|\cdot\|$可以是$\mathbb{C}^{n\times n}$上的任一种方阵范数.

由于每个 n 阶方阵 $\boldsymbol{A}_k$ 和 $\boldsymbol{A}$ 都是由 n^2 个元素按次序排列而成的,故与$\mathbb{C}^n$中"序列收敛等价于按坐标收敛"(即序列的收敛性可以用其各个坐标构成的数列的收敛性表示)类似,$\mathbb{C}^{n\times n}$中"序列收敛等价于按元素收敛"(即序列的收敛性可以用其 n^2 个位置的元素构成的数列收敛性表示).

定理 4.1 设$\boldsymbol{A}_k=[a_{ij}^{(k)}]\in\mathbb{C}^{n\times n}(k=1,2,\cdots)$,$\boldsymbol{A}=[a_{ij}]\in\mathbb{C}^{n\times n}$,则

$$\lim_{k\to\infty}\boldsymbol{A}_k=\boldsymbol{A}\Leftrightarrow\forall i,j=1,2,\cdots,n,\text{有}\lim_{k\to\infty}a_{ij}^{(k)}=a_{ij}.$$

证 $\lim\limits_{k\to\infty}\boldsymbol{A}_k=\boldsymbol{A}\Leftrightarrow\lim\limits_{k\to\infty}\|\boldsymbol{A}_k-\boldsymbol{A}\|=0$

$$\Leftrightarrow\lim_{k\to\infty}\|\boldsymbol{A}_k-\boldsymbol{A}\|_\infty=\lim_{k\to\infty}\max_{1\leqslant i\leqslant n}\sum_{j=1}^{n}|a_{ij}^{(k)}-a_{ij}|=0$$

$$\Leftrightarrow\forall i=1,2,\cdots,n,\text{有}\lim_{k\to\infty}\sum_{j=1}^{n}|a_{ij}^{(k)}-a_{ij}|=0$$

$$\Leftrightarrow \forall i,j=1,2,\cdots,n,\text{有}\lim_{k\to\infty}|a_{ij}^{(k)}-a_{ij}|=0$$

$$\Leftrightarrow \forall i,j=1,2,\cdots,n,\text{有}\lim_{k\to\infty}a_{ij}^{(k)}=a_{ij}.$$

例如,$\boldsymbol{A}=\begin{bmatrix}\frac{1}{2}&&\\&\frac{1}{3}&\\&&2\end{bmatrix}$,则方阵序列$(\boldsymbol{A}^k)$不收敛,因为其中由(3,3)位置的元素构成的数列$(2^k)$不收敛.

定理 4.2 设$\boldsymbol{A},\boldsymbol{B},\boldsymbol{A}_k,\boldsymbol{B}_k\in\mathbb{C}^{n\times n}(k=1,2,\cdots)$,若$\lim\limits_{k\to\infty}\boldsymbol{A}_k=\boldsymbol{A}$,$\lim\limits_{k\to\infty}\boldsymbol{B}_k=\boldsymbol{B}$,则

(1)$(\boldsymbol{A}_k\boldsymbol{B}_k)$收敛,且$\lim\limits_{k\to\infty}\boldsymbol{A}_k\boldsymbol{B}_k=\boldsymbol{AB}$;

(2)当$\boldsymbol{A}^{-1},\boldsymbol{A}_k^{-1}(k=1,2,\cdots)$存在时,$(\boldsymbol{A}_k^{-1})$收敛,且

$$\lim_{k\to\infty}\boldsymbol{A}_k^{-1}=\boldsymbol{A}^{-1}.$$

证 (1)只需证明当$k\to\infty$时,有$\|\boldsymbol{A}_k\boldsymbol{B}_k-\boldsymbol{AB}\|\to0$即可.事实上,

$$\begin{aligned}\|\boldsymbol{A}_k\boldsymbol{B}_k-\boldsymbol{AB}\|&=\|\boldsymbol{A}_k\boldsymbol{B}_k-\boldsymbol{A}_k\boldsymbol{B}+\boldsymbol{A}_k\boldsymbol{B}-\boldsymbol{AB}\|\\&\leqslant\|\boldsymbol{A}_k\boldsymbol{B}_k-\boldsymbol{A}_k\boldsymbol{B}\|+\|\boldsymbol{A}_k\boldsymbol{B}-\boldsymbol{AB}\|\\&\leqslant\|\boldsymbol{A}_k\|\ \|\boldsymbol{B}_k-\boldsymbol{B}\|+\|\boldsymbol{A}_k-\boldsymbol{A}\|\ \|\boldsymbol{B}\|,\end{aligned}$$

而由$\lim\limits_{k\to\infty}\boldsymbol{A}_k=\boldsymbol{A}$和$\lim\limits_{k\to\infty}\boldsymbol{B}_k=\boldsymbol{B}$知,当$k\to\infty$时$\|\boldsymbol{A}_k-\boldsymbol{A}\|\to0$,$\|\boldsymbol{B}_k-\boldsymbol{B}\|\to0$,且$(\boldsymbol{A}_k)$有界,故由无穷小性质,有$\lim\limits_{k\to\infty}(\|\boldsymbol{A}_k\|\ \|\boldsymbol{B}_k-\boldsymbol{B}\|+\|\boldsymbol{A}_k-\boldsymbol{A}\|\ \|\boldsymbol{B}\|)=0$,再由夹逼准则,有$\lim\limits_{k\to\infty}\|\boldsymbol{A}_k\boldsymbol{B}_k-\boldsymbol{AB}\|=0$.

(2)因为$\boldsymbol{A}_k^{-1}=\dfrac{\operatorname{adj}\boldsymbol{A}_k}{\det\boldsymbol{A}_k}$,$\boldsymbol{A}^{-1}=\dfrac{\operatorname{adj}\boldsymbol{A}}{\det\boldsymbol{A}}$,且$\det\boldsymbol{A}\neq0$,故只需证明$\lim\limits_{k\to\infty}\det\boldsymbol{A}_k=\det\boldsymbol{A}$,$\lim\limits_{k\to\infty}\operatorname{adj}\boldsymbol{A}_k=\operatorname{adj}\boldsymbol{A}$即可.

设$\boldsymbol{A}_k=[a_{ij}^{(k)}]\in\mathbb{C}^{n\times n}(k=1,2,\cdots)$,$\boldsymbol{A}=[a_{ij}]\in\mathbb{C}^{n\times n}$,则由行列式定义及定理 4.1 得

$$\lim_{k\to\infty}\det\boldsymbol{A}_k=\lim_{k\to\infty}\sum_{j_1j_2\cdots j_n}(-1)^{\tau(j_1j_2\cdots j_n)}a_{1j_1}^{(k)}a_{2j_2}^{(k)}\cdots a_{nj_n}^{(k)}$$

$$= \sum_{j_1j_2\cdots j_n} (-1)^{\tau(j_1j_2\cdots j_n)} \lim_{k\to\infty} [a_{1j_1}^{(k)} a_{2j_2}^{(k)} \cdots a_{nj_n}^{(k)}]$$
$$= \sum_{j_1j_2\cdots j_n} (-1)^{\tau(j_1j_2\cdots j_n)} a_{1j_1} a_{2j_2} \cdots a_{nj_n}$$
$$= \det \boldsymbol{A};$$

再由伴随矩阵定义、定理 4.1 及已证的结论，得

$$\lim_{k\to\infty} \mathrm{adj}\, \boldsymbol{A}_k = \mathrm{adj}\, \boldsymbol{A}.$$

所以，$\lim\limits_{k\to\infty} \boldsymbol{A}_k^{-1} = \lim\limits_{k\to\infty} \dfrac{\mathrm{adj}\, \boldsymbol{A}_k}{\det \boldsymbol{A}_k} = \dfrac{\lim\limits_{k\to\infty} (\mathrm{adj}\, \boldsymbol{A}_k)}{\lim\limits_{k\to\infty} (\det \boldsymbol{A}_k)} = \dfrac{\mathrm{adj}\, \boldsymbol{A}}{\det \boldsymbol{A}} = \boldsymbol{A}^{-1}.$

定理 4.3　设 $\boldsymbol{A} \in \mathbb{C}^{n\times n}$，则 $\lim\limits_{k\to\infty} \boldsymbol{A}^k = \boldsymbol{O} \Leftrightarrow \rho(\boldsymbol{A}) < 1$.

证　先证必要性：

$\lim\limits_{k\to\infty} \boldsymbol{A}^k = \boldsymbol{O} \Rightarrow \lim\limits_{k\to\infty} \| \boldsymbol{A}^k \| = 0 \Rightarrow [\rho(\boldsymbol{A})]^k = \rho(\boldsymbol{A}^k) \leqslant \| \boldsymbol{A}^k \| \to 0$ $(k\to\infty)$，即 $\rho(\boldsymbol{A}) < 1$.

再证充分性：

若 $\rho(\boldsymbol{A}) < 1$，则存在 $\varepsilon > 0$，使得 $\rho(\boldsymbol{A}) < \rho(\boldsymbol{A}) + \varepsilon < 1$. 对此 ε，必存在 $\mathbb{C}^{n\times n}$ 上的某种方阵范数 $\| \cdot \|_*$，使得 $\| \boldsymbol{A} \|_* < \rho(\boldsymbol{A}) + \varepsilon < 1$.

于是有

$$\| \boldsymbol{A}^k \|_* \leqslant \| \boldsymbol{A} \|_*^k < [\rho(\boldsymbol{A}) + \varepsilon]^k \to 0 \ (k\to\infty),$$

所以　$\lim\limits_{k\to\infty} \boldsymbol{A}^k = \boldsymbol{O}.$

推论　设 $\boldsymbol{A} \in \mathbb{C}^{n\times n}$，若存在一种方阵范数 $\| \cdot \|$，使得 $\| \boldsymbol{A} \| < 1$，则 $\lim\limits_{k\to\infty} \boldsymbol{A}^k = \boldsymbol{O}$.

证　因为 $\rho(\boldsymbol{A}) \leqslant \| \boldsymbol{A} \| < 1$，故由定理 4.3 知 $\lim\limits_{k\to\infty} \boldsymbol{A}^k = \boldsymbol{O}$.

二、方阵级数收敛的充要条件及性质

方阵级数，即 $\mathbb{C}^{n\times n}$ 中的级数 $\sum\limits_{k=1}^{\infty} \boldsymbol{A}_k$ 收敛，是指其部分和序列 $(\boldsymbol{S}_N)$ 收敛（其中 $\boldsymbol{S}_N = \sum\limits_{k=1}^{N} \boldsymbol{A}_k, N \in \mathbb{N}$）. 若 $\lim\limits_{N\to\infty} \boldsymbol{S}_N = \boldsymbol{S}$，则方阵 $\boldsymbol{S}$ 称为 $\sum\limits_{k=1}^{\infty} \boldsymbol{A}_k$ 的

和方阵,记为$\sum_{k=1}^{\infty} \boldsymbol{A}_k = \boldsymbol{S}$.

将方阵序列收敛的充要条件("收敛等价于按元素收敛")用于方阵级数,就得到下面的定理.

定理 4.4 设$\boldsymbol{A}_k = [a_{ij}^{(k)}] \in \mathbb{C}^{n\times n}(k=1,2,\cdots)$,则$\sum_{k=1}^{\infty} \boldsymbol{A}_k$收敛的充要条件是$\forall i,j=1,2,\cdots,n$, $\sum_{k=1}^{\infty} a_{ij}^{(k)}$都收敛;且收敛时,$\sum_{k=1}^{\infty} \boldsymbol{A}_k = \boldsymbol{S} = [s_{ij}]_{n\times n}$(其中$s_{ij} = \sum_{k=1}^{\infty} a_{ij}^{(k)}$).

证 记$\boldsymbol{S}_N = \sum_{k=1}^{N} \boldsymbol{A}_k = \left[\sum_{k=1}^{N} a_{ij}^{(k)}\right]_{n\times n}$,$\boldsymbol{S} = [s_{ij}]_{n\times n}$,则

$$\sum_{k=1}^{\infty} \boldsymbol{A}_k = \boldsymbol{S} \Leftrightarrow \lim_{N\to\infty} \boldsymbol{S}_N = \boldsymbol{S} \Leftrightarrow \forall i,j=1,2,\cdots,n,\text{有}\lim_{N\to\infty} \sum_{k=1}^{N} a_{ij}^{(k)} = s_{ij},$$

即$\forall i,j=1,2,\cdots,n$,有$\sum_{k=1}^{\infty} a_{ij}^{(k)} = s_{ij}$.

定理 4.5 设$\boldsymbol{A}_k = [a_{ij}^{(k)}] \in \mathbb{C}^{n\times n}$,则$\sum_{k=1}^{\infty} \boldsymbol{A}_k$绝对收敛$\left(\text{即}\sum_{k=1}^{\infty} \|\boldsymbol{A}_k\|\text{收敛}\right)$,当且仅当$\forall i,j=1,2,\cdots,n$, $\sum_{k=1}^{\infty} a_{ij}^{(k)}$绝对收敛$\left(\text{即}\sum_{k=1}^{\infty} |a_{ij}^{(k)}|\text{收敛}\right)$.(因证明过程较繁,故从略.)

收敛、绝对收敛的方阵级数有如下性质:

(1)绝对收敛级数必收敛,反之不真;

(2)若$\sum_{k=1}^{\infty} \boldsymbol{A}_k$收敛(或绝对收敛),则$\forall \boldsymbol{P},\boldsymbol{Q} \in \mathbb{C}^{n\times n}$, $\sum_{k=1}^{\infty} \boldsymbol{P}\boldsymbol{A}_k\boldsymbol{Q}$收敛(或绝对收敛);

(3)若$\sum_{k=1}^{\infty} \boldsymbol{A}_k$收敛,则$\lim_{k\to\infty} \boldsymbol{A}_k = \boldsymbol{O}$.

证 (1)因为$\mathbb{C}^{n\times n}$完备,故绝对收敛级数必收敛,反之不真. 例如

设 $A_k=\begin{bmatrix}\frac{(-1)^k}{k} & 0\\ 0 & \frac{1}{k^2}\end{bmatrix}(k=1,2,\cdots)$，因为 $\sum\limits_{k=1}^{\infty}\frac{(-1)^k}{k}$ 和 $\sum\limits_{k=1}^{\infty}\frac{1}{k^2}$ 都收敛，故 $\sum\limits_{k=1}^{\infty}A_k$ 收敛；但 $\sum\limits_{k=1}^{\infty}\left|\frac{(-1)^k}{k}\right|=\sum\limits_{k=1}^{\infty}\frac{1}{k}$ 发散，故 $\sum\limits_{k=1}^{\infty}A_k$ 不绝对收敛.

(2) 易知 $\sum\limits_{k=1}^{\infty}PA_kQ=P\left(\sum\limits_{k=1}^{\infty}A_k\right)Q$，故当 $\sum\limits_{k=1}^{\infty}A_k$ 收敛时，$\sum\limits_{k=1}^{\infty}PA_kQ$ 也收敛；由方阵范数的次乘性，有 $\|PA_kQ\|\leqslant\|P\|\,\|A_k\|\,\|Q\|=(\|P\|\,\|Q\|)\|A_k\|$，于是当 $\sum\limits_{k=1}^{\infty}\|A_k\|$ 收敛时，由正项级数收敛的比较法知 $\sum\limits_{k=1}^{\infty}\|PA_kQ\|$ 收敛，即 $\sum\limits_{k=1}^{\infty}PA_kQ$ 绝对收敛.

(3) 设 $\sum\limits_{k=1}^{\infty}A_k=S$，即 $\lim\limits_{k\to\infty}S_k=S$，于是 $\lim\limits_{k\to\infty}S_{k-1}=S$，故

$$\lim_{k\to\infty}A_k=\lim_{k\to\infty}(S_k-S_{k-1})=S-S=O.$$

§4.3　方阵幂级数与方阵函数

在这一节里，先介绍方阵的幂级数的有关概念，然后通过方阵幂级数的和函数定义几个常用的、以方阵为自变量的函数，并给出方阵函数的若干性质. 其中会涉及复的幂级数，不具备复变函数知识的读者可将其视为实的幂级数也无大碍. 此外，还将幂级数收敛半径概念及主要求法作为附注列出，以资参考.

一、方阵幂级数

定义 4.4　设 (c_k) 是复数列，$\forall X\in\mathbb{C}^{n\times n}$，称

$$\sum_{k=0}^{\infty}c_kX^k=c_0E+c_1X+c_2X^2+\cdots+c_kX^k+\cdots$$

为**方阵 $\boldsymbol{X}$ 的幂级数**,c_k 称为第 k 项的系数(规定 $\boldsymbol{X}^0=\boldsymbol{E}$).

例如,设 $\boldsymbol{X}\in\mathbb{C}^{n\times n}$ 是任意方阵,则

$$\sum_{k=0}^{\infty}\frac{\boldsymbol{X}^k}{k!}=\boldsymbol{E}+\boldsymbol{X}+\frac{1}{2!}\boldsymbol{X}^2+\cdots+\frac{1}{k!}\boldsymbol{X}^k+\cdots,$$

$$\sum_{k=0}^{\infty}\boldsymbol{X}^k=\boldsymbol{E}+\boldsymbol{X}+\boldsymbol{X}^2+\cdots+\boldsymbol{X}^k+\cdots$$

等都是方阵幂级数.

若当 $\boldsymbol{X}=\boldsymbol{A}$ 时,方阵幂级数

$$\sum_{k=0}^{\infty}c_k\boldsymbol{A}^k=c_0\boldsymbol{E}+c_1\boldsymbol{A}+c_2\boldsymbol{A}^2+\cdots+c_k\boldsymbol{A}^k+\cdots$$

收敛(或绝对收敛),其和记为 $f(\boldsymbol{A})$, 则称 $\sum\limits_{k=0}^{\infty}c_k\boldsymbol{X}^k$ 在点 $\boldsymbol{A}$ 处收敛(或绝对收敛).

若 $\sum\limits_{k=0}^{\infty}c_k\boldsymbol{X}^k$ 在集合 $\Omega(\subset\mathbb{C}^{n\times n})$ 内的每一点 $\boldsymbol{X}$ 处都收敛(或绝对收敛),其和为 $f(\boldsymbol{X})$,则称 $\sum\limits_{k=0}^{\infty}c_k\boldsymbol{X}^k$ 在集合 Ω 内收敛(或绝对收敛). 于是由方阵幂级数 $\sum\limits_{k=0}^{\infty}c_k\boldsymbol{X}^k$ 确定了一个映射 $f:\Omega\to\mathbb{C}^{n\times n}$,称 $f(\boldsymbol{X})\ (\boldsymbol{X}\in\Omega)$ 为方阵幂级数 $\sum\limits_{k=0}^{\infty}c_k\boldsymbol{X}^k$ 的**和函数**,记为

$$f(\boldsymbol{X})=\sum_{k=0}^{\infty}c_k\boldsymbol{X}^k\ (\boldsymbol{X}\in\Omega).$$

注意:方阵幂级数的和函数 $f(\boldsymbol{X})$ 是一个依赖于 n 阶方阵 $\boldsymbol{X}$ 的 n 阶方阵,也就是说,$f(\boldsymbol{X})$ 是方阵的方阵值函数,简称为**方阵函数**. $f(\boldsymbol{A})$ 是和函数 $f(\boldsymbol{X})$ 在点 $\boldsymbol{A}\in\mathbb{C}^{n\times n}$ 的值.

方阵幂级数 $\sum\limits_{k=0}^{\infty}c_k\boldsymbol{X}^k$ 的收敛域是空间 $\mathbb{C}^{n\times n}$ 中的一个球形域 Ω, Ω 由与之相应的复幂级数 $\sum\limits_{k=0}^{\infty}c_kz^k$ 的收敛半径确定.

定理4.6　设幂级数 $\sum_{k=0}^{\infty} c_k z^k$ 的收敛半径为 R，$X \in \mathbb{C}^{n\times n}$ 的谱半径为 $\rho(X)$，则

(1)当 $\rho(X) < R$ 时，方阵幂级数 $\sum_{k=0}^{\infty} c_k X^k$ 绝对收敛；

(2)当 $\rho(X) > R$ 时，方阵幂级数 $\sum_{k=0}^{\infty} c_k X^k$ 发散.

(证明过程较繁，故从略.)

附注：关于复(或实)幂级数 $\sum_{k=0}^{\infty} c_k z^k$ 的收敛半径 R 需注意以下两点.

(1)若正数 R，使得当 $|z| < R$ 时 $\sum_{k=0}^{\infty} c_k z^k$ 绝对收敛，而当 $|z| > R$ 时 $\sum_{k=0}^{\infty} c_k z^k$ 发散，则称 R 为 $\sum_{k=0}^{\infty} c_k z^k$ 的收敛半径. 由幂级数收敛的 Abel 定理及实数的连续性可知，R 存在且唯一. 当 $\sum_{k=0}^{\infty} c_k z^k$ 仅在 $z=0$ 处收敛时，规定其收敛半径为零；当 $\sum_{k=0}^{\infty} c_k z^k$ 在全平面(整个数轴)上处处收敛时，规定其收敛半径为 $+\infty$. 总之，有 $0 \leqslant R \leqslant +\infty$.

(2)一般可利用公式 $R = \lim\limits_{k\to\infty} \left| \dfrac{c_k}{c_{k+1}} \right|$ 求 $\sum_{k=0}^{\infty} c_k z^k$ 的收敛半径.

由定理4.6很容易得到下列推论.

推论1　若 $\sum_{k=0}^{\infty} c_k z^k$ 在全平面(整个数轴)上处处收敛，则方阵幂级数 $\sum_{k=0}^{\infty} c_k X^k$ 在全空间 $\mathbb{C}^{n\times n}$ 绝对收敛.

推论2　设 $\sum_{k=0}^{\infty} c_k (z-\lambda_0)^k$ 的收敛半径为 R，$X \in \mathbb{C}^{n\times n}$ 的 n 个特征值为 $\lambda_1, \lambda_2, \cdots, \lambda_n$. 若 $\forall i = 1, 2, \cdots, n$，都有 $|\lambda_i - \lambda_0| < R$，则方阵幂级

数$\sum\limits_{k=0}^{\infty} c_k (X-\lambda_0 E)^k$绝对收敛；若存在$j \in \{1,2,\cdots,n\}$使得$|\lambda_j - \lambda_0| > R$，则方阵幂级数$\sum\limits_{k=0}^{\infty} c_k (X-\lambda_0 E)^k$发散.

推论 3 设幂级数$\sum\limits_{k=0}^{\infty} c_k z^k$的收敛半径为$R$，若$X \in \mathbb{C}^{n\times n}$的某种方阵范数$\|X\| < R$，则方阵幂级数$\sum\limits_{k=0}^{\infty} c_k X^k$绝对收敛；反之不真.

例 4.2 设$A \in \mathbb{C}^{n\times n}$的谱半径$\rho(A) < 1$，试证$\sum\limits_{k=0}^{\infty} A^k$收敛，且其和$S = (E-A)^{-1}$；当$\|A\| < 1$时，$\|(E-A)^{-1}\| \leqslant \dfrac{1}{1-\|A\|}$.

证 容易求得幂级数$\sum\limits_{k=0}^{\infty} z^k$收敛半径$R = 1$，而$\rho(A) < 1$，故$\sum\limits_{k=0}^{\infty} A^k$收敛.

因为$S = \sum\limits_{k=0}^{\infty} A^k = \lim\limits_{N\to\infty} \sum\limits_{k=0}^{N} A^k = \lim\limits_{N\to\infty} (E + A + A^2 + \cdots + A^N)$，左乘$E - A$得

$$\begin{aligned}(E-A)S &= \lim_{N\to\infty}(E-A)(E+A+A^2+\cdots+A^N)\\ &= \lim_{N\to\infty}(E-A^{N+1}) = E - O = E,\end{aligned}$$

所以 $S = (E-A)^{-1}$.

当$\|A\| < 1$时，

$$\begin{aligned}\|(E-A)^{-1}\| &= \left\|\sum_{k=0}^{\infty} A^k\right\| = \left\|\lim_{N\to\infty}\sum_{k=0}^{N} A^k\right\| = \lim_{N\to\infty}\left\|\sum_{k=0}^{N} A^k\right\|\\ &\leqslant \lim_{N\to\infty}\sum_{k=0}^{N}\|A^k\| \leqslant \lim_{N\to\infty}\sum_{k=0}^{N}\|A\|^k\\ &= \sum_{k=0}^{\infty}\|A\|^k = \frac{1}{1-\|A\|}.\end{aligned}$$

例 4.3 设$A \in \mathbb{C}^{n\times n}$，若存在某种方阵范数$\|\cdot\|$，使得$\|E-A\| < 1$，则$A$可逆，且$A^{-1} = \sum\limits_{k=0}^{\infty} (E-A)^k$.

证　令 $\boldsymbol{B}=\boldsymbol{E}-\boldsymbol{A}$，由上例的结果即得.

例 4.4　设 $\boldsymbol{A}=\begin{bmatrix}2&1&0\\0&0&1\\0&1&1\end{bmatrix}$，试证 $\sum\limits_{k=0}^{\infty}\dfrac{\boldsymbol{A}^k}{3^k}$ 收敛.

证　因为 $\sum\limits_{k=0}^{\infty}\dfrac{z^k}{3^k}$ 的收敛半径 $R=\lim\limits_{k\to\infty}\left|\dfrac{\frac{1}{3^k}}{\frac{1}{3^{k+1}}}\right|=3$，而 $\|\boldsymbol{A}\|_1=2<3$，故 $\sum\limits_{k=0}^{\infty}\dfrac{\boldsymbol{A}^k}{3^k}$ 收敛.

二、方阵函数

我们讨论的方阵函数主要是指方阵幂级数的和函数，即

$$f(\boldsymbol{X})=\sum_{k=0}^{\infty}c_k\boldsymbol{X}^k,\ \rho(\boldsymbol{X})<R.$$

利用在微积分中学过的 Maclaurin 展开式，如

(1) $\mathrm{e}^z=\sum\limits_{k=0}^{\infty}\dfrac{z^k}{k!}=1+z+\dfrac{z^2}{2!}+\cdots+\dfrac{z^k}{k!}+\cdots,\ R=+\infty,$

(2) $\sin z=\sum\limits_{k=0}^{\infty}\dfrac{(-1)^k z^{2k+1}}{(2k+1)!}=z-\dfrac{z^3}{3!}+\dfrac{z^5}{5!}-\cdots+\dfrac{(-1)^k z^{2k+1}}{(2k+1)!}+\cdots,\ R=+\infty,$

(3) $\cos z=\sum\limits_{k=0}^{\infty}\dfrac{(-1)^k z^{2k}}{(2k)!}=1-\dfrac{z^2}{2!}+\dfrac{z^4}{4!}-\cdots+\dfrac{(-1)^k z^{2k}}{(2k)!}+\cdots,\ R=+\infty,$

等等，可定义方阵的如下函数.

(1) 指数函数

$$\mathrm{e}^{\boldsymbol{X}}=\sum_{k=0}^{\infty}\frac{\boldsymbol{X}^k}{k!}=\boldsymbol{E}+\boldsymbol{X}+\frac{\boldsymbol{X}^2}{2!}+\cdots+\frac{\boldsymbol{X}^k}{k!}+\cdots,\qquad \forall\boldsymbol{X}\in\mathbb{C}^{n\times n}.$$

(2) 正弦函数

$$\sin\boldsymbol{X}=\sum_{k=0}^{\infty}\frac{(-1)^k\boldsymbol{X}^{2k+1}}{(2k+1)!}=\boldsymbol{X}-\frac{\boldsymbol{X}^3}{3!}+\frac{\boldsymbol{X}^5}{5!}-\cdots+\frac{(-1)^k\boldsymbol{X}^{2k+1}}{(2k+1)!}+\cdots,\qquad \forall\boldsymbol{X}\in\mathbb{C}^{n\times n}.$$

(3)**余弦函数**

$$\cos \boldsymbol{X}=\sum_{k=0}^{\infty}\frac{(-1)^k\boldsymbol{X}^{2k}}{(2k)!}=\boldsymbol{E}-\frac{\boldsymbol{X}^2}{2!}+\frac{\boldsymbol{X}^4}{4!}-\cdots+\frac{(-1)^k\boldsymbol{X}^{2k}}{(2k)!}+\cdots,\quad \forall \boldsymbol{X}\in\mathbb{C}^{n\times n}.$$

也可以定义方阵函数:

$$\ln(\boldsymbol{E}+\boldsymbol{X})=\sum_{k=0}^{\infty}\frac{(-1)^k\boldsymbol{X}^{k+1}}{k+1}=\boldsymbol{X}-\frac{\boldsymbol{X}^2}{2}+\frac{\boldsymbol{X}^3}{3}-\cdots+\frac{(-1)^k\boldsymbol{X}^{k+1}}{k+1}+\cdots,\quad \rho(\boldsymbol{X})<1;$$

及

$$(\boldsymbol{E}+\boldsymbol{X})^{\alpha}=\sum_{k=0}^{\infty}\frac{\alpha(\alpha-1)(\alpha-2)\cdots(\alpha-k+1)}{k!}\boldsymbol{X}^k$$

$$=\boldsymbol{E}+\alpha\boldsymbol{X}+\frac{\alpha(\alpha-1)}{2!}\boldsymbol{X}^2+\cdots,\alpha\in\mathbb{R},\qquad \rho(\boldsymbol{X})<1.$$

由定义易知

$$\mathrm{e}^{\boldsymbol{O}}=\boldsymbol{E},\sin\boldsymbol{O}=\boldsymbol{O},\cos\boldsymbol{O}=\boldsymbol{E},\ln\boldsymbol{E}=\boldsymbol{O},\boldsymbol{E}^{\alpha}=\boldsymbol{E}(\alpha\in\mathbb{R}).$$

下面给出常见方阵函数的一些性质,是同名的数值函数的相应性质的推广.

性质1 (Euler公式)$\forall \boldsymbol{X}\in\mathbb{C}^{n\times n}$,有

$$\mathrm{e}^{\mathrm{i}\boldsymbol{X}}=\cos\boldsymbol{X}+\mathrm{i}\sin\boldsymbol{X},\quad \mathrm{e}^{-\mathrm{i}\boldsymbol{X}}=\cos\boldsymbol{X}-\mathrm{i}\sin\boldsymbol{X},$$

$$\cos\boldsymbol{X}=\frac{\mathrm{e}^{\mathrm{i}\boldsymbol{X}}+\mathrm{e}^{-\mathrm{i}\boldsymbol{X}}}{2},\ \sin\boldsymbol{X}=\frac{\mathrm{e}^{\mathrm{i}\boldsymbol{X}}-\mathrm{e}^{-\mathrm{i}\boldsymbol{X}}}{2\mathrm{i}}.$$

证 由定义即得.

性质2 $\forall \boldsymbol{A}\in\mathbb{C}^{n\times n}$及$\forall t\in\mathbb{C}$,有

(1)$\frac{\mathrm{d}}{\mathrm{d}t}\mathrm{e}^{\boldsymbol{A}t}=\boldsymbol{A}\mathrm{e}^{\boldsymbol{A}t}=\mathrm{e}^{\boldsymbol{A}t}\boldsymbol{A}$;

(2)$\frac{\mathrm{d}}{\mathrm{d}t}\sin(\boldsymbol{A}t)=\boldsymbol{A}\cos(\boldsymbol{A}t)=\cos(\boldsymbol{A}t)\boldsymbol{A}$,

(3)$\frac{\mathrm{d}}{\mathrm{d}t}\cos(\boldsymbol{A}t)=-\boldsymbol{A}\sin(\boldsymbol{A}t)=-\sin(\boldsymbol{A}t)\boldsymbol{A}$.

证 $\frac{\mathrm{d}}{\mathrm{d}t}\mathrm{e}^{At}=\frac{\mathrm{d}}{\mathrm{d}t}\sum_{k=0}^{\infty}\frac{(At)^k}{k!}=\frac{\mathrm{d}}{\mathrm{d}t}\sum_{k=0}^{\infty}\frac{A^kt^k}{k!}=\frac{\mathrm{d}}{\mathrm{d}t}\left[\lim_{N\to\infty}\sum_{k=0}^{N}\frac{A^kt^k}{k!}\right]$

$$=\lim_{N\to\infty}\frac{\mathrm{d}}{\mathrm{d}t}\left[\sum_{k=0}^{N}\frac{A^kt^k}{k!}\right]=\lim_{N\to\infty}\sum_{k=0}^{N}\frac{\mathrm{d}}{\mathrm{d}t}\left(\frac{A^kt^k}{k!}\right)$$

$$=\lim_{N\to\infty}\sum_{k=1}^{N}\frac{A^kt^{k-1}}{(k-1)!}=\sum_{k=1}^{\infty}\frac{A^kt^{k-1}}{(k-1)!}=\sum_{m=0}^{\infty}\frac{A^{m+1}t^m}{m!}$$

$$=\sum_{m=0}^{\infty}\frac{AA^mt^m}{m!}=A\left[\sum_{m=0}^{\infty}\frac{A^mt^m}{m!}\right]=A\mathrm{e}^{At};$$

又 $\sum_{m=0}^{\infty}\frac{A^{m+1}t^m}{m!}$ 可表示为 $\sum_{m=0}^{\infty}\frac{A^mAt^m}{m!}=\left[\sum_{m=0}^{\infty}\frac{A^mt^m}{m!}\right]A=\mathrm{e}^{At}A$,故

$$\frac{\mathrm{d}}{\mathrm{d}t}\mathrm{e}^{At}=A\mathrm{e}^{At}=\mathrm{e}^{At}A.$$

若令 $A=[a]_{1\times1}\in\mathbb{C}$,则得到我们熟悉的导数公式 $(\mathrm{e}^{at})'=a\mathrm{e}^{at}$. 此处我们也顺便证明了 $\forall A\in\mathbb{C}^{n\times n}$ 及 $\forall t\in\mathbb{C}$,方阵 A 与 e^{At} 是可交换的.

由 Euler 公式及 $\frac{\mathrm{d}}{\mathrm{d}t}\mathrm{e}^{At}=A\mathrm{e}^{At}=\mathrm{e}^{At}A$ 立即知道后两式成立.

性质 3 $\forall A,B\in\mathbb{C}^{n\times n}$ 及 $\forall t\in\mathbb{C}$,当 $AB=BA$ 时,有

$$\mathrm{e}^{At}B=B\mathrm{e}^{At}.$$

证 因为 $AB=BA$,所以 $\forall k\in\mathbb{N}$,有 $A^kB=BA^k$,于是有

$$\mathrm{e}^{At}B=\left(\sum_{k=0}^{\infty}\frac{(At)^k}{k!}\right)B=\sum_{k=0}^{\infty}\frac{A^kBt^k}{k!}=\sum_{k=0}^{\infty}\frac{BA^kt^k}{k!}$$

$$=B\left(\sum_{k=0}^{\infty}\frac{(At)^k}{k!}\right)=B\mathrm{e}^{At}.$$

性质 4 $\forall A,B\in\mathbb{C}^{n\times n}$,当 $AB=BA$ 时,有

$$\mathrm{e}^{A+B}=\mathrm{e}^{A}\mathrm{e}^{B}=\mathrm{e}^{B}\mathrm{e}^{A}.$$

证 见参考文献[1],此处从略.

性质 5 $\forall A\in\mathbb{C}^{n\times n}$,$\mathrm{e}^A$ 可逆,且 $(\mathrm{e}^A)^{-1}=\mathrm{e}^{-A}$.

证 $\forall A\in\mathbb{C}^{n\times n}$,取 $B=-A$,则 $AB=BA$,于是由性质 4 得

$$\mathrm{e}^{A}\mathrm{e}^{-A}=\mathrm{e}^{-A}\mathrm{e}^{A}=\mathrm{e}^{A-A}=\mathrm{e}^{O}=E,$$

故 e^{A} 可逆,且 $(e^{A})^{-1}=e^{-A}$.

性质 6 $\forall A,B\in\mathbb{C}^{n\times n}$,当 $AB=BA$ 时,有

(1) $\sin(A+B)=\sin A\cos B+\cos A\sin B$,

(2) $\cos(A+B)=\cos A\cos B-\sin A\sin B$,

(3) $\sin 2A=2\sin A\cos A$,

(4) $\cos 2A=\cos^2A-\sin^2A$,

(5) $\sin^2A+\cos^2A=E$.

证 只需证明(1),(2)和(5),且证明方法完全相同. 我们来证(2):

$$\begin{aligned}\cos A\cos B-\sin A\sin B&=\frac{e^{iA}+e^{-iA}}{2}\frac{e^{iB}+e^{-iB}}{2}-\frac{e^{iA}-e^{-iA}}{2i}\frac{e^{iB}-e^{-iB}}{2i}\\&=\frac{e^{iA}e^{iB}+e^{-iA}e^{-iB}}{2}=\frac{e^{i(A+B)}+e^{-i(A+B)}}{2}\\&=\cos(A+B).\end{aligned}$$

性质 7 $\forall X\in\mathbb{C}^{n\times n}$,有

$$\sin(X+2\pi E)=\sin X,$$
$$\cos(X+2\pi E)=\cos X,$$
$$e^{X+2\pi iE}=e^{X},$$

即 $\sin X,\cos X$ 都是以 $2\pi E$ 为周期的周期函数,而 e^{X} 是以 $2\pi iE$ 为周期的周期函数.

证 利用下节的方法我们很容易求得 $\sin 2\pi E=O,\cos 2\pi E=E,e^{2\pi iE}=E$,故由性质 6 和性质 4 即可证明这三个公式成立.

此外,由定义易知 $\sin X$ 是奇函数,$\cos X$ 是偶函数.

性质 8 $f(X^{T})=[f(X)]^{T}$.

证
$$\begin{aligned}f(X^{T})&=\sum_{k=1}^{\infty}c_k(X^{T})^k=\sum_{k=1}^{\infty}(c_kX^k)^{T}=\lim_{N\to\infty}\sum_{k=1}^{N}(c_kX^k)^{T}\\&=\lim_{N\to\infty}\left(\sum_{k=1}^{N}c_kX^k\right)^{T}=\left(\lim_{N\to\infty}\sum_{k=1}^{N}c_kX^k\right)^{T}=\left(\sum_{k=1}^{\infty}c_kX^k\right)^{T}\\&=[f(X)]^{T}.\end{aligned}$$

应当注意,当 $AB \neq BA$ 时,性质 3、性质 4、性质 6 中的公式不一定成立,例如当 $A = \begin{bmatrix} 1 & 1 \\ 0 & 0 \end{bmatrix}$,$B = \begin{bmatrix} 1 & -1 \\ 0 & 0 \end{bmatrix}$时,由下节易知 $e^{A+B} \neq e^A e^B$.

§4.4　方阵函数值的计算

求方阵函数 $f(X) = \sum_{k=0}^{\infty} c_k X^k (\rho(X) < R)$ 在 $X = A(\rho(A) < R)$ 处的值 $f(A)$,一般说来是很困难的. 下面介绍求 $f(A)$ 的两种方法:一种是根据 A 的 Jordan 标准形求 $f(A)$,另一种是将 $f(A)$ 表示为 A 的次数不高的多项式来计算.

一、根据 A 的 Jordan 标准形求 f(A)

因为 $\forall A \in \mathbb{C}^{n\times n}$,存在可逆阵 $P \in \mathbb{C}^{n\times n}$,使得 $P^{-1}AP = J$,于是 $A = PJP^{-1}$;当 $\rho(A) < R$ 时

$$
\begin{aligned}
f(A) = f(PJP^{-1}) &= \sum_{k=0}^{\infty} c_k (PJP^{-1})^k \\
&= \sum_{k=0}^{\infty} c_k (\underbrace{PJP^{-1} \cdot PJP^{-1} \cdot \cdots \cdot PJP^{-1}}_{k\text{个}}) \\
&= \sum_{k=0}^{\infty} c_k PJ^k P^{-1} = P\Big(\sum_{k=0}^{\infty} c_k J^k\Big)P^{-1} = Pf(J)P^{-1},
\end{aligned}
$$

故只要求出 $f(J)$,就可以求出

$$
f(A) = Pf(J)P^{-1}. \tag{4.1}
$$

设 $J = \mathrm{diag}(J_1, J_2, \cdots, J_s)$,其中

$$
J_i = J_i(\lambda_i) = \begin{bmatrix} \lambda_i & & & \\ 1 & \lambda_i & & \\ & \ddots & \ddots & \\ & & 1 & \lambda_i \end{bmatrix}
$$

是 n_i 阶 Jordan 块，$n_1+n_2+\cdots+n_i+\cdots+n_s=n$. 故

$$\begin{aligned} f(\boldsymbol{J}) &= f[\operatorname{diag}(\boldsymbol{J}_1,\boldsymbol{J}_2,\cdots,\boldsymbol{J}_s)] = \sum_{k=0}^{\infty} c_k[\operatorname{diag}(\boldsymbol{J}_1,\boldsymbol{J}_2,\cdots,\boldsymbol{J}_s)]^k \\ &= \sum_{k=0}^{\infty} \operatorname{diag}(c_k\boldsymbol{J}_1^k,c_k\boldsymbol{J}_2^k,\cdots,c_k\boldsymbol{J}_s^k) \\ &= \operatorname{diag}\left(\sum_{k=0}^{\infty} c_k\boldsymbol{J}_1^k,\sum_{k=0}^{\infty} c_k\boldsymbol{J}_2^k,\cdots,\sum_{k=0}^{\infty} c_k\boldsymbol{J}_s^k\right) \\ &= \operatorname{diag}(f(\boldsymbol{J}_1),f(\boldsymbol{J}_2),\cdots,f(\boldsymbol{J}_s)). \end{aligned} \tag{4.2}$$

于是，要求 $f(\boldsymbol{J})$ 只需求出各个 $f(\boldsymbol{J}_i)$ 即可.

定理 4.7 设 $f(z)=\sum_{k=0}^{\infty} c_k z^k$ 的收敛半径为 R，对于

$$\boldsymbol{J}_i=\boldsymbol{J}_i(\boldsymbol{\lambda}_i)=\begin{bmatrix} \boldsymbol{\lambda}_i & & & \\ 1 & \boldsymbol{\lambda}_i & & \\ & \ddots & \ddots & \\ & & 1 & \boldsymbol{\lambda}_i \end{bmatrix}_{n_i\times n_i},$$

当 $|\boldsymbol{\lambda}_i|<R$ 时，有

$$f(\boldsymbol{J}_i(\boldsymbol{\lambda}_i))=\begin{bmatrix} f(\boldsymbol{\lambda}_i) & & & & \\ f'(\boldsymbol{\lambda}_i) & f(\boldsymbol{\lambda}_i) & & & \\ \frac{f''(\boldsymbol{\lambda}_i)}{2!} & f'(\boldsymbol{\lambda}_i) & \ddots & & \\ \vdots & \ddots & \ddots & \ddots & \\ \vdots & \vdots & & & \\ \frac{f^{(n_i-1)}(\boldsymbol{\lambda}_i)}{(n_i-1)!} & \cdots & \cdots \frac{f''(\boldsymbol{\lambda}_i)}{2!} & f'(\boldsymbol{\lambda}_i) & f(\boldsymbol{\lambda}_i) \end{bmatrix}$$

$$(i=1,2,\cdots,s). \tag{4.3}$$

（证明从略.）

推论 当 $n_i=1$ 时，$\boldsymbol{J}_i(\boldsymbol{\lambda}_i)=[\boldsymbol{\lambda}_i]_{1\times 1}=\boldsymbol{\lambda}_i$，故

$$f(\boldsymbol{J}_i(\boldsymbol{\lambda}_i))=[f(\boldsymbol{\lambda}_i)]_{1\times 1}=f(\boldsymbol{\lambda}_i).$$

在求出相似变换矩阵 $\boldsymbol{P},\boldsymbol{P}^{-1}$ 及 $\boldsymbol{A}$ 的 Jordan 标准形 $\boldsymbol{J}$ 后,依次应用上面的公式(4.3)、(4.2)、(4.1)即得 $f(\boldsymbol{A})$.

当 $\boldsymbol{A}$ 可对角化时,计算 $f(\boldsymbol{A})$ 容易些. 此时,$\boldsymbol{A}$ 的 Jordan 标准形 $\boldsymbol{J}$ 中的每一个 Jordan 块都是一阶的,由定理 4.7 的推论及公式(4.2)得

$$f(\boldsymbol{J})=f(\boldsymbol{\Lambda})=\begin{bmatrix} f(\lambda_1) & & & \\ & f(\lambda_2) & & \\ & & \ddots & \\ & & & f(\lambda_n) \end{bmatrix}, \tag{4.4}$$

所以

$$f(\boldsymbol{A})=\boldsymbol{P}\mathrm{diag}(f(\lambda_1),f(\lambda_2),\cdots,f(\lambda_n))\boldsymbol{P}^{-1}. \tag{4.5}$$

特别地,当 $\boldsymbol{A}=\boldsymbol{\Lambda}$ 为对角形矩阵时,求 $f(\boldsymbol{A})$ 非常容易,见下例.

例 4.5 求 $\sin 2\pi\boldsymbol{E},\cos 2\pi\boldsymbol{E},\mathrm{e}^{2\pi\mathrm{i}\boldsymbol{E}}$.

解 注意到 $2\pi\boldsymbol{E}$ 本身就是对角形矩阵,且 n 个特征值均为 2π,故由公式(4.4)得

$$\sin 2\pi\boldsymbol{E}=\mathrm{diag}(\sin 2\pi,\sin 2\pi,\cdots,\sin 2\pi)=\boldsymbol{O};$$

$$\cos 2\pi\boldsymbol{E}=\mathrm{diag}(\cos 2\pi,\cos 2\pi,\cdots,\cos 2\pi)=\boldsymbol{E};$$

$$\mathrm{e}^{2\pi\mathrm{i}\boldsymbol{E}}=\mathrm{e}^{\mathrm{i}(2\pi\boldsymbol{E})}=\cos 2\pi+\mathrm{i}\sin 2\pi=\boldsymbol{E}.$$

公式 $f(\boldsymbol{A})=\boldsymbol{P}\mathrm{diag}(f(\lambda_1),f(\lambda_2),\cdots,f(\lambda_n))\boldsymbol{P}^{-1}$ 表明:

(1)若 $\boldsymbol{A}$ 可对角化,则 $f(\boldsymbol{A})$ 也可对角化,且可与 $\boldsymbol{A}$ 同时对角化(即可取同一个相似变换矩阵使之与对角形相似);

(2)若 $\lambda_1,\lambda_2,\cdots,\lambda_n$ 是 $\boldsymbol{A}$ 的特征值,则 $f(\lambda_1),f(\lambda_2),\cdots,f(\lambda_n)$ 是 $f(\boldsymbol{A})$ 的特征值.

在应用中,往往需要对于变量 $t\in\mathbb{C}$,求 $f(\boldsymbol{A}t)$,其结果当然是变量 t 的单元函数矩阵.

因为 $\forall t\in\mathbb{C}$,$t\boldsymbol{A}\in\mathbb{C}^{n\times n}$,若 $\lambda_1,\lambda_2,\cdots,\lambda_n$ 是 $\boldsymbol{A}$ 的特征值,则 $\lambda_1 t,\lambda_2 t,\cdots,\lambda_n t$ 是 $t\boldsymbol{A}$ 的特征值,故类似地有

(1)当 $\boldsymbol{A}$ 可对角化时,

$$f(\boldsymbol{A}t)=\boldsymbol{P}\mathrm{diag}(f(\lambda_1 t),f(\lambda_2 t),\cdots,f(\lambda_n t))\boldsymbol{P}^{-1};$$

(2)当 $\boldsymbol{A}$ 不可对角化时,

$$f(\boldsymbol{A}t)=\boldsymbol{P}\mathrm{diag}(f[t\boldsymbol{J}_1(\lambda_1)],f[t\boldsymbol{J}_2(\lambda_2)],\cdots,f[t\boldsymbol{J}_s(\lambda_s)])\boldsymbol{P}^{-1},\quad(4.6)$$

其中

$$f(t\boldsymbol{J}_i(\lambda_i))=\begin{bmatrix} f(\lambda_i t) & & & & & \\ f'_\lambda(\lambda_i t) & f(\lambda_i t) & & & & \\ \dfrac{f''_\lambda(\lambda_i t)}{2!} & f'_\lambda(\lambda_i t) & \ddots & & & \\ \vdots & & \ddots & \ddots & & \\ \vdots & \vdots & & \ddots & \ddots & \\ \dfrac{f_\lambda^{(n_i-1)}(\lambda_i t)}{(n_i-1)!} & \cdots & \cdots & \dfrac{f''_\lambda(\lambda_i t)}{2!} & f'_\lambda(\lambda_i t) & f(\lambda_i t) \end{bmatrix}$$

$$(i=1,2,\cdots,s).\quad(4.7)$$

例 4.6 设 $\boldsymbol{A}=\begin{bmatrix}0 & 1 & 0\\ 0 & 0 & 1\\ 2 & -5 & 4\end{bmatrix}$,求 $\mathrm{e}^{\boldsymbol{A}t}$.

解 由 $\det(\lambda\boldsymbol{E}-\boldsymbol{A})=\begin{vmatrix}\lambda & -1 & 0\\ 0 & \lambda & -1\\ -2 & 5 & \lambda-4\end{vmatrix}=\lambda^3-4\lambda^2+5\lambda-2$

$$=(\lambda-2)(\lambda-1)^2=0,$$

得特征值 $\lambda_1=2,\lambda_2=\lambda_3=1$.

因为 $(\boldsymbol{A}-\boldsymbol{E})(\boldsymbol{A}-2\boldsymbol{E})=\begin{bmatrix}2 & -3 & 1\\ 2 & -3 & 1\\ 2 & -3 & 1\end{bmatrix}\neq\boldsymbol{O}$,所以 $\boldsymbol{A}$ 的最小多项式

$\varphi(\lambda)=(\lambda-2)(\lambda-1)^2$ 有重零点,从而 $\boldsymbol{A}$ 不可对角化,故有

$$\boldsymbol{A}\sim\boldsymbol{J}=\begin{bmatrix}\boldsymbol{J}_1 & \\ & \boldsymbol{J}_2\end{bmatrix}=\begin{bmatrix}2 & & \\ & 1 & \\ & 1 & 1\end{bmatrix}.$$

设可逆矩阵 $\boldsymbol{P}=[\boldsymbol{x}\quad \boldsymbol{y}\quad \boldsymbol{z}]\in\mathbb{C}^{3\times3}$，使得 $\boldsymbol{P}^{-1}\boldsymbol{AP}=\boldsymbol{J}$，于是 $\boldsymbol{AP}=\boldsymbol{PJ}$，即

$$\boldsymbol{A}[\boldsymbol{x}\quad \boldsymbol{y}\quad \boldsymbol{z}]=[\boldsymbol{x}\quad \boldsymbol{y}\quad \boldsymbol{z}]\begin{bmatrix}2&&\\&1&\\&1&1\end{bmatrix},$$

$$[\boldsymbol{Ax}\quad \boldsymbol{Ay}\quad \boldsymbol{Az}]=[2\boldsymbol{x}\quad \boldsymbol{y}+\boldsymbol{z}\quad \boldsymbol{z}],$$

由此得线性方程组

$$\begin{cases}\boldsymbol{Ax}=2\boldsymbol{x},\\ \boldsymbol{Ay}=\boldsymbol{y}+\boldsymbol{z},\\ \boldsymbol{Az}=\boldsymbol{z}\end{cases}\text{即}\begin{cases}(\boldsymbol{A}-2\boldsymbol{E})\boldsymbol{x}=\boldsymbol{0},\\ (\boldsymbol{A}-\boldsymbol{E})\boldsymbol{y}=\boldsymbol{z},\\ (\boldsymbol{A}-\boldsymbol{E})\boldsymbol{z}=\boldsymbol{0}.\end{cases}$$

解之得一组线性无关的解向量

$$\boldsymbol{x}=\begin{bmatrix}1\\2\\4\end{bmatrix},\boldsymbol{y}=\begin{bmatrix}0\\1\\2\end{bmatrix},\boldsymbol{z}=\begin{bmatrix}1\\1\\1\end{bmatrix}.$$

故 $\boldsymbol{P}=\begin{bmatrix}1&0&1\\2&1&1\\4&2&1\end{bmatrix}$，又可求得 $\boldsymbol{P}^{-1}=\begin{bmatrix}1&-2&1\\-2&3&-1\\0&2&-1\end{bmatrix}$.

由公式(4.7)知，$\mathrm{e}^{t\boldsymbol{J}_1(2)}=[\mathrm{e}^{2t}]$，$\mathrm{e}^{t\boldsymbol{J}_2(1)}=\begin{bmatrix}\mathrm{e}^t&\\t\mathrm{e}^t&\mathrm{e}^t\end{bmatrix}$，于是由公式(4.6)得

$$\begin{aligned}\mathrm{e}^{\boldsymbol{A}t}&=\boldsymbol{P}\begin{bmatrix}\mathrm{e}^{t\boldsymbol{J}_1(2)}&\\&\mathrm{e}^{t\boldsymbol{J}_2(1)}\end{bmatrix}\boldsymbol{P}^{-1}\\&=\begin{bmatrix}1&0&1\\2&1&1\\4&2&1\end{bmatrix}\begin{bmatrix}\mathrm{e}^{2t}&&\\&\mathrm{e}^t&\\&t\mathrm{e}^t&\mathrm{e}^t\end{bmatrix}\begin{bmatrix}1&-2&1\\-2&3&-1\\0&2&-1\end{bmatrix}\\&=\begin{bmatrix}-2t\mathrm{e}^t+\mathrm{e}^{2t}&(3t+2)\mathrm{e}^t-2\mathrm{e}^{2t}&-(t+1)\mathrm{e}^t+\mathrm{e}^{2t}\\-2(t+1)\mathrm{e}^t+2\mathrm{e}^{2t}&(3t+5)\mathrm{e}^t-4\mathrm{e}^{2t}&-(t+2)\mathrm{e}^t+2\mathrm{e}^{2t}\\-2(t+2)\mathrm{e}^t+4\mathrm{e}^{2t}&(3t+8)\mathrm{e}^t-8\mathrm{e}^{2t}&-(t+3)\mathrm{e}^t+4\mathrm{e}^{2t}\end{bmatrix}.\end{aligned}$$

由于这种方法必须求相似变换矩阵 $\boldsymbol{P}$ 及 $\boldsymbol{P}^{-1}$，故计算量一般都很大(见例 4.6). 稍后我们将介绍避免求 $\boldsymbol{P}$ 及 $\boldsymbol{P}^{-1}$ 的计算方法，会使计算量减小. 然而，当 $\boldsymbol{A}$ 本身就是 Jordan 标准形(或 Jordan 标准形的转置)时，无须求 $\boldsymbol{P}$ 及 $\boldsymbol{P}^{-1}$，于是差不多可以直接写出结果，如例 4.5. 下面再举一例.

例 4.7 设 $\boldsymbol{A}=\begin{bmatrix}3&&&\\&-2&1&\\&&-2&1\\&&&-2\end{bmatrix}$，求 $\mathrm{e}^{\boldsymbol{A}t}$.

解 $$\boldsymbol{A}=\begin{bmatrix}3&&&\\&-2&1&\\&&-2&1\\&&&-2\end{bmatrix}=\boldsymbol{J}^{\mathrm{T}}=\begin{bmatrix}\boldsymbol{J}_1&\\&\boldsymbol{J}_2\end{bmatrix}^{\mathrm{T}},$$

其中 $\boldsymbol{J}_1=[3]$，$\boldsymbol{J}_2=\begin{bmatrix}-2&&\\1&-2&\\&1&-2\end{bmatrix}$.

$$\mathrm{e}^{\boldsymbol{A}t}=\mathrm{e}^{(t\boldsymbol{J})^{\mathrm{T}}}=(\mathrm{e}^{t\boldsymbol{J}})^{\mathrm{T}}=\begin{bmatrix}\mathrm{e}^{t\boldsymbol{J}_1(3)}&\\&\mathrm{e}^{t\boldsymbol{J}_2(-2)}\end{bmatrix}^{\mathrm{T}}$$

$$=\begin{bmatrix}\mathrm{e}^{3t}&&&\\&\mathrm{e}^{-2t}&t\mathrm{e}^{-2t}&\dfrac{t^2}{2}\mathrm{e}^{-2t}\\&&\mathrm{e}^{-2t}&t\mathrm{e}^{-2t}\\&&&\mathrm{e}^{-2t}\end{bmatrix}.$$

二、将 $f(\boldsymbol{A})$ 表示为 $\boldsymbol{A}$ 的多项式

我们曾经利用 $\boldsymbol{A}\in\mathbb{C}^{n\times n}$ 的最小多项式 $\varphi(\lambda)$(设 $\deg\varphi(\lambda)=m$)，将 $g(\boldsymbol{A})$ 表示为 $\boldsymbol{A}$ 的次数不超过 $m-1$ 的多项式，从而使得 $g(\boldsymbol{A})$ 的计

算大为简化. 那么,对于方阵函数 $f(\boldsymbol{A})=\sum_{k=0}^{\infty}c_k\boldsymbol{A}^k$——一个 $\boldsymbol{A}$ 的无限次多项式,是否也可以利用 $\boldsymbol{A}$ 的最小多项式 $\varphi(\lambda)$,将其表示为 $\boldsymbol{A}$ 的次数不超过 $m-1$ 的多项式呢? 回答是肯定的. 下面先介绍有关概念,再给出相关结论.

定义 4.5　设 $f(z)$ 是一个复变函数,方阵 $\boldsymbol{A}\in\mathbb{C}^{n\times n}$ 的谱 $\sigma(\boldsymbol{A})=\{\lambda_1,\lambda_2,\cdots,\lambda_s\}$,最小多项式为

$$\varphi(\lambda)=(\lambda-\lambda_1)^{m_1}(\lambda-\lambda_2)^{m_2}\cdots(\lambda-\lambda_j)^{m_j}\cdots(\lambda-\lambda_s)^{m_s},$$

其中各 λ_j 互不相等,λ_j 是 $\varphi(\lambda)$ 的 m_j 重零点,$\sum_{j=1}^{s}m_j=m=\deg\varphi(\lambda)$.

若对于 $j=1,2,\cdots,s$,$f(\lambda_j)$,$f'(\lambda_j)$,$f''(\lambda_j)$,$\cdots$,$f^{(m_j-1)}(\lambda_j)$ 都存在,则称 $f(z)$ 在 $\boldsymbol{A}$ 的谱上有定义,并称 $f(\lambda_j)$,$f'(\lambda_j)$,$f''(\lambda_j)$,$\cdots$,$f^{(m_j-1)}(\lambda_j)$ $(j=1,2,\cdots,s)$ 为 $f(z)$ **在 $\boldsymbol{A}$ 上的谱值**.

由幂级数的性质可知,当 $\rho(\boldsymbol{A})<R$ 时,函数 $f(z)=\sum_{k=0}^{\infty}c_kz^k$ 在 $\boldsymbol{A}$ 的谱上必有定义. 当 $f(z)$ 在 $\boldsymbol{A}$ 的谱上有定义时,$f(z)$ 在 $\boldsymbol{A}$ 上的谱值有 m 个(m 为 $\boldsymbol{A}$ 的最小多项式的次数).

例 4.8　求函数 $f(z)=\mathrm{e}^{tz}$ 在 $\boldsymbol{A}=\begin{bmatrix}0&1&0\\0&0&1\\2&-5&4\end{bmatrix}$ 上的谱值.

解　$\det(\lambda\boldsymbol{E}-\boldsymbol{A})=\begin{vmatrix}\lambda&-1&0\\0&\lambda&-1\\-2&5&\lambda-4\end{vmatrix}=(\lambda-2)(\lambda-1)^2$,

且 $(\boldsymbol{A}-2\boldsymbol{E})(\boldsymbol{A}-\boldsymbol{E})\neq\boldsymbol{O}$,故 $\boldsymbol{A}$ 的最小多项式 $\varphi(\lambda)=(\lambda-2)(\lambda-1)^2$ 的零点为 $\lambda_1=2$,$\lambda_2=\lambda_3=1$.

因为 $\lambda=2$ 是 $\varphi(\lambda)$ 的单零点,故 $f(z)=\mathrm{e}^{tz}$ 在此点的谱值只有一个,即 $f(2)=\mathrm{e}^{2t}$;而 $\lambda=1$ 是 $\varphi(\lambda)$ 的二重零点,故 $f(z)=\mathrm{e}^{tz}$ 在此点的谱值有两个,即 $f(1)=\mathrm{e}^t$,$f'_z(1)=t\mathrm{e}^t$.

下面给出将$f(\boldsymbol{A})$表示为$\boldsymbol{A}$的多项式的结论与方法.

定理 4.8 设$\boldsymbol{A}\in\mathbb{C}^{n\times n}$的最小多项式为

$$\varphi(\lambda)=(\lambda-\lambda_1)^{m_1}(\lambda-\lambda_2)^{m_2}\cdots(\lambda-\lambda_j)^{m_j}\cdots(\lambda-\lambda_s)^{m_s}$$

$$\left(\sum_{j=1}^{s}m_j=m=\deg\varphi(\lambda)\right),$$

$f(\lambda)=\sum_{k=0}^{\infty}c_k\lambda^k$ 的收敛半径为R,若$\rho(\boldsymbol{A})<R$,则存在唯一的$m-1$次多项式$T(\lambda)=\sum_{k=0}^{m-1}a_k\lambda^k$,使得$f(\boldsymbol{A})=T(\boldsymbol{A})$,且$T(\lambda)$与$f(\lambda)$在$\boldsymbol{A}$上的谱值相等.

(证明从略.)

推论 在定理4.8的条件下,$\forall t\in\mathbb{C}$,有

$$f(\boldsymbol{A}t)=\sum_{k=0}^{\infty}c_k(\boldsymbol{A}t)^k=T(\boldsymbol{A}t)=\sum_{k=0}^{m-1}a_k(t)\boldsymbol{A}^k,$$

且关于变量λ的函数$f(\lambda t)$与多项式$T(\lambda t)=\sum_{k=0}^{m-1}a_k(t)\lambda^k$在$\boldsymbol{A}$上的谱值相等($t$是参量).

例 4.9 设$\boldsymbol{A}=\begin{bmatrix}0&1&0\\0&0&1\\2&-5&4\end{bmatrix}$,求$\mathrm{e}^{\boldsymbol{A}t}$.

解 (1)求$\boldsymbol{A}$的最小多项式:

$\varphi(\lambda)=(\lambda-2)(\lambda-1)^2$,

其零点为$\lambda_1=2,\lambda_2=\lambda_3=1$(见例4.8).

(2)设定多项式$T(\lambda t)$:因为$\deg\varphi(\lambda)=3$,故设

$$\mathrm{e}^{\boldsymbol{A}t}=a_0(t)\boldsymbol{E}+a_1(t)\boldsymbol{A}+a_2(t)\boldsymbol{A}^2.$$

(3)定出$T(\lambda t)$的各项系数:由$\mathrm{e}^{\lambda t}$与$a_0(t)+a_1(t)\lambda+a_2(t)\lambda^2$在$\boldsymbol{A}$上的谱值相等,利用例4.8的结果得

$$\begin{cases} a_0(t)+2a_1(t)+4a_2(t)=\mathrm{e}^{2t}, \\ a_0(t)+a_1(t)+a_2(t)=\mathrm{e}^{t}, \\ a_1(t)+2a_2(t)=t\mathrm{e}^{t}, \end{cases}$$

解之得

$$\begin{cases} a_0(t)=-2t\mathrm{e}^{t}+\mathrm{e}^{2t}, \\ a_1(t)=3t\mathrm{e}^{t}+2\mathrm{e}^{t}-2\mathrm{e}^{2t}, \\ a_2(t)=-t\mathrm{e}^{t}-\mathrm{e}^{t}+\mathrm{e}^{2t}. \end{cases}$$

(4)计算出最后结果：

因为 $\boldsymbol{A}^2=\begin{bmatrix}0&1&0\\0&0&1\\2&-5&4\end{bmatrix}\begin{bmatrix}0&1&0\\0&0&1\\2&-5&4\end{bmatrix}=\begin{bmatrix}0&0&1\\2&-5&4\\8&-18&11\end{bmatrix}$，所以

$$\begin{aligned}\mathrm{e}^{At}&=a_0(t)\begin{bmatrix}1&0&0\\0&1&0\\0&0&1\end{bmatrix}+a_1(t)\begin{bmatrix}0&1&0\\0&0&1\\2&-5&4\end{bmatrix}+a_2(t)\begin{bmatrix}0&0&1\\2&-5&4\\8&-18&11\end{bmatrix}\\ &=\begin{bmatrix}a_0(t)&a_1(t)&a_2(t)\\2a_2(t)&a_0(t)-5a_2(t)&a_1(t)+4a_2(t)\\2a_1(t)+8a_2(t)&-5a_1(t)-18a_2(t)&a_0(t)+4a_1(t)+11a_2(t)\end{bmatrix}\\ &=\begin{bmatrix}-2t\mathrm{e}^{t}+\mathrm{e}^{2t}&3t\mathrm{e}^{t}+2\mathrm{e}^{t}-2\mathrm{e}^{2t}&-t\mathrm{e}^{t}-\mathrm{e}^{t}+\mathrm{e}^{2t}\\-2t\mathrm{e}^{t}-2\mathrm{e}^{t}+2\mathrm{e}^{2t}&3t\mathrm{e}^{t}+5\mathrm{e}^{t}-4\mathrm{e}^{2t}&-t\mathrm{e}^{t}-2\mathrm{e}^{t}+2\mathrm{e}^{2t}\\-2t\mathrm{e}^{t}-4\mathrm{e}^{t}+4\mathrm{e}^{2t}&3t\mathrm{e}^{t}+8\mathrm{e}^{t}-8\mathrm{e}^{2t}&-t\mathrm{e}^{t}-3\mathrm{e}^{t}+4\mathrm{e}^{2t}\end{bmatrix}.\end{aligned}$$

三、谱映射定理

在 §2.1 中我们指出：设 $g(t)$ 是任一多项式，$\lambda_1,\lambda_2,\cdots,\lambda_n$ 是 $\boldsymbol{A}\in\mathbb{C}^{n\times n}$ 的特征值，则 $g(\lambda_1),g(\lambda_2),\cdots,g(\lambda_n)$ 是 $g(\boldsymbol{A})$ 的特征值. 在上一段我们将此结论成立的条件由多项式 $g(t)$ 推广到一般函数 $f(z)=\sum\limits_{k=0}^{\infty}c_kz^k$，不过对 $\boldsymbol{A}$ 仅限于可对角化的情形；下面的定理 4.9 将

取消对 $\boldsymbol{A}$ 的限制.

定理 4.9(谱映射定理) 设 $\boldsymbol{A}\in\mathbb{C}^{n\times n}$ 的特征值为 $\lambda_1,\lambda_2,\cdots,\lambda_n$，若 $f(z)=\sum\limits_{k=0}^{\infty}c_kz^k$ 在 $\boldsymbol{A}$ 的谱 $\sigma(\boldsymbol{A})$ 上有定义,则 $f(\boldsymbol{A})$ 的特征值为 $f(\lambda_1),f(\lambda_2),\cdots,f(\lambda_n)$,即 $\sigma(f(\boldsymbol{A}))=f(\sigma(\boldsymbol{A}))$. (证明从略.)

例 4.10 证明 $\forall \boldsymbol{A}\in\mathbb{C}^{n\times n}$,有 $\det \mathrm{e}^{\boldsymbol{A}}=\mathrm{e}^{\mathrm{tr}\boldsymbol{A}}$.

证 设 $\boldsymbol{A}\in\mathbb{C}^{n\times n}$的特征值为 $\lambda_1,\lambda_2,\cdots,\lambda_n$,则由定理 4.9 知 $\mathrm{e}^{\boldsymbol{A}}$ 的特征值为 $\mathrm{e}^{\lambda_1},\mathrm{e}^{\lambda_2},\cdots,\mathrm{e}^{\lambda_n}$,故

$$\det \mathrm{e}^{\boldsymbol{A}}=\mathrm{e}^{\lambda_1}\mathrm{e}^{\lambda_2}\cdots\mathrm{e}^{\lambda_n}=\mathrm{e}^{\lambda_1+\lambda_2+\cdots+\lambda_n}=\mathrm{e}^{\mathrm{tr}\,\boldsymbol{A}}=\mathrm{e}^{a_{11}+a_{22}+\cdots+a_{nn}}.$$

例如,若 $\boldsymbol{A}=\begin{bmatrix}1&0&-1\\2&2&3\\0&1&-5\end{bmatrix}$,则 $\det[(\mathrm{e}^{\boldsymbol{A}})^{-1}]=\det \mathrm{e}^{-\boldsymbol{A}}=\mathrm{e}^{-1-2+5}=\mathrm{e}^2$.

§4.5 方阵函数的一个应用

在本章的最后一节,我们介绍利用方阵函数 $\mathrm{e}^{\boldsymbol{A}t}$ 求解一阶线性常系数微分方程组的方法.

一、一阶线性常系数微分方程组的矩阵表示

设有一阶线性常系数微分方程组

$$\begin{cases}\dfrac{\mathrm{d}x_1(t)}{\mathrm{d}t}=a_{11}x_1(t)+a_{12}x_2(t)+\cdots+a_{1n}x_n(t)+q_1(t),\\ \dfrac{\mathrm{d}x_2(t)}{\mathrm{d}t}=a_{21}x_1(t)+a_{22}x_2(t)+\cdots+a_{2n}x_n(t)+q_2(t),\\ \cdots\cdots\\ \dfrac{\mathrm{d}x_n(t)}{\mathrm{d}t}=a_{n1}x_1(t)+a_{n2}x_2(t)+\cdots+a_{nn}x_n(t)+q_n(t),\end{cases}$$

其中 $t\in\mathbb{R}$ 是自变量,$x_1(t),x_2(t),\cdots,x_n(t)$ 是 n 个未知函数,$q_1(t)$,

$q_2(t),\cdots,q_n(t)$ 是区间 I 上的已知连续函数，$a_{ij}\in\mathbb{R}\ (i,j=1,2,\cdots,n)$ 是常数.

若记 $\boldsymbol{x}(t)=(x_1(t),x_2(t),\cdots,x_n(t))^{\mathrm{T}}$,

$$\boldsymbol{q}(t)=(q_1(t),q_2(t),\cdots,q_n(t))^{\mathrm{T}},$$

$$\boldsymbol{A}=\begin{bmatrix}a_{11}&a_{12}&\cdots&a_{1n}\\a_{21}&a_{22}&\cdots&a_{2n}\\\vdots&\vdots&&\vdots\\a_{n1}&a_{n2}&\cdots&a_{nn}\end{bmatrix},$$

则上述微分方程组可写为下面的矩阵形式

$$\frac{\mathrm{d}\boldsymbol{x}(t)}{\mathrm{d}t}=\boldsymbol{A}\boldsymbol{x}(t)+\boldsymbol{q}(t).\tag{4.8}$$

当 $\boldsymbol{q}(t)\equiv\boldsymbol{0}$ 时，称方程组(4.8)是齐次的，否则称其为非齐次的.

若将初始条件 $x_1(t_0)=c_1,x_2(t_0)=c_2,\cdots,x_n(t_0)=c_n$ 也用向量表示为 $\boldsymbol{C}=(c_1,c_2,\cdots,c_n)^{\mathrm{T}}$，则得初值问题

$$\begin{cases}\dfrac{\mathrm{d}\boldsymbol{x}(t)}{\mathrm{d}t}=\boldsymbol{A}\boldsymbol{x}(t)+\boldsymbol{q}(t),\\\boldsymbol{x}(t_0)=\boldsymbol{C}.\end{cases}\tag{4.9}$$

二、一阶线性常系数微分方程组初值问题的解

1. **定理 4.10**　初值问题

$$\begin{cases}\dfrac{\mathrm{d}\boldsymbol{x}(t)}{\mathrm{d}t}=\boldsymbol{A}\boldsymbol{x}(t),\\\boldsymbol{x}(0)=\boldsymbol{C},\end{cases}\tag{4.10}$$

在 $(-\infty,+\infty)$ 上有唯一解 $\boldsymbol{x}(t)=\mathrm{e}^{\boldsymbol{A}t}\boldsymbol{C}$.

证　因为 $\dfrac{\mathrm{d}}{\mathrm{d}t}\boldsymbol{x}(t)=\dfrac{\mathrm{d}}{\mathrm{d}t}(\mathrm{e}^{\boldsymbol{A}t}\boldsymbol{C})=\boldsymbol{A}\mathrm{e}^{\boldsymbol{A}t}\boldsymbol{C}=\boldsymbol{A}\boldsymbol{x}(t)$,

且 $\boldsymbol{x}(0)=\mathrm{e}^{\boldsymbol{O}}\boldsymbol{C}=\boldsymbol{E}\boldsymbol{C}=\boldsymbol{C}$，故 $\boldsymbol{x}(t)=\mathrm{e}^{\boldsymbol{A}t}\boldsymbol{C}$ 是(4.10)的解.

下证唯一性.

又设 $\boldsymbol{y}(t)$ 也是(4.10)的解，即 $\frac{\mathrm{d}\boldsymbol{y}(t)}{\mathrm{d}t}=\boldsymbol{A}\boldsymbol{y}(t)$，且 $\boldsymbol{y}(0)=\boldsymbol{C}$. 令 $\boldsymbol{g}(t)=\mathrm{e}^{-\boldsymbol{A}t}\boldsymbol{y}(t)$，则

$$\begin{aligned}\frac{\mathrm{d}}{\mathrm{d}t}\boldsymbol{g}(t) &= -\boldsymbol{A}\mathrm{e}^{-\boldsymbol{A}t}\boldsymbol{y}(t)+\mathrm{e}^{-\boldsymbol{A}t}\frac{\mathrm{d}\boldsymbol{y}(t)}{\mathrm{d}t}\\ &= -\mathrm{e}^{-\boldsymbol{A}t}\boldsymbol{A}\boldsymbol{y}(t)+\mathrm{e}^{-\boldsymbol{A}t}\boldsymbol{A}\boldsymbol{y}(t)=\boldsymbol{0},\end{aligned}$$

于是 $\forall t\in\mathbb{R}$，有 $\boldsymbol{g}(t)=\boldsymbol{g}(0)=\mathrm{e}^{\boldsymbol{A}0}\boldsymbol{y}(0)=\boldsymbol{C}$，即 $\mathrm{e}^{-\boldsymbol{A}t}\boldsymbol{y}(t)=\boldsymbol{C}$，从而 $\boldsymbol{y}(t)=\mathrm{e}^{\boldsymbol{A}t}\boldsymbol{C}=\boldsymbol{x}(t)$，即解是唯一的.

用同样的方法可以证明下面的结论.

2. **推论** 初值问题

$$\begin{cases}\frac{\mathrm{d}\boldsymbol{x}(t)}{\mathrm{d}t}=\boldsymbol{A}\boldsymbol{x}(t),\\ \boldsymbol{x}(t_0)=\boldsymbol{C}.\end{cases}\tag{4.11}$$

在 $(-\infty,+\infty)$ 上有唯一解 $\boldsymbol{x}(t)=\mathrm{e}^{\boldsymbol{A}(t-t_0)}\boldsymbol{C}$.

例 4.11 求解初值问题

$$\begin{cases}\frac{\mathrm{d}x_1(t)}{\mathrm{d}t}=x_2(t)-x_3(t),\\ \frac{\mathrm{d}x_2(t)}{\mathrm{d}t}=x_1(t)+x_2(t),\\ \frac{\mathrm{d}x_3(t)}{\mathrm{d}t}=x_1(t)+x_3(t),\\ x_1(0)=1,x_2(0)=0,x_3(0)=1.\end{cases}$$

解 记 $\boldsymbol{A}=\begin{bmatrix}0&1&-1\\1&1&0\\1&0&1\end{bmatrix}$，$\boldsymbol{C}=\begin{bmatrix}1\\0\\1\end{bmatrix}$，$\boldsymbol{x}(t)=\begin{bmatrix}x_1(t)\\x_2(t)\\x_3(t)\end{bmatrix}$.

(1)求 $\mathrm{e}^{\boldsymbol{A}t}$.

因为 $|\lambda\boldsymbol{E}-\boldsymbol{A}|=\begin{vmatrix}\lambda&-1&1\\-1&\lambda-1&0\\-1&0&\lambda-1\end{vmatrix}=\lambda(\lambda-1)^2$，而 $\begin{vmatrix}\lambda&1\\-1&0\end{vmatrix}=1\neq0$，所以 $\boldsymbol{A}$ 的最小多项式 $\varphi(\lambda)=\lambda(\lambda-1)^2$，$\lambda_1=0$，$\lambda_2=\lambda_3=1$；

$\deg\varphi=3$. 于是设

$$e^{At}=a_0(t)\boldsymbol{E}+a_1(t)\boldsymbol{A}+a_2(t)\boldsymbol{A}^2.$$

由 $e^{\lambda t}$ 与 $T(\lambda t)=a_0(t)+a_1(t)\lambda+a_2(t)\lambda^2$ 在 $\boldsymbol{A}$ 上的谱值相等,得方程组

$$\begin{cases}a_0(t)=1,\\ a_0(t)+a_1(t)+a_2(t)=e^t,\\ a_1(t)+2a_2(t)=te^t.\end{cases}$$

解之得 $a_0(t)=1,a_1(t)=-2+2e^t-te^t,a_2(t)=1-e^t+te^t$. 又

$$\boldsymbol{A}^2=\begin{bmatrix}0&1&-1\\1&1&0\\1&0&1\end{bmatrix}^2=\begin{bmatrix}0&1&-1\\1&2&-1\\1&1&0\end{bmatrix},$$

故

$$e^{At}=a_0(t)\begin{bmatrix}1&&\\&1&\\&&1\end{bmatrix}+a_1(t)\begin{bmatrix}0&1&-1\\1&1&0\\1&0&1\end{bmatrix}+a_2(t)\begin{bmatrix}0&1&-1\\1&2&-1\\1&1&0\end{bmatrix}$$

$$=\begin{bmatrix}a_0(t)&a_1(t)+a_2(t)&-a_1(t)-a_2(t)\\a_1(t)+a_2(t)&a_0(t)+a_1(t)+2a_2(t)&-a_2(t)\\a_1(t)+a_2(t)&a_2(t)&a_0(t)+a_1(t)\end{bmatrix}$$

$$=\begin{bmatrix}1&-1+e^t&1-e^t\\-1+e^t&1+te^t&-1+e^t-te^t\\-1+e^t&1-e^t+te^t&-1+2e^t-te^t\end{bmatrix}.$$

(2)计算 $\boldsymbol{x}(t)$.

$$\boldsymbol{x}(t)=e^{At}\boldsymbol{C}=\begin{bmatrix}1&-1+e^t&1-e^t\\-1+e^t&1+te^t&-1+e^t-te^t\\-1+e^t&1-e^t+te^t&-1+2e^t-te^t\end{bmatrix}\begin{bmatrix}1\\0\\1\end{bmatrix}$$

$$
= \begin{bmatrix} 2 - e^t \\ -2 + 2e^t - te^t \\ -2 + 3e^t - te^t \end{bmatrix},
$$

即解为 $\begin{cases} x_1(t) = 2 - e^t, \\ x_2(t) = -2 + 2e^t - te^t, \\ x_3(t) = -2 + 3e^t - te^t. \end{cases}$

3. **定理 4.11** 初值问题

$$
\begin{cases} \dfrac{d\boldsymbol{x}(t)}{dt} = \boldsymbol{A}\boldsymbol{x}(t) + \boldsymbol{q}(t), \\ \boldsymbol{x}(t_0) = \boldsymbol{C}, \end{cases} \tag{4.12}
$$

在区间 $I(t_0 \in I)$ 上有唯一解

$$
\boldsymbol{x}(t) = e^{\boldsymbol{A}(t-t_0)}\boldsymbol{C} + e^{\boldsymbol{A}t}\int_{t_0}^{t} e^{-\boldsymbol{A}\tau}\boldsymbol{q}(\tau)d\tau.
$$

证 原方程可改写为 $\dfrac{d\boldsymbol{x}(t)}{dt} - \boldsymbol{A}\boldsymbol{x}(t) = \boldsymbol{q}(t)$,

两边同时左乘以 $e^{-\boldsymbol{A}t}$ 得

$$
e^{-\boldsymbol{A}t}\frac{d\boldsymbol{x}(t)}{dt} - \boldsymbol{A}e^{-\boldsymbol{A}t}\boldsymbol{x}(t) = e^{-\boldsymbol{A}t}\boldsymbol{q}(t),
$$

即 $\dfrac{d}{dt}[e^{-\boldsymbol{A}t}\boldsymbol{x}(t)] = e^{-\boldsymbol{A}t}\boldsymbol{q}(t).$

$\forall t \in I$,将上式两端从 t_0 到 t 积分,得

$$
e^{-\boldsymbol{A}t}\boldsymbol{x}(t) - e^{-\boldsymbol{A}t_0}\boldsymbol{x}(t_0) = \int_{t_0}^{t} e^{-\boldsymbol{A}\tau}\boldsymbol{q}(\tau)d\tau,
$$

所以 $\boldsymbol{x}(t) = e^{\boldsymbol{A}(t-t_0)}\boldsymbol{C} + e^{\boldsymbol{A}t}\int_{t_0}^{t} e^{-\boldsymbol{A}\tau}\boldsymbol{q}(\tau)d\tau.$

唯一性的证明同定理 4.10.

习题 4

A

一、判断题

1. 设 $A(t)=[a_{ij}(t)]_{n\times n}$ 可导，则 $\frac{dA^2(t)}{dt}=2A(t)\frac{dA(t)}{dt}$. （　　）

2. 设 $A(t)=[a_{ij}(t)]_{n\times n}$ 可导，则 $\frac{dA^{T}(t)}{dt}=\left(\frac{dA(t)}{dt}\right)^{T}$. （　　）

3. 设 $A_m=[a_{ij}^{(m)}]\in\mathbb{C}^{n\times n}$, $A=[a_{ij}]\in\mathbb{C}^{n\times n}$ 则 $\lim\limits_{m\to\infty}A_m=A \Leftrightarrow \forall i,j=1,2,\cdots,n$ 有 $\lim\limits_{m\to\infty}a_{ij}^{(m)}=a_{ij}$. （　　）

4. 设 $A\in\mathbb{C}^{n\times n}$，则 $\lim\limits_{m\to\infty}A^m=O\Leftrightarrow\|A\|_2<1$. （　　）

5. $\forall X\in\mathbb{C}^{n\times n}$，则 $e^{X+2\pi iE}=e^{X}$. （　　）

6. 设 $A\in\mathbb{C}^{n\times n}$，则 $\det(e^{A})=e^{\mathrm{tr}A}$. （　　）

7. $\forall A\in\mathbb{C}^{n\times n}$，有 $(e^{A})^{-1}=e^{A^{-1}}$. （　　）

8. $\forall A\in\mathbb{C}^{n\times n}$，$\sin(A^{T})=\sin A$. （　　）

二、填空题

1. 设 $f(x)=f(x_1,x_2,x_3)=(x_1e^{x_2},x_1+\sin x_3)^{T}$，则 $f'(x)=$ ______.

2. 设 $A(t)$ 是 3 阶可逆矩阵，若 $\frac{dA(t)}{dt}=2tE$，且 $A(0)=E$，则 $\frac{dA^{-1}(t)}{dt}=$ ______.

3. 设 $A(t)=\begin{bmatrix}\cos t & \sin t\\ -\sin t & \cos t\end{bmatrix}$，则 $\det\left(\frac{dA(t)}{dt}\right)=$ ______.

4. 设 $A\in\mathbb{C}^{3\times 3}$ 的最小多项式 $m(\lambda)=(\lambda+1)(\lambda-2)^2$，则 $\det(e^{A})=$ ______.

5. 设$\boldsymbol{A}=\begin{bmatrix}-2 & 1 & \\ & -2 & 1 \\ & & -2\end{bmatrix}$,则 $e^{\boldsymbol{A}t}=$__________.

6. 设$\boldsymbol{A}=\begin{bmatrix}-1 & & \\ & 1 & \\ & & 2\end{bmatrix}$,则$\frac{\mathrm{d}}{\mathrm{d}t}(\sin \boldsymbol{A}t)=$__________.

7. 设$\boldsymbol{A}=\begin{bmatrix}-1 & & \\ 7 & 0 & \\ -4 & 3 & 2\end{bmatrix}$,则$\rho(\cos \boldsymbol{A})=$______.

8. 设$\boldsymbol{A}=\begin{bmatrix}1 & 2\mathrm{i} \\ -1 & 2\end{bmatrix}$,则 $\det[(e^{\boldsymbol{A}})^{-1}]=$__________.

B

1. 设$\boldsymbol{A}(t)=\begin{bmatrix}\cos t & \sin t \\ -\sin t & \cos t\end{bmatrix}$.

求$\frac{\mathrm{d}\boldsymbol{A}(t)}{\mathrm{d}t}$,$\frac{\mathrm{d}}{\mathrm{d}t}[\det \boldsymbol{A}(t)]$,$\det\left(\frac{\mathrm{d}\boldsymbol{A}(t)}{\mathrm{d}t}\right)$.

2. 设$f(x)=f(x_1,x_2,x_3)=(x_1e^{x_2},x_2+\sin x_3)^{\mathrm{T}}$,求$f'(x)$.

3. 设$\boldsymbol{A}(t)=\begin{bmatrix}e^t & te^t \\ 1 & 2t \\ \sin t & \cos t\end{bmatrix}$,求$\int_0^1 \boldsymbol{A}(t)\mathrm{d}t$.

4. 设$\boldsymbol{x}=(x_1(t),x_2(t),\cdots,x_n(t))^{\mathrm{T}}\in\mathbb{R}^n$,$\boldsymbol{A}\in\mathbb{R}^{n\times n}$是对称矩阵,$f=\boldsymbol{x}^{\mathrm{T}}\boldsymbol{A}\boldsymbol{x}$. 试证:

(1)$\frac{\mathrm{d}f}{\mathrm{d}t}=2\boldsymbol{x}^{\mathrm{T}}\boldsymbol{A}\frac{\mathrm{d}\boldsymbol{x}}{\mathrm{d}t}$; (2)$\frac{\mathrm{d}}{\mathrm{d}t}(\boldsymbol{x}^{\mathrm{T}}\boldsymbol{x})=2\boldsymbol{x}^{\mathrm{T}}\frac{\mathrm{d}\boldsymbol{x}}{\mathrm{d}t}$.

5. 设$\boldsymbol{A}\in\mathbb{C}^{n\times n}$,$\boldsymbol{A}_k\in\mathbb{C}^{n\times n}$,$k=0,1,2,\cdots$. 试证:

(1)若$\lim\limits_{k\to\infty}\boldsymbol{A}_k=\boldsymbol{A}$,则$\lim\limits_{k\to\infty}\boldsymbol{A}_k^{\mathrm{T}}=\boldsymbol{A}^{\mathrm{T}}$,$\lim\limits_{k\to\infty}\overline{\boldsymbol{A}}_k=\overline{\boldsymbol{A}}$,$\lim\limits_{k\to\infty}\boldsymbol{A}_k^{\mathrm{H}}=\boldsymbol{A}^{\mathrm{H}}$;

(2)若$\sum\limits_{k=0}^{\infty}c_k\boldsymbol{A}^k$ 收敛,则$\sum\limits_{k=0}^{\infty}c_k(\boldsymbol{A}^{\mathrm{T}})^k=\left(\sum\limits_{k=0}^{\infty}c_k\boldsymbol{A}^k\right)^{\mathrm{T}}$.

6. 设 $\boldsymbol{A}=\begin{bmatrix}2 & 0 & 0\\ 1 & 1 & 1\\ 1 & -1 & 3\end{bmatrix}$,若 $\boldsymbol{B}=\frac{1}{3}\boldsymbol{A}$,则 $\lim\limits_{k\to\infty}\boldsymbol{B}^k=\boldsymbol{O}$.

7. 试证:对 $t\in\mathbb{C}$,有 $e^{t\begin{bmatrix}0 & 1\\ -1 & 0\end{bmatrix}}=\begin{bmatrix}\cos t & \sin t\\ -\sin t & \cos t\end{bmatrix}$.

8. 设 $\boldsymbol{A}=\begin{bmatrix}-1 & & \\ 1 & -1 & \\ & 1 & -1\end{bmatrix}$,求 $e^{\boldsymbol{A}t}$.

9. 已知 $\boldsymbol{A}=\begin{bmatrix}2 & 1 & 4\\ 0 & 2 & 0\\ 0 & 3 & 1\end{bmatrix}$,求 $e^{\boldsymbol{A}t}$,$\sin(\boldsymbol{A}t)$.

10. 已知 $\boldsymbol{A}=\begin{bmatrix}0 & -1 & 0\\ 0 & 0 & -1\\ 0 & 1 & -2\end{bmatrix}$,求 $e^{\boldsymbol{A}t}$,$\sin(\boldsymbol{A}t)$.

11. 设 $\boldsymbol{A}=\begin{bmatrix}2i & -1 & i\\ 0 & 3 & -1\\ 2 & -i & -3\end{bmatrix}$,求 $\det(e^{\boldsymbol{A}})$.

12. 求解初值问题

$$\begin{cases}\dfrac{dx_1(t)}{dt}=-7x_1(t)-7x_2(t)+5x_3(t),\\ \dfrac{dx_2(t)}{dt}=-8x_1(t)-8x_2(t)-5x_3(t),\\ \dfrac{dx_2(t)}{dt}=-5x_2(t),\\ x_1(0)=3, x_2(0)=-2, x_3(0)=1.\end{cases}$$

第 5 章　内积空间与 Hermite 矩阵

本章先介绍内积空间的基本概念和性质，然后介绍 Hermite 矩阵的对角化方法及其分类.

§5.1　内积空间

一、内积空间的概念

对于几何向量（即二维或三维向量）$\boldsymbol{a},\boldsymbol{b}$，其点积（数量积，内积）的定义是

$$\boldsymbol{a}\cdot\boldsymbol{b}=|\boldsymbol{a}|\,|\boldsymbol{b}|\cos\langle\boldsymbol{a},\boldsymbol{b}\rangle;$$

若设 $\boldsymbol{a}=(\xi_1,\xi_2,\xi_3)^{\mathrm{T}},\boldsymbol{b}=(\eta_1,\eta_2,\eta_3)^{\mathrm{T}}$，则点积可表示为

$$\boldsymbol{a}\cdot\boldsymbol{b}=\xi_1\eta_1+\xi_2\eta_2+\xi_3\eta_3.$$

点积具有下面三个主要性质：

(1)（线性性）$\forall\,\boldsymbol{a},\boldsymbol{b},\boldsymbol{c}\in\mathbb{R}^3$ 及 $\forall\,\lambda,\mu\in\mathbb{R}$，有

$$(\lambda\boldsymbol{a}+\mu\boldsymbol{b})\cdot\boldsymbol{c}=\lambda(\boldsymbol{a}\cdot\boldsymbol{c})+\mu(\boldsymbol{b}\cdot\boldsymbol{c});$$

(2)（对称性）$\forall\,\boldsymbol{a},\boldsymbol{b}\in\mathbb{R}^3$，有

$$\boldsymbol{a}\cdot\boldsymbol{b}=\boldsymbol{b}\cdot\boldsymbol{a};$$

(3)（正定性）$\forall\,\boldsymbol{a}\in\mathbb{R}^3$，有

$$\boldsymbol{a}\cdot\boldsymbol{a}\geqslant 0,\text{且 }\boldsymbol{a}\cdot\boldsymbol{a}=0\Leftrightarrow\boldsymbol{a}=\boldsymbol{0}.$$

可以用点积表示向量的模、二向量间的夹角，特别是二向量垂直的充要条件：

$$|\boldsymbol{a}|=\sqrt{\boldsymbol{a}\cdot\boldsymbol{a}},\quad \cos\langle\boldsymbol{a},\boldsymbol{b}\rangle=\frac{\boldsymbol{a}\cdot\boldsymbol{b}}{|\boldsymbol{a}|\,|\boldsymbol{b}|},\quad \boldsymbol{a}\perp\boldsymbol{b}\Leftrightarrow\boldsymbol{a}\cdot\boldsymbol{b}=0.$$

在一般向量空间(即线性空间)中讨论向量的垂直(也称为正交)是非常有意义的,例如连续函数空间 $C[a,b]$ 中两个函数 f,g 的正交性. 对于 f 和 g,无法像几何向量那样规定它们的正交性,但几何向量正交的充要条件(即 $\boldsymbol{a}\perp\boldsymbol{b}\Leftrightarrow\boldsymbol{a}\cdot\boldsymbol{b}=0$)启发我们:可借助内积来定义正交.

线性空间中两个元素的内积如何定义呢?像前面定义范数一样,采用公理化方法——将几何向量内积的三个基本性质作为公理,定义线性空间中两个元素的内积. 当然,为了对复线性空间的情况也适用,必须对基本性质做某些扩展.

定义 5.1 设 X 是 $\mathbb{K}$ 上的线性空间,若二元泛函 $<\cdot,\cdot>:X\times X\to\mathbb{K}$(即 $\forall(x,y)\in X\times X$,存在唯一的 $<x,y>\in\mathbb{K}$ 与之对应)满足内积公理,即 $\forall x,y,z\in X$ 及 $\forall\lambda,\mu\in\mathbb{K}$,具有

(I_1)对第一变元的线性

$$<\lambda x+\mu y,z>=\lambda<x,z>+\mu<y,z>;$$

(I_2)共轭对称性

$$\overline{<x,y>}=<y,x>;$$

(I_3)正定性

$$<x,x>\geqslant 0,\text{且}<x,x>=0\Leftrightarrow x=0(\text{即当 }x\neq 0\text{ 时 }<x,x>>0);$$

则称 $<\cdot,\cdot>$ 是 X 上的一种**内积**,$(X,<\cdot,\cdot>)$ 称为**内积空间**,$<x,y>$ 称为元素 x **与** y **的内积**.

当 $\mathbb{K}=\mathbb{R}$ 时,$(X,<\cdot,\cdot>)$ 称为实内积空间,在实内积空间中二元素的内积是实数,共轭对称性成为对称性,即 $<x,y>=<y,x>$;

当 $\mathbb{K}=\mathbb{C}$ 时,$(X,<\cdot,\cdot>)$ 称为复内积空间,在复内积空间中二元素的内积可能为复数. 今后,若不特别指明,都是就复内积空间进行讨论.

例 5.1 (1)将几何向量的点积(即 $\mathbb{R}^3$ 上的内积)直接推广到 n 维实向量空间 $\mathbb{R}^n$ 上,即 $\forall\boldsymbol{x}=(\xi_1,\xi_2,\cdots,\xi_n)^{\mathrm{T}},\boldsymbol{y}=(\eta_1,\eta_2,\cdots,\eta_n)^{\mathrm{T}}\in\mathbb{R}^n$,定义

$$<\boldsymbol{x},\boldsymbol{y}> = \sum_{k=1}^{n} \xi_k \eta_k ,$$

则得到 n 维实内积空间$\mathbb{R}^n$,通常称其为 n 维欧几里得空间.

显然,内积 $<\boldsymbol{x},\boldsymbol{y}> = \sum_{k=1}^{n} \xi_k \eta_k$ 可用矩阵的运算表示为

$$<\boldsymbol{x},\boldsymbol{y}> = \boldsymbol{x}^{\mathrm{T}}\boldsymbol{y} = \boldsymbol{y}^{\mathrm{T}}\boldsymbol{x}.$$

(2)对于复线性空间$\mathbb{C}^n$,内积的定义要在 $<\boldsymbol{x},\boldsymbol{y}> = \sum_{k=1}^{n} \xi_k \eta_k$ 基础上稍作修改,否则不满足(I_3),即 $\forall \boldsymbol{x} = (\xi_1,\xi_2,\cdots,\xi_n)^{\mathrm{T}}$, $\boldsymbol{y} = (\eta_1,\eta_2,\cdots,\eta_n)^{\mathrm{T}} \in \mathbb{C}^n$,定义

$$<\boldsymbol{x},\boldsymbol{y}> = \sum_{k=1}^{n} \xi_k \overline{\eta_k} = \boldsymbol{y}^{\mathrm{H}}\boldsymbol{x}.$$

于是,$\mathbb{C}^n$ 按照这种内积成为一个复内积空间.

例 5.2 设 $\boldsymbol{x} = (1,2\mathrm{i},a,-1)^{\mathrm{T}}, \boldsymbol{y} = (-1,2\mathrm{i},-\mathrm{i},1)^{\mathrm{T}} \in \mathbb{C}^4$,若 $<\boldsymbol{x},\boldsymbol{y}> =0$,求 a.

解 因为 $<\boldsymbol{x},\boldsymbol{y}> = 1\times(-1) + 2\mathrm{i}\times\overline{2\mathrm{i}} + a\times(\overline{-\mathrm{i}}) + (-1)\times 1$ $=2+a\mathrm{i}=0$,故 $a=2\mathrm{i}$.

例 5.3 对于实线性空间 $C[a,b]$中的任意元素 f,g,定义

$$<f,g> = \int_a^b f(x)g(x)\mathrm{d}x ,$$

则 $C[a,b]$成为实内积空间.

证 由定积分的线性性质,立即可知 $<\cdot,\cdot>$ 满足(I_1),又 $<\cdot,\cdot>$显然满足(I_2),不难验证$<\cdot,\cdot>$也满足(I_3):

$$<f,f> = \int_a^b f^2(x)\mathrm{d}x \geqslant 0, \text{且当} f=0 \text{ 即} f(x)\equiv 0 \text{ 时}, <f,f> = \int_a^b 0\mathrm{d}x = 0;$$

反之,若 $<f,f> = \int_a^b f^2(x)\mathrm{d}x = 0$,则必有 $f(x)\equiv 0$ 即 $f=0$. 否则至少存在 $c\in[a,b]$,使得 $f^2(c)>0$;由连续函数的同号性定理知,存在 c 的闭邻域$[c-\delta,c+\delta]$,使得 $f(x)$在$[c-\delta,c+\delta]$上恒大于 0,从而 $f(x)$

在$[c-\delta,c+\delta]$的最小值$m>0$,于是

$$<f,f>=\int_a^b f^2(x)\mathrm{d}x=\int_a^{c-\delta} f^2(x)\mathrm{d}x+\int_{c-\delta}^{c+\delta} f^2(x)\mathrm{d}x+\int_{c+\delta}^{b} f^2(x)\mathrm{d}x$$
$$\geqslant 0+2\delta m+0>0,$$

与$<f,f>=\int_a^b f^2(x)\mathrm{d}x=0$矛盾.

所以,$C[a,b]$按此内积成为实内积空间.

二、内积的性质

内积除了满足内积公理外,还具有以下性质:

(1)若$x=0$或$y=0$,则$<x,y>=0$,即零元素与任何元素的内积均为零;

(2)$\forall x,y,z\in X$及$\forall \lambda,\mu\in\mathbb{K}$,$<x,\lambda y+\mu z>=\bar{\lambda}<x,y>+\bar{\mu}<x,z>$,即内积对第二变元是共轭线性的,当$\mathbb{K}=\mathbb{R}$时,内积对第二变元也是线性的;

(3)$\forall x,y\in X$,有

$$|<x,y>|\leqslant\sqrt{<x,x>}\sqrt{<y,y>}\quad(\text{Schwarz 不等式}),$$

当且仅当$\{x,y\}$线性相关时,其中的等号成立.

证　(1)当$x=0$时,x可表示为$x=0u(\forall u\in X)$,故

$$<x,y>=<0u,y>=0<u,y>=0;$$

若$y=0$,则由已证的结论得$<x,y>=\overline{<y,x>}=\bar{0}=0$.

(2)
$$<x,\lambda y+\mu z>=\overline{<\lambda y+\mu z,x>}=\overline{\lambda<y,x>+\mu<z,x>}$$
$$=\bar{\lambda}\,\overline{<y,x>}+\bar{\mu}\,\overline{<z,x>}=\bar{\lambda}<x,y>+\bar{\mu}<x,z>.$$

(3)当$y=0$时,不等式显然成立,下面设$y\neq 0$. $\forall\lambda\in\mathbb{K}$,由内积的性质,得

$$<x-\lambda y,x-\lambda y>=<x,x-\lambda y>-\lambda<y,x-\lambda y>$$
$$=<x,x>-\bar{\lambda}<x,y>-\lambda[<y,x>-\bar{\lambda}<y,y>]\geqslant 0.$$

由于上面不等式对于任意$\lambda\in\mathbb{K}$成立,自然对于$\lambda=\dfrac{<x,y>}{<y,y>}$,即

$\bar{\lambda}=\dfrac{<y,x>}{<y,y>}$也成立,注意到此时$<y,x>-\bar{\lambda}<y,y>=0$,于是不等式化为

$$<x,x>-\frac{<y,x>}{<y,y>}<x,y>\geqslant 0,$$

即 $$<x,x>-\frac{\overline{<x,y>}<x,y>}{<y,y>}=<x,x>-\frac{|<x,y>|^2}{<y,y>}\geqslant 0,$$

化简得 $$<x,x><y,y>\geqslant|<x,y>|^2,$$

两边开方即得 Schwarz 不等式.

例 5.4 证明:$\forall a_i\in\mathbb{R}\ (i=1,2,\cdots,n;\forall n\in\mathbb{N})$,有

$$\frac{1}{n}\Big(\sum_{i=1}^{n}a_i\Big)^2\leqslant\sum_{i=1}^{n}a_i^2.$$

证 在$\mathbb{R}^n$中,令$\boldsymbol{x}=(a_1,a_2,\cdots,a_n)^{\mathrm{T}}$,$\boldsymbol{y}=(1,1,\cdots,1)^{\mathrm{T}}$,则$<\boldsymbol{x},\boldsymbol{x}>=\sum\limits_{i=1}^{n}a_i^2$,$<\boldsymbol{y},\boldsymbol{y}>=n$,$<\boldsymbol{x},\boldsymbol{y}>=\sum\limits_{i=1}^{n}a_i$,故由 Schwarz 不等式得$\left|\sum\limits_{i=1}^{n}a_i\right|\leqslant\sqrt{n}\sqrt{\sum\limits_{i=1}^{n}a_i^2}$,两边平方并除以 n 得

$$\frac{1}{n}\Big(\sum_{i=1}^{n}a_i\Big)^2\leqslant\sum_{i=1}^{n}a_i^2.$$

三、由内积导出的范数

在$\mathbb{R}^3$中,向量$\boldsymbol{a}$的模可以由点积表示为$|\boldsymbol{a}|=\sqrt{\boldsymbol{a}\cdot\boldsymbol{a}}$,在一般内积空间中,也可以用内积来表示元素的范数.

定义 5.2 在$(X,<\cdot,\cdot>)$中,$\forall x\in X$,令

$$\|x\|=\sqrt{<x,x>},$$

称$\|x\|$是 x 的**由内积导出的范数**.(在下面的定理中将证明$\|x\|=\sqrt{<x,x>}$确实是 x 的一种范数.)

例如在$\mathbb{C}^n$中,由内积导出的范数为$\|\boldsymbol{x}\|=\sqrt{<\boldsymbol{x},\boldsymbol{x}>}=$

$\left(\sum_{k=1}^{n}|\xi_k|^2\right)^{\frac{1}{2}}$,即 $\boldsymbol{x}$ 的 2－范数.

使用由内积导出的范数,可将 Schwarz 不等式表示为

$$|<x,y>|\leqslant\|x\|\|y\|.$$

定理 5.1　在$(X,<\cdot,\cdot>)$中,由内积导出的范数

$$\|\cdot\|=\sqrt{<\cdot,\cdot>}$$

满足范数公理,故内积空间 X 按此范数成为赋范空间.

证　$\forall x,y\in X$ 及 $\forall\lambda\in\mathbb{K}$,由内积公理及性质,得

$$(\mathrm{N}_1)\ \|x\|=\sqrt{<x,x>}\geqslant 0,\text{且}\ \|x\|=\sqrt{<x,x>}=0$$
$$\Leftrightarrow <x,x>=0\Leftrightarrow x=0;$$

$$(\mathrm{N}_2)\ \|\lambda x\|=\sqrt{<\lambda x,\lambda x>}=\sqrt{\lambda\bar{\lambda}}\sqrt{<x,x>}$$
$$=\sqrt{|\lambda|^2}\|x\|=|\lambda|\|x\|;$$

$$\begin{aligned}(\mathrm{N}_3)\ \|x+y\|^2&=<x+y,x+y>\\&=<x,x>+<x,y>+<y,x>+<y,y>\\&=\|x\|^2+2\mathrm{Re}<x,y>+\|y\|^2\\&\leqslant\|x\|^2+2|<x,y>|+\|y\|^2\\&\leqslant\|x\|^2+2\|x\|\|y\|+\|y\|^2\\&=(\|x\|+\|y\|)^2,\end{aligned}$$

即　$\|x+y\|\leqslant\|x\|+\|y\|$;

所以 $\|\cdot\|=\sqrt{<\cdot,\cdot>}$ 是 X 上的一种范数.

例 5.5　(1)在实内积空间 $C[a,b]$中, 由内积导出的范数为

$$\|f\|_2=\left(\int_a^b[f(x)]^2\mathrm{d}x\right)^{\frac{1}{2}}.$$

(2)在线性空间$\mathbb{C}^{n\times n}$上,$\forall \boldsymbol{A}=[a_{ij}],\boldsymbol{B}=[b_{ij}]\in\mathbb{C}^{n\times n}$,定义

$$<\boldsymbol{A},\boldsymbol{B}>=\sum_{i=1}^{n}\sum_{j=1}^{n}a_{ij}\overline{b_{ij}}\ (=\mathrm{tr}(\boldsymbol{A}\boldsymbol{B}^{\mathrm{H}})),$$

则$<\cdot,\cdot>$是$\mathbb{C}^{n\times n}$上的内积(见习题 5),内积导出的范数就是$\mathbb{C}^{n\times n}$上的 F－范数,即

$$\|A\|_F=\sqrt{<A,A>}=\left(\sum_{i=1}^{n}\sum_{j=1}^{n}|a_{ij}|^2\right)^{\frac{1}{2}}.$$

今后,凡说到内积空间中的范数,均指由内积导出的范数. 在内积空间中,集合的有界性、序列的收敛性、映射的连续性、线性算子的有界性以及完备性等,都是用由内积导出的范数来定义的.

例 5.6 证明内积 $<\cdot,\cdot>:X\times X\to\mathbb{K}$ 是连续映射.

证 只需证明 $\forall(x,y)\in X\times X$,当 $\lim\limits_{n\to\infty}x_n=x,\lim\limits_{n\to\infty}y_n=y$ 时,有

$$\lim_{n\to\infty}<x_n,y_n>=<x,y>$$

即可. 事实上,

$$\begin{aligned}&|<x_n,y_n>-<x,y>|\\&=|<x_n,y_n>-<x_n,y>+<x_n,y>-<x,y>|\\&\leqslant|<x_n,y_n>-<x_n,y>|+|<x_n,y>-<x,y>|\\&=|<x_n,y_n-y>|+|<x_n-x,y>|\\&\leqslant\|x_n\|\|y_n-y\|+\|y\|\|x_n-x\|,\end{aligned}$$

由条件知,$\lim\limits_{n\to\infty}\|y_n-y\|=0,\lim\limits_{n\to\infty}\|x_n-x\|=0,(\|x_n\|)$有界,故

$$\lim_{n\to\infty}|<x_n,y_n>-<x,y>|=0,$$

即

$$\lim_{n\to\infty}<x_n,y_n>=<x,y>.$$

较之前面所定义的范数,由内积导出的范数有其特性.

定理 5.2 由内积导出的范数满足平行四边形公式,即 $\forall x,y\in(X,<\cdot,\cdot>)$,有

$$\|x+y\|^2+\|x-y\|^2=2(\|x\|^2+\|y\|^2).$$

证

$$\begin{aligned}\|x+y\|^2+\|x-y\|^2&=<x+y,x+y>+<x-y,x-y>\\&=\|x\|^2+\|y\|^2+\|x\|^2+\|y\|^2\\&=2(\|x\|^2+\|y\|^2).\end{aligned}$$

此定理表明:平行四边形公式是判定一种范数能否由内积导出的必要条件,亦即赋范空间能否成为内积空间的必要条件. 事实上,平行四边形公式也是判定一种范数能否由内积导出的充分条件(证明从略).

例5.7 $\mathbb{R}^n$上的∞-范数$\|\cdot\|_\infty$不能由内积导出，即$(\mathbb{R}^n,\|\cdot\|_\infty)$不能成为内积空间.

证 只需在$\mathbb{R}^n$中找出不满足平行四边形公式的两个元素即可，例如$\boldsymbol{x}_0=(1,1,0,\cdots,0)^{\mathrm{T}},\boldsymbol{y}_0=(1,-1,0,\cdots,0)^{\mathrm{T}}\in\mathbb{R}^n$就是这样的元素. 具体验证请自行完成.

由上可得内积空间与赋范空间的关系：

(1)任何内积空间按由内积导出的范数都是一个赋范空间；

(2)不是每一个赋范空间都能成为内积空间；

(3)平行四边形公式是判定一种范数能否由内积导出的充要条件.

总之，内积空间是一类特殊的赋范空间，因此它具有更好的性质.

定义5.3 若内积空间按照由内积导出的范数是完备的，则称此内积空间是完备的. 完备的内积空间通常称为**Hilbert 空间**.

有限维内积空间都是完备的，而内积空间$C[a,b]$(内积定义见例5.3)是不完备的.

四、内积空间的子空间

定义5.4 设W是内积空间$(X,<\cdot,\cdot>)$的线性子空间，若$\forall x,y\in W$，定义

$$<x,y>_W=<x,y>$$

(就是x,y作为X的元素时的内积)，则$<\cdot,\cdot>_W$是W上的一种内积，$(W,<\cdot,\cdot>_W)$称为内积空间X的子空间，简称为X的**内积子空间**.

按定义5.4，内积空间X的任何线性子空间W都能成为X的内积子空间. 于是，要证明内积空间X的某个集合Y是X的内积子空间，只需验证Y非空且对X的线性运算是封闭的即可.

同赋范子空间的完备性一样，Hilbert 空间的子空间不一定是Hilbert 空间，但任何内积空间的有限维子空间必定是Hilbert 空间.

§5.2 正交与正交系

一、正交及其性质

在$\mathbb{R}^3$中，$\boldsymbol{a}\perp\boldsymbol{b}\Leftrightarrow\boldsymbol{a}\cdot\boldsymbol{b}=0$. 在一般内积空间中，也可以用内积来表示元素间的正交与否.

定义 5.5 设有$(X,<\cdot,\cdot>)$，$x,y\in X$，$A,B\subset X$.

(1)若$<x,y>=0$，则称 x **与** y **正交**，记为$x\perp y$；

(2)若$\forall a\in A$，有$x\perp a$，则称**元素** x **与集合** A **正交**，记为$x\perp A$；

(3)若$\forall a\in A$及$\forall b\in B$，有$a\perp b$，则称集合 A **与** B **正交**，记为$A\perp B$；

(4)将 X 中所有与集合 A 正交的元素构成的集合记为$A^{\perp}$，即

$$A^{\perp}=\{x\in X\mid x\perp A\},$$

并称$A^{\perp}$为集合 A **的正交补**.

显然：①零元素与任何元素都正交；

②若$x\perp y$，则$y\perp x$；

③$0\in A^{\perp}$，故$A^{\perp}\neq\varnothing$.

定理 5.3 设有$(X,<\cdot,\cdot>)$，$x,y\in X$，$A\subset X$.

(1)勾股定理：若$x\perp y$，则$\|x+y\|^2=\|x\|^2+\|y\|^2$；在实内积空间中，$x\perp y\Leftrightarrow\|x+y\|^2=\|x\|^2+\|y\|^2$.

(2)若$x\perp A$，则$x\perp \operatorname{span} A$.

(3)$A\cap A^{\perp}\subset\{0\}$，当$0\in A$时$A\cap A^{\perp}=\{0\}$.

(4)$A^{\perp}$是 X 的内积子空间.

证 (1)若$x\perp y$，则$<x,y>=0$，$<y,x>=0$，故

$$\begin{aligned}\|x+y\|^2&=<x+y,x+y>=\|x\|^2+<x,y>+<y,x>+\|y\|^2\\&=\|x\|^2+\|y\|^2;\end{aligned}$$

反之不真，例如在$\mathbb{C}^2$中，取$\boldsymbol{x}=(1,0)^{\mathrm{T}}$，$\boldsymbol{y}=(\mathrm{i},0)^{\mathrm{T}}$，则

$$\boldsymbol{x}+\boldsymbol{y}=(1+\mathrm{i},0)^{\mathrm{T}},\ \|\boldsymbol{x}\|_2^2=1,\ \|\boldsymbol{y}\|_2^2=1,\ \|\boldsymbol{x}+\boldsymbol{y}\|_2^2=2,$$

于是 $\|\boldsymbol{x}+\boldsymbol{y}\|_2^2=\|\boldsymbol{x}\|_2^2+\|\boldsymbol{y}\|_2^2$，但 $\boldsymbol{x}$ 与 $\boldsymbol{y}$ 不正交，因为 $<\boldsymbol{x},\boldsymbol{y}>=-\mathrm{i}\neq 0$.

然而在实内积空间中，$\|x+y\|^2=\|x\|^2+2<x,y>+\|y\|^2$，若 $\|x+y\|^2=\|x\|^2+\|y\|^2$，则有 $<x,y>=0$，故 $x\perp y$.

(2) 因为 $\forall y\in \mathrm{span}\,A$，存在 $x_1,x_2,\cdots,x_n\in A$，及 $\lambda_1,\lambda_2,\cdots,\lambda_n\in\mathbb{K}$，使得 $y=\sum\limits_{k=1}^{n}\lambda_k x_k$. 若 $x\perp A$，则 $\forall k=1,2,\cdots,n$ 有 $x\perp x_k$，即 $<x_k,x>=0$，于是 $<y,x>=<\sum\limits_{k=1}^{n}\lambda_k x_k,x>=\sum\limits_{k=1}^{n}\lambda_k<x_k,x>=0$，即 $x\perp y$，故 $x\perp \mathrm{span}\,A$.

(3) 若 $x\in A\cap A^{\perp}$，则 $x\in A$ 且 $x\in A^{\perp}$，于是 $x\perp x$，即 $<x,x>=0$，故 $x=0$，从而 $A\cap A^{\perp}\subset\{0\}$；由于 $0\in A^{\perp}$，则当 $0\in A$ 时，有 $0\in A\cap A^{\perp}$，即 $\{0\}\subset A\cap A^{\perp}$，故 $A\cap A^{\perp}=\{0\}$.

(4) 因为 $A^{\perp}\neq\varnothing$，故只需验证 $A^{\perp}$ 对 X 的线性运算封闭即可. 事实上，$\forall x,y\in A^{\perp}$，$\forall\lambda\in\mathbb{K}$，有 $x\perp A,y\perp A$，即 $\forall a\in A$，有 $<x,a>=0$，$<y,a>=0$，于是 $<x+y,a>=<x,a>+<y,a>=0+0=0$，$<\lambda x,a>=\lambda<x,a>=0$，即 $(x+y)\perp A,\lambda x\perp A$，亦即 $x+y\in A^{\perp},\lambda x\in A^{\perp}$.

例 5.8　设 (y_n) 是内积空间 $(X,<\cdot,\cdot>)$ 中的序列，$x\in X$. 若 $x\perp y_n(\forall n\in\mathbb{N})$，且 $\lim\limits_{n\to\infty}y_n=y$，则 $x\perp y$.

证　因为 $x\perp y_n$，即 $<x,y_n>=0(\forall n\in\mathbb{N})$，故

$$<x,y>=<x,\lim_{n\to\infty}y_n>=\lim_{n\to\infty}<x,y_n>=0,\text{即 } x\perp y.$$

二、正交系、标准正交系及其性质

定义 5.6　设 M 是 $(X,<\cdot,\cdot>)$ 中的非空集合，且 $0\notin M$.

(1) 若 $\forall x,y\in M$，有 $x\perp y$，即 M 中的元素两两正交，则称 M 是 X 的一个**正交系**；

(2) 若 $\forall x,y\in M$，有 $<x,y>=\begin{cases}0, & x\neq y,\\ 1, & x=y,\end{cases}$ 即 M 是正交系，且每

个元素的范数都等于1,则称 M 是 X 的**标准正交系**或规范正交系.

当(标准)正交系 M 是可数集时,也称为(标准)正交列.

例 5.9 (1) $\{(1,1,0)^{\mathrm{T}},(\mathrm{i},-\mathrm{i},1)^{\mathrm{T}}\}$ 是 $\mathbb{C}^3$ 的一个正交系;

(2) $\mathbb{C}^n(\mathbb{R}^n)$ 的自然基 $(\boldsymbol{e}_1,\boldsymbol{e}_2,\cdots,\boldsymbol{e}_n)$(其中 $\boldsymbol{e}_k$ 是第 k 个坐标为 1,其余坐标为 0 的 n 维向量)是 $\mathbb{C}^n(\mathbb{R}^n)$ 的一个标准正交系,也称其为**标准正交基**.

例 5.10 函数序列

$$(1,\cos x,\sin x,\cos 2x,\sin 2x,\cdots,\cos nx,\sin nx,\cdots)$$

是内积空间 $C[-\pi,\pi]$ 的一个正交列,但不是标准正交列.

证 记 $u_0(x)=1,u_n(x)=\cos nx,v_n(x)=\sin nx,n=1,2,\cdots$.

因为 $\forall n,m\in\mathbb{N}$,有

$$<u_0,u_n>=\int_{-\pi}^{\pi}u_0(x)u_n(x)\mathrm{d}x=\int_{-\pi}^{\pi}\cos nx\mathrm{d}x=0,$$

$$<u_0,v_n>=\int_{-\pi}^{\pi}u_0(x)v_n(x)\mathrm{d}x=\int_{-\pi}^{\pi}\sin nx\mathrm{d}x=0,$$

$$<u_n,v_m>=\int_{-\pi}^{\pi}u_n(x)v_m(x)\mathrm{d}x=\int_{-\pi}^{\pi}\cos nx\sin mx\mathrm{d}x=0,$$

$$<u_n,u_m>=\int_{-\pi}^{\pi}u_n(x)u_m(x)\mathrm{d}x=\int_{-\pi}^{\pi}\cos nx\cos mx\mathrm{d}x=\begin{cases}0, & n\neq m,\\ \pi, & n=m,\end{cases}$$

$$<v_n,v_m>=\int_{-\pi}^{\pi}v_n(x)v_m(x)\mathrm{d}x=\int_{-\pi}^{\pi}\sin nx\sin mx\mathrm{d}x=\begin{cases}0, & n\neq m,\\ \pi, & n=m,\end{cases}$$

$$<u_0,u_0>=\int_{-\pi}^{\pi}[u_0(x)]^2\mathrm{d}x=\int_{-\pi}^{\pi}\mathrm{d}x=2\pi,$$

$$\|u_0\|=\sqrt{2\pi},\ \|u_n\|=\sqrt{\pi},\ \|v_n\|=\sqrt{\pi},n=1,2,\cdots;$$

故 $(1,\cos x,\sin x,\cos 2x,\sin 2x,\cdots,\cos nx,\sin nx,\cdots)$ 正交,但不标准正交. 而

$$\left(\frac{1}{\sqrt{2\pi}},\frac{1}{\sqrt{\pi}}\cos x,\frac{1}{\sqrt{\pi}}\sin x,\frac{1}{\sqrt{\pi}}\cos 2x,\frac{1}{\sqrt{\pi}}\sin 2x,\cdots,\frac{1}{\sqrt{\pi}}\cos nx,\right.$$
$$\left.\frac{1}{\sqrt{\pi}}\sin nx,\cdots\right)$$

是 $C[-\pi,\pi]$ 的一个标准正交列.

定理 5.4　在 $(X,<\cdot,\cdot>)$ 中,有

(1)若 $\{x_1,x_2,\cdots,x_n\}$ 是 X 的正交系,则 $\|\sum\limits_{k=1}^{n}x_k\|^2=\sum\limits_{k=1}^{n}\|x_k\|^2$;

(2)若 M 是 X 的正交系,则 M 是 X 的线性无关集,反之不真;

(3)若 $\{e_1,e_2,\cdots,e_n\}$ 是 X 的标准正交系,则 $\forall x\in\mathrm{span}\{e_1,e_2,\cdots,e_n\}$ 可唯一地表示为 $x=\sum\limits_{k=1}^{n}<x,e_k>e_k$.

证　(1) $\|\sum\limits_{k=1}^{n}x_k\|^2=\langle\sum\limits_{k=1}^{n}x_k,\sum\limits_{j=1}^{n}x_j\rangle=\sum\limits_{k=1}^{n}\langle x_k,\sum\limits_{j=1}^{n}x_j\rangle$

$$=\sum_{k=1}^{n}<x_k,x_k>=\sum_{k=1}^{n}\|x_k\|^2.$$

(2)设 $\{x_1,x_2,\cdots,x_n\}$ 是 M 的任一有限子集,若令 $\sum\limits_{k=1}^{n}\lambda_kx_k=0$,则 $\forall i=1,2,\cdots,n$ 有

$$0=<0,x_i>=\langle\sum_{k=1}^{n}\lambda_kx_k,x_i\rangle=\sum_{k=1}^{n}\lambda_k<x_k,x_i>=\lambda_i<x_i,x_i>,$$

因为 $x_i\neq0$,于是 $<x_i,x_i>\neq0$,故必有 $\lambda_i=0$,即 $\{x_1,x_2,\cdots,x_n\}$ 线性无关;由 $\{x_1,x_2,\cdots,x_n\}\subset M$ 的任意性知 M 线性无关.

反之不真,例如 $\{(1,0)^{\mathrm{T}},(1,1)^{\mathrm{T}}\}$ 是 $\mathbb{R}^2$ 的线性无关集,但不是正交的.

(3)由(2)知 $\{e_1,e_2,\cdots,e_n\}$ 是线性无关的,故 $(e_1,e_2,\cdots,e_n)$ 是 n 维线性空间 $\mathrm{span}\{e_1,e_2,\cdots,e_n\}$ 的一个标准正交基,于是 $\forall x\in\mathrm{span}\{e_1,e_2,\cdots,e_n\}$ 可唯一地表示为 $x=\sum\limits_{k=1}^{n}\lambda_ke_k$. 因此对任意 $i=1,2,\cdots,n$,有

$$<x,e_i> = \left\langle \sum_{k=1}^{n} \lambda_k e_k, e_i \right\rangle = \sum_{k=1}^{n} \lambda_k <e_k, e_i> = \lambda_i,$$

即 $$x = \sum_{k=1}^{n} <x,e_k> e_k.$$

*三、正交化方法

1. 标准正交化方法

尽管内积空间的一个线性无关集不一定是正交的，但是可以利用 Schmidt 正交化方法使之成为一个正交系和标准正交系.

定理 5.5（正交化定理） 设(x_k)是$(X, <\cdot,\cdot>)$的线性无关列，则存在 X 中的标准正交列(e_k)，使得$\forall n \in \mathbb{N}$，有

$$\mathrm{span}\{x_1,x_2,\cdots,x_n\} = \mathrm{span}\{e_1,e_2,\cdots,e_n\},$$

即$\forall x_k \in \{x_1, x_2, \cdots, x_n\}$可以由$\{e_1, e_2, \cdots, e_n\}$线性表出，同时$\forall e_k \in \{e_1,e_2,\cdots,e_n\}$可以由$\{x_1,x_2,\cdots,x_n\}$线性表出.

证 证明就是要用(x_k)构造出这样的序列(e_k)，因此证明的过程也就是给出正交化方法与步骤.

(1)令 $e_1 = \dfrac{x_1}{\|x_1\|}$，显然 e_1 与 x_1 能互相线性表出，且$\|e_1\| = 1$.

(2)取 $v_2 = x_2 - <x_2,e_1> e_1$，因为$\{x_1,x_2\}$线性无关，故 $v_2 \neq 0$，且 $v_2 \perp e_1$(因为$<v_2,e_1> = <x_2 - <x_2,e_1>e_1, e_1> = <x_2,e_1> - <x_2,e_1> \cdot <e_1,e_1> = <x_2,e_1> - <x_2,e_1> = 0$). 再令 $e_2 = \dfrac{v_2}{\|v_2\|}$，则 $e_2 \perp e_1$ 且$\|e_2\| = 1$，于是得到一个标准正交系$\{e_1,e_2\}$. 且由上述做法可知 e_2 能被$\{x_1,x_2\}$线性表出；反过来，x_2 能被$\{e_1,e_2\}$线性表出.

(3)取 $v_3 = x_3 - <x_3,e_1>e_1 - <x_3,e_2>e_2$，因为$\{x_1,x_2,x_2\}$线性无关，故 $v_3 \neq 0$，且 $v_3 \perp e_1, v_3 \perp e_2$(因为$<v_3,e_1> = 0$, $<v_3,e_2> = 0$). 再令 $e_3 = \dfrac{v_3}{\|v_3\|}$，则 $e_3 \perp e_1, e_3 \perp e_2$，且$\|e_3\| = 1$，于是得到一个标准正交系$\{e_1,e_2,e_3\}$. 且由上述做法可知 e_3 能被$\{x_1,x_2,x_3\}$线性表出；反过来，x_3

能被$\{e_1,e_2,e_3\}$线性表出,即 $\text{span}\{x_1,x_2,x_3\}=\text{span}\{e_1,e_2,e_3\}$.

假设由$\{x_1,x_2,\cdots,x_k\}$经过(标准)正交化已得到标准正交系$\{e_1,e_2,\cdots,e_k\}$,且

$$\text{span}\{x_1,x_2,\cdots,x_k\}=\text{span}\{e_1,e_2,\cdots,e_k\}.$$

(4)取 $v_{k+1}=x_{k+1}-\sum\limits_{j=1}^{k}<x_{k+1},e_j>e_j$,则 $v_{k+1}\neq 0$,且 $v_{k+1}\perp e_j(j=1,2,\cdots,k)$. 再令 $e_{k+1}=\dfrac{v_{k+1}}{\|v_{k+1}\|}$. 于是得到一个标准正交系$\{e_1,e_2,\cdots,e_k,e_{k+1}\}$. 且

$$\text{span}\{x_1,x_2,\cdots,x_k,x_{k+1}\}=\text{span}\{e_1,e_2,\cdots,e_k,e_{k+1}\}.$$

因此,根据数学归纳法原理知,我们由线性无关列(x_k)得到了标准正交列(e_k),且$\forall n\in\mathbb{N}$,有 $\text{span}\{x_1,x_2,\cdots,x_n\}=\text{span}\{e_1,e_2,\cdots,e_n\}$.

以上方法称为 Schmidt **标准正交化方法**. Schmidt 标准正交化方法也往往分为两步进行:先正交化,后标准化(即单位化). 当只需用到正交时,就无须进行单位化.

例 5.11　将$\{(1,1,0)^{\mathrm T},(\mathrm i,0,1)^{\mathrm T},(\mathrm i,-\mathrm i,-1)^{\mathrm T}\}$化为$\mathbb{C}^3$的一个标准正交基.

解　显然$\{\boldsymbol{x}_1,\boldsymbol{x}_2,\boldsymbol{x}_3\}=\{(1,1,0)^{\mathrm T},(\mathrm i,0,1)^{\mathrm T},(\mathrm i,-\mathrm i,-1)^{\mathrm T}\}$是$\mathbb{C}^3$的线性无关集.

先将其正交化.

取 $\boldsymbol{v}_1=\boldsymbol{x}_1=\begin{bmatrix}1\\1\\0\end{bmatrix}$,

$$\boldsymbol{v}_2=\boldsymbol{x}_2-\frac{<\boldsymbol{x}_2,\boldsymbol{v}_1>}{<\boldsymbol{v}_1,\boldsymbol{v}_1>}\boldsymbol{v}_1=\begin{bmatrix}\mathrm i\\0\\1\end{bmatrix}-\frac{\mathrm i}{2}\begin{bmatrix}1\\1\\0\end{bmatrix}=\begin{bmatrix}\mathrm i/2\\-\mathrm i/2\\1\end{bmatrix},$$

$$\boldsymbol{v}_3=\boldsymbol{x}_3-\frac{<\boldsymbol{x}_3,\boldsymbol{v}_1>}{<\boldsymbol{v}_1,\boldsymbol{v}_1>}\boldsymbol{v}_1-\frac{<\boldsymbol{x}_3,\boldsymbol{v}_2>}{<\boldsymbol{v}_2,\boldsymbol{v}_2>}\boldsymbol{v}_2=\begin{bmatrix}\mathrm i\\-\mathrm i\\-1\end{bmatrix}-0-0=\begin{bmatrix}\mathrm i\\-\mathrm i\\-1\end{bmatrix},$$

则$\{\boldsymbol{v}_1,\boldsymbol{v}_2,\boldsymbol{v}_3\}$是$\mathbb{C}^3$的一个正交基.

再单位化. 令

$$\boldsymbol{e}_1=\frac{\boldsymbol{v}_1}{\|\boldsymbol{v}_1\|}=\frac{1}{\sqrt{2}}\begin{bmatrix}1\\1\\0\end{bmatrix}=\begin{bmatrix}\frac{1}{\sqrt{2}}\\\frac{1}{\sqrt{2}}\\0\end{bmatrix},\boldsymbol{e}_2=\frac{\boldsymbol{v}_2}{\|\boldsymbol{v}_2\|}=\frac{1}{\frac{\sqrt{6}}{2}}\begin{bmatrix}\frac{\mathrm{i}}{2}\\\frac{-\mathrm{i}}{2}\\1\end{bmatrix}=\begin{bmatrix}\frac{\mathrm{i}}{\sqrt{6}}\\\frac{-\mathrm{i}}{\sqrt{6}}\\\frac{2}{\sqrt{6}}\end{bmatrix},$$

$$\boldsymbol{e}_3=\frac{\boldsymbol{v}_3}{\|\boldsymbol{v}_3\|}=\frac{1}{\sqrt{3}}\begin{bmatrix}\mathrm{i}\\-\mathrm{i}\\-1\end{bmatrix}=\begin{bmatrix}\frac{\mathrm{i}}{\sqrt{3}}\\\frac{-\mathrm{i}}{\sqrt{3}}\\\frac{-1}{\sqrt{3}}\end{bmatrix}.$$

则$(\boldsymbol{e}_1,\boldsymbol{e}_2,\boldsymbol{e}_3)$是$\mathbb{C}^3$的一个标准正交基.

2. Legendre(勒让德)多项式

在求解微分方程、数值积分以及函数逼近等领域中,有着广泛应用的 Legendre 多项式,可以由内积空间 $C[-1,1]$中的线性无关序列$(x^n)(n=0,1,2,\cdots)$通过 Schmit 标准正交化方法得到.

(1)记$u_n(x)=x^n(n=0,1,2,\cdots)$.

令 $e_0=\dfrac{u_0(x)}{\|u_0\|_2}=\dfrac{1}{\|1\|_2}=\dfrac{1}{\left(\int_{-1}^{1}1^2\mathrm{d}x\right)^{\frac{1}{2}}}=\dfrac{1}{\sqrt{2}}=\sqrt{\dfrac{1}{2}}.$

取 $v_1=u_1-<u_1,e_0>e_0=x-\left(\int_{-1}^{1}x\cdot\dfrac{1}{\sqrt{2}}\mathrm{d}x\right)\sqrt{\dfrac{1}{2}}=x,$

令 $e_1=\dfrac{v_1}{\|v_1\|_2}=\dfrac{x}{\left[\int_{-1}^{1}x^2\mathrm{d}x\right]^{\frac{1}{2}}}=\sqrt{\dfrac{3}{2}}x.$

取 $v_2=u_2-<u_2,e_0>e_0-<u_2,e_1>e_1$

$$= x^2 - \left(\int_{-1}^{1} x^2 \cdot \frac{1}{\sqrt{2}} dx\right)\sqrt{\frac{1}{2}} - \left(\int_{-1}^{1} x^2 \cdot \sqrt{\frac{3}{2}} x dx\right)\sqrt{\frac{3}{2}} x$$

$$= x^2 - \frac{1}{3},$$

令 $e_2 = \frac{v_2}{\| v_2 \|_2} = \frac{x^2 - \frac{1}{3}}{\left[\int_{-1}^{1}\left(x^2 - \frac{1}{3}\right)^2 dx\right]^{\frac{1}{2}}} = \frac{x^2 - \frac{1}{3}}{\frac{2}{3}\sqrt{\frac{2}{5}}} = \sqrt{\frac{5}{2}} \cdot \frac{3x^2 - 1}{2}.$

至此我们得到了一个标准正交多项式系 $\{e_0, e_1, e_2\}$.

按此方法继续下去,得一标准正交多项式列

$$\left(\sqrt{\frac{1}{2}}, \sqrt{\frac{3}{2}} x, \sqrt{\frac{5}{2}} \frac{3x^2-1}{2}, \sqrt{\frac{7}{2}} \frac{5x^3-3x}{2}, \sqrt{\frac{9}{2}} \frac{35x^4-30x^2+3}{8}, \cdots\right).$$

(2) 通常使用的或由其他方法得到的是与之相差常数因子 $\sqrt{\frac{2n+1}{2}}$ $(n=0,1,2,\cdots)$ 的正交多项式列

$$(\mathrm{p}_0(x), \mathrm{p}_1(x), \mathrm{p}_2(x), \mathrm{p}_3(x), \mathrm{p}_4(x), \mathrm{p}_5(x), \cdots)$$
$$= \left(1, x, \frac{3x^2-1}{2}, \frac{5x^3-3x}{2}, \frac{35x^4-30x^2+3}{8}, \frac{63x^5-70x^3+15x}{8}, \cdots\right),$$

并称其为 Legendre 多项式列. 它不是标准的,显然

$$\| \mathrm{p}_n \|_2 = \sqrt{\frac{2}{2n+1}} \quad (n=0,1,2,\cdots).$$

(3) Legendre 多项式列的通项为(可通过解 Legendre 方程得到)

$$\mathrm{p}_n(x) = \sum_{i=0}^{\left[\frac{n}{2}\right]} (-1)^i \frac{(2n-2i)!}{2^n i!\,(n-i)!\,(n-2i)!} x^{n-2i}, x \in [-1,1].$$

(4) n 阶 Legendre 多项式 $\mathrm{p}_n(x)$ 的微分形式

$$\mathrm{p}_n(x) = \frac{1}{2^n n!} \frac{d^n}{dx^n}\left[(x^2-1)^n\right], \quad x \in [-1,1]$$

称为 Legendre 多项式的 Rodrigues(罗德里格斯)表达式. 将 $(x^2-1)^n$ 展开,再求导 n 次即得此表达式

由 Rodrigues 表达式可知 n 阶 Legendre 多项式 $\mathrm{p}_n(x)$ 是 n 次多项式;其首项系数 $a_n=\dfrac{(2n)!}{2^n(n!)^2}(n=0,1,2,\cdots)$;也很容易得到前几个 Legendre 多项式:

$$\mathrm{p}_0(x)=1,\mathrm{p}_1(x)=x,\mathrm{p}_2(x)=\frac{3x^2-1}{2},\mathrm{p}_3(x)=\frac{5x^3-3x}{2},\cdots$$

(5) Legendre 多项式 $\mathrm{p}_n(x)$ 的主要性质.

①奇偶性. 当 n 为奇数时 $\mathrm{p}_n(x)$ 为奇函数,当 n 为偶数时 $\mathrm{p}_n(x)$ 为偶函数,即

$$\mathrm{p}_n(-x)=(-1)^n\mathrm{p}_n(x).$$

② $\mathrm{p}_{2k+1}(0)=0,\mathrm{p}_{2k}(0)=(-1)^k\dfrac{(2k)!}{2^{2k}(k!)^2}$,

$$\mathrm{p}_n(1)=1,\mathrm{p}_n(-1)=(-1)^n.$$

③递堆公式. $n\geqslant1$ 时,有

$$(n+1)\mathrm{p}_{n+1}(x)=(2n+1)x\mathrm{p}_n(x)-n\mathrm{p}_{n-1}(x),$$

$$x\mathrm{p}_n'(x)-\mathrm{p}_{n-1}'(x)=n\mathrm{p}_n(x),$$

$$\mathrm{p}_n'(x)-x\mathrm{p}_{n-1}'(x)=n\mathrm{p}_{n-1}(x).$$

④ n 阶 $\mathrm{p}_n(x)$ 满足如下的 Legendre 微分方程:

$$(1-x^2)y''-2xy'+n(n+1)y=0.$$

§5.3 正规矩阵及其酉对角化

本章的最后两节我们继续第 2 章关于方阵对角化的讨论,介绍一类可对角化的方阵及其对角化方法,特别是这些方阵的重要性质.

一、正规矩阵的概念

定义 5.7 设 $\boldsymbol{A}=[a_{ij}]\in\mathbb{C}^{n\times n}$,记 $\boldsymbol{A}^{\mathrm{H}}=(\overline{\boldsymbol{A}})^{\mathrm{T}}=\overline{\boldsymbol{A}^{\mathrm{T}}}$.

(1)若 $\boldsymbol{A}^{\mathrm{H}}\boldsymbol{A}=\boldsymbol{A}\boldsymbol{A}^{\mathrm{H}}$,则称 $\boldsymbol{A}$ 是**正规矩阵**;

(2)若 $A^{H}A=AA^{H}=E$,则称 A 是**酉矩阵**,当 $A\in\mathbb{R}^{n\times n}$ 时,酉矩阵就是**正交矩阵**;

(3)若 $A^{H}=A$,即 $a_{ji}=\overline{a_{ij}}(i,j=1,2,\cdots,n)$,则称 A 是 Hermite **矩阵**, 当 $A\in\mathbb{R}^{n\times n}$ 时,Hermite 矩阵就是实对称矩阵.

例 5.12　(1)由定义知,酉矩阵、Hermite 矩阵、反 Hermite 矩阵(若 $A^{H}=-A$)都是正规矩阵;

(2)$U=\begin{bmatrix}-\frac{i}{\sqrt{2}} & \frac{i}{\sqrt{2}}\\ \frac{1}{\sqrt{2}} & \frac{1}{\sqrt{2}}\end{bmatrix}$是酉矩阵;

(3)$A=\begin{bmatrix}0 & 1 & i\\ 1 & 0 & -i\\ -i & i & 0\end{bmatrix}$是 Hermite 矩阵,$B=\begin{bmatrix}0 & -1 & i\\ 1 & 0 & -i\\ i & -i & 0\end{bmatrix}$是反 Hermite 矩阵;

(4)$A=\begin{bmatrix}1 & -1\\ 1 & 1\end{bmatrix}$是正规矩阵,但既不是酉矩阵又不是 Hermite 矩阵,也不是反 Hermite 矩阵.

在$\mathbb{C}^{n}$的一个标准正交基下,由酉矩阵所确定的线性算子称为**酉算子**. 类似地,由 Hermite 矩阵确定的线性算子称为 Hermite **算子**或**自伴算子**. 一般地,由正规矩阵确定的线性算子称为**正规算子**.

二、酉矩阵的充要条件及其性质

定理 5.6　设 $A=[a_{ij}]\in\mathbb{C}^{n\times n}$,则下列各条等价:

(1)A 是酉矩阵,即 $A^{H}A=AA^{H}=E$.

(2)A 可逆,且 $A^{-1}=A^{H}$.

(3)A 的列向量组$\{\alpha_1,\alpha_2,\cdots,\alpha_n\}$标准正交,即

$$<\alpha_j,\alpha_i>=\begin{cases}0, & i\neq j,\\ 1, & i=j.\end{cases}$$

(4)$\boldsymbol{A}$ 的行向量组标准正交.

证 由酉矩阵及矩阵可逆的定义立即可知(1)与(2)等价,现证(1)与(3)等价:

设 $\boldsymbol{A}=\begin{bmatrix}a_{11} & a_{12} & \cdots & a_{1n}\\ a_{21} & a_{22} & \cdots & a_{2n}\\ \vdots & \vdots & & \vdots\\ a_{n1} & a_{n2} & \cdots & a_{nn}\end{bmatrix}\overset{\text{记}}{=}[\boldsymbol{\alpha}_1,\boldsymbol{\alpha}_2,\cdots,\boldsymbol{\alpha}_n]$,其中 $\boldsymbol{\alpha}_j=\begin{bmatrix}a_{1j}\\ a_{2j}\\ \vdots\\ a_{nj}\end{bmatrix}$

$\in\mathbb{C}^n(j=1,2,\cdots,n)$,

$$\boldsymbol{A}^{\mathrm{H}}=\begin{bmatrix}\overline{a_{11}} & \overline{a_{21}} & \cdots & \overline{a_{n1}}\\ \overline{a_{12}} & \overline{a_{22}} & \cdots & \overline{a_{n2}}\\ \vdots & \vdots & & \vdots\\ \overline{a_{1n}} & \overline{a_{2n}} & \cdots & \overline{a_{nn}}\end{bmatrix}=\begin{bmatrix}\boldsymbol{\alpha}_1^{\mathrm{H}}\\ \boldsymbol{\alpha}_2^{\mathrm{H}}\\ \vdots\\ \boldsymbol{\alpha}_n^{\mathrm{H}}\end{bmatrix}.$$

(1)⇒(3) 因为 $\boldsymbol{A}^{\mathrm{H}}\boldsymbol{A}=\boldsymbol{E}$,即

$$\begin{bmatrix}\boldsymbol{\alpha}_1^{\mathrm{H}}\\ \boldsymbol{\alpha}_2^{\mathrm{H}}\\ \vdots\\ \boldsymbol{\alpha}_n^{\mathrm{H}}\end{bmatrix}[\boldsymbol{\alpha}_1,\boldsymbol{\alpha}_2,\cdots,\boldsymbol{\alpha}_n]=\begin{bmatrix}\boldsymbol{\alpha}_1^{\mathrm{H}}\boldsymbol{\alpha}_1 & \boldsymbol{\alpha}_1^{\mathrm{H}}\boldsymbol{\alpha}_2 & \cdots & \boldsymbol{\alpha}_1^{\mathrm{H}}\boldsymbol{\alpha}_n\\ \boldsymbol{\alpha}_2^{\mathrm{H}}\boldsymbol{\alpha}_1 & \boldsymbol{\alpha}_2^{\mathrm{H}}\boldsymbol{\alpha}_2 & \cdots & \boldsymbol{\alpha}_2^{\mathrm{H}}\boldsymbol{\alpha}_n\\ \vdots & \vdots & & \vdots\\ \boldsymbol{\alpha}_n^{\mathrm{H}}\boldsymbol{\alpha}_1 & \boldsymbol{\alpha}_n^{\mathrm{H}}\boldsymbol{\alpha}_2 & \cdots & \boldsymbol{\alpha}_n^{\mathrm{H}}\boldsymbol{\alpha}_n\end{bmatrix}$$

$$=\begin{bmatrix}1 & 0 & \cdots & 0\\ 0 & 1 & \cdots & 0\\ \vdots & \vdots & & \vdots\\ 0 & 0 & \cdots & 1\end{bmatrix},$$

所以有 $\boldsymbol{\alpha}_i^{\mathrm{H}}\boldsymbol{\alpha}_j=\langle\boldsymbol{\alpha}_j,\boldsymbol{\alpha}_i\rangle=\begin{cases}0, & i\neq j\\ 1, & i=j\end{cases}\ (i=1,2,\cdots,n)$,即 $\{\boldsymbol{\alpha}_1,\boldsymbol{\alpha}_2,\cdots,\boldsymbol{\alpha}_n\}$ 标准正交.

(3)⇒(1)注意到上述过程是可逆的,即当 $\boldsymbol{A}$ 的列向量组 $\{\boldsymbol{\alpha}_1,\boldsymbol{\alpha}_2,\cdots,\boldsymbol{\alpha}_n\}$ 标准正交时,有 $\boldsymbol{A}^{\mathrm{H}}\boldsymbol{A}=\boldsymbol{E}$;再由可逆矩阵的性质可知,$\boldsymbol{A}$ 可逆且 $\boldsymbol{A}^{-1}=\boldsymbol{A}^{\mathrm{H}}$,故也有 $\boldsymbol{A}\boldsymbol{A}^{\mathrm{H}}=\boldsymbol{A}\boldsymbol{A}^{-1}=\boldsymbol{E}$;因此 $\boldsymbol{A}^{\mathrm{H}}\boldsymbol{A}=\boldsymbol{A}\boldsymbol{A}^{\mathrm{H}}=\boldsymbol{E}$,即 $\boldsymbol{A}$ 是酉矩

阵.

类似地可证(1)与(4)等价.

由上述证明可知：$A \in \mathbb{C}^{n\times n}$ 是酉矩阵，当且仅当 $A^{\mathrm{H}}A = E$（或 $AA^{\mathrm{H}} = E$）.

定理 5.7　酉矩阵 $U \in \mathbb{C}^{n\times n}$ 具有下列性质：

(1) 酉算子是保持范数的，即 $\forall x \in \mathbb{C}^n$，有 $\| Ux \|_2 = \| x \|_2$；

(2) U 的所有特征值的模都等于 1；

(3) $|\det U| = 1$；

(4) 若 $V \in \mathbb{C}^{n\times n}$ 是酉矩阵，则 UV 也是酉矩阵；

(5) $\bar{U}, U^{\mathrm{T}}, U^{\mathrm{H}}, U^{-1}$, adj U 都是酉矩阵.

证　(1) 由 $\| Ux \|_2^2 = < Ux, Ux > = (Ux)^{\mathrm{H}}Ux = x^{\mathrm{H}}U^{\mathrm{H}}Ux = x^{\mathrm{H}}x = \| x \|_2^2$，得 $\| Ux \|_2 = \| x \|_2$.

(2) 设 λ 是 U 的任一特征值，$x \in \mathbb{C}^n$ 是 U 的对应于 λ 的特征向量，即 $Ux = \lambda x$，且 $x \neq 0$，于是由(1)得

$$|\lambda| \, \| x \|_2 = \| \lambda x \|_2 = \| Ux \|_2 = \| x \|_2.$$

因为 $x \neq 0$，从而 $\| x \|_2 \neq 0$，故 $|\lambda| = 1$.

(3) 设 U 的 n 个特征值为 $\lambda_1, \lambda_2, \cdots, \lambda_n$，则由(2)得

$$|\det U| = |\lambda_1\lambda_2\cdots\lambda_n| = |\lambda_1|\,|\lambda_2|\cdots|\lambda_n| = 1.$$

(4) 因为 $(UV)^{\mathrm{H}}(UV) = V^{\mathrm{H}}U^{\mathrm{H}}UV = V^{\mathrm{H}}V = E$，所以 UV 是酉矩阵.

(5) 均可用定义直接验证，例如 $(U^{\mathrm{T}})^{\mathrm{H}}U^{\mathrm{T}} = \bar{U}U^{\mathrm{T}} = \overline{UU^{\mathrm{H}}} = \bar{E} = E$，故 U^{T} 是酉矩阵；又如

$(\mathrm{adj}U)^{\mathrm{H}}\mathrm{adj}U = (\mathrm{adj}U)^{\mathrm{H}}U^{\mathrm{H}}U\mathrm{adj}U = (U\mathrm{adj}U)^{\mathrm{H}} \cdot (U\mathrm{adj}U) = [(\det U)E]^{\mathrm{H}}(\det U)E = E\,\overline{\det U}(\det U)E = E\,|\det U|^2 E = E$，所以 adj U 是酉矩阵.

例 5.13　证明方阵的 2－范数是酉不变范数，即 $\forall A, U, V \in \mathbb{C}^{n\times n}$，若 U, V 是酉矩阵，则 $\| UA \|_2 = \| AV \|_2 = \| UAV \|_2 = \| A \|_2$.

证　$\| UA \|_2^2 = \rho[(UA)^{\mathrm{H}}(UA)] = \rho[A^{\mathrm{H}}U^{\mathrm{H}}UA] = \rho[A^{\mathrm{H}}A] = \| A \|_2^2$

$$\Rightarrow \| UA \|_2 = \| A \|_2;$$

利用相似矩阵有相同的谱半径可得

$$\begin{aligned}\|\boldsymbol{AV}\|_2^2 &= \rho[(\boldsymbol{AV})^{\mathrm{H}}(\boldsymbol{AV})] = \rho[\boldsymbol{V}^{\mathrm{H}}\boldsymbol{A}^{\mathrm{H}}\boldsymbol{AV}] = \rho[\boldsymbol{V}^{-1}\boldsymbol{A}^{\mathrm{H}}\boldsymbol{AV}] \\ &= \rho[\boldsymbol{A}^{\mathrm{H}}\boldsymbol{A}] = \|\boldsymbol{A}\|_2^2,\end{aligned}$$

开方得 $\|\boldsymbol{AV}\|_2 = \|\boldsymbol{A}\|_2$;

$$\|\boldsymbol{UAV}\|_2 = \|\boldsymbol{AV}\|_2 = \|\boldsymbol{A}\|_2.$$

三、正规矩阵的充要条件

定理 5.8 $\boldsymbol{A}\in\mathbb{C}^{n\times n}$是正规矩阵的充要条件是$\boldsymbol{A}$可酉对角化,即存在酉矩阵$\boldsymbol{U}\in\mathbb{C}^{n\times n}$,使得

$$\boldsymbol{U}^{\mathrm{H}}\boldsymbol{AU} = \boldsymbol{U}^{-1}\boldsymbol{AU} = \mathrm{diag}(\lambda_1,\lambda_2,\cdots,\lambda_n),$$

其中$\lambda_1,\lambda_2,\cdots,\lambda_n$是$\boldsymbol{A}$的$n$个特征值.

证 必要性的证明很烦琐,故略去. 下面证明充分性.

若存在酉矩阵$\boldsymbol{U}\in\mathbb{C}^{n\times n}$,使得$\boldsymbol{U}^{\mathrm{H}}\boldsymbol{AU} = \boldsymbol{U}^{-1}\boldsymbol{AU} = \mathrm{diag}(\lambda_1,\lambda_2,\cdots,\lambda_n)$,则有$\boldsymbol{A} = \boldsymbol{U}\mathrm{diag}(\lambda_1,\lambda_2,\cdots,\lambda_n)\boldsymbol{U}^{\mathrm{H}}$. 于是有

$$\begin{aligned}\boldsymbol{A}^{\mathrm{H}}\boldsymbol{A} &= [\boldsymbol{U}\mathrm{diag}(\lambda_1,\lambda_2,\cdots,\lambda_n)\boldsymbol{U}^{\mathrm{H}}]^{\mathrm{H}}\boldsymbol{U}\mathrm{diag}(\lambda_1,\lambda_2,\cdots,\lambda_n)\boldsymbol{U}^{\mathrm{H}} \\ &= \boldsymbol{U}\mathrm{diag}(\overline{\lambda_1},\overline{\lambda_2},\cdots,\overline{\lambda_n})\boldsymbol{U}^{\mathrm{H}}\boldsymbol{U}\mathrm{diag}(\lambda_1,\lambda_2,\cdots,\lambda_n)\boldsymbol{U}^{\mathrm{H}} \\ &= \boldsymbol{U}\mathrm{diag}(\overline{\lambda_1},\overline{\lambda_2},\cdots,\overline{\lambda_n})\mathrm{diag}(\lambda_1,\lambda_2,\cdots,\lambda_n)\boldsymbol{U}^{\mathrm{H}} \\ &= \boldsymbol{U}\mathrm{diag}(\lambda_1,\lambda_2,\cdots,\lambda_n)\mathrm{diag}(\overline{\lambda_1},\overline{\lambda_2},\cdots,\overline{\lambda_n})\boldsymbol{U}^{\mathrm{H}} \\ &= \boldsymbol{U}\mathrm{diag}(\lambda_1,\lambda_2,\cdots,\lambda_n)\boldsymbol{U}^{\mathrm{H}}\boldsymbol{U}\mathrm{diag}(\overline{\lambda_1},\overline{\lambda_2},\cdots,\overline{\lambda_n})\boldsymbol{U}^{\mathrm{H}} \\ &= \boldsymbol{AA}^{\mathrm{H}},\end{aligned}$$

故$\boldsymbol{A}$是正规矩阵.

例 5.14 正规矩阵$\boldsymbol{A}\in\mathbb{C}^{n\times n}$为酉矩阵的充要条件是$\boldsymbol{A}$的特征值的模均为1.

证 由酉矩阵的性质知条件是必要的,下面证明条件是充分的.

因为$\boldsymbol{A}$是正规矩阵,故存在酉矩阵$\boldsymbol{U}\in\mathbb{C}^{n\times n}$,使得

$$\boldsymbol{U}^{\mathrm{H}}\boldsymbol{AU} = \boldsymbol{U}^{-1}\boldsymbol{AU} = \mathrm{diag}(\lambda_1,\lambda_2,\cdots,\lambda_n),$$

于是$\boldsymbol{A} = \boldsymbol{U}\mathrm{diag}(\lambda_1,\lambda_2,\cdots,\lambda_n)\boldsymbol{U}^{\mathrm{H}}$,其中$\lambda_1,\lambda_2,\cdots,\lambda_n$是$\boldsymbol{A}$的$n$个特征

值. 因此,

$$
\begin{aligned}
A^{H}A &= [U\mathrm{diag}(\lambda_1,\lambda_2,\cdots,\lambda_n)U^{H}]^{H}U\mathrm{diag}(\lambda_1,\lambda_2,\cdots,\lambda_n)U^{H}\\
&= U\mathrm{diag}(\overline{\lambda_1},\overline{\lambda_2},\cdots,\overline{\lambda_n})U^{H}U\mathrm{diag}(\lambda_1,\lambda_2,\cdots,\lambda_n)U^{H}\\
&= U\mathrm{diag}(\overline{\lambda_1},\overline{\lambda_2},\cdots,\overline{\lambda_n})\mathrm{diag}(\lambda_1,\lambda_2,\cdots,\lambda_n)U^{H}\\
&= U\mathrm{diag}(|\lambda_1|^2,|\lambda_2|^2,\cdots,|\lambda_n|^2)U^{H}\\
&= U\mathrm{diag}(1,1,\cdots,1)U^{H} = UEU^{H}\\
&= E,
\end{aligned}
$$

即 A 是酉矩阵.

§5.4　正定矩阵

一、Hermite 矩阵的性质

定理 5.9　Hermite 矩阵 $A\in\mathbb{C}^{n\times n}$ 必定能酉对角化,即存在酉矩阵 $U\in\mathbb{C}^{n\times n}$ 使得 $U^{H}AU=U^{-1}AU=\mathrm{diag}(\lambda_1,\lambda_2,\cdots,\lambda_n)$,其中 $\lambda_1,\lambda_2,\cdots,\lambda_n$ 是 A 的 n 个特征值.

证　由于 Hermite 矩阵是正规矩阵,故由定理 5.8 立即可得.

定理 5.10　设 $A=[a_{ij}]\in\mathbb{C}^{n\times n}$ 是 Hermite 矩阵,即 $a_{ji}=\overline{a_{ij}}$ $(i,j=1,2,\cdots,n)$,则

(1) $a_{ii}\in\mathbb{R}$ $(i=1,2,\cdots,n)$,即 Hermite 矩阵的主对角元均为实数;

(2) $\forall x\in\mathbb{C}^{n}$,有 $f=x^{H}Ax=\langle Ax,x\rangle\in\mathbb{R}$;

(3) $\forall\lambda\in\sigma(A)$,有 $\lambda\in\mathbb{R}$,即 Hermite 矩阵的特征值均为实数;

(4) 对应于互异特征值的特征向量是正交的.

证　(1) 由 $a_{ji}=\overline{a_{ij}}(i,j=1,2,\cdots,n)$ 得 $a_{ii}=\overline{a_{ii}}$,故 $a_{ii}\in\mathbb{R}$ $(i=1,2,\cdots,n)$.

(2) 因为 $\bar{f}=\overline{x^{H}Ax}=(\overline{x^{H}Ax})^{T}=(x^{H}Ax)^{H}=x^{H}A^{H}x=x^{H}Ax=f$,所以 $f\in\mathbb{R}$;由此可知,当 A 是 Hermite 矩阵时,有 $\langle Ax,x\rangle=\langle x,Ax\rangle$.

(3) $\forall\lambda\in\sigma(\boldsymbol{A})$，设 $\boldsymbol{x}\in\mathbb{C}^n$ 是 $\boldsymbol{A}$ 的对应于 λ 的特征向量，即 $\boldsymbol{Ax}=\lambda\boldsymbol{x}$，且 $\boldsymbol{x}\neq\boldsymbol{0}$；于是有

$$\begin{aligned}\lambda<\boldsymbol{x},\boldsymbol{x}> &= <\lambda\boldsymbol{x},\boldsymbol{x}> = <\boldsymbol{Ax},\boldsymbol{x}> = <\boldsymbol{x},\boldsymbol{Ax}>\\ &= <\boldsymbol{x},\lambda\boldsymbol{x}> = \bar{\lambda}<\boldsymbol{x},\boldsymbol{x}>.\end{aligned}$$

因为 $\boldsymbol{x}\neq\boldsymbol{0}$，从而 $<\boldsymbol{x},\boldsymbol{x}>\neq0$，故 $\lambda=\bar{\lambda}$，即 $\lambda\in\mathbb{R}$.

(4)设 λ,μ 是 $\boldsymbol{A}$ 的任意两个不相等的特征值，$\boldsymbol{x},\boldsymbol{y}\in\mathbb{C}^n$ 分别是 $\boldsymbol{A}$ 的对应于 λ,μ 的特征向量，要证 $\boldsymbol{x}\perp\boldsymbol{y}$，即证 $<\boldsymbol{x},\boldsymbol{y}>=0$. 事实上，

$$\begin{aligned}\lambda<\boldsymbol{x},\boldsymbol{y}> &= <\lambda\boldsymbol{x},\boldsymbol{y}> = <\boldsymbol{Ax},\boldsymbol{y}> = \boldsymbol{y}^{\mathrm{H}}\boldsymbol{Ax} = \boldsymbol{y}^{\mathrm{H}}\boldsymbol{A}^{\mathrm{H}}\boldsymbol{x} = (\boldsymbol{Ay})^{\mathrm{H}}\boldsymbol{x}\\ &= <\boldsymbol{x},\boldsymbol{Ay}> = <\boldsymbol{x},\mu\boldsymbol{y}> = \bar{\mu}<\boldsymbol{x},\boldsymbol{y}> = \mu<\boldsymbol{x},\boldsymbol{y}>,\end{aligned}$$

即 $(\lambda-\mu)<\boldsymbol{x},\boldsymbol{y}>=0$. 因为 $\lambda\neq\mu$，所以 $<\boldsymbol{x},\boldsymbol{y}>=0$.

例 5.15　正规矩阵 $\boldsymbol{A}\in\mathbb{C}^{n\times n}$ 是 Hermite 矩阵，当且仅当 $\boldsymbol{A}$ 的特征值都是实数.

证　由 Hermite 矩阵的性质知条件是必要的，下面证明条件是充分的.

因为 $\boldsymbol{A}$ 是正规矩阵，故存在酉矩阵 $\boldsymbol{U}\in\mathbb{C}^{n\times n}$，使得

$$\boldsymbol{U}^{\mathrm{H}}\boldsymbol{AU}=\boldsymbol{U}^{-1}\boldsymbol{AU}=\mathrm{diag}(\lambda_1,\lambda_2,\cdots,\lambda_n),$$

于是 $\boldsymbol{A}=\boldsymbol{U}\mathrm{diag}(\lambda_1,\lambda_2,\cdots,\lambda_n)\boldsymbol{U}^{\mathrm{H}}$，其中 $\lambda_1,\lambda_2,\cdots,\lambda_n$ 是 $\boldsymbol{A}$ 的 n 个特征值. 因此，

$$\begin{aligned}A^{\mathrm{H}} &= [\boldsymbol{U}\mathrm{diag}(\lambda_1,\lambda_2,\cdots,\lambda_n)\boldsymbol{U}^{\mathrm{H}}]^{\mathrm{H}} = \boldsymbol{U}\mathrm{diag}(\overline{\lambda_1},\overline{\lambda_2},\cdots,\overline{\lambda_n})\boldsymbol{U}^{\mathrm{H}}\\ &= \boldsymbol{U}\mathrm{diag}(\lambda_1,\lambda_2,\cdots,\lambda_n)\boldsymbol{U}^{\mathrm{H}}\\ &= \boldsymbol{A},\end{aligned}$$

即 $\boldsymbol{A}$ 是 Hermite 矩阵.

例 5.14 和例 5.15 表明，特征值的模均为 1 的正规矩阵就是酉矩阵；特征值均为实数(即虚部为零)的正规矩阵就是 Hermite 矩阵；还可证明特征值的实部为零的正规矩阵就是反 Hermite 矩阵.

***例 5.16**　验证 $\boldsymbol{A}=\begin{bmatrix}0&1&\mathrm{i}\\1&0&-\mathrm{i}\\-\mathrm{i}&\mathrm{i}&0\end{bmatrix}$ 是 Hermite 矩阵，求酉矩阵 $\boldsymbol{U}$，

使得 $U^H AU=\Lambda$.

解　因为 $A^H=\begin{bmatrix}0&1&i\\1&0&-i\\-i&i&0\end{bmatrix}^H=\begin{bmatrix}0&1&i\\1&0&-i\\-i&i&0\end{bmatrix}=A$,所示 A 是 Hermite 矩阵.

由 $U^H AU=\Lambda$,得 $AU=U\Lambda=U\begin{bmatrix}\lambda_1&&\\&\lambda_2&\\&&\lambda_3\end{bmatrix}$(其中 $\lambda_1,\lambda_2,\lambda_3$ 是 A 的 3 个特征值).

若设 $U=[\boldsymbol{\alpha}_1\ \ \boldsymbol{\alpha}_2\ \ \boldsymbol{\alpha}_3]$,则有 $[A\boldsymbol{\alpha}_1\ \ A\boldsymbol{\alpha}_2\ \ A\boldsymbol{\alpha}_3]=[\lambda_1\boldsymbol{\alpha}_1\ \ \lambda_2\boldsymbol{\alpha}_2\ \ \lambda_3\boldsymbol{\alpha}_3]$. 于是得 $\begin{cases}A\boldsymbol{\alpha}_1=\lambda_1\boldsymbol{\alpha}_1,\\A\boldsymbol{\alpha}_2=\lambda_2\boldsymbol{\alpha}_2,\\A\boldsymbol{\alpha}_3=\lambda_3\boldsymbol{\alpha}_3.\end{cases}$ 这说明 $\boldsymbol{\alpha}_1,\boldsymbol{\alpha}_2,\boldsymbol{\alpha}_3$ 是 A 的分别对应于 $\lambda_1,\lambda_2,\lambda_3$ 的特征向量,故求 U 即是求 A 的一组标准正交的特征向量.

令 $\det(\lambda E-A)=\begin{vmatrix}\lambda&-1&-i\\-1&\lambda&i\\i&-i&\lambda\end{vmatrix}=\begin{vmatrix}0&\lambda^2-1&(\lambda-1)i\\-1&\lambda&i\\0&(\lambda-1)i&\lambda-1\end{vmatrix}$

$$=(\lambda-1)^2(\lambda+2)=0,$$

得 A 的所有特征值 $\lambda_1=\lambda_2=1,\lambda_3=-2$.

对于 $\lambda=1$,解线性方程组 $(E-A)x=\mathbf{0}$,若设 $x=(\xi_1,\xi_2,\xi_3)^T$,则方程组为

$$\begin{bmatrix}1&-1&-i\\-1&1&i\\i&-i&1\end{bmatrix}\begin{bmatrix}\xi_1\\\xi_2\\\xi_3\end{bmatrix}=\begin{bmatrix}0\\0\\0\end{bmatrix}\Leftrightarrow \xi_1-\xi_2-i\xi_3=0\Leftrightarrow \xi_1=\xi_2+i\xi_3.$$

解之得 A 的两个线性无关的特征向量 $x_1=\begin{bmatrix}1\\1\\0\end{bmatrix},x_2=\begin{bmatrix}i\\0\\1\end{bmatrix}$.

对于 $\lambda=-2$,解线性方程组 $(-2\boldsymbol{E}-\boldsymbol{A})\boldsymbol{x}=\boldsymbol{0}$,即

$$\begin{bmatrix}-2 & -1 & -\mathrm{i}\\ -1 & -2 & \mathrm{i}\\ \mathrm{i} & -\mathrm{i} & -2\end{bmatrix}\begin{bmatrix}\xi_1\\ \xi_2\\ \xi_3\end{bmatrix}=\begin{bmatrix}0\\0\\0\end{bmatrix}\Leftrightarrow\begin{cases}\xi_1+\mathrm{i}\xi_3=0,\\ \xi_2-\mathrm{i}\xi_3=0.\end{cases}\Leftrightarrow\begin{cases}\xi_1=-\mathrm{i}\xi_3,\\ \xi_2=\mathrm{i}\xi_3.\end{cases}$$

由此得 $\boldsymbol{A}$ 的一个特征向量 $\boldsymbol{x}_3=\begin{bmatrix}\mathrm{i}\\ -\mathrm{i}\\ -1\end{bmatrix}$.

于是 $\{\boldsymbol{x}_1,\boldsymbol{x}_2,\boldsymbol{x}_3\}$ 是 $\boldsymbol{A}$ 的一组线性无关的特征向量. 由例 5.11 知 $\{\boldsymbol{x}_1,\boldsymbol{x}_2,\boldsymbol{x}_3\}$ 可标准正交化为

$$\boldsymbol{\alpha}_1=\begin{bmatrix}\frac{1}{\sqrt{2}}\\ \frac{1}{\sqrt{2}}\\ 0\end{bmatrix},\boldsymbol{\alpha}_2=\begin{bmatrix}\frac{\mathrm{i}}{\sqrt{6}}\\ \frac{-\mathrm{i}}{\sqrt{6}}\\ \frac{2}{\sqrt{6}}\end{bmatrix},\boldsymbol{\alpha}_3=\begin{bmatrix}\frac{\mathrm{i}}{\sqrt{3}}\\ \frac{-\mathrm{i}}{\sqrt{3}}\\ \frac{-1}{\sqrt{3}}\end{bmatrix};$$

从而 $\{\boldsymbol{\alpha}_1,\boldsymbol{\alpha}_2,\boldsymbol{\alpha}_3\}$ 是 $\boldsymbol{A}$ 的一组标准正交的特征向量. 故可取

$$\boldsymbol{U}=[\boldsymbol{\alpha}_1\quad\boldsymbol{\alpha}_2\quad\boldsymbol{\alpha}_3]=\begin{bmatrix}\frac{1}{\sqrt{2}} & \frac{\mathrm{i}}{\sqrt{6}} & \frac{\mathrm{i}}{\sqrt{3}}\\ \frac{1}{\sqrt{2}} & \frac{-\mathrm{i}}{\sqrt{6}} & \frac{-\mathrm{i}}{\sqrt{3}}\\ 0 & \frac{2}{\sqrt{6}} & \frac{-1}{\sqrt{3}}\end{bmatrix}.$$

而与之对应的 $\boldsymbol{\Lambda}=\begin{bmatrix}1 & & \\ & 1 & \\ & & -2\end{bmatrix}$.

同第 2 章的情形一样,这里的酉矩阵 $\boldsymbol{U}$ 不是唯一的,并且在 $\boldsymbol{\Lambda}$ 中各个特征值 λ_i 的列序与其对应的特征向量 $\boldsymbol{\alpha}_i$ 在 $\boldsymbol{U}$ 中的列序一致.

二、Hermite 矩阵的分类

因为 $\forall \boldsymbol{x} \in \mathbb{C}^n$，有 $f=\boldsymbol{x}^{\mathrm{H}}\boldsymbol{A}\boldsymbol{x} \in \mathbb{R}$，故可根据 f 的正、负将 $\boldsymbol{A}$ 分为正定、负定等.

定义 5.8　设 $\boldsymbol{A} \in \mathbb{C}^{n\times n}$ 是 Hermite 矩阵.

(1)若对任意非零向量 $\boldsymbol{x} \in \mathbb{C}^n$，恒有 $f=\boldsymbol{x}^{\mathrm{H}}\boldsymbol{A}\boldsymbol{x}>0$，则称 $\boldsymbol{A}$ 是**正定矩阵**；

(2)若对任意非零向量 $\boldsymbol{x} \in \mathbb{C}^n$，恒有 $f=\boldsymbol{x}^{\mathrm{H}}\boldsymbol{A}\boldsymbol{x}<0$，则称 $\boldsymbol{A}$ 是**负定矩阵**；

(3)若对任意非零向量 $\boldsymbol{x} \in \mathbb{C}^n$，恒有 $f=\boldsymbol{x}^{\mathrm{H}}\boldsymbol{A}\boldsymbol{x}\geqslant 0(\leqslant 0)$，则称 $\boldsymbol{A}$ 是半正(半负)定矩阵.

(4)若 $\boldsymbol{A}$ 既不是半正定的，又不是半负定的，则称 $\boldsymbol{A}$ 是不定的.

显然，正定矩阵必定是半正定的，负定矩阵必定是半负定的，反之不真.

以上关于 Hermite 矩阵的分类，对于实对称矩阵自然适用.

例 5.17　(1)Hermite 矩阵 $\boldsymbol{A} \in \mathbb{C}^{n\times n}$ 是负定的(半负定的)，当且仅当 $-\boldsymbol{A}$ 是正定的(半正定的)；

(2)若 Hermite 矩阵 $\boldsymbol{A}=[a_{ij}] \in \mathbb{C}^{n\times n}$ 是正定的，则 $a_{ii}>0(i=1,2,\cdots,n)$，反之不真.

证　(1)显然.

(2)因为 $\boldsymbol{A}=[a_{ij}] \in \mathbb{C}^{n\times n}$ 正定，故对于向量 $\boldsymbol{e}_i=(0,0,\cdots,0,1,0,\cdots,0)^{\mathrm{T}} \in \mathbb{C}^n$，有

$$\boldsymbol{e}_i^{\mathrm{H}}\boldsymbol{A}\boldsymbol{e}_i=a_{ii}>0\ \ (i=1,2,\cdots,n).$$

反之不真，例如 Hermite 矩阵 $\boldsymbol{A}=\begin{bmatrix}1 & -2\mathrm{i}\\ 2\mathrm{i} & 1\end{bmatrix}$ 不是正定的.

三、正定矩阵的充要条件及其性质

定理 5.11　Hermite 矩阵 $\boldsymbol{A}=[a_{ij}] \in \mathbb{C}^{n\times n}$ 是正定的，当且仅当 $\boldsymbol{A}$

满足下列条件之一：

(1) $\forall \lambda \in \sigma(\boldsymbol{A})$，有 $\lambda > 0$，即 $\boldsymbol{A}$ 的特征值均大于零；

(2) $\forall k = 1,2,\cdots,n$，有 $\det \boldsymbol{A}_k > 0$，其中 $\boldsymbol{A}_k = \begin{bmatrix} a_{11} & \cdots & a_{1k} \\ \vdots & & \vdots \\ a_{k1} & \cdots & a_{kk} \end{bmatrix}$，即 $\boldsymbol{A}$ 的各阶顺序主子式均大于零.

证　(1) 必要性.

$\forall \lambda \in \sigma(\boldsymbol{A})$，设 $\boldsymbol{x} \in \mathbb{C}^n$ 是 $\boldsymbol{A}$ 的对应于 λ 的特征向量，即 $\boldsymbol{Ax} = \lambda \boldsymbol{x}$，且 $\boldsymbol{x} \neq \boldsymbol{0}$；由 $\boldsymbol{A}$ 正定，得

$$\lambda < \boldsymbol{x},\boldsymbol{x} > = < \lambda\boldsymbol{x},\boldsymbol{x} > = < \boldsymbol{Ax},\boldsymbol{x} > = \boldsymbol{x}^{\mathrm{H}}\boldsymbol{Ax} > 0.$$

因为 $\boldsymbol{x} \neq \boldsymbol{0}$，从而 $< \boldsymbol{x},\boldsymbol{x} > > 0$，所以 $\lambda > 0$.

充分性.

设 $\boldsymbol{A}$ 的特征值为 $\lambda_1,\lambda_2,\cdots,\lambda_n$. 因为 $\boldsymbol{A}$ 是 Hermite 矩阵，故存在酉矩阵 $\boldsymbol{U} \in \mathbb{C}^{n\times n}$，使得

$$\boldsymbol{U}^{\mathrm{H}}\boldsymbol{AU} = \mathrm{diag}(\lambda_1,\lambda_2,\cdots,\lambda_n).$$

对于任意非零向量 $\boldsymbol{x} \in \mathbb{C}^n$，作变换 $\boldsymbol{x} = \boldsymbol{Uy}$，即 $\boldsymbol{y} = \boldsymbol{U}^{-1}\boldsymbol{x} \neq \boldsymbol{0}$. 若记 $\boldsymbol{y} = (y_1,y_2,\cdots,y_n)^{\mathrm{T}}$，则至少有一个 $y_i \neq 0$，故由条件得

$$\begin{aligned} \boldsymbol{x}^{\mathrm{H}}\boldsymbol{Ax} &= (\boldsymbol{Uy})^{\mathrm{H}}\boldsymbol{A}(\boldsymbol{Uy}) = \boldsymbol{y}^{\mathrm{H}}\boldsymbol{U}^{\mathrm{H}}\boldsymbol{AUy} = \boldsymbol{y}^{\mathrm{H}}\mathrm{diag}(\lambda_1,\lambda_2,\cdots,\lambda_n)\boldsymbol{y} \\ &= \sum_{i=1}^{n} \lambda_i |y_i|^2 > 0, \end{aligned}$$

即 $\boldsymbol{A}$ 正定.

(2) 证明从略.

推论 1　正定矩阵(或半正定矩阵)的行列式、迹均为正(或非负)的.

推论 2　设 $\boldsymbol{A} = [a_{ij}] \in \mathbb{C}^{n\times n}$ 是 Hermite 矩阵，则

(1) 当 $\boldsymbol{A}$ 负定时，$a_{ii} < 0 (i = 1,2,\cdots,n)$，反之不真；

(2) $\boldsymbol{A}$ 负定的充要条件是 $\boldsymbol{A}$ 的所有特征值均小于零；

(3) $\boldsymbol{A}$ 负定的充要条件是 $(-1)^k \det \boldsymbol{A}_k > 0 (k = 1,2,\cdots,n)$，即 $\boldsymbol{A}$ 的

奇数阶顺序主子式均小于零,而偶数阶顺序主子式均大于零.

证 A 负定,即 $-A$ 正定,由例 5.17 知(1)成立,由定理 5.11 知(2)、(3)成立.

例 5.18 设 $A\in\mathbb{C}^{n\times n}$ 是 Hermite 矩阵,证明 e^A 是正定矩阵.

证 先验证 e^A 是 Hermite 矩阵:

$$(e^{A})^{H}=\overline{(e^{A})^{T}}=\overline{e^{A^{T}}}=\overline{\sum_{k=0}^{\infty}\frac{(A^{T})^{k}}{k!}}=\sum_{k=0}^{\infty}\frac{\overline{(A^{T})^{k}}}{k!}=\sum_{k=0}^{\infty}\frac{(\overline{A^{T}})^{k}}{k!}$$
$$=\sum_{k=0}^{\infty}\frac{(A^{H})^{k}}{k!}=\sum_{k=0}^{\infty}\frac{A^{k}}{k!}=e^{A}.$$

再证明 e^A 是正定的:

因为 Hermite 矩阵 A 的特征值 $\lambda_1,\lambda_2,\cdots,\lambda_n$ 均为实数,故 e^A 的特征值 $e^{\lambda_1},e^{\lambda_2},\cdots,e^{\lambda_n}$ 均为正数,所以 e^A 是正定的.

例 5.19 实对称矩阵 $A=\begin{bmatrix}1&2&0\\2&5&-1\\0&-1&t\end{bmatrix}$ 是正定的充要条件是 $t\in$______.

解 因为 A 的一阶顺序主子式 $\det A_1=1>0$,二阶顺序主子式 $\det A_2=1>0$,故 A 正定的充要条件是 $\det A_3=\begin{vmatrix}1&2&0\\2&5&-1\\0&-1&t\end{vmatrix}=t-1>0$,

即 $t>1$,故 $t\in(1,+\infty)$.

例 5.20 证明对任意的正规矩阵 $A\in\mathbb{C}^{n\times n}$,有 $\rho(A)=\|A\|_2$,即正规矩阵的 2-范数是其最小方阵范数.

证 设 $\rho(A)=|\lambda_j|=\max\{|\lambda_1|,|\lambda_2|,\cdots,|\lambda_n|\}$. 因为 A 是正规矩阵,故存在酉矩阵 U 使得 $A=U\mathrm{diag}(\lambda_1,\lambda_2,\cdots,\lambda_n)U^H$. 于是有

$$\begin{aligned}A^HA&=[U\mathrm{diag}(\lambda_1,\lambda_2,\cdots,\lambda_n)U^H]^HU\mathrm{diag}(\lambda_1,\lambda_2,\cdots,\lambda_n)U^H\\&=U\mathrm{diag}(|\lambda_1|^2,|\lambda_2|^2,\cdots,|\lambda_n|^2)U^H,\end{aligned}$$

即 A^HA 的特征值为 $|\lambda_1|^2,|\lambda_2|^2,\cdots,|\lambda_n|^2$,从而

$$\rho(\boldsymbol{A}^{\mathrm{H}}\boldsymbol{A}) = \max\{|\boldsymbol{\lambda}_1|^2, |\boldsymbol{\lambda}_2|^2, \cdots, |\boldsymbol{\lambda}_n|^2\} = |\boldsymbol{\lambda}_j|^2.$$

所以，$\|\boldsymbol{A}\|_2 = \sqrt{\rho(\boldsymbol{A}^{\mathrm{H}}\boldsymbol{A})} = |\boldsymbol{\lambda}_j| = \rho(\boldsymbol{A})$.

习题 5

A

一、判断题

1. 设有内积空间$(X, <\cdot,\cdot>)$，则$\forall x,y\in X$有$|<x,y>| \leqslant \sqrt{<x,x>}\sqrt{<y,y>}$. ( )

2. 设X是任一内积空间，$x,y\in X$，则$x\perp y \Leftrightarrow \|x+y\|^2 = \|x\|^2 + \|y\|^2$. ( )

3. 设X是内积空间，$A\subset X$，则$A^{\perp}$是X的子空间. ( )

4. 设$\{x_1,x_2,\cdots,x_n\}$是内积空间X的正交系，则$\{x_1,x_2,\cdots,x_n\}$是线性无关集. ( )

5. 设有内积空间$(X, <\cdot,\cdot>)$，$\|\cdot\|$是由内积导出的范数，则$\forall x,y\in X$有$\|x+y\|^2 + \|x-y\|^2 = 2(\|x\|^2 + \|y\|^2)$. ( )

6. 设有内积空间$(X, <\cdot,\cdot>)$，则$\forall x,y,z\in X$及$\forall \alpha,\beta\in\mathbb{K}$，有$<x,\alpha y+\beta z> = \alpha<x,y> + \beta<x,z>$. ( )

7. $\mathbb{C}^{n\times n}$上的F－范数$\|\cdot\|_{\mathrm{F}}$可以由内积$<\boldsymbol{A},\boldsymbol{B}> = \sum_{i=1}^{n}\sum_{j=1}^{n} a_{ij}\overline{b_{ij}}$ $(\forall \boldsymbol{A}=[a_{ij}],\boldsymbol{B}=[b_{ij}]\in\mathbb{C}^{n\times n})$导出. ( )

8. 设$\boldsymbol{A}\in\mathbb{C}^{n\times n}$，若$\boldsymbol{A}^{\mathrm{H}} = -\boldsymbol{A}$，则$\boldsymbol{A}$是正规矩阵. ( )

9. 设$\boldsymbol{A}\in\mathbb{C}^{n\times n}$，则$\boldsymbol{A}$是Hermite矩阵的充要条件是$\boldsymbol{A}$可酉对角化. ( )

10. 设$\boldsymbol{A}\in\mathbb{C}^{n\times n}$，若$\boldsymbol{A}^{\mathrm{H}} = -\boldsymbol{A}$，则$\mathrm{e}^{\boldsymbol{A}}$是酉矩阵. ( )

11. 设$\boldsymbol{A}\in\mathbb{C}^{n\times n}$是Hermite矩阵，则$\mathrm{e}^{\boldsymbol{A}}$是正定矩阵. ( )

12. 酉矩阵的特征值不等于1就等于－1. ( )

13. 正规矩阵的最小多项式无重零点. ( )

14. 正定矩阵的特征值均大于零. ( )

15. 设 $U \in \mathbb{C}^{n\times n}$ 是酉矩阵，则 $\forall x \in \mathbb{C}^n$，有 $\| Ux \|_2 = \| x \|_2$.

( )

二、填空题

1. 设 u 是内积空间 X 的任一元素，$x \in X$，若 $<x,u>=0$，则 $x=$ ______.

2. 设 A 是内积空间 X 的任一集合，且 $0 \in A$，则 $A \cap A^{\perp}=$ ______.

3. 设 A 是内积空间 X 的非空子集，则包含 A 的最小子空间为 ______.

4. 设 $U \in \mathbb{C}^{n\times n}$ 是酉矩阵，则 $\rho(U)=$ ______.

5. $A \in \mathbb{C}^{n\times n}$ 是正规矩阵，若 $\| A \|_2 = 3$，则 $\rho(A)=$ ______.

6. 设 $U \in \mathbb{C}^{n\times n}$ 是酉矩阵，$A=\dfrac{1}{2}U$，则 $\lim\limits_{k\to\infty} A^k=$ ______.

7. 设正规矩阵 $A \in \mathbb{C}^{3\times 3}$ 的特征值为 1、1、2. 若 $B \sim A$，则 $\lambda E - B$ 的不变因子 $d_1(\lambda)=$ ______，$d_2(\lambda)=$ ______，$d_3(\lambda)=$ ______.

8. 设 $A \in \mathbb{C}^{n\times n}$ 是 Hermite 矩阵，则 $\forall x \in \mathbb{C}^n$，$f=x^{\mathrm{H}}Ax$ 是______数.

9. 设 λ,μ 是 Hermite 矩阵 $A \in \mathbb{C}^{n\times n}$ 的任意两个不相等的特征值. 若 $x,y \in \mathbb{C}^n$ 是 A 的分别对应于 λ 和 μ 的特征向量，则 $<x,y>=$ ______.

10. 设 $U,V \in \mathbb{C}^{n\times n}$ 都是酉矩阵，则 $|\det(UV)|=$ ______.

11. 设 $U=\begin{bmatrix} \frac{1}{\sqrt{2}} & \frac{\mathrm{i}}{\sqrt{6}} & c \\ \frac{1}{\sqrt{2}} & b & \frac{-\mathrm{i}}{\sqrt{3}} \\ a & \frac{2}{\sqrt{6}} & \frac{-1}{\sqrt{3}} \end{bmatrix}$ 是酉矩阵，则 $a=$ ______，$b=$ ______，$c=$ ______.

三、单项选择题

1. 设 $A \in \mathbb{C}^{n\times n}$，则 A 是 Hermite 矩阵的充要条件是(　　).

A. $\boldsymbol{A}$ 的最小多项式无重零点

B. $\boldsymbol{A}$ 可酉对角化

C. $\boldsymbol{A}$ 的主对角元素都是实数

D. $\boldsymbol{A}$ 是正规矩阵且 $\boldsymbol{A}$ 的特征值都是实数

2. 设 $\boldsymbol{A}\in\mathbb{C}^{n\times n}$ 是正规矩阵，则 $\boldsymbol{A}$ 是酉矩阵的充要条件是(　　).

A. $\boldsymbol{A}$ 的特征值都是正数　　B. $\boldsymbol{A}$ 的特征值都等于 1

C. $\boldsymbol{A}$ 的特征值的模都等于 1　　D. $\boldsymbol{A}$ 的列向量组是正交的

3. 设 $\boldsymbol{U}\in\mathbb{C}^{n\times n}$ 是酉矩阵，则下列结论不成立的是(　　).

A. $|\det \boldsymbol{U}|=1$　　B. $\boldsymbol{U}$ 的行向量组标准正交

C. $\boldsymbol{U}$ 的特征值等于 1 或 -1　　D. $\boldsymbol{U}^{-1}=\boldsymbol{U}^{\mathrm{H}}$

B

1. 证明：(1) 若 $\forall \boldsymbol{x}=(\xi_1,\xi_2,\cdots,\xi_n)^{\mathrm{T}}$, $\forall \boldsymbol{y}=(\eta_1,\eta_2,\cdots,\eta_n)^{\mathrm{T}}\in\mathbb{C}^n$，令 $<\boldsymbol{x},\boldsymbol{y}>_k=\sum\limits_{k=1}^{n}k\xi_k\overline{\eta_k}$，则 $<\cdot,\cdot>_k$ 是 $\mathbb{C}^n$ 上的一种内积；

(2) 若 $\forall \boldsymbol{A}=[a_{ij}],\boldsymbol{B}=[b_{ij}]\in\mathbb{C}^{n\times n}$，令 $<\boldsymbol{A},\boldsymbol{B}>=\sum\limits_{i=1}^{n}\sum\limits_{j=1}^{n}a_{ij}\overline{b_{ij}}$，则 $(\mathbb{C}^{n\times n},<\cdot,\cdot>)$ 是内积空间，并且有 $\sqrt{<\boldsymbol{A},\boldsymbol{A}>}=\|\boldsymbol{A}\|_{\mathrm{F}}$.

2. 设 X 是实内积空间，试证：$\forall x,y\in X$，极化恒等式

$$<x,y>=\frac{1}{4}(\|x+y\|^2-\|x-y\|^2)$$

成立.

3. $\forall A,B\subset(X,<\cdot,\cdot>)$，证明：(1) 若 $A\subset B$，则 $B^{\perp}\subset A^{\perp}$；

(2) $A\subset(A^{\perp})^{\perp}$.

4. 证明 $\boldsymbol{A}=\begin{bmatrix}2&-1&-1\\-1&6&0\\-1&0&6\end{bmatrix}$ 是正定的，并求其 Jordan 标准形.

5. 设 $\boldsymbol{A}\in\mathbb{C}^{n\times n}$ 是半正定矩阵，则 $\boldsymbol{A}$ 是正定的，当且仅当 $\boldsymbol{A}$ 是非奇异的.

6. 设 $\boldsymbol{A}\in\mathbb{C}^{n\times n}$ 是可逆的 Hermite 矩阵，证明 $\boldsymbol{A}^2$ 是正定矩阵.

*7. 判定 Hermite 矩阵 $\boldsymbol{A}=\begin{bmatrix}0 & \mathrm{i} & 1\\ -\mathrm{i} & 0 & 0\\ 1 & 0 & 0\end{bmatrix}$是否是正定的，并将其酉对角化.

第6章　线性方程组的解法

本章介绍线性方程组的两类实用解法，重点是迭代法以及迭代法收敛性的讨论.

§6.1　线性方程组的性态、严格对角占优矩阵

在介绍解线性方程组的各种方法之前，我们对线性方程组的性态进行必要的讨论，以便在实际应用中根据方程组的性态，采用合适的解法.

一、线性方程组的性态

若线性方程组 $\boldsymbol{A}\boldsymbol{x}=\boldsymbol{b}$，即

$$\begin{cases} a_{11}x_1+a_{12}x_2+\cdots+a_{1n}x_n=b_1 \\ a_{21}x_1+a_{22}x_2+\cdots+a_{2n}x_n=b_2 \\ \cdots\cdots \\ a_{n1}x_1+a_{n2}x_2+\cdots+a_{nn}x_n=b_n \end{cases} \tag{6.1}$$

的系数矩阵 $\boldsymbol{A}=[a_{ij}]\in\mathbb{R}^{n\times n}$ 非奇异，则有唯一解，并且 $x_j=\dfrac{D_j}{D}(j=1,2,\cdots,n)$，其中 $D=\det\boldsymbol{A}$ 是系数行列式，D_j 是将 D 的第 j 列换成右端项 $\boldsymbol{b}=(b_1,b_2,\cdots,b_n)^{\mathrm{T}}$ 所得的行列式. 这就是著名的 Cramer 法则，它有着重要的理论意义. 但当 n 较大时，其计算量可能过大（乘、除法运算次数总和为 $(n+1)!\ (n-1)$），故往往无法使用.

下面总假设 $\boldsymbol{A}$ 非奇异，故线性方程组有唯一解，只讨论如何求解的问题.

经过不断努力,人们找到了许多解线性方程组的有效方法,这些方法大体可分为两类:一类是直接法——经过有限次运算(假设每次运算都没有误差)就能求出准确解的方法;另一类是迭代法——通过迭代序列无限逼近准确解而取序列的某一项作为近似解的方法.

一个线性方程组是科学技术或经济管理中的一类线性问题的数学模型,其初始数据(系数矩阵及右端项)往往通过实验或观测得到,一般都会有误差(即使初始数据是准确的,但因其是无理数或数位太多而在计算时需取其近似值),显然这种误差对于方程组的解必定会产生影响,故即使采用直接法得到的一般也是近似解. 而这种影响的大小取决于该线性方程组的自身结构(主要是其系数矩阵),不同结构的方程组会表现出不同的性态.

例如,易知线性方程组

$$\begin{cases} 12x_1 + 35x_2 = 59 \\ 12x_1 + 35.001x_2 = 59.001 \end{cases}$$

的解为 $x_1 = 2, x_2 = 1$.

当初始数据产生微小扰动而变为

$$\begin{cases} 12x_1 + 35x_2 = 59 \\ 12x_1 + 34.999x_2 = 59.002 \end{cases}$$

时,其解变为 $x_1 = 10.75, x_2 = -2$.

在此线性方程组中,初始数据的微小扰动对解产生很大影响. 这种现象在实际计算中应当特别注意.

定义 6.1　若线性方程组 $\boldsymbol{Ax} = \boldsymbol{b}$ 的系数矩阵 $\boldsymbol{A} \in \mathbb{R}^{n\times n}$和右端项 $\boldsymbol{b} \in \mathbb{R}^n$ 有微小变化,引起解向量 $\boldsymbol{x} \in \mathbb{R}^n$ 的变化很大,则称此方程组是**病态的**,其系数矩阵 $\boldsymbol{A}$ 称为**病态矩阵**(对于解方程组而言). 反之,若系数矩阵 $\boldsymbol{A} \in \mathbb{R}^{n\times n}$和右端项 $\boldsymbol{b} \in \mathbb{R}^n$ 的微小变化,引起的解向量的变化也是微小的,则称此方程组是良态的,相应地称 $\boldsymbol{A}$ 是**良态矩阵**.

上例中的方程组就是病态的,对于解方程组而言,矩阵

$\begin{bmatrix} 12 & 35 \\ 12 & 35.001 \end{bmatrix}$是病态矩阵.

线性方程组的性态可以通过其系数矩阵的“条件数”来反映.

二、矩阵的条件数

系数矩阵 $\boldsymbol{A}$ 及右端项 $\boldsymbol{b}(\neq\boldsymbol{0})$ 的初始扰动都会引起解的变化. 为简单起见,我们分别进行讨论.

(1)假设矩阵 $\boldsymbol{A}$ 没有误差,向量 $\boldsymbol{b}$ 有扰动 $\delta\boldsymbol{b}$.

由 $\delta\boldsymbol{b}$ 引起的解向量 $\boldsymbol{x}$ 的变化(即扰动)为 $\delta\boldsymbol{x}$. 从而有

$$\boldsymbol{A}(\boldsymbol{x}+\delta\boldsymbol{x})=\boldsymbol{b}+\delta\boldsymbol{b}, \text{即 } \boldsymbol{A}\boldsymbol{x}+\boldsymbol{A}\delta\boldsymbol{x}=\boldsymbol{b}+\delta\boldsymbol{b}.$$

因为 $\boldsymbol{x}$ 满足 $\boldsymbol{A}\boldsymbol{x}=\boldsymbol{b}$,故有 $\boldsymbol{A}\delta\boldsymbol{x}=\delta\boldsymbol{b}$. 由于 $\boldsymbol{A}$ 非奇异,所以有

$$\delta\boldsymbol{x}=\boldsymbol{A}^{-1}\delta\boldsymbol{b}.$$

$$\|\delta\boldsymbol{x}\|_\alpha=\|\boldsymbol{A}^{-1}\delta\boldsymbol{b}\|_\alpha\leqslant\|\boldsymbol{A}^{-1}\|\ \|\delta\boldsymbol{b}\|_\alpha.$$

由 $\|\boldsymbol{b}\|_\alpha=\|\boldsymbol{A}\boldsymbol{x}\|_\alpha\leqslant\|\boldsymbol{A}\|\ \|\boldsymbol{x}\|_\alpha$ 得 $\dfrac{1}{\|\boldsymbol{x}\|_\alpha}\leqslant\dfrac{\|\boldsymbol{A}\|}{\|\boldsymbol{b}\|_\alpha}$,结合上式得

$$\frac{\|\delta\boldsymbol{x}\|_\alpha}{\|\boldsymbol{x}\|_\alpha}\leqslant(\|\boldsymbol{A}^{-1}\|\ \|\boldsymbol{A}\|)\frac{\|\delta\boldsymbol{b}\|_\alpha}{\|\boldsymbol{b}\|_\alpha}.$$

这表明,解的相对误差(确切说是误差限,下同)不超过右端项的相对误差的 $\|\boldsymbol{A}^{-1}\|\ \|\boldsymbol{A}\|$ 倍.

(2)假设矩阵 $\boldsymbol{A}$ 有扰动 $\delta\boldsymbol{A}$,向量 $\boldsymbol{b}$ 没有误差.

由 $\delta\boldsymbol{A}$ 引起的解向量 $\boldsymbol{x}$ 的变化(即扰动)为 $\delta\boldsymbol{x}$. 从而有

$$(\boldsymbol{A}+\delta\boldsymbol{A})(\boldsymbol{x}+\delta\boldsymbol{x})=\boldsymbol{b}, \text{即 } \boldsymbol{A}\boldsymbol{x}+\boldsymbol{A}\delta\boldsymbol{x}=-\delta\boldsymbol{A}(\boldsymbol{x}+\delta\boldsymbol{x})+\boldsymbol{b}.$$

因为 $\boldsymbol{x}$ 满足 $\boldsymbol{A}\boldsymbol{x}=\boldsymbol{b}$,且 $\boldsymbol{A}$ 非奇异,所以有

$$\delta\boldsymbol{x}=-\boldsymbol{A}^{-1}\delta\boldsymbol{A}(\boldsymbol{x}+\delta\boldsymbol{x}).$$

于是 $$\|\delta\boldsymbol{x}\|_\alpha=\|-\boldsymbol{A}^{-1}\delta\boldsymbol{A}(\boldsymbol{x}+\delta\boldsymbol{x})\|_\alpha\leqslant\|\boldsymbol{A}^{-1}\|\ \|\delta\boldsymbol{A}\|\ \|\boldsymbol{x}+\delta\boldsymbol{x}\|_\alpha,$$

故 $$\frac{\|\delta\boldsymbol{x}\|_\alpha}{\|\boldsymbol{x}+\delta\boldsymbol{x}\|_\alpha}\leqslant\|\boldsymbol{A}^{-1}\|\ \|\delta\boldsymbol{A}\|=(\|\boldsymbol{A}^{-1}\|\ \|\boldsymbol{A}\|)\frac{\|\delta\boldsymbol{A}\|}{\|\boldsymbol{A}\|}.$$

这表明,解的相对误差不超过系数矩阵 $\boldsymbol{A}$ 的相对误差的 $\|\boldsymbol{A}^{-1}\|\ \|\boldsymbol{A}\|$

倍.

由前面的分析可见,非负数 $\|A^{-1}\|\|A\|$ 越大,由 δb 或 δA 引起的方程组的解的相对误差就越大. 因此,可以用 $\|A^{-1}\|\|A\|$ 来刻画线性方程组性态,并将此数称为 A 的条件数.

定义 6.2　设 $A\in\mathbb{R}^{n\times n}$ 非奇异,$\|\cdot\|$ 是方阵的一种算子范数,称 $\|A^{-1}\|\|A\|$ 为矩阵 A 的**条件数**,记为 $\mathrm{cond}\,A$,即

$$\mathrm{cond}\,A=\|A^{-1}\|\|A\|.$$

注意:(1)非奇异矩阵 $A\in\mathbb{R}^{n\times n}$ 的条件数的大小与所用的算子范数有关,常用的条件数有 $\mathrm{cond}_\infty A=\|A^{-1}\|_\infty\|A\|_\infty$,

$$\mathrm{cond}_1 A=\|A^{-1}\|_1\|A\|_1,\mathrm{cond}_2 A=\|A^{-1}\|_2\|A\|_2;$$

(2)不论所用算子范数为何,总有 $\mathrm{cond}\,A=\|A^{-1}\|\|A\|\geqslant\|A^{-1}A\|=\|E\|=1$,即矩阵的条件数 $\mathrm{cond}\,A$ 是误差的放大系数.

例 6.1　对于线性方程组

$$\begin{cases}12x_1+35x_2=59,\\12x_1+35.001x_2=59.001,\end{cases}$$

$$A=\begin{bmatrix}12 & 35\\12 & 35.001\end{bmatrix},A^{-1}=\begin{bmatrix}2\,916.75 & -2\,916.67\\-1\,000 & 1\,000\end{bmatrix},$$

$$\|A\|_\infty=47.001,\|A^{-1}\|_\infty=5\,833.42,$$

$$\mathrm{cond}_\infty A=5\,833.42\times47.001\approx2.74\times10^5,$$

$$\frac{\|\delta b\|_\infty}{\|b\|_\infty}=\frac{0.001}{59.001}\approx1.69\times10^{-5},$$

$$\frac{\|\delta x\|_\infty}{\|x\|_\infty}\leqslant\mathrm{cond}\,A\frac{\|\delta b\|_\infty}{\|b\|_\infty}\approx2.74\times10^5\times1.69\times10^{-5}\approx4.63=463\%.$$

当矩阵 A 有扰动 δA,向量 b 有扰动 δb 时,若 $\|A^{-1}\|\|\delta A\|<1$,则解向量的相对误差为

$$\frac{\|\delta x\|}{\|x\|}\leqslant\frac{\mathrm{cond}\,A}{1-\mathrm{cond}\,A\cdot\dfrac{\|\delta A\|}{\|A\|}}\left(\frac{\|\delta b\|}{\|b\|}+\frac{\|\delta A\|}{\|A\|}\right),$$

表明 cond A 越大,解的相对误差就越大.(证明从略.)

以上讨论说明,当 cond A 很小时,$Ax=b$ 是良态的;当 cond A 较大时,$Ax=b$ 可能是病态的,而且 cond A 越大病态越严重.

但 cond A 等于多少时 $Ax=b$ 就是病态的,没有公认的数量标准;况且计算 cond A 也不是一件容易的事.通常可根据下列现象来判定 $Ax=b$ 是否是病态的:

(1)系数行列式的绝对值很小时,方程组可能是病态的;

(2)系数矩阵各元素的数量级相差很大时,方程组可能是病态的;

(3)给系数矩阵或右端项一个很小的扰动,比较扰动前后的解,当差异很大时,方程组可能是病态的.

在实际应用中,应尽量避免使用病态线性方程组;在不可避免的情况下,应采用具有较高精度的算法解之.

例 6.2 求矩阵 $H=\begin{bmatrix}1 & \frac{1}{2} & \frac{1}{3}\\ \frac{1}{2} & \frac{1}{3} & \frac{1}{4}\\ \frac{1}{3} & \frac{1}{4} & \frac{1}{5}\end{bmatrix}$的条件数$\mathrm{cond}_\infty H$.

解 $$\begin{bmatrix}1 & \frac{1}{2} & \frac{1}{3} & 1 & 0 & 0\\ \frac{1}{2} & \frac{1}{3} & \frac{1}{4} & 0 & 1 & 0\\ \frac{1}{3} & \frac{1}{4} & \frac{1}{5} & 0 & 0 & 1\end{bmatrix}\to\begin{bmatrix}1 & \frac{1}{2} & \frac{1}{3} & 1 & 0 & 0\\ 0 & \frac{1}{12} & \frac{1}{12} & \frac{-1}{2} & 1 & 0\\ 0 & \frac{1}{12} & \frac{4}{45} & \frac{-1}{3} & 0 & 1\end{bmatrix}$$

$$\to\begin{bmatrix}1 & \frac{1}{2} & \frac{1}{3} & 1 & 0 & 0\\ 0 & 1 & 1 & -6 & 12 & 0\\ 0 & 0 & \frac{1}{180} & \frac{1}{6} & -1 & 1\end{bmatrix}$$

$$\rightarrow\begin{bmatrix}1&\frac{1}{2}&\frac{1}{3}&1&0&0\\0&1&1&-6&12&0\\0&0&1&30&-180&180\end{bmatrix}$$

$$\rightarrow\begin{bmatrix}1&0&0&9&-36&30\\0&1&0&-36&192&-180\\0&0&1&30&-180&180\end{bmatrix},$$

于是 $$\boldsymbol{H}^{-1}=\begin{bmatrix}9&-36&30\\-36&192&-180\\30&-180&180\end{bmatrix},$$

故 $$\mathrm{cond}_\infty \boldsymbol{H}=\|\boldsymbol{H}\|_\infty\|\boldsymbol{H}^{-1}\|_\infty=\frac{11}{6}\times 408=748.$$

例 6.3 设 $\boldsymbol{A}\in\mathbb{R}^{n\times n}$ 非奇异,试证:

(1) $\mathrm{cond}_2\boldsymbol{A}=\sqrt{\dfrac{\max\{\sigma(\boldsymbol{A}^{\mathrm{T}}\boldsymbol{A})\}}{\min\{\sigma(\boldsymbol{A}^{\mathrm{T}}\boldsymbol{A})\}}}$;

(2) 当 $\boldsymbol{A}$ 对称时,$\mathrm{cond}_2\boldsymbol{A}=\dfrac{|\lambda_1|}{|\lambda_n|}$,其中 λ_1 和 λ_n 分别是 $\boldsymbol{A}$ 的绝对值最大和最小的特征值.

证 (1) 易知 $\boldsymbol{A}^{\mathrm{T}}\boldsymbol{A}$ 是实对称矩阵,又对任意非零向量 $\boldsymbol{x}\in\mathbb{R}^n$,由 $\boldsymbol{A}\in\mathbb{R}^{n\times n}$ 非奇异知 $\boldsymbol{Ax}\neq\boldsymbol{0}$,故

$$\boldsymbol{x}^{\mathrm{T}}\boldsymbol{A}^{\mathrm{T}}\boldsymbol{Ax}=(\boldsymbol{Ax})^{\mathrm{T}}\boldsymbol{Ax}=\langle\boldsymbol{Ax},\boldsymbol{Ax}\rangle>0,$$

即 $\boldsymbol{A}^{\mathrm{T}}\boldsymbol{A}$ 是正定的,从而 $\boldsymbol{A}^{\mathrm{T}}\boldsymbol{A}$ 所有特征值 μ_i 均大于零,不妨设 $\mu_1\geqslant\mu_2\geqslant\cdots\geqslant\mu_n>0$.

因为 $(\boldsymbol{A}^{-1})^{\mathrm{T}}\boldsymbol{A}^{-1}=(\boldsymbol{A}^{\mathrm{T}})^{-1}\boldsymbol{A}^{-1}=(\boldsymbol{AA}^{\mathrm{T}})^{-1}$,且

$$\begin{aligned}|\lambda\boldsymbol{E}-\boldsymbol{AA}^{\mathrm{T}}|&=|\boldsymbol{A}(\lambda\boldsymbol{E}-\boldsymbol{A}^{\mathrm{T}}\boldsymbol{A})\boldsymbol{A}^{-1}|\\&=|\boldsymbol{A}|\,|\lambda\boldsymbol{E}-\boldsymbol{A}^{\mathrm{T}}\boldsymbol{A}|\,|\boldsymbol{A}^{-1}|\\&=|\lambda\boldsymbol{E}-\boldsymbol{A}^{\mathrm{T}}\boldsymbol{A}|,\end{aligned}$$

即 $\boldsymbol{AA}^{\mathrm{T}}$ 与 $\boldsymbol{A}^{\mathrm{T}}\boldsymbol{A}$ 有相同的特征值,故 $(\boldsymbol{AA}^{\mathrm{T}})^{-1}$ 的特征值为

$$\frac{1}{\mu_n}\geqslant\frac{1}{\mu_{n-1}}\geqslant\cdots\geqslant\frac{1}{\mu_1}>0.$$

因为 $\|A\|_2=\sqrt{\rho(A^{\mathrm{T}}A)}=\sqrt{\mu_1}=\sqrt{\max\{\sigma(A^{\mathrm{T}}A)\}}$,

$$\begin{aligned}\|A^{-1}\|_2&=\sqrt{\rho[(A^{-1})^{\mathrm{T}}A^{-1}]}=\sqrt{\rho[(AA^{\mathrm{T}})^{-1}]}\\&=\sqrt{\frac{1}{\mu_n}}=\frac{1}{\sqrt{\mu_n}}=\frac{1}{\sqrt{\min\{\sigma(A^{\mathrm{T}}A)\}}},\end{aligned}$$

所以 $\mathrm{cond}_2A=\|A^{-1}\|_2\|A\|_2=\sqrt{\dfrac{\max\{\sigma(A^{\mathrm{T}}A)\}}{\min\{\sigma(A^{\mathrm{T}}A)\}}}$.

(2)因为 A 是实对称矩阵,即 $A^{\mathrm{T}}=A$,且 A 非奇异,故 $(A^{-1})^{\mathrm{T}}=(A^{\mathrm{T}})^{-1}=A^{-1}$,即 A^{-1} 也是对称的.

设 A 的 n 个特征值满足不等式

$$|\lambda_1|\geqslant|\lambda_2|\geqslant\cdots\geqslant|\lambda_n|>0,$$

则 A^{-1} 的特征值满足不等式 $\left|\dfrac{1}{\lambda_n}\right|\geqslant\left|\dfrac{1}{\lambda_{n-1}}\right|\geqslant\cdots\geqslant\left|\dfrac{1}{\lambda_1}\right|>0$.

所以,
$$\begin{aligned}\mathrm{cond}_2A&=\|A^{-1}\|_2\|A\|_2=\sqrt{\rho[(A^{-1})^{\mathrm{T}}A^{-1}]}\sqrt{\rho(A^{\mathrm{T}}A)}\\&=\sqrt{\rho[(A^{-1})^2]}\sqrt{\rho(A^2)}=\sqrt{[\rho(A^{-1})]^2}\sqrt{[\rho(A)]^2}\\&=\rho(A^{-1})\rho(A)=\left|\frac{1}{\lambda_n}\right||\lambda_1|=\frac{|\lambda_1|}{|\lambda_n|}.\end{aligned}$$

事实上,由例 5.20 直接有

$$\mathrm{cond}_2A=\|A^{-1}\|_2\|A\|_2=\rho(A^{-1})\rho(A)=\frac{|\lambda_1|}{|\lambda_n|}.$$

三、严格对角占优矩阵及其性质

在这一节的最后介绍一种对于线性方程组来说,具有良好性质的矩阵——严格对角占优矩阵.

定义 6.3 设 $A=[a_{ij}]\in\mathbb{C}^{n\times n}$,若 $\forall i=1,2,\cdots,n$ 有

$$|a_{ii}|>\sum_{\substack{j=1\\j\neq i}}^{n}|a_{ij}|,$$

则称 A 为**严格行对角占优矩阵**；若 A^{T} 是严格行对角占优矩阵，则称 A 是**严格列对角占优矩阵**；严格行对角占优矩阵和严格列对角占优矩阵统称为**严格对角占优矩阵**.

根据定义很容易判定一个方阵是否为严格对角占优矩阵，例如

$$\begin{bmatrix} 4 & 1 & 2 \\ -1 & 4 & 2 \\ 0 & 1 & 3 \end{bmatrix},\begin{bmatrix} 4 & 2 & 4 \\ -3 & 4 & 0 \\ 0 & 1 & -5 \end{bmatrix}$$

分别是严格行对角占优矩阵和严格列对角占优矩阵；而

$$\begin{bmatrix} 4 & 2 & 4 \\ -3 & 4 & 0 \\ 0 & 1 & 3 \end{bmatrix}$$

不是严格对角占优矩阵.

定理 6.1　若 $A=[a_{ij}]\in\mathbb{C}^{n\times n}$是严格对角占优矩阵，则 A 是非奇异的，即 $\det A\neq 0$.

证　由于 $\det(A^{\mathrm{T}})=\det A$，故只需就严格行对角占优矩阵证明即可.

<反证法> 假设 $\det A=0$，则齐次方程组 $Ax=\mathbf{0}$ 有非零解 $x=(x_1,x_2,\cdots,x_n)^{\mathrm{T}}\in\mathbb{C}^n$. 记 $|x_i|=\max\{|x_1|,|x_2|,\cdots,|x_n|\}$，则 $|x_i|>0$，故由 $a_{i1}x_1+a_{i2}x_2+\cdots+a_{ii}x_i+\cdots+a_{in}x_n=0$ 得

$$|a_{ii}x_i|\leqslant\sum_{\substack{i=1\\ j\neq i}}^{n}|a_{ij}||x_j|\leqslant|x_i|\sum_{\substack{i=1\\ j\neq i}}^{n}|a_{ij}|,$$

同除以 $|x_i|$ 得 $|a_{ii}|\leqslant\sum\limits_{\substack{i=1\\ i\neq i}}^{n}|a_{ij}|$，这与 A 严格行对角占优矛盾，所以 A 非奇异.

例 6.4　设 $A=[a_{ij}]\in\mathbb{C}^{n\times n}$是严格对角占优矩阵，令

$$\boldsymbol{D}=\begin{bmatrix} a_{11} & & & \\ & a_{22} & & \\ & & \ddots & \\ & & & a_{nn} \end{bmatrix},$$

$$\boldsymbol{M}=\boldsymbol{D}^{-1}(\boldsymbol{D}-\boldsymbol{A})=\begin{bmatrix} 0 & \dfrac{-a_{12}}{a_{11}} & \cdots & \dfrac{-a_{1n}}{a_{11}} \\ \dfrac{-a_{21}}{a_{22}} & 0 & \cdots & \dfrac{-a_{2n}}{a_{22}} \\ \vdots & \vdots & & \vdots \\ \dfrac{-a_{n1}}{a_{nn}} & \dfrac{-a_{n2}}{a_{nn}} & \cdots & 0 \end{bmatrix},$$

称 $\boldsymbol{M}$ 为 $\boldsymbol{Ax}=\boldsymbol{0}$ 的 Jacobi 迭代矩阵. 试证:$\rho(\boldsymbol{M})<1$,且当 $\boldsymbol{A}$ 严格行对角占优时 $\|\boldsymbol{M}\|_{\infty}<1$.

证 先证 $\boldsymbol{A}$ 严格行对角占优时 $\|\boldsymbol{M}\|_{\infty}<1$.

由 $\boldsymbol{A}$ 严格行对角占优,得

$$\frac{1}{|a_{ii}|}\sum_{\substack{i=1\\ j\neq i}}^{n}|a_{ij}|<1\ (i=1,2,\cdots,n),$$

故 $\|\boldsymbol{M}\|_{\infty}=\max\limits_{1\leqslant i\leqslant n}\sum\limits_{j=1}^{n}\left|\dfrac{-a_{ij}}{a_{ii}}\right|<1$,从而 $\rho(\boldsymbol{M})<1$.

再证 $\boldsymbol{A}$ 严格列对角占优时 $\rho(\boldsymbol{M})<1$.

<反证法>假设 $\rho(\boldsymbol{M})\geqslant 1$,于是 $\exists\lambda\in\sigma(\boldsymbol{M})$,使得 $|\lambda|\geqslant 1$.

因为
$$\det(\lambda\boldsymbol{E}-\boldsymbol{M})=\det[\lambda\boldsymbol{D}^{-1}\boldsymbol{D}-\boldsymbol{D}^{-1}(\boldsymbol{D}-\boldsymbol{A})]=\lambda^{n}\det\boldsymbol{D}^{-1}\cdot\det\left(\boldsymbol{D}-\frac{\boldsymbol{D}-\boldsymbol{A}}{\lambda}\right)=0,$$

而 $\lambda^{n}\det\boldsymbol{D}^{-1}\neq 0$,故必有 $\det\left(\boldsymbol{D}-\dfrac{\boldsymbol{D}-\boldsymbol{A}}{\lambda}\right)=0$,即$\boldsymbol{D}-\dfrac{\boldsymbol{D}-\boldsymbol{A}}{\lambda}$是奇异矩阵.

但由 $\boldsymbol{A}$ 是严格列对角占优矩阵及 $|\lambda|\geqslant 1$ 易知

$$D-\frac{D-A}{\lambda}=\begin{bmatrix} a_{11} & \frac{a_{12}}{\lambda} & \cdots & \frac{a_{1n}}{\lambda} \\ \frac{a_{21}}{\lambda} & a_{22} & \cdots & \frac{a_{2n}}{\lambda} \\ \vdots & \vdots & & \vdots \\ \frac{a_{n1}}{\lambda} & \frac{a_{n2}}{\lambda} & \cdots & a_{nn} \end{bmatrix}$$

也是严格列对角占优的，从而是非奇异的，这与假设矛盾.

因此，$\rho(\boldsymbol{M})<1$.

§6.2　解线性方程组的 Gauss 消去法

Gauss 消去法是使用较多且很有效的解线性方程组的一种直接法.

一、顺序 Gauss 消去法

Gauss 消去法，就是利用初等行变换将线性方程组化为上三角形方程组或阶梯形方程组（此过程称为消元过程），然后很容易由三角形方程组得到原方程组的解（此过程称为回代过程）.

先看一个例题，然后再给出该方法的一般步骤.

例 6.5　解线性方程组

$$\begin{cases} x_1+2x_2+x_3=0, \\ 2x_1+2x_2+3x_3=3, \\ -x_1-3x_2+8x_3=10. \end{cases}$$

解　因为线性方程组与其增广矩阵一一对应，故只需将增广矩阵化为阶梯形矩阵即可完成消元过程.

由 $\begin{bmatrix} 1 & 2 & 1 & 0 \\ 2 & 2 & 3 & 3 \\ -1 & -3 & 8 & 10 \end{bmatrix} \longrightarrow \begin{bmatrix} 1 & 2 & 1 & 0 \\ 0 & -2 & 1 & 3 \\ 0 & -1 & 9 & 10 \end{bmatrix}$

$$\xrightarrow{\left[3+2\cdot\left(\frac{1}{-2}\right)\right]}\begin{bmatrix}1 & 2 & 1 & 0\\ 0 & -2 & 1 & 3\\ 0 & 0 & 8.5 & 8.5\end{bmatrix},$$

得等价方程组

$$\begin{cases}x_1+2x_2+x_3=0,\\ -2x_2+x_3=3,\\ 8.5x_3=8.5.\end{cases}$$

回代过程：

$$x_3=\frac{8.5}{8.5}=1,$$

$$x_2=\frac{(3-x_3)}{-2}=-1,$$

$$x_1=\frac{(0-2x_2-x_3)}{1}=1.$$

故方程组的解向量为 $\boldsymbol{x}=(1,-1,1)^{\mathrm{T}}$.

由于消元过程是按方程组中所给方程及未知元的既定次序进行的，故上述方法也称为**顺序 Gauss 消去法**.

下面给出顺序 Gauss 消去法的一般步骤和计算公式.

对于线性方程组 $\boldsymbol{Ax}=\boldsymbol{b}$，即

$$\begin{cases}a_{11}x_1+a_{12}x_2+\cdots+a_{1n}x_n=b_1,\\ a_{21}x_1+a_{22}x_2+\cdots+a_{2n}x_n=b_2,\\ \cdots\cdots\\ a_{n1}x_1+a_{n2}x_2+\cdots+a_{nn}x_n=b_n,\end{cases}\tag{6.1}$$

记 $\boldsymbol{A}^{(1)}=\boldsymbol{A},\boldsymbol{b}^{(1)}=\boldsymbol{b},a_{ij}^{(1)}=a_{ij},b_i^{(1)}=b_i(i,j=1,2,\cdots,n)$.

第 1 步　假设 $a_{11}^{(1)}\neq 0$.

将 $[\boldsymbol{A}^{(1)},\boldsymbol{b}^{(1)}]=[\boldsymbol{A},\boldsymbol{b}]$ 的第 1 行乘以 $-l_{i1}=-\dfrac{a_{i1}^{(1)}}{a_{11}^{(1)}}$ 后加到第 i 行($i=2,3,\cdots,n$)，得

$$[\boldsymbol{A}^{(2)},\boldsymbol{b}^{(2)}]=\begin{bmatrix} a_{11}^{(1)} & a_{12}^{(1)} & \cdots & a_{1n}^{(1)} & b_1^{(1)} \\ 0 & a_{22}^{(2)} & \cdots & a_{2n}^{(2)} & b_2^{(2)} \\ \vdots & \vdots & & \vdots & \vdots \\ 0 & a_{n2}^{(2)} & \cdots & a_{nn}^{(2)} & b_n^{(2)} \end{bmatrix},$$

其中 $a_{ij}^{(2)}=a_{ij}^{(1)}-l_{i1}a_{1j}^{(1)},b_i^{(2)}=b_i^{(1)}-l_{i1}b_1^{(1)}(i,j=2,3,\cdots,n)$.

第 2 步　假设 $a_{22}^{(2)}\neq 0$.

将 $[\boldsymbol{A}^{(2)},\boldsymbol{b}^{(2)}]$ 的第 2 行乘以 $-l_{i2}=-\dfrac{a_{i2}^{(2)}}{a_{22}^{(2)}}$ 后加到第 i 行 $(i=3,4,\cdots,n)$，得

$$[\boldsymbol{A}^{(3)},\boldsymbol{b}^{(3)}]=\begin{bmatrix} a_{11}^{(1)} & a_{12}^{(1)} & a_{13}^{(1)} & \cdots & a_{1n}^{(1)} & b_1^{(1)} \\ 0 & a_{22}^{(2)} & a_{23}^{(2)} & \cdots & a_{2n}^{(2)} & b_2^{(2)} \\ 0 & 0 & a_{33}^{(3)} & \cdots & a_{3n}^{(3)} & b_3^{(3)} \\ \vdots & \vdots & \vdots & & \vdots & \vdots \\ 0 & 0 & a_{n3}^{(3)} & \cdots & a_{nn}^{(3)} & b_n^{(3)} \end{bmatrix},$$

其中 $a_{ij}^{(3)}=a_{ij}^{(2)}-l_{i2}a_{2j}^{(2)},b_i^{(3)}=b_i^{(2)}-l_{i2}b_2^{(2)}(i,j=3,4,\cdots,n)$.

假设第 $k-1$ 步后，增广矩阵为

$$[\boldsymbol{A}^{(k)},\boldsymbol{b}^{(k)}]=\begin{bmatrix} a_{11}^{(1)} & a_{12}^{(1)} & \cdots & a_{1,k-1}^{(1)} & a_{1k}^{(1)} & \cdots & a_{1n}^{(1)} & b_1^{(1)} \\ 0 & a_{22}^{(2)} & \cdots & a_{2,k-1}^{(2)} & a_{2k}^{(2)} & \cdots & a_{2n}^{(2)} & b_2^{(2)} \\ \vdots & \vdots & & \vdots & \vdots & & \vdots & \vdots \\ \vdots & \vdots & \cdots & a_{k-1,k-1}^{(k-1)} & a_{k-1,k}^{(k-1)} & \cdots & a_{k-1,n}^{(k-1)} & b_{k-1}^{(k-1)} \\ 0 & 0 & \cdots & 0 & a_{kk}^{(k)} & \cdots & a_{kn}^{(k)} & b_k^{(k)} \\ \vdots & \vdots & & \vdots & \vdots & & \vdots & \vdots \\ 0 & 0 & \cdots & 0 & a_{nk}^{(k)} & \cdots & a_{nn}^{(k)} & b_n^{(k)} \end{bmatrix}.$$

第 k 步　假设 $a_{kk}^{(k)}\neq 0$.

将 $[\boldsymbol{A}^{(k)},\boldsymbol{b}^{(k)}]$ 的第 k 行乘以 $-l_{ik}=-\dfrac{a_{ik}^{(k)}}{a_{kk}^{(k)}}$ 后加到第 i 行 $(i=k+1,$

$k+2,\cdots,n)$,得

$$[\boldsymbol{A}^{(k+1)},\boldsymbol{b}^{(k+1)}]=\begin{bmatrix} a_{11}^{(1)} & a_{12}^{(1)} & \cdots & a_{1k}^{(1)} & a_{1\,k+1}^{(1)} & \cdots & a_{1n}^{(1)} & b_1^{(1)} \\ 0 & a_{22}^{(2)} & \cdots & a_{2k}^{(2)} & a_{2\,k+1}^{(2)} & \cdots & a_{2n}^{(2)} & b_2^{(2)} \\ \vdots & \vdots & & \vdots & \vdots & & \vdots & \vdots \\ \vdots & \vdots & \cdots & a_{kk}^{(k)} & a_{k\,k+1}^{(k)} & \cdots & a_{kn}^{(k)} & b_k^{(k)} \\ 0 & 0 & \cdots & 0 & a_{k+1\,k+1}^{(k+1)} & \cdots & a_{k+1\,n}^{(k+1)} & b_{k+1}^{(k+1)} \\ \vdots & \vdots & & \vdots & \vdots & & \vdots & \vdots \\ 0 & 0 & \cdots & 0 & a_{n\,k+1}^{(k+1)} & \cdots & a_{nn}^{(k+1)} & b_n^{(k+1)} \end{bmatrix},$$

其中 $a_{ij}^{(k+1)}=a_{ij}^{(k)}-l_{ik}a_{kj}^{(k)},b_i^{(k+1)}=b_i^{(k)}-l_{ik}b_k^{(k)}(i,j=k+1,\cdots,n)$.

完成第 $n-1$ 步之后,增广矩阵变换为

$$[\boldsymbol{A}^{(n)},\boldsymbol{b}^{(n)}]=\begin{bmatrix} a_{11}^{(1)} & a_{12}^{(1)} & \cdots & a_{13}^{(1)} & a_{1n}^{(1)} & b_1^{(1)} \\ 0 & a_{22}^{(2)} & \cdots & a_{2\,n-1}^{(2)} & a_{2n}^{(2)} & b_2^{(2)} \\ \vdots & \vdots & & \vdots & \vdots & \vdots \\ 0 & 0 & \cdots & a_{n-1\,n-1}^{(n-1)} & a_{n-1\,n}^{(n-1)} & b_{n-1}^{(n-1)} \\ 0 & 0 & \cdots & 0 & a_{nn}^{(n)} & b_n^{(n)} \end{bmatrix},$$

至此,消元过程结束,于是方程组(6.1)化为等价的上三角方程组

$$\begin{cases} a_{11}^{(1)}x_1+a_{12}^{(1)}x_2+\cdots+a_{1\,n-1}^{(1)}x_{n-1}+a_{1n}^{(1)}x_n=b_1^{(1)}, \\ \qquad a_{22}^{(2)}x_2+\cdots+a_{2\,n-1}^{(2)}x_{n-1}+a_{2n}^{(2)}x_n=b_2^{(2)}, \\ \qquad\qquad \cdots\cdots \\ \qquad\qquad a_{n-1\,n-1}^{(n-1)}x_{n-1}+a_{n-1\,n}^{(n-1)}x_n=b_{n-1}^{(n-1)}, \\ \qquad\qquad\qquad a_{nn}^{(n)}x_n=b_n^{(n)}. \end{cases}$$

通常将消元过程中的各个 $a_{kk}^{(k)}(k=1,2,\cdots,n)$ 称为**主元素**. 在消元过程中要求每一次的主元素 $a_{kk}^{(k)}\neq 0(k=1,2,\cdots,n)$,否则消元过程将会中断,从而求不出方程组的解.

假设 $a_{nn}^{(n)}\neq 0$,则回代得方程组(6.1)的解

$$\begin{cases} x_n = \dfrac{b_n^{(n)}}{a_{nn}^{(n)}}, \\ x_k = \dfrac{b_k^{(k)} - \sum\limits_{j=k+1}^{n} a_{kj}^{(k)} x_j}{a_{kk}^{(k)}}, \quad k = n-1, n-2, \cdots, 2, 1. \end{cases}$$

值得注意的是,顺序 Gauss 消去法所需乘、除法次数之和为$\frac{1}{3}n^3 + n^2 - \frac{1}{3}n$. 当 n 较大时,比 Cramer 法则的计算量大为减少.

二、列主元素 Gauss 消去法

为了保证消元过程能进行到底,同时避免绝对值很小的数作除数以减少计算中的舍入误差,对消元过程加以改进,得到改进的 Gauss 消去法,其中使用最多的是“列主元素 Gauss 消去法”.

列主元素 Gauss 消去法与顺序 Gauss 消去法的步骤基本相同,只需在消元过程的第 k 步之前,在$[\boldsymbol{A}^{(k)}, \boldsymbol{b}^{(k)}]$的第 k 列的后 $n-k+1$ 个元素中选取绝对值最大的元素作为主元素,再将主元素所在的行与第 k 行($k=1,2,\cdots,n-1$)交换即可. 因为 $\det \boldsymbol{A} \neq 0$,故消元过程必能进行到底,最后得到一个与方程组(6.1)等价的上三角方程组.

例 6.6　设有方程组

$$\begin{cases} 0.001x_1 + 2.000x_2 + 3.000x_3 = 1.000, \\ -1.000x_1 + 3.712x_2 + 4.623x_3 = 2.000, \\ -2.000x_1 + 1.072x_2 + 5.643x_3 = 3.000. \end{cases}$$

试分别用顺序 Gauss 消去法和列主元素 Gauss 消去法求解, 计算过程取 4 位有效数字,把所得解代入方程组检验看哪种方法所得结果较精确.

解　(1)用顺序 Gauss 消去法. 对增广矩阵施行初等行变换:

$$
\begin{bmatrix} 0.001 & 2.000 & 3.000 & 1.000 \\ -1.000 & 3.712 & 4.623 & 2.000 \\ -2.000 & 1.072 & 5.643 & 3.000 \end{bmatrix}
\to \begin{bmatrix} 0.001 & 2.000 & 3.000 & 1.000 \\ 0 & 2\,004 & 3\,005 & 1\,002 \\ 0 & 4\,001 & 6\,006 & 2\,003 \end{bmatrix}
\to \begin{bmatrix} 0.001 & 2.000 & 3.000 & 1.000 \\ 0 & 2\,004 & 3\,005 & 1\,002 \\ 0 & 0 & 5.000 & 2.000 \end{bmatrix}.
$$

回代得：$x_3=0.400\,0, x_2=-0.099\,8, x_1=-0.400\,0$.

将 $\boldsymbol{x}=(-0.400\,0,-0.099\,8,0.400\,0)^{\mathrm{T}}$ 代入方程组，计算得 $\|\boldsymbol{A}\boldsymbol{x}-\boldsymbol{b}\|_2\approx 6.417$.

(2)用列主元素 Gauss 消去法. 对增广矩阵施行初等行变换（下画横线者为主元素）：

$$
\begin{bmatrix} 0.001 & 2.000 & 3.000 & 1.000 \\ -1.000 & 3.712 & 4.623 & 2.000 \\ \underline{-2.000} & 1.072 & 5.643 & 3.000 \end{bmatrix}
\to \begin{bmatrix} \underline{-2.000} & 1.072 & 5.643 & 3.000 \\ -1.000 & 3.712 & 4.623 & 2.000 \\ 0.001 & 2.000 & 3.000 & 1.000 \end{bmatrix}
\to \begin{bmatrix} -2.000 & 1.072 & 5.643 & 3.000 \\ 0 & \underline{3.176} & 1.801 & 0.500\,0 \\ 0 & 2.001 & 3.003 & 1.002 \end{bmatrix}
\to \begin{bmatrix} -2.000 & 1.072 & 5.643 & 3.000 \\ 0 & \underline{3.176} & 1.801 & 0.500\,0 \\ 0 & 0 & 1.868 & 0.687\,0 \end{bmatrix}.
$$

回代得：$x_3=0.367\,8, x_2=-0.051\,1, x_1=-0.490\,0$.

将 $x = (-0.490\ 0, -0.051\ 1, 0.367\ 8)^T$ 代入方程组，计算得 $\|Ax - b\|_2 = 0.001\ 1$.

经比较，列主元素 Gauss 消去法比较精确.

以上介绍的是 Gauss 消去法的基本原理和求解的过程，它至今还是求解线性方程组的常用方法，其中的列主元素方法更为有效. 很多数学软件都有 Gauss 消去法的计算程序，实际应用时可直接调用.

*三、解三对角方程组的追赶法

在一些数值方法中，经常遇到系数矩阵为对角占优的三对角方程组，且阶数较高. 用三角分解的方法解这类方程组最为合适. 为此，我们先介绍矩阵的三角分解，然后介绍解三对角方程组的三角分解的方法——追赶法.

1. 矩阵的三角分解

从矩阵运算的角度看，Gauss 消去法就是先将系数矩阵 A 分解为两个三角矩阵的乘积，即 $A = LU$，其中 L 是单位下三角矩阵（主对角元均为 1 的下三角矩阵），而 U 是上三角矩阵. 于是 $Ax = b \Leftrightarrow LUx = b$. 因为 L 可逆，所以 $Ax = b \Leftrightarrow Ux = L^{-1}b$. 这就是消元过程. 回代过程就是解上三角方程组 $Ux = L^{-1}b$.

在例 6.5 中，有

$$A = \begin{bmatrix} 1 & 2 & 1 \\ 2 & 2 & 3 \\ -1 & -3 & 8 \end{bmatrix} = LU = \begin{bmatrix} 1 & 0 & 0 \\ 2 & 1 & 0 \\ -1 & 0.5 & 1 \end{bmatrix} \begin{bmatrix} 1 & 2 & 1 \\ 0 & -2 & 1 \\ 0 & 0 & 8.5 \end{bmatrix}.$$

$$L^{-1}b = \begin{bmatrix} 1 & 0 & 0 \\ -2 & 1 & 0 \\ 2 & -0.5 & 1 \end{bmatrix} \begin{bmatrix} 0 \\ 3 \\ 10 \end{bmatrix} = \begin{bmatrix} 0 \\ 3 \\ 8.5 \end{bmatrix},$$

故原方程组等价于上三角方程组

$$\begin{bmatrix} 1 & 2 & 1 \\ 0 & -2 & 1 \\ 0 & 0 & 8.5 \end{bmatrix} \begin{bmatrix} x_1 \\ x_2 \\ x_2 \end{bmatrix} = \begin{bmatrix} 0 \\ 3 \\ 8.5 \end{bmatrix}.$$

回代即得方程组的解.

一般地,若 $\boldsymbol{A}=\boldsymbol{L}\boldsymbol{U}$,令 $\boldsymbol{U}\boldsymbol{x}=\boldsymbol{y}$,则 $\boldsymbol{A}\boldsymbol{x}=\boldsymbol{b}\Leftrightarrow\begin{cases}\boldsymbol{L}\boldsymbol{y}=\boldsymbol{b},\\ \boldsymbol{U}\boldsymbol{x}=\boldsymbol{y}.\end{cases}$ 于是将原方程组化为两个容易求解的三角形方程组来求解.

这就是解方程组的三角分解法,关键在于矩阵的三角分解.

定义 6.4 设 $\boldsymbol{A}\in\mathbb{R}^{n\times n}$,若存在一个下三角矩阵 $\boldsymbol{L}$ 和一个上三角矩阵 $\boldsymbol{U}$,使得 $\boldsymbol{A}=\boldsymbol{L}\boldsymbol{U}$,则称其为 $\boldsymbol{A}$ 的一个三角分解. 当 $\boldsymbol{L}$ 为单位下三角矩阵时,称其为 Doolittle(杜利特尔)分解;当 $\boldsymbol{U}$ 为单位上三角矩阵(主对角元均为 1 的上三角矩阵)时,称其为 Crout(克劳特)分解.

定理 6.2 设 $\boldsymbol{A}\in\mathbb{R}^{n\times n}$,则 $\boldsymbol{A}$ 存在唯一 Doolittle 分解的充要条件是 $\boldsymbol{A}$ 的各阶顺序主子式皆不为零.(证明从略.)

由正(负)定矩阵的充要条件及严格对角占优矩阵的性质,容易得到下列推论.

推论 1 若 $\boldsymbol{A}\in\mathbb{R}^{n\times n}$ 对称正定(或负定),则 $\boldsymbol{A}$ 存在唯一 Doolittle 分解.

推论 2 若 $\boldsymbol{A}\in\mathbb{R}^{n\times n}$ 严格对角占优,则 $\boldsymbol{A}$ 存在唯一 Doolittle 分解.

以上结论对 Crout 分解也是成立的.

由矩阵的乘法,可得 Doolittle 分解的计算公式.

设 $\boldsymbol{A}=\begin{bmatrix}a_{11}&a_{12}&a_{13}&\cdots&a_{1n}\\a_{21}&a_{22}&a_{23}&\cdots&a_{2n}\\a_{31}&a_{32}&a_{33}&\cdots&a_{3n}\\\vdots&\vdots&\vdots&&\vdots\\a_{n1}&a_{n2}&a_{n3}&\cdots&a_{nn}\end{bmatrix}$,$\boldsymbol{L}=\begin{bmatrix}1&0&0&\cdots&0\\l_{21}&1&0&\cdots&0\\l_{31}&l_{32}&1&\cdots&0\\\vdots&\vdots&\vdots&&\vdots\\l_{n1}&l_{n2}&l_{n3}&\cdots&1\end{bmatrix}$,

$\boldsymbol{U}=\begin{bmatrix}u_{11}&u_{12}&u_{13}&\cdots&u_{1n}\\0&u_{22}&u_{23}&\cdots&u_{2n}\\0&0&u_{33}&\cdots&u_{3n}\\\vdots&\vdots&\vdots&&\vdots\\0&0&0&\cdots&u_{nn}\end{bmatrix}$. 由 $\boldsymbol{A}=\boldsymbol{L}\boldsymbol{U}$ 得

$$\begin{bmatrix} a_{11} & a_{12} & a_{13} & \cdots & a_{1n} \\ a_{21} & a_{22} & a_{23} & \cdots & a_{2n} \\ a_{31} & a_{32} & a_{33} & \cdots & a_{3n} \\ \vdots & \vdots & \vdots & & \vdots \\ a_{n1} & a_{n2} & a_{n3} & \cdots & a_{nn} \end{bmatrix} =$$

$$\begin{bmatrix} u_{11} & u_{12} & u_{13} & \cdots & u_{1n} \\ l_{21}u_{11} & l_{21}u_{12}+u_{22} & l_{21}u_{13}+u_{23} & \cdots & l_{21}u_{1n}+u_{2n} \\ l_{31}u_{11} & l_{31}u_{12}+l_{32}u_{22} & l_{31}u_{13}+l_{32}u_{23}+u_{33} & \cdots & l_{31}u_{1n}+l_{32}u_{2n}+u_{3n} \\ \vdots & \vdots & \vdots & & \vdots \\ l_{n1}u_{11} & l_{n1}u_{12}+l_{n2}u_{22} & l_{n1}u_{13}+l_{n2}u_{23}+l_{n3}u_{33} & \cdots & \sum_{r=1}^{n-1} l_{nr}u_{rn}+u_{nn} \end{bmatrix}.$$

于是有 $a_{1j}=u_{1j}(j=1,2,\cdots,n)$，$a_{i1}=l_{i1}u_{11}(i=2,\cdots,n)$，由此得

$$u_{1j}=a_{1j}(j=1,2,\cdots,n), \tag{6.2}$$

$$l_{i1}=a_{i1}/u_{11}(i=2,\cdots,n); \tag{6.3}$$

$\forall k=2,3,\cdots,n$，有 $a_{kj}=\sum_{r=1}^{k-1} l_{kr}u_{rj}+u_{kj}(j=k,\cdots,n)$，

$$a_{ik}=\sum_{r=1}^{k} l_{ir}u_{rk}=\sum_{r=1}^{k-1} l_{ir}u_{rk}+l_{ik}u_{kk}(i=k+1,\cdots,n).$$

由此解得

$$u_{kj}=a_{kj}-\sum_{r=1}^{k-1} l_{kr}u_{rj} \quad (j=k,\cdots,n), \tag{6.4}$$

$$l_{ik}=\left[a_{ik}-\sum_{r=1}^{k-1} l_{ir}u_{rk}\right]/u_{kk} \quad (i=k+1,\cdots,n). \tag{6.5}$$

2. 解三对角方程组的追赶法

设 $\boldsymbol{Ax}=\boldsymbol{b}$，若 $\boldsymbol{A}\in\mathbb{R}^{n\times n}$ 只在三条对角线上有非零元素，即

$$A=\begin{bmatrix} a_1 & c_1 & & & & & & \\ d_2 & a_2 & c_2 & & & & & \\ & \ddots & \ddots & \ddots & & & & \\ & & d_i & a_i & c_i & & & \\ & & & \ddots & \ddots & \ddots & & \\ & & & & d_{n-1} & a_{n-1} & c_{n-1} \\ & & & & & d_n & a_n \end{bmatrix},$$

则称 $\boldsymbol{Ax}=\boldsymbol{b}$ 是三对角(线)方程组,$\boldsymbol{A}$ 称为三对角矩阵.

当 $\boldsymbol{A}$ 的各阶顺序主子式均不为零时,$\boldsymbol{A}$ 存在唯一的 Doolittle 分解 $\boldsymbol{A}=\boldsymbol{LU}$. 由式(6.2)至式(6.5)有

$$L=\begin{bmatrix} 1 & & & & & & \\ l_2 & 1 & & & & & \\ & \ddots & \ddots & & & & \\ & & l_i & 1 & & & \\ & & & \ddots & \ddots & & \\ & & & & l_{n-1} & 1 & \\ & & & & & l_n & 1 \end{bmatrix},$$

$$U=\begin{bmatrix} u_1 & c_1 & & & & & \\ & u_2 & c_2 & & & & \\ & & \ddots & \ddots & & & \\ & & & u_i & c_i & & \\ & & & & \ddots & \ddots & \\ & & & & & u_{n-1} & c_{n-1} \\ & & & & & & u_n \end{bmatrix},$$

其中

$$\begin{cases}u_1 = a_1, \\ l_i = d_i/u_{i-1} \quad (i=2,3,\cdots,n), \\ u_i = a_i - l_i c_{i-1} \quad (i=2,3,\cdots,n).\end{cases} \tag{6.6}$$

于是,三对角方程组

$$\begin{cases}a_1x_1 + c_1x_2 = b_1, \\ d_2x_1 + a_2x_2 + c_2x_3 = b_2, \\ d_3x_2 + a_3x_3 + c_3x_4 = b_3, \\ \cdots\cdots \\ d_ix_{i-1} + a_ix_i + c_ix_{i+1} = b_i, \\ \cdots\cdots \\ d_{n-1}x_{n-2} + a_{n-1}x_{n-1} + c_{n-1}x_n = b_{n-1}, \\ d_nx_{n-1} + a_nx_n = b_n\end{cases}$$

化为两个特殊的方程组

$$\begin{cases}y_1 = b_1, \\ l_2y_1 + y_2 = b_2, \\ l_3y_2 + y_3 = b_3, \\ \cdots\cdots \\ l_iy_{i-1} + y_i = b_i, \\ \cdots\cdots \\ l_{n-1}y_{n-2} + y_{n-1} = b_{n-1}, \\ l_ny_{n-1} + y_n = b_n\end{cases}$$

及

$$\begin{cases} u_1x_1+c_1x_2=y_1, \\ u_2x_2+c_2x_3=y_2, \\ u_3x_3+c_3x_4=y_3, \\ \cdots\cdots \\ u_ix_i+c_ix_{i+1}=y_i, \\ \cdots\cdots \\ u_{n-1}x_{n-1}+c_{n-1}x_n=y_{n-1}, \\ u_nx_n=y_n. \end{cases}$$

由此极易解得

$$\begin{cases} y_1=b_1, \\ y_i=b_i-l_iy_{i-1}, \quad i=2,3,\cdots,n; \end{cases} \tag{6.7}$$

$$\begin{cases} x_n=y_n/u_n, \\ x_i=(y_i-c_ix_{i+1})/u_i, \quad i=n-1,n-2,\cdots,2,1. \end{cases} \tag{6.8}$$

使用式(6.6)至式(6.8)求解三对角方程组的方法称为追赶法. 其中,使用式(6.6)计算 $u_1\to l_2\to u_2\to l_3\to\cdots\to l_n\to u_n$ 及式(6.7)计算 $y_1\to y_2\to\cdots\cdots\to y_n$ 的过程称为“追”的过程,而利用式(6.8)解出 $x_n\to x_{n-1}\to\cdots\to x_2\to x_1$ 的过程称为“赶”的过程.

例 6.7 用追赶法解三对角方程组

$$\begin{bmatrix} 2 & -1 & 0 & 0 \\ -1 & 3 & -2 & 0 \\ 0 & -2 & 4 & -3 \\ 0 & 0 & -3 & 5 \end{bmatrix}\begin{bmatrix} x_1 \\ x_2 \\ x_3 \\ x_4 \end{bmatrix}=\begin{bmatrix} 6 \\ 1 \\ -2 \\ 1 \end{bmatrix}.$$

解 追的过程为

$$u_1=a_1=2, \qquad l_2=d_2/u_1=-\frac{1}{2},$$

$$u_2=a_2-l_2c_1=\frac{5}{2}, \qquad l_3=d_3/u_2=-\frac{4}{5},$$

$$u_3 = a_3 - l_3 c_2 = \frac{12}{5}, \qquad l_4 = d_4 / u_3 = -\frac{5}{4},$$

$$u_4 = a_4 - l_4 c_3 = \frac{5}{4};$$

于是

$$y_1 = b_1 = 6, y_2 = b_2 - l_2 y_1 = 4,$$

$$y_3 = b_3 - l_3 y_2 = \frac{5}{6}, y_4 = b_4 - l_4 l_3 = -\frac{5}{2}.$$

赶的过程为

$$x_4 = y_4 / u_4 = 2, \qquad x_3 = (y_3 - c_3 x_4)/u_3 = 3,$$

$$x_2 = (y_2 - c_2 x_3)/u_2 = 4, \quad x_1 = (y_1 - c_1 x_2)/u_1 = 5.$$

故方程组的解为 $\boldsymbol{x} = (5,4,3,2)^{\mathrm{T}}$.

§6.3　解线性方程组的迭代法

一、迭代法的基本思想及有关概念

设方程组

$$\boldsymbol{A}\boldsymbol{x} = \boldsymbol{b}$$

的系数矩阵 $\boldsymbol{A} = [a_{ij}] \in \mathbb{R}^{n \times n}$ 非奇异,则方程组有唯一解.

将 $\boldsymbol{A}\boldsymbol{x} = \boldsymbol{b}$ 改写成某种等价形式

$$\boldsymbol{x} = G(\boldsymbol{x}). \tag{6.9}$$

任意取定方程组的解的一个初始近似值 $\boldsymbol{x}^{(0)}$(称为初始向量),将其代入式(6.9)的右端,得到另一个近似值 $\boldsymbol{x}^{(1)} = G(\boldsymbol{x}^{(0)})$(称为第 1 次近似);若 $\boldsymbol{x}^{(1)}$ 达不到精度要求,再将 $\boldsymbol{x}^{(1)}$ 代入式(6.9)的右端,得第 2 次近似 $\boldsymbol{x}^{(2)} = G(\boldsymbol{x}^{(1)})$,依此类推,一般地有递推公式

$$\boldsymbol{x}^{(k+1)} = G(\boldsymbol{x}^{(k)}) \quad (k = 0,1,2,\cdots), \tag{6.10}$$

称之为一个**简单迭代格式**. 由迭代格式和初始向量就可生成一个向量序列$(\boldsymbol{x}^{(k)})$,称其为**迭代序列**. G 称为**迭代算子**. 当 $k \to \infty$ 时,向量序列

$(x^{(k)})$有可能趋于方程组(6.9)的准确解 $\boldsymbol{x}^*$(亦即原方程组的准确解).

若当 $k\to\infty$ 时,$(x^{(k)})$收敛,且其极限就是方程组 $\boldsymbol{Ax}=\boldsymbol{b}$ 的准确解 $\boldsymbol{x}^*$,则称**迭代格式(6.10)收敛**,否则就称迭代格式(6.10)是发散的.

在实际计算中,不可能迭代无限多次,因此一般迭代到满足精度要求的某个 $\boldsymbol{x}^{(k)}$ 为止,即以第 k 次近似 $\boldsymbol{x}^{(k)}$ 作为 $\boldsymbol{Ax}=\boldsymbol{b}$ 的近似解,这种求解方程组的方法称为**迭代法**.

要得到一个实用有效的迭代法必须解决下列基本问题:

(1)如何构造迭代格式;

(2)如何判定迭代格式的收敛性;

(3)如何估计近似解的误差.

二、简单迭代格式及其收敛性判别

1. 一步定常迭代格式

构造迭代格式的方法很多,比如将线性方程组 $\boldsymbol{Ax}=\boldsymbol{b}$ 的系数矩阵分裂为

$$\boldsymbol{A}=\boldsymbol{B}-\boldsymbol{C}(\text{其中 }\boldsymbol{B}\text{ 非奇异}),$$

于是有 $(\boldsymbol{B}-\boldsymbol{C})\boldsymbol{x}=\boldsymbol{b}$, 即 $\boldsymbol{Bx}=\boldsymbol{Cx}+\boldsymbol{b}$. 由于 $\boldsymbol{B}$ 非奇异, 故得 $\boldsymbol{x}=\boldsymbol{B}^{-1}\boldsymbol{Cx}+\boldsymbol{B}^{-1}\boldsymbol{b}$. 若记 $\boldsymbol{M}=\boldsymbol{B}^{-1}\boldsymbol{C}$, $\boldsymbol{f}=\boldsymbol{B}^{-1}\boldsymbol{b}$,则 $\boldsymbol{Ax}=\boldsymbol{b}$ 可等价地写为

$$\boldsymbol{x}=\boldsymbol{Mx}+\boldsymbol{f}, \tag{6.11}$$

并由此构造迭代格式

$$\boldsymbol{x}^{(k+1)}=\boldsymbol{Mx}^{(k)}+\boldsymbol{f}\quad(k=0,1,2,\cdots), \tag{6.12}$$

其中 $\boldsymbol{M}\in\mathbb{R}^{n\times n}$称为**迭代矩阵**.

由于迭代格式(6.12)中的迭代算子 G 与迭代次数 k 无关(总有 $G(\boldsymbol{x})=\boldsymbol{Mx}+\boldsymbol{f}$),故称迭代格式(6.12)为定常迭代格式. 又因为计算 $\boldsymbol{x}^{(k+1)}$时只用到它前面一步的结果 $\boldsymbol{x}^{(k)}$,所以称它为一步格式. 本课程只讨论一步定常迭代格式,将其简称为迭代格式.

2. 迭代格式收敛的充要条件

解线性方程组 $\boldsymbol{Ax}=\boldsymbol{b}$ 的一步定常迭代格式

$$x^{(k+1)}=Mx^{(k)}+f\quad(k=0,1,2,\cdots)$$

收敛与否,完全取决于迭代矩阵 M.

定理 6.3　迭代格式(6.12)对任意初始向量 $x^{(0)}\in\mathbb{R}^n$ 都收敛的充要条件是方阵序列(M^k)收敛于零矩阵,即 $\lim\limits_{k\to\infty}M^k=O$.

证　设 x^* 是 $Ax=b$ 的准确解,则 x^* 也满足(6.11),即有

$$x^*=Mx^*+f.\tag{6.13}$$

式(6.12)与式(6.13)相减得

$$x^{(k+1)}-x^*=M(x^{(k)}-x^*)\quad(k=0,1,2,\cdots).$$

由此得 $x^{(k)}-x^*=M(x^{(k-1)}-x^*)=M^2(x^{(k-2)}-x^*)=\cdots$

$$=M^k(x^{(0)}-x^*).$$

充分性. 若 $\forall x^{(0)}\in\mathbb{R}^n$,格式(6.12)都收敛,即 $\lim\limits_{k\to\infty}x^{(k)}=x^*$,则由

$$x^{(k)}-x^*=M^k(x^{(0)}-x^*),$$

得 $\lim\limits_{k\to\infty}M^k=O$.

必要性. 若 $\lim\limits_{k\to\infty}M^k=O$,则 $\lim\limits_{k\to\infty}(x^{(k)}-x^*)=\lim\limits_{k\to\infty}M^k(x^{(0)}-x^*)=\mathbf{0}$,即 $\lim\limits_{k\to\infty}x^{(k)}=x^*$,故格式(6.12)收敛.

因为 $\lim\limits_{k\to\infty}M^k=O$ 的充要条件是 $\rho(M)<1$,故有下面的定理.

定理 6.4　迭代格式(6.12)对任意初始向量 $x^{(0)}\in\mathbb{R}^n$ 都收敛的充要条件是 $\rho(M)<1$.

推论　设 $\|\cdot\|$ 是某种方阵范数,若 $\|M\|<1$,则迭代格式(6.12)对任意初始向量 $x^{(0)}\in\mathbb{R}^n$ 都收敛.

证　因为 $\rho(M)\leqslant\|M\|<1$,故结论成立.

使用推论证明某个迭代格式收敛,比使用定理 6.4 简单,但要注意 $\|M\|<1$ 只是收敛的充分条件.

3. 迭代格式的误差

定理 6.5　若对于 $\mathbb{R}^n$ 上的某种向量范数 $\|\cdot\|_\alpha$ 所导出的算子范数 $\|\cdot\|$,有 $\|M\|<1$,则对任意初始向量 $x^{(0)}\in\mathbb{R}^n$ 迭代格式(6.12)收敛,且有误差估计式:

$$\|\boldsymbol{x}^{(k)}-\boldsymbol{x}^{*}\|_{\alpha}\leqslant\frac{\|\boldsymbol{M}\|}{1-\|\boldsymbol{M}\|}\|\boldsymbol{x}^{(k)}-\boldsymbol{x}^{(k-1)}\|_{\alpha},\tag{6.14}$$

$$\|\boldsymbol{x}^{(k)}-\boldsymbol{x}^{*}\|_{\alpha}\leqslant\frac{\|\boldsymbol{M}\|^{k}}{1-\|\boldsymbol{M}\|}\|\boldsymbol{x}^{(1)}-\boldsymbol{x}^{(0)}\|_{\alpha}.\tag{6.15}$$

证　只需证明误差估计公式成立.

由 $\boldsymbol{x}^{*}=\boldsymbol{M}\boldsymbol{x}^{*}+\boldsymbol{f}$ 得 $(\boldsymbol{E}-\boldsymbol{M})\boldsymbol{x}^{*}=\boldsymbol{f}$. 因为 $\|\boldsymbol{M}\|<1$,故由例 4.2 知,$\boldsymbol{E}-\boldsymbol{M}$ 可逆,且 $\|(\boldsymbol{E}-\boldsymbol{M})^{-1}\|\leqslant\frac{1}{1-\|\boldsymbol{M}\|}$. 从而有

$$\boldsymbol{x}^{*}=(\boldsymbol{E}-\boldsymbol{M})^{-1}\boldsymbol{f}.$$

因为
$$\begin{aligned}\boldsymbol{x}^{(k)}-\boldsymbol{x}^{*}&=\boldsymbol{x}^{(k)}-(\boldsymbol{E}-\boldsymbol{M})^{-1}\boldsymbol{f}=(\boldsymbol{E}-\boldsymbol{M})^{-1}[(\boldsymbol{E}-\boldsymbol{M})\boldsymbol{x}^{(k)}-\boldsymbol{f}]\\&=(\boldsymbol{E}-\boldsymbol{M})^{-1}[\boldsymbol{x}^{(k)}-\boldsymbol{M}\boldsymbol{x}^{(k)}-\boldsymbol{f}]\\&=(\boldsymbol{E}-\boldsymbol{M})^{-1}[\boldsymbol{M}\boldsymbol{x}^{(k-1)}+\boldsymbol{f}-\boldsymbol{M}\boldsymbol{x}^{(k)}-\boldsymbol{f}]\\&=(\boldsymbol{E}-\boldsymbol{M})^{-1}[\boldsymbol{M}\boldsymbol{x}^{(k-1)}-\boldsymbol{M}\boldsymbol{x}^{(k)}]\\&=(\boldsymbol{E}-\boldsymbol{M})^{-1}\boldsymbol{M}(\boldsymbol{x}^{(k-1)}-\boldsymbol{x}^{(k)}),\end{aligned}$$

所以
$$\begin{aligned}\|\boldsymbol{x}^{(k)}-\boldsymbol{x}^{*}\|_{\alpha}&=\|(\boldsymbol{E}-\boldsymbol{M})^{-1}\boldsymbol{M}(\boldsymbol{x}^{(k-1)}-\boldsymbol{x}^{(k)})\|_{\alpha}\\&\leqslant\frac{\|\boldsymbol{M}\|}{1-\|\boldsymbol{M}\|}\|\boldsymbol{x}^{(k-1)}-\boldsymbol{x}^{(k)}\|_{\alpha},\end{aligned}$$

即式(6.14)成立.

将
$$\begin{aligned}\|\boldsymbol{x}^{(k)}-\boldsymbol{x}^{(k-1)}\|_{\alpha}&=\|(\boldsymbol{M}\boldsymbol{x}^{(k-1)}+\boldsymbol{f})-(\boldsymbol{M}\boldsymbol{x}^{(k-2)}+\boldsymbol{f})\|_{\alpha}\\&=\|\boldsymbol{M}\boldsymbol{x}^{(k-1)}-\boldsymbol{M}\boldsymbol{x}^{(k-2)}\|_{\alpha}\leqslant\|\boldsymbol{M}\|\,\|\boldsymbol{x}^{(k-1)}-\boldsymbol{x}^{(k-2)}\|_{\alpha}\\&\leqslant\|\boldsymbol{M}\|^{2}\cdot\|\boldsymbol{x}^{(k-2)}-\boldsymbol{x}^{(k-3)}\|_{\alpha}\leqslant\cdots\leqslant\|\boldsymbol{M}\|^{k-1}\|\boldsymbol{x}^{(1)}-\boldsymbol{x}^{(0)}\|_{\alpha},\end{aligned}$$

代入(6.14)即得(6.15).

可用误差估计公式(6.14)估计第 k 次近似解的误差;由(6.14)可知,$\|\boldsymbol{M}\|$ 愈小,收敛得愈快.

误差估计公式(6.15)表明,当 $\|\boldsymbol{M}\|\leqslant\frac{1}{2}$ 时第 k 次近似解的误差 $\|\boldsymbol{x}^{(k)}-\boldsymbol{x}^{*}\|_{\alpha}$ 不会超过 $\|\boldsymbol{x}^{(k)}-\boldsymbol{x}^{(k-1)}\|_{\alpha}$,而 $\|\boldsymbol{x}^{(k)}-\boldsymbol{x}^{(k-1)}\|_{\alpha}$ 容易计算.

4. 迭代次数的控制

由于当 $\|M\| \leqslant \frac{1}{2}$ 时 $\|x^{(k)}-x^*\|_\alpha \leqslant \|x^{(k)}-x^{(k-1)}\|_\alpha$，故对于事先给定的精度 $\varepsilon>0$，当 $\|x^{(k)}-x^{(k-1)}\|_\alpha \leqslant \varepsilon$ 时，就可终止迭代，即可用 $\|x^{(k)}-x^{(k-1)}\|_\alpha \leqslant \varepsilon$ 来控制迭代的次数.

三、Jacobi 迭代法

1. Jacobi 迭代格式

设 $Ax=b$ 的系数矩阵 $A=[a_{ij}]\in\mathbb{R}^{n\times n}$ 非奇异，且 $a_{ii}\neq 0(i=1,2,\cdots,n)$.

将 A 分裂为 $A=\begin{bmatrix} a_{11} & a_{12} & \cdots & a_{1n} \\ a_{21} & a_{22} & \cdots & a_{2n} \\ \vdots & \vdots & & \vdots \\ a_{n1} & a_{n2} & \cdots & a_{nn} \end{bmatrix}=D-L-U$，其中对角形矩阵 $D=\begin{bmatrix} a_{11} & & & \\ & a_{22} & & \\ & & \ddots & \\ & & & a_{nn} \end{bmatrix}$ 可逆，且 $D^{-1}=\begin{bmatrix} \frac{1}{a_{11}} & & & \\ & \frac{1}{a_{22}} & & \\ & & \ddots & \\ & & & \frac{1}{a_{nn}} \end{bmatrix}$，

$-L=\begin{bmatrix} 0 & & & \\ a_{21} & 0 & & \\ \vdots & \vdots & \ddots & \\ a_{n1} & a_{n2} & \cdots & 0 \end{bmatrix}$ 是严格下三角矩阵（主对角元全为零的下三

角矩阵), $-U=\begin{bmatrix} 0 & a_{12} & \cdots & a_{1n} \\ & 0 & \cdots & a_{2n} \\ & & \ddots & \vdots \\ & & & 0 \end{bmatrix}$是严格上三角矩阵.

因为 $A=D-(L+U)$,故 $Ax=b \Leftrightarrow Dx=(L+U)x+b$,于是由 D 可逆,得 $x=D^{-1}(L+U)x+D^{-1}b$. 若记 $M_1=D^{-1}(L+U)\overset{\text{显然}}{=}D^{-1}(D-A)$, $f_1=D^{-1}b$,则有 $x=M_1x+f_1$. 取初始向量 $x^{(0)}\in\mathbb{R}^n$,由上式构成一个(一步定常)迭代格式

$$x^{(k+1)}=M_1x^{(k)}+f_1 \quad (k=0,1,2,\cdots), \tag{6.16}$$

称为 **Jacobi 迭代格式**,由 Jacobi 迭代格式所确定的求解线性方程组的方法称为 **Jacobi 迭代法**. $M_1=D^{-1}(L+U)$称为 **Jacobi 迭代矩阵**.

2. Jacobi 迭代格式收敛性的判定

(1)依迭代矩阵的判定方法. 由于(6.16)就是迭代格式(6.12),故定理 6.3、定理 6.4 及其推论以及定理 6.5 对 Jacobi 迭代格式均适用.

(2) 依系数矩阵的判定方法. 对于某些 $Ax=b$,不必计算出 Jacobi 迭代矩阵,直接由系数矩阵 A 就可断定其 Jacobi 迭代格式收敛,比如 A 是严格对角占优矩阵时就是如此.

定理 6.6 若 $Ax=b$ 的系数矩阵 A 是严格对角占优的,则求解 $Ax=b$ 的 Jacobi 迭代格式(6.16)收敛.

证 当 A 严格对角占优时,由例 6.4 知 Jacobi 迭代矩阵 $M_1=D^{-1}(D-A)$的谱半径 $\rho(M_1)<1$,故由定理 6.4 知 Jacobi 迭代格式(6.16)收敛.

3. Jacobi 迭代格式的分量形式

显然 Jacobi 迭代格式(6.16)不能用于实际计算 $Ax=b$ 的近似解,必须将其写成分量形式.

由(6.16),即 $x^{(k+1)}=D^{-1}(L+U)x^{(k)}+D^{-1}b=D^{-1}[(D-A)x^{(k)}+b]$,得

$$\begin{bmatrix} x_1^{(k+1)} \\ x_2^{(k+1)} \\ \vdots \\ x_n^{(k+1)} \end{bmatrix} =$$

$$\begin{bmatrix} \frac{1}{a_{11}} & & & \\ & \frac{1}{a_{22}} & & \\ & & \ddots & \\ & & & \frac{1}{a_{nn}} \end{bmatrix} \left(\begin{bmatrix} 0 & -a_{12} & \cdots & -a_{1n} \\ -a_{21} & 0 & \cdots & -a_{2n} \\ \vdots & \vdots & & \vdots \\ -a_{n1} & -a_{n2} & \cdots & 0 \end{bmatrix} \begin{bmatrix} x_1^{(k)} \\ x_2^{(k)} \\ \vdots \\ x_n^{(k)} \end{bmatrix} + \begin{bmatrix} b_1 \\ b_2 \\ \vdots \\ b_n \end{bmatrix} \right)$$

$$= \begin{bmatrix} \frac{1}{a_{11}}(-a_{12}x_2^{(k)} - a_{13}x_3^{(k)} - \cdots - a_{1n}x_n^{(k)} + b_1) \\ \frac{1}{a_{22}}(-a_{21}x_1^{(k)} - a_{23}x_3^{(k)} - \cdots - a_{2n}x_n^{(k)} + b_2) \\ \vdots \\ \frac{1}{a_{nn}}(-a_{n1}x_1^{(k)} - a_{n2}x_2^{(k)} - a_{n3}x_3^{(k)} - \cdots + b_1) \end{bmatrix},$$

即

$$\begin{cases} x_1^{(k+1)} = \frac{1}{a_{11}}(-a_{12}x_2^{(k)} - a_{13}x_3^{(k)} - \cdots - a_{1n}x_n^{(k)} + b_1), \\ x_2^{(k+1)} = \frac{1}{a_{22}}(-a_{21}x_1^{(k)} - a_{23}x_3^{(k)} - \cdots - a_{2n}x_n^{(k)} + b_2), \\ \cdots\cdots \\ x_n^{(k+1)} = \frac{1}{a_{nn}}(-a_{n1}x_1^{(k)} - a_{n2}x_2^{(k)} - a_{n3}x_3^{(k)} - \cdots + b_n), \end{cases} \quad (k=0,1,2,\cdots). \tag{6.17}$$

这就是 Jacobi 迭代格式的分量形式.

由格式(6.17)立即可写出 Jacobi 迭代矩阵

$$M_1=\begin{bmatrix} 0 & \dfrac{-a_{12}}{a_{11}} & \cdots & \dfrac{-a_{1n}}{a_{11}} \\ \dfrac{-a_{21}}{a_{22}} & 0 & \cdots & \dfrac{-a_{2n}}{a_{22}} \\ \vdots & \vdots & & \vdots \\ \dfrac{-a_{n1}}{a_{nn}} & \dfrac{-a_{n2}}{a_{nn}} & \cdots & 0 \end{bmatrix},$$

值得注意的是,Jacobi 迭代矩阵的主对角元均为零.

亦可将(6.17)缩写为

$$x_i^{(k+1)}=\frac{1}{a_{ii}}\Big(-\sum_{\substack{j=1\\ j\neq i}}^{n} a_{ij}x_j^{(k)}+b_i\Big),$$

或

$$x_i^{(k+1)}=\frac{1}{a_{ii}}\Big(-\sum_{j=1}^{i-1} a_{ij}x_j^{(k)}-\sum_{j=i+1}^{n} a_{ij}x_j^{(k)}+b_i\Big),$$
$$(i=1,2,\cdots,n),(k=0,1,2,\cdots). \qquad (6.17)$$

例 6.8 用 Jacobi 迭代法解方程组 $\begin{cases}64x_1-3x_2-x_3=14,\\ 2x_1-90x_2+x_3=-5,\\ x_1+x_2+40x_3=20.\end{cases}$

取初始向量 $\boldsymbol{x}^{(0)}=(0,0,0)^{\mathrm{T}}$, 迭代 5 次.

解 (1)因为 $\boldsymbol{A}=\begin{bmatrix}64 & -3 & -1\\ 2 & -90 & 1\\ 1 & 1 & 40\end{bmatrix}$严格对角占优,故其 Jacobi 迭代格式收敛.

(2)Jacobi 迭代格式为

$$\begin{cases} x_1^{(k+1)} = \dfrac{1}{64}(3x_2^{(k)} + x_3^{(k)} + 14), \\ x_2^{(k+1)} = \dfrac{1}{90}(2x_1^{(k)} + x_3^{(k)} + 5), \\ x_3^{(k+1)} = \dfrac{1}{40}(-x_1^{(k)} - x_2^{(k)} + 20), \end{cases} \quad \text{其中 } k=0,1,2,\cdots.$$

(3)计算过程中的数据见表 6.1,方程组的近似解为

$$x^{(5)} = (0.229\,547, 0.066\,130, 0.492\,608)^{T}.$$

表 6.1

$x^{(1)}$	$x^{(2)}$	$x^{(3)}$	$x^{(4)}$	$x^{(5)}$
0.218 750	0.229 167	0.229 548	0.229 547	0.229 547
0.055 556	0.065 972	0.066 128	0.066 130	0.066 130
0.500 000	0.493 142	0.492 622	0.492 608	0.492 608

例 6.9　求解方程组

$$\begin{cases} 3x_1 + 4x_2 - x_3 = 20, \\ 4x_1 + 3x_2 = 24, \\ -x_2 + 4x_3 = -24 \end{cases}$$

的 Jacobi 迭代格式是否收敛？若不收敛,请适当调整方程组中方程的排列次序,使调整后的方程组的 Jacobi 迭代格式收敛.

解　(1)Jacobi 迭代矩阵为

$$M_1 = D^{-1}(D - A) = \begin{bmatrix} 0 & \dfrac{-4}{3} & \dfrac{1}{3} \\ \dfrac{-4}{3} & 0 & 0 \\ 0 & \dfrac{1}{4} & 0 \end{bmatrix},$$

$$f(\lambda)=|\lambda \boldsymbol{E}-\boldsymbol{M}_1|=\begin{vmatrix}\lambda & \frac{4}{3} & \frac{-1}{3}\\ \frac{4}{3} & \lambda & 0\\ 0 & \frac{-1}{4} & \lambda\end{vmatrix}=\lambda^3-\frac{16}{9}\lambda+\frac{1}{9}.$$

因为$f(1)=-\frac{6}{9}<0,f(2)=\frac{41}{9}>0$,所以 $\boldsymbol{M}_1$ 至少有一个大于 1 的特征值,于是$\rho(\boldsymbol{M}_1)>1$,故其 Jacobi 迭代格式不收敛.

(2)将方程组中的第 1 个方程和第 2 个方程对换得同解方程组

$$\begin{cases}4x_1+3x_2=24,\\ 3x_1+4x_2-x_3=20,\\ -x_2+4x_3=-24.\end{cases}$$

其 Jacobi 迭代格式为

$$\begin{cases}x_1^{(k+1)}=\frac{1}{4}[-3x_2^{(k)}+24],\\ x_2^{(k+1)}=\frac{1}{4}[-3x_1^{(k)}+x_3^{(k)}+20],(k=0,1,2,\cdots);\\ x_3^{(k+1)}=\frac{1}{4}[x_2^{(k)}-24],\end{cases}$$

易知 $\boldsymbol{M}_1=\begin{bmatrix}0 & -\frac{3}{4} & 0\\ -\frac{3}{4} & 0 & \frac{1}{4}\\ 0 & \frac{1}{4} & 0\end{bmatrix}$,

$$|\lambda \boldsymbol{E}-\boldsymbol{M}_1|=\begin{vmatrix}\lambda & \frac{3}{4} & 0\\ \frac{3}{4} & \lambda & -\frac{1}{4}\\ 0 & -\frac{1}{4} & \lambda\end{vmatrix}=\lambda\left(\lambda^2-\frac{5}{8}\right),$$

$\rho(\boldsymbol{M}_1)=\sqrt{\frac{5}{8}}<1$,所以 Jacobi 迭代格式收敛.

注:本例说明,改变方程组中方程(或未知量)的排列次序,虽然不改变方程组的解,但却可能改变迭代格式的收敛性.

四、Gauss-Seidel 迭代法

1. Gauss-Seidel 迭代格式的分量形式

用 Jacobi 迭代格式

$$x_i^{(k+1)}=\frac{1}{a_{ii}}\left(-\sum_{j=1}^{i-1}a_{ij}x_j^{(k)}-\sum_{j=i+1}^{n}a_{ij}x_j^{(k)}+b_i\right),$$

$$(i=1,2,\cdots,n),(k=0,1,2,\cdots)$$

求方程组 $\boldsymbol{Ax}=\boldsymbol{b}$ 的第 $k+1$ 次近似 $\boldsymbol{x}^{(k+1)}=(x_1^{(k+1)},\cdots,x_{i-1}^{(k+1)},x_i^{(k+1)},\cdots,x_n^{(k+1)})^{\mathrm{T}}$ 的第 $i(i>1)$ 个分量 $x_i^{(k+1)}$ 时,前 $i-1$ 个分量 $x_1^{(k+1)},\cdots,x_{i-1}^{(k+1)}$ 已经求出. 如果迭代格式收敛,即 $\boldsymbol{x}^{(k)}\to\boldsymbol{x}^*$,则一般地说 $x_1^{(k+1)},\cdots,x_{i-1}^{(k+1)}$ 比 $x_1^{(k)},\cdots,x_{i-1}^{(k)}$ 更接近于 $\boldsymbol{x}^*$ 的相应分量 $x_1,\cdots,x_{i-1}$. 设想在计算 $x_i^{(k+1)}$ 时,若将格式中的 $x_1^{(k)},\cdots,x_{i-1}^{(k)}$ 换成 $x_1^{(k+1)},\cdots,x_{i-1}^{(k+1)}$,则可能提高收敛速度. 于是迭代格式变为

$$x_i^{(k+1)}=\frac{1}{a_{ii}}\left(-\sum_{j=1}^{i-1}a_{ij}x_j^{(k+1)}-\sum_{j=i+1}^{n}a_{ij}x_j^{(k)}+b_i\right)(i=1,2,\cdots,n),$$

即
$$\begin{cases} x_1^{(k+1)} = \dfrac{1}{a_{11}}(-a_{12}x_2^{(k)} - a_{13}x_3^{(k)} - \cdots - a_{1n}x_n^{(k)} + b_1) \\ x_2^{(k+1)} = \dfrac{1}{a_{22}}(-a_{21}x_1^{(k+1)} - a_{23}x_3^{(k)} - \cdots - a_{2n}x_n^{(k)} + b_2) \\ \cdots\cdots \\ x_n^{(k+1)} = \dfrac{1}{a_{nn}}(-a_{n1}x_1^{(k+1)} - a_{n2}x_2^{(k+1)} - a_{n3}x_3^{(k+1)} - \cdots + b_n) \end{cases} \quad (k=0,1,2,\cdots), \tag{6.18}$$

称此格式为 Gauss-Seidel 迭代格式,简称为 **Seidel 迭代格式**.

例 6.10 用 Seidel 迭代法再解例 6.8 中的方程组,仍取 $\boldsymbol{x}^{(0)}=(0,0,0)^{\mathrm{T}}$,当 $\|\boldsymbol{x}^{(k)}-\boldsymbol{x}^{(k-1)}\|_\infty<10^{-6}$时终止迭代.

解 Seidel 迭代格式为

$$\begin{cases} x_1^{(k+1)} = \dfrac{1}{64}(3x_2^{(k)} + x_3^{(k)} + 14), \\ x_2^{(k+1)} = \dfrac{1}{90}(2x_1^{(k+1)} + x_3^{(k)} + 5), \\ x_3^{(k+1)} = \dfrac{1}{40}(-x_1^{(k+1)} - x_2^{(k+1)} + 20), \end{cases} \quad (k=0,1,2,\cdots).$$

$\boldsymbol{x}^{(0)}=(0,0,0)^{\mathrm{T}}$,这里只需迭代 4 次就得到了与 Jacobi 迭代法迭代 5 次时精度相同的结果(见表 6.2),提高效率 20%.

表 6.2

$\boldsymbol{x}^{(1)}$	$\boldsymbol{x}^{(2)}$	$\boldsymbol{x}^{(3)}$	$\boldsymbol{x}^{(4)}$
0.218 750	0.229 285	0.229 547	0.229 547
0.060 417	0.066 129	0.066 130	0.066 130
0.493 021	0.492 615	0.492 608	0.492 608

2. Seidel 迭代格式的收敛性

对于上例中的线性方程组,Seidel 迭代法比 Jacobi 迭代法收敛得快. 但值得注意的是,对某些方程组,其 Jacobi 迭代格式收敛,而改进后的 Seidel 迭代格式却不收敛,当然也有相反的情况,因此必须重新判定

Seidel 迭代格式的收敛性. 为此,需要 Seidel 迭代格式的矩阵形式.

将(6.18)改写为

$$a_{ii}x_i^{(k+1)}+\sum_{j=1}^{i-1}a_{ij}x_j^{(k+1)}=-\sum_{j=i+1}^{n}a_{ij}x_j^{(k)}+b_i(i=1,2,\cdots,n),$$

即

$$\left(\begin{bmatrix}a_{11} & & & \\ & a_{22} & & \\ & & \ddots & \\ & & & a_{nn}\end{bmatrix}+\begin{bmatrix}0 & & & \\ a_{21} & 0 & & \\ \vdots & \vdots & \ddots & \\ a_{n1} & a_{n2} & \cdots & 0\end{bmatrix}\right)\begin{bmatrix}x_1^{(k+1)}\\ x_2^{(k+1)}\\ \vdots\\ x_n^{(k+1)}\end{bmatrix}$$

$$=\begin{bmatrix}0 & -a_{12} & \cdots & -a_{1n}\\ & 0 & \cdots & -a_{2n}\\ & & \ddots & \vdots\\ & & & 0\end{bmatrix}\begin{bmatrix}x_1^{(k)}\\ x_2^{(k)}\\ \vdots\\ x_n^{(k)}\end{bmatrix}+\begin{bmatrix}b_1\\ b_2\\ \vdots\\ b_n\end{bmatrix},$$

亦即$(\boldsymbol{D}-\boldsymbol{L})\boldsymbol{x}^{(k+1)}=\boldsymbol{U}\boldsymbol{x}^{(k)}+\boldsymbol{b}$(其中 $\boldsymbol{D},\boldsymbol{L},\boldsymbol{U}$ 含义同前).

因为 $a_{ii}\neq 0(i=1,2,\cdots,n)$,故下三角形矩阵 $\boldsymbol{D}-\boldsymbol{L}$ 可逆,于是得 Seidel 迭代格式的矩阵形式

$$\boldsymbol{x}^{(k+1)}=(\boldsymbol{D}-\boldsymbol{L})^{-1}\boldsymbol{U}\boldsymbol{x}^{(k)}+(\boldsymbol{D}-\boldsymbol{L})^{-1}\boldsymbol{b}\quad(k=0,1,2,\cdots).\tag{6.19}$$

事实上,迭代格式(6.9)可由对 $\boldsymbol{A}$ 作分裂 $\boldsymbol{A}=(\boldsymbol{D}-\boldsymbol{L})-\boldsymbol{U}$ 得到.

若将 Seidel 迭代矩阵记为 $\boldsymbol{M}_2=(\boldsymbol{D}-\boldsymbol{L})^{-1}\boldsymbol{U},\boldsymbol{f}_2=(\boldsymbol{D}-\boldsymbol{L})^{-1}\boldsymbol{b}$,则(6.19)可写为

$$\boldsymbol{x}^{(k+1)}=\boldsymbol{M}_2\boldsymbol{x}^{(k)}+\boldsymbol{f}_2,$$

即为迭代格式(6.12). 因此,定理 6.3、定理 6.4 及其推论以及定理 6.5 对 Seidel 迭代格式均适用.

例 6.11　设有方程组

$$\begin{cases}x_1+2x_2-2x_3=1,\\ x_1+x_2+x_3=1,\\ 2x_1+2x_2+x_3=1.\end{cases}$$

写出求解此方程组的 Jacobi 迭代格式和 Seidel 迭代格式,并判定它们的收敛性.

解 $A=\begin{bmatrix}1&2&-2\\1&1&1\\2&2&1\end{bmatrix}$.

(1)Jacobi 迭代格式为

$$\begin{cases}x_1^{(k+1)}=(-2x_2^{(k)}+2x_3^{(k)}+1),\\x_2^{(k+1)}=(-x_1^{(k)}-x_3^{(k)}+1),\\x_3^{(k+1)}=(-2x_1^{(k)}-2x_2^{(k)}+1),\end{cases}\quad(k=0,1,2,\cdots).$$

Jacobi 迭代矩阵为

$$M_1=\begin{bmatrix}0&-2&2\\-1&0&-1\\-2&-2&0\end{bmatrix}.$$

由 $|\lambda E-M_1|=\begin{vmatrix}\lambda&2&-2\\1&\lambda&1\\2&2&\lambda\end{vmatrix}=\lambda^3$,知 $\rho(M_1)=0<1$,故 Jacobi 迭代格式收敛.

(2)Seidel 迭代格式为

$$\begin{cases}x_1^{(k+1)}=(-2x_2^{(k)}+2x_3^{(k)}+1),\\x_2^{(k+1)}=(-x_1^{(k+1)}-x_3^{(k)}+1),\\x_3^{(k+1)}=(-2x_1^{(k+1)}-2x_2^{(k+1)}+1),\end{cases}\quad(k=0,1,2,\cdots).$$

Seidel 迭代矩阵为

$$M_2=(D-L)^{-1}U=\begin{bmatrix}1&0&0\\1&1&0\\2&2&1\end{bmatrix}^{-1}\begin{bmatrix}0&-2&2\\0&0&-1\\0&0&0\end{bmatrix}$$

$$=\begin{bmatrix}1&0&0\\-1&1&0\\0&-2&1\end{bmatrix}\begin{bmatrix}0&-2&2\\0&0&-1\\0&0&0\end{bmatrix}$$

$$=\begin{bmatrix}0 & -2 & 2\\0 & 2 & -3\\0 & 0 & 2\end{bmatrix}.$$

（注:Seidel 迭代矩阵的第一列元素均为零.）

易知 $\rho(\boldsymbol{M}_2)=2>1$,故 Seidel 迭代格式发散.

有时也可直接依系数矩阵判定 Seidel 迭代格式的敛散性.

定理 6.7　若 $\boldsymbol{Ax}=\boldsymbol{b}$ 系数矩阵 $\boldsymbol{A}$ 是严格对角占优的,则求解 $\boldsymbol{Ax}=\boldsymbol{b}$ 的 Seidel 迭代格式收敛.

证　<反证法>假设 $\boldsymbol{A}$ 是严格对角占优,但 Seidel 迭代格式不收敛. 于是由定理 6.4 知,Seidel 迭代矩阵 $\boldsymbol{M}_2$ 的谱半径 $\rho(\boldsymbol{M}_2)\geqslant 1$. 从而必有 $\lambda\in\sigma(\boldsymbol{M}_2)$,使得 $|\lambda|\geqslant 1$. 因为

$$\lambda\boldsymbol{E}-\boldsymbol{M}_2=\lambda\boldsymbol{E}-(\boldsymbol{D}-\boldsymbol{L})^{-1}\boldsymbol{U}=\lambda(\boldsymbol{D}-\boldsymbol{L})^{-1}\left(\boldsymbol{D}-\boldsymbol{L}-\frac{1}{\lambda}\boldsymbol{U}\right),$$

所以

$$\det(\lambda\boldsymbol{E}-\boldsymbol{M}_2)=\lambda^n\det(\boldsymbol{D}-\boldsymbol{L})^{-1}\cdot\det\left(\boldsymbol{D}-\boldsymbol{L}-\frac{1}{\lambda}\boldsymbol{U}\right).$$

由 $\det(\lambda\boldsymbol{E}-\boldsymbol{M}_2)=0$, $\lambda^n\neq 0$, $\det(\boldsymbol{D}-\boldsymbol{L})^{-1}\neq 0$,得

$$\det\left(\boldsymbol{D}-\boldsymbol{L}-\frac{1}{\lambda}\boldsymbol{U}\right)=0. \qquad (*)$$

而由 $\boldsymbol{A}$ 严格行(或列)对角占优及 $|\lambda|\geqslant 1$,可知方阵 $\boldsymbol{D}-\boldsymbol{L}-\frac{1}{\lambda}\boldsymbol{U}$ 也是严格行(或列)对角占优的,因此 $\det\left(\boldsymbol{D}-\boldsymbol{L}-\frac{1}{\lambda}\boldsymbol{U}\right)\neq 0$,与(*)矛盾,故此时 Seidel 迭代格式收敛.

下面再给出一个按系数矩阵判定 Seidel 迭代格式收敛的定理,其证明因比较复杂而略去.

定理 6.8　若 $\boldsymbol{Ax}=\boldsymbol{b}$ 系数矩阵 $\boldsymbol{A}$ 对称正定,则求解 $\boldsymbol{Ax}=\boldsymbol{b}$ 的 Seidel 迭代格式收敛.

例 6.12 证明解方程组$\begin{bmatrix} 2 & -2 & -1 \\ -2 & 6 & 0 \\ -1 & 0 & 4 \end{bmatrix}\begin{bmatrix} x_1 \\ x_2 \\ x_3 \end{bmatrix}=\begin{bmatrix} 1 \\ -2 \\ 3 \end{bmatrix}$的 Seidel 迭代法收敛.

证 $\boldsymbol{A}$ 对称且顺序主子式

$$\det \boldsymbol{A}_1=2>0,\det \boldsymbol{A}_2=\begin{vmatrix} 2 & -2 \\ -2 & 6 \end{vmatrix}=8>0,\det \boldsymbol{A}_3=\det \boldsymbol{A}=26>0,$$

故 $\boldsymbol{A}$ 正定,所以 Seidel 迭代法收敛.

五、解线性方程组迭代法小结

(1)对于解线性方程组迭代法,首要的问题是收敛性;在实际计算中,误差估计非常重要.

(2)可通过调整方程组中方程或未知量的次序,改善迭代法的收敛性. 通常是使调整后的方程组的系数矩阵尽量对角占优.

(3)Jacobi 迭代法与 Seidel 迭代法在收敛性方面没有必然联系. 当二者都收敛时,一般说来 Seidel 迭代法比 Jacobi 迭代法收敛得快.

(4)还可对 Seidel 迭代格式加以改进,使其收敛得更快,例如 SOR 方法(见参考文献[1],[2]). 但对改进后的迭代法必须重新判定其收敛性.

习题 6

A

一、判断题

1. 求解 n 阶线性方程组 $\boldsymbol{Ax}=\boldsymbol{b}$ 的 Jacobi 迭代格式收敛的充要条件是 $\rho(\boldsymbol{A})<1$. ( )

2. 若 $\boldsymbol{A}\in\mathbb{R}^{n\times n}$ 严格对角占优,则求解 $\boldsymbol{Ax}=\boldsymbol{b}$ 的 Jacobi 迭代格式和 Seidel 迭代格式都收敛. ( )

3. 若 $A\in\mathbb{R}^{n\times n}$ 对称正定，则求解 $Ax=b$ 的 Jacobi 迭代格式收敛.
( )

4. 若求解线性方程组 $Ax=b$ 的 Jacobi 迭代格式收敛，则其 Seidel 迭代格式也收敛. ( )

5. 若求解线性方程组 $Ax=b$ 的 Seidel 迭代格式收敛，则其 Jacobi 迭代格式也收敛. ( )

6. 设 M 是求解线性方程组 $Ax=b$ 的 Gauss-Seidel 迭代矩阵，则 Seidel 迭代格式收敛的充要条件是 $\|M\|_\infty<1$. ( )

7. 若求解线性方程组 $Ax=b$ 的 Seidel 迭代格式收敛，则 $\lim\limits_{k\to\infty}A^k=O$. ( )

8. 若求解线性方程组 $Ax=b$ 的迭代格式收敛，M 是迭代矩阵，则 $\lim\limits_{k\to\infty}\|M^k\|_2=0$. ( )

9. 改变方程组中方程的排列顺序，不可能改变迭代格式的收敛性.
( )

二、填空题

1. 设 $A=\begin{bmatrix}2&-1&1\\1&1&1\\1&1&-2\end{bmatrix}$，则求解 $Ax=b$ 的 Jacobi 迭代矩阵 $M=$ ________.

2. 已知求解三阶线性方程组 $Ax=b$ 的 Jacobi 迭代格式为

$$\begin{cases}x_1^{(k+1)}=\dfrac{1}{4}[-3x_2^{(k)}+24],\\ x_2^{(k+1)}=\dfrac{1}{4}[-3x_1^{(k)}+x_3^{(k)}+30],\quad(k=0,1,2,\cdots),\\ x_3^{(k+1)}=\dfrac{1}{4}[x_2^{(k)}-24],\end{cases}$$

则求解此方程组的 Gauss-Seidel 迭代格式为________.

3. 若将 $\boldsymbol{Ax}=\boldsymbol{b}$ 的系数矩阵分裂为 $\boldsymbol{A}=\boldsymbol{D}-\boldsymbol{L}-\boldsymbol{U}$（其中 $\boldsymbol{D},\boldsymbol{L},\boldsymbol{U}$ 如教材所规定），则 Seidel 迭代矩阵 $\boldsymbol{M}=$________.

4. 若对于线性方程组 $\boldsymbol{Ax}=\boldsymbol{b}$，Jacobi 迭代格式和 Seidel 迭代格式都收敛，则一般说来_______迭代格式要比_______迭代格式收敛得快.

B

1. 设 $\boldsymbol{A}=\begin{bmatrix}1 & 2\\ 1.0001 & 2\end{bmatrix}$，$\boldsymbol{B}=\begin{bmatrix}4.56 & 2.18\\ 2.79 & 1.38\end{bmatrix}$，$\boldsymbol{C}=\begin{bmatrix}100 & 99\\ 99 & 98\end{bmatrix}$. 求 $\mathrm{cond}_\infty\,\boldsymbol{A}$，$\mathrm{cond}_1\,\boldsymbol{B}$，$\mathrm{cond}_2\,\boldsymbol{C}$.

2. 用顺序 Gauss 消去法解下列方程组：

$$(1)\begin{cases}2x_1+x_2+x_3=4,\\ 3x_1+x_2+2x_3=6,\\ x_1+2x_2+2x_3=5;\end{cases}\qquad (2)\begin{cases}x_1+x_2+3x_4=4,\\ 2x_1+x_2-x_3+x_4=1,\\ 3x_1-x_2-x_3+2x_4=-3,\\ -x_1+2x_2+3x_3-x_4=4.\end{cases}$$

3. 分别用顺序 Gauss 消去法和列主元素 Gauss 消去法解下列方程组，计算过程取 4 位有效数字，把所得解代入方程组检验看哪种方法所得结果较精确：

$$\begin{cases}0.012x_1+0.01x_2+0.167x_3=0.6781,\\ x_1+0.8334x_2+5.91x_3=12.1,\\ 3200x_1+1200x_2+4.2x_3=981.\end{cases}$$

4. 用 Jacobi 迭代法和 Seidel 迭代法解方程组

$$\begin{cases}20x_1+2x_2+3x_3=24,\\ x_1+8x_2+x_3=12,\\ 2x_1-3x_2+15x_3=30.\end{cases}$$

取初始向量 $\boldsymbol{x}^{(0)}=(0,0,0)^{\mathrm{T}}$，当 $\|\boldsymbol{x}^{(k)}-\boldsymbol{x}^{(k-1)}\|_\infty\leqslant 10^{-5}$ 时终止迭代.

5. 设有方程组

$$\begin{cases}4x_1+3x_2=24,\\3x_1+4x_2-x_3=20,\\-x_2+4x_3=-24.\end{cases}$$

写出求解该方程组的 Jacobi 迭代格式和 Seidel 迭代格式,并讨论其收敛性.

6. 证明:

(1)解线性方程组

$$\begin{bmatrix}2&-1&1\\1&1&1\\1&1&-2\end{bmatrix}\begin{bmatrix}x_1\\x_2\\x_3\end{bmatrix}=\begin{bmatrix}1\\-1\\0\end{bmatrix}$$

的 Jacobi 迭代格式发散,而 Seidel 迭代格式收敛;

(2)解线性方程组

$$\begin{bmatrix}1&2&-2\\1&1&1\\2&2&1\end{bmatrix}\begin{bmatrix}x_1\\x_2\\x_3\end{bmatrix}=\begin{bmatrix}1\\0\\2\end{bmatrix}$$

的 Jacobi 迭代格式收敛,而 Seidel 迭代格式发散.

*7. 用追赶法解方程组

$$\begin{cases}3x_1+x_2=-1,\\2x_1+4x_2+x_3=7,\\2x_2+5x_3=9.\end{cases}$$

8. 对方程组

$$\begin{cases}2x_1+x_2+3x_3=6,\\x_1+4x_2=8,\\2x_1+x_3=2\end{cases}$$

适当调整未知量的排列顺序,使所得方程组的 Seidel 迭代格式收敛.

第 7 章　插值法与数值逼近

本章先对插值法做一个概述，然后重点介绍 Lagrange 插值法、Newton 插值法、Hermite 插值法以及三次样条插值. 在最后一节介绍最佳平方逼近及曲线拟合的最小二乘法.

§7.1　插值法概述

一、插值问题

1. 问题与解决问题的基本思想

已知函数 $y=f(x)$ 在区间 $[a,b]$ 上 $n+1$ 个互异点 x_i ($a\leqslant x_0<x_1<\cdots<x_i<\cdots<x_n\leqslant b$) 处的值 $y_i=f(x_i)$ ($i=0,1,2,\cdots,n$)，或已知一张数据表(即表格形式的函数 $y=f(x)$)，

x_i	x_0	x_1	x_2	x_3	$\cdots$	x_n
$f(x_i)=y_i$	y_0	y_1	y_2	y_3	$\cdots$	y_n

需要求出函数在任意一点处的值，或 $y=f(x)$ 在整个区间上的其他性态. 当 $y=f(x)$ 的解析表示式未知，或者虽然已知但却“很复杂”(相对于要研究的问题)时，这是很困难甚至是不可能的. 然而，这又是科学技术特别是工程中常见的情况，必须很好地解决.

解决这个问题的一种思路是：根据给定的数据，构造一个既能反映 $f(x)$ 的主要性质，又便于计算的“简单”(相对于要研究的问题)函数 $P(x)$，使得

$$P(x_i)=f(x_i)=y_i(i=0,1,2,\cdots,n), \tag{7.1}$$

并以 $P(x)$ 近似代替 $f(x)$.

2. 基本概念

构造满足上述条件(7.1)的函数 $P(x)$,称为函数 $y=f(x)$ 在区间 $[a,b]$ 上的**插值问题**. 其中 $f(x)$ 称为**被插值函数**,$P(x)$ 称为**插值函数**,$[a,b]$ 称为**插值区间**,$x_0,x_1,\cdots,x_n$ 称为**插值节点**,$P(x_i)=f(x_i)=y_i$ $(i=0,1,2,\cdots,n)$ 称为**插值条件**,$R(x)=f(x)-P(x)$ 称为**插值余项**或**截断误差**,求插值函数 $P(x)$ 的方法称为**插值法**.

3. 插值问题的几何解释

插值问题的几何意义就是在区间 $[a,b]$ 上用较简单的曲线 $y=P(x)$ 近似代替所给曲线 $y=f(x)$,并使曲线 $y=P(x)$ 严格通过曲线 $y=f(x)$ 上的 $n+1$ 个已知点 $(x_i,y_i)(i=0,1,2,\cdots,n)$,见图 7.1.

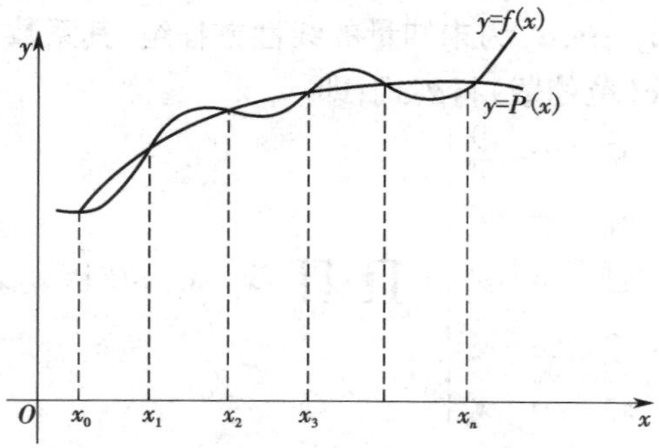

图 7.1

二、多项式插值

1. 多项式插值的概念

由于代数多项式具有许多优点(连续且函数值、导数、积分很容易计算),故通常将插值函数选为多项式 $p(x)$. 于是插值问题就成为寻求一个满足插值条件

$$p(x_i)=f(x_i)=y_i(i=0,1,2,\cdots,n) \tag{7.2}$$

的多项式问题,称为**多项式插值**, 其中 $p(x)$ 称为**插值多项式**.

2. 插值多项式的存在性

在这里首先要解决的问题是确定满足插值条件(7.2)的插值多项式是否存在.若存在,是否是唯一的.

定理 7.1 满足插值条件(7.2)的、次数不超过 n 的插值多项式存在且唯一,即存在唯一的 $p \in P_n[a,b]$,使得 $p(x_i)=f(x_i)=y_i(i=0,1,2,\cdots,n)$.

证 设 $p(x)=a_0+a_1x+a_2x^2+\cdots+a_nx^n$,$a_k(k=0,1,\cdots,n)$待定.

由插值条件(7.2)得

$$\begin{cases} a_0+a_1x_0+a_2x_0^2+\cdots+a_nx_0^n=y_0, \\ a_0+a_1x_1+a_2x_1^2+\cdots+a_nx_1^n=y_1, \\ \cdots\cdots \\ a_0+a_1x_n+a_2x_n^2+\cdots+a_nx_n^n=y_n. \end{cases}$$

此为以 $a_0,a_1,a_2,\cdots,a_n$ 为未知量的线性方程组,其系数行列式为 $n+1$ 阶 Vandermonde(范德蒙)行列式,即

$$V_{n+1}=\begin{vmatrix} 1 & x_0 & x_0^2 & \cdots & x_0^n \\ 1 & x_1 & x_1^2 & \cdots & x_1^n \\ 1 & x_2 & x_2^2 & \cdots & x_2^n \\ \vdots & \vdots & \vdots & & \vdots \\ 1 & x_n & x_n^2 & \cdots & x_n^n \end{vmatrix}=\prod_{i=1}^{n}\prod_{j=0}^{i-1}(x_i-x_j)\neq 0(\text{因 } x_0,x_1,\cdots,x_n \text{ 互异}),$$

故由 Cramer 法则知,存在唯一解$(a_0,a_1,a_2,\cdots,a_n)$,即次数不超过 n 的插值多项式 $p(x)$存在且唯一,并称 $p(x)$为 n **次插值多项式**.

推论 n 次插值多项式的余项

$$R_n(x)=f(x)-p(x)$$

是唯一的.

例 7.1 已知 $y=f(x)$的函数值如下:

x_i	-1	0	1	2
y_i	1	7	23	55

利用 3 次插值多项式求 $f(1.5)$ 的近似值(结果保留至小数点后第 3 位).

解　方法一　设 $p(x)=a_0+a_1x+a_2x^2+a_3x^3$,由 $p(x_i)=y_i(i=0,1,2,3)$得

$$\begin{cases}a_0-a_1+a_2-a_3=1,\\ a_0=7,\\ a_0+a_1+a_2+a_3=23,\\ a_0+2a_1+4a_2+8a_3=55.\end{cases}$$

解之得 $a_0=7,a_1=10,a_2=5,a_3=1$,故 $p(x)=7+10x+5x^2+x^3$. 于是得

$$f(1.5)\approx p(1.5)=7+10\times1.5+5\times1.5^2+1.5^3=36.625.$$

方法二　以上求插值多项式 $p(x)$ 时是选用 $P_3[a,b]$ 的自然基 $(1,x,x^2,x^3)$ 作线性组合求 $p(x)=\sum\limits_{k=0}^{3}a_kx^k$ 的,求系数时比较困难. 当然也可选用 $P_3[a,b]$ 的其他基 $(\varphi_0(x),\varphi_1(x),\varphi_2(x),\varphi_3(x))$ 来作线性组合得 $p(x)=\sum\limits_{k=0}^{3}a_k\varphi_k(x)$,也许系数会容易求些. 例如选用基 $(1,x+1,(x+1)x,(x+1)x(x-1))$,即设

$$p(x)=a_0+a_1(x+1)+a_2(x+1)x+a_3(x+1)x(x-1).$$

由插值条件,

令 $x=-1$ 得 $a_0=1$,

令 $x=0$ 得 $a_0+a_1=7\Rightarrow a_1=6$,

令 $x=1$ 得 $a_0+2a_1+2a_2=23\Rightarrow a_2=5$,

令 $x=2$ 得 $a_0+3a_1+6a_2+6a_3=55\Rightarrow a_3=1$;

故 $p(x)=1+6(x+1)+5(x+1)x+(x+1)x(x-1)$(与解法一所得多项式实质上一样).

3. Lagrange 插值与 Newton 插值

按定理 7.1 的方法求插值多项式(如上例),当 n 较大或所给数据

比较复杂时,要通过解阶数较高的线性方程组定出插值多项式的系数,这往往是困难的.人们已经找到了许多求插值多项式并估计误差的有效方法,比如 Lagrange 插值法(选择合适的基函数而使插值多项式的系数不求而得)和 Newton 插值法(选择合适的基函数而使插值多项式的系数容易求得,且能克服 Lagrange 插值法的主要缺点),我们将分别在 §7.2 和 §7.3 介绍.

三、带导数的插值公式、分段插值与样条插值简介

*1. 带导数的插值问题

在许多问题中,不仅要求插值多项式与被插值函数在节点处有相同的函数值,而且要求有相同的导数甚至是高阶导数值,这就是带导数的插值问题.

例 7.2 求一个次数不超过 4 的多项式 $p(x)$,使得

$$p(0)=1,p(1)=2,p(2)=1;p'(1)=0,p'(2)=-1.$$

解 设 $p(x)=a_0+a_1x+a_2x^2+a_3x^3+a_4x^4$,

则 $$p'(x)=a_1+2a_2x+3a_3x^2+4a_4x^3.$$

由插值条件得 $$\begin{cases}a_0=1,\\ a_0+a_1+a_2+a_3+a_4=2,\\ a_0+2a_1+4a_2+8a_3+16a_4=1,,\\ a_1+2a_2+3a_3+4a_4=0,\\ a_1+4a_2+12a_3+32a_4=-1.\end{cases}$$

解得 $$a_0=1,a_1=1,a_2=\frac{3}{2},a_3=-2,a_4=\frac{1}{2}.$$

所以 $$p(x)=1+x+\frac{3}{2}x^2-2x^3+\frac{1}{2}x^4.$$

2. Hermite 插值

在多数情况下,例 7.2 中所遇到的线性方程组很难解,必须寻求别的有效的方法,对此我们不作进一步的讨论,只是提一下其中最简单的

情况——Hermite 插值问题.

已知函数 $y=f(x)$ 在区间 $[a,b]$ 上 $n+1$ 个互异点 x_i:($a\leqslant x_0<x_1<\cdots<x_i<\cdots<x_n\leqslant b$)处的值 $y_i=f(x_i)$ 和一阶导数值 $m_i=f'(x_i)$ $(i=0,1,2,\cdots,n)$,求一个次数尽可能低的多项式 $p(x)$,使其满足 $2n+2$ 个插值条件:

$$p(x_i)=f(x_i)=y_i, p'(x_i)=f'(x_i)=m_i \quad (i=0,1,2,\cdots,n). \tag{7.3}$$

可以证明:存在唯一的次数不超过 $2n+1$ 的多项式 $H_{2n+1}(x)$ 满足插值条件(7.3). 通常称 $H_{2n+1}(x)$ 为 Hermite 插值多项式.

Hermite 插值不仅保证了插值曲线 $y=H_{2n+1}(x)$ 过被插值曲线 $y=f(x)$ 上 $n+1$ 个点 (x_i,y_i) $(i=0,1,2,\cdots,n)$,且在这 $n+1$ 个点处有公共的切线.

当 $n=1$ 即只有两个插值节点 $a\leqslant x_{i-1}<x_i\leqslant b$ 时,Hermite 插值多项式为

$$\begin{aligned} H_3(x) = &\left(1+2\frac{x-x_{i-1}}{x_i-x_{i-1}}\right)\left(\frac{x-x_i}{x_{i-1}-x_i}\right)^2 y_{i-1} \\ &+\left(1+2\frac{x-x_i}{x_{i-1}-x_i}\right)\left(\frac{x-x_{i-1}}{x_i-x_{i-1}}\right)^2 y_i \\ &+(x-x_{i-1})\left(\frac{x-x_i}{x_{i-1}-x_i}\right)^2 m_{i-1} \\ &+(x-x_i)\left(\frac{x-x_{i-1}}{x_i-x_{i-1}}\right)^2 m_i. \end{aligned} \tag{7.4}$$

推导过程从略,但读者容易验证其满足插值条件(7.3).

显然,进行 Hermite 插值时,要求被插值函数可导且节点处的导数已知.

3. 分段插值

1)高次插值的 Runge 现象

20 世纪初 Runge 曾给出一个例子:对函数 $f(x)=\dfrac{1}{1+x^2}$ 在区间 $[-5,5]$ 上做等距节点 $x_k=-5+k$ $(k=0,1,2,\cdots,10)$ 的 10 次插值. 图

7.2 画出了插值曲线 $y=p_{10}(x)$（虚线）与被插值曲线 $y=f(x)$（实线）的图形. 由图可见，在区间端点附近 $y=p_{10}(x)$ 与 $y=f(x)$ 相去甚远，而且当 n 越大时这种偏离现象越严重. 这种现象称为 Runge 现象.

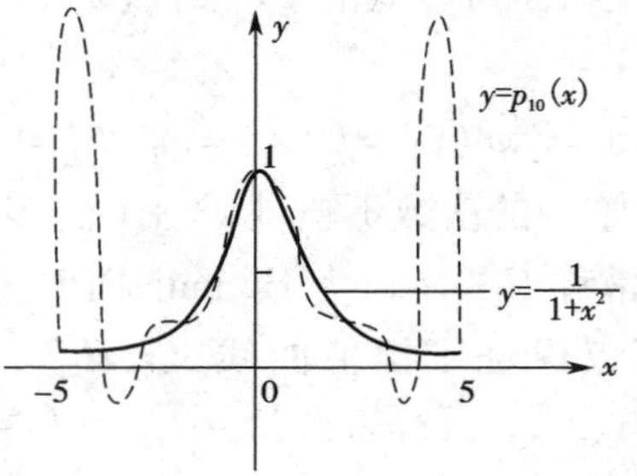

图 7.2

2）分段插值

Runge 现象说明，并不是在给定区间上选取节点越多，所得插值多项式的次数越高越好；在大范围内使用高次插值的效果往往不理想，通常不用高次插值而用分段低次插值——将插值区间$[a,b]$分成若干个子区间$[x_{i-1},x_i]$$(i=1,2,\cdots,n)$，在每个子区间$[x_{i-1},x_i]$上采用低次插值，例如线性插值、三次插值等. 在几何上，分段线性插值就是用过点$(x_i,y_i)$$(i=0,1,2,\cdots,n)$的折线段近似代替被插值曲线，它简单且当每个子区间充分小时逼近效果很好，但一般说来，在(x_i,y_i)处不光滑. 为了提高插值曲线的光滑性，可采用分段三次 Hermite 插值. 分段三次 Hermite 插值函数在整个$[a,b]$上具有连续的一阶导数. 具体内容见参考文献[1]，此处从略.

*4. 三次样条插值

虽然分段三次 Hermite 插值函数在整个$[a,b]$上具有连续的一阶导数（即插值曲线是光滑的），但在插值节点处的二阶导数往往不存在，因此不能解决有更高光滑性要求的插值问题（比如要根据一些数据点作出船体、飞机机翼外形曲线等）. 此外，即使是分段三次 Hermite 插值，要求提供"节点处的导数"的条件往往得不到满足. 能不能仅根据被插值函数在一些点处的函数值，就差不多能作出光滑性很好（比如有二阶连续导数）的插值曲线呢？回答是肯定的，这就是 20 世纪 60 年代出现的样条插值.

"样条"一词本来是指在飞机、轮船制造中为了描绘出光滑的外形曲线所用的一种工具，它是一根富有弹性的细长木条. 绘图员先将数据点$(x_i,y_i)$$(i=0,1,2,\cdots,n)$描绘在坐标平面上，然后用压铁将样条固定在这些点上，而让其余地方自然弯曲，于是形成一条光滑曲线——样条曲线.

经过分析发现，在弯曲程度不大时，样条曲线 $y=S(x)$ 是分段三次曲线（三次多项式的图形），而在分段点处样条函数 $S(x)$ 不仅有连续的一阶导数，而且有连续的二阶导数.

利用插值条件

$$p(x_i)=f(x_i)=y_i(i=0,1,2,\cdots,n),$$

和边界条件即可求出函数 $y=f(x)$ 在区间$[a,b]$上以

$$a\leqslant x_0<x_1<\cdots<x_i<\cdots<x_n\leqslant b$$

为节点的满足边界条件的三次样条插值函数 $S(x)$.

用三次样条插值函数 $S(x)$ 逼近被插值函数 $f(x)$，其效果非常好. 不仅 $\|f-S\|_\infty$ 很小，而且 $\|f'-S'\|_\infty$ 和 $\|f''-S''\|_\infty$ 也很小，以至于在许多场合（如求值、求导、求积分等）都可以用 $S(x)$ 直接代替 $f(x)$.

关于 Hermite 插值问题和三次样条插值问题的详细内容，将分别在 §7.4 和 §7.5 介绍.

§7.2　Lagrange 插值

一、Lagrange 插值公式

1. 线性插值

(1) 当 $n=1$ 时，只有两个节点 x_0,x_1. 用过两点(x_0,y_0)、(x_1,y_1)的

直线 $y=L_1(x)$ 近似代替曲线 $y=f(x)$，即 $f(x)\approx L_1(x)$. 由直线的点斜式方程可得

$$y-y_0=\frac{y_1-y_0}{x_1-x_0}(x-x_0),$$

整理得

$$y=L_1(x)=\frac{x-x_1}{x_0-x_1}y_0+\frac{x-x_0}{x_1-x_0}y_1. \tag{7.5}$$

一眼就能看出式(7.5)满足插值条件 $L_1(x_0)=y_0, L_1(x_1)=y_1$，且 $L_1(x)$ 是线性函数(一次多项式)，故称式(7.5)为**线性插值公式**.

线性插值公式的结构具有如下特点：

(1) $L_1(x)$ 是两个一次多项式

$$l_0(x)=\frac{x-x_1}{x_0-x_1}\text{与 } l_1(x)=\frac{x-x_0}{x_1-x_0}$$

的线性组合(不难验证 $(l_0(x),l_1(x))$ 是 $P_1[a,b]$ 的一个基)，且组合系数就是由插值条件给出的被插值函数的值 y_0,y_1；

(2) 对 $l_0(x)$ 有 $l_0(x_0)=1, l_0(x_1)=0$，对 $l_1(x)$ 有 $l_1(x_0)=0, l_1(x_1)=1$，总之 $l_0(x)$ 和 $l_1(x)$ 均满足

$$l_k(x_i)=\delta_{ik}=\begin{cases}1, & i=k,\\ 0, & i\neq k,\end{cases}(k,i=0,1).$$

2. Lagrange 插值基函数

设节点为 $x_0,x_1,\cdots,x_i,\cdots,x_n\in[a,b]$. 受线性插值多项式结构的启发，我们取 $P_n[a,b]$ 的具有下列性质的基 $(l_0(x),l_1(x),\cdots,l_k(x),\cdots,l_n(x))$：

(1) 每个 $l_k(x)$ 都是 n 次多项式 $(k=0,1,\cdots,n)$，

(2) $l_k(x_i)=\delta_{ik}=\begin{cases}1, & i=k\\ 0, & i\neq k\end{cases}(k,i=0,1,\cdots,n)$.

令 $L_n(x)=\sum\limits_{k=0}^{n}y_kl_k(x)$，则显然有 $L_n(x_i)=y_i$，即 $L_n(x)=$

$\sum_{k=0}^{n} y_k l_k(x)$是满足插值条件(7.2)的次数不超过 n 的多项式,所以 $L_n(x)=\sum_{k=0}^{n} y_k l_k(x)$是 $y=f(x)$的节点为 $x_0,x_1,\cdots,x_i,\cdots,x_n\in[a,b]$的 n 次插值多项式.

很容易由 $l_k(x)$的性质求得 $l_k(x)$的表达式.

因为 $x_0,x_1,\cdots,x_{k-1},x_{k+1},\cdots,x_n\in[a,b]$是 n 次多项式 $l_k(x)$的 n 个不同的零点,故可设

$$l_k(x)=c(x-x_0)(x-x_1)\cdots(x-x_{k-1})(x-x_{k+1})\cdots(x-x_n).$$

由 $l_k(x_k)=1$ 得

$$c(x_k-x_0)(x_k-x_1)\cdots(x_k-x_{k-1})(x_k-x_{k+1})\cdots(x_k-x_n)=1,$$

即

$$c=\frac{1}{(x_k-x_0)(x_k-x_1)\cdots(x_k-x_{k-1})(x_k-x_{k+1})\cdots(x_k-x_n)}.$$

所以

$$\begin{aligned}l_k(x)&=\frac{(x-x_0)(x-x_1)\cdots(x-x_{k-1})(x-x_{k+1})\cdots(x-x_n)}{(x_k-x_0)(x_k-x_1)\cdots(x_k-x_{k-1})(x_k-x_{k+1})\cdots(x_k-x_n)}\\&=\prod_{\substack{i=0\\i\neq k}}^{n}\frac{x-x_i}{x_k-x_i}\quad(k=0,1,\cdots,n).\end{aligned}$$

通常称 $l_k(x)(k=0,1,\cdots,n)$为 Lagrange 基本插值多项式.

可证明 $P_n[a,b]$中的向量组 $l_0(x),l_1(x),\cdots,l_k(x),\cdots,l_n(x)$与 $1,x,x^2,\cdots,x^k,\cdots,x^n$ 等价(显然前者可由后者线性表出,稍后将容易看出后者也能由前者线性表出),故$(l_0(x),l_1(x),\cdots,l_k(x),\cdots,l_n(x))$是 $P_n[a,b]$的一个基. 因此,也称$\{l_k(x)\}_{k=0}^{n}$是$[a,b]$上以 $x_0,x_1,\cdots,x_i,\cdots,x_n$ 为节点的 **Lagrange 插值基函数**.

3. Lagrange 插值多项式

多项式

$$L_n(x)=\sum_{k=0}^{n} y_k l_k(x)=\sum_{k=0}^{n}\left(\prod_{\substack{i=0\\i\neq k}}^{n}\frac{x-x_i}{x_k-x_i}\right)y_k \tag{7.6}$$

称为 $y=f(x)$ 的 n 次 **Lagrange 插值多项式**.

4. 抛物线插值

$y=f(x)$ 的线性插值多项式

$$L_1(x)=\frac{x-x_1}{x_0-x_1}y_0+\frac{x-x_0}{x_1-x_0}y_1$$

就是 $n=1$ 时的 Lagrange 插值多项式.

当 $n=2$ 时，Lagrange 插值多项式为

$$L_2(x)=\frac{(x-x_1)(x-x_2)}{(x_0-x_1)(x_0-x_2)}y_0+\frac{(x-x_0)(x-x_2)}{(x_1-x_0)(x_1-x_2)}y_1+\frac{(x-x_0)(x-x_1)}{(x_2-x_0)(x_2-x_1)}y_2. \tag{7.7}$$

$f(x)\approx L_2(x)$，在几何上就是以过 (x_0,y_0)、(x_1,y_1)、(x_2,y_2) 的抛物线 $y=L_2(x)$ 代替曲线 $y=f(x)$，故二次插值多项式（7.7）也称为**抛物线插值**公式.

5. Lagrange 插值多项式的其他记法

若将以节点 $x_0,x_1,\cdots,x_i,\cdots,x_n$ 为零点的首 1 多项式记为 $\omega_{n+1}(x)$，即

$$\omega_{n+1}(x)=(x-x_0)(x-x_1)\cdots(x-x_i)\cdots(x-x_n)=\prod_{i=0}^{n}(x-x_i),$$

则

$$\omega'_{n+1}(x_k)=(x_k-x_0)(x_k-x_1)\cdots(x_k-x_{k-1})(x_k-x_{k+1})\cdots(x_k-x_n)=\prod_{\substack{i=0\\ i\neq k}}^{n}(x_k-x_i).$$

于是 Lagrange 插值多项式可表示为

$$L_n(x)=\sum_{k=0}^{n}\frac{\omega_{n+1}(x)}{(x-x_k)\omega'_{n+1}(x_k)}y_k. \tag{7.8}$$

二、Lagrange 插值的误差估计

1. Lagrange 插值余项

设 $L_n(x)$ 是 n 次 Lagrange 插值多项式，若 $f(x)\approx L_n(x)$，则插值余项

$$R_n(x)=f(x)-L_n(x)\ \ (x\in[a,b]).$$

2. Lagrange 插值余项的表达式

定理 7.2　设 $f\in C^n[a,b]$，$f^{(n+1)}(x)$ 在 (a,b) 内存在，则 $\forall x\in[a,b]$ 有

$$R_n(x)=f(x)-L_n(x)=\frac{f^{(n+1)}(\xi)}{(n+1)!}\omega_{n+1}(x),\tag{7.9}$$

其中 $\xi\in(a,b)$ 且与 x 有关.

证　当 $x\in[a,b]$ 是节点时，有 $\omega_{n+1}(x)\equiv 0$，故 $f(x)\equiv L_n(x)$，即 $R_n(x)=0$，成立.

下面假设 $x\in[a,b]$ 不是节点. 因为 $R_n(x_i)=f(x_i)-L(x_i)=0$ $(i=0,1,2,\cdots,n)$，即 $R_n(x)$ 与 $\omega_{n+1}(x)$ 有相同的零点，故可设 $R_n(x)=K(x)\omega_{n+1}(x)$，于是只需证明 $K(x)=\dfrac{f^{(n+1)}(\xi)}{(n+1)!}$ 即可.

作辅助函数

$$\varphi(t)=f(t)-L_n(t)-K(x)\omega_{n+1}(t),$$

其中　$$\omega_{n+1}(t)=(t-x_0)(t-x_1)\cdots(t-x_n).$$

显然 $\varphi(x)=\varphi(x_0)=\varphi(x_1)=\cdots=\varphi(x_n)=0$，即 $x,x_0,x_1,\cdots,x_n$ 是 $\varphi(t)$ 在 $[a,b]$ 上的 $n+2$ 个互异的零点.

反复使用 Rolle 定理（第 1 次对 $\varphi(t)$ 在以 $x,x_0,x_1,\cdots,x_n$ 为端点的 $n+1$ 个子区间上同时使用，第 2 次对 $\varphi'(t)$ 在 n 个子区间 $[\xi_i^{(1)},\xi_{i+1}^{(1)}]$ $(i=0,1,\cdots,n-1)$ 上同时使用，…，最后一次在区间 $[\xi_0^{(n-1)},\xi_1^{(n-1)}]$ 上对 $\varphi^{(n)}(t)$ 使用）便知，$\exists\xi\in(a,b)$，使得 $\varphi^{(n+1)}(\xi)=0$，即

$$f^{(n+1)}(\xi)-L_n^{(n+1)}(\xi)-K(x)\omega_{n+1}^{(n+1)}(\xi)=0.$$

因为$L_n^{(n+1)}(t)\equiv 0,\omega_{n+1}^{(n+1)}(t)=(n+1)!$,所以$K(x)=\frac{f^{(n+1)}(\xi)}{(n+1)!}$.

余项公式(7.9)在理论分析中很有用,但因$f^{(n+1)}(\xi)$一般求不出来,故在实际计算中无法使用,通常使用的是下面推论中的结果.

推论 $f^{(n+1)}$在$[a,b]$上有界,即$\exists M>0$,使得$\forall x\in[a,b]$,有$|f^{(n+1)}(x)|\leqslant M$,则

$$|R_n(x)|=|f(x)-L_n(x)|\leqslant\frac{M}{(n+1)!}|\omega_{n+1}(x)|.\quad(7.10)$$

证 由定理7.2立即可得.

3. 插值节点的选取

因$|R_n(x)|$与$|\omega_{n+1}(x)|=|(x-x_0)(x-x_1)\cdots(x-x_i)\cdots(x-x_n)|$成正比,故当数据点多于$n+1$个时,应选取距离插值点$x$最近的那$n+1$个点作为节点,以使误差尽可能小.

例7.3 已知函数$y=\ln x$的数值如下:

x	3.0	3.1	3.2	3.3	3.4
y	1.098 612	1.131 402	1.163 151	1.193 922	1.223 775

(1)用线性插值公式求ln 3.27的近似值,并估计误差;

(2)用抛物线插值公式求ln 3.27的近似值,并估计误差.

解 (1)因为插值点$x=3.27$,故根据节点选取原则,选取的两个节点为$x_0=3.2,x_1=3.3$. 于是得线性插值多项式

$$L_1(x)=\frac{x-3.3}{3.2-3.3}\times 1.163\,151+\frac{x-3.2}{3.3-3.2}\times 1.193\,922$$
$$=0.307\,710x+0.178\,479.$$

所以 $$\ln 3.27\approx L_1(3.27)=0.307\,710\times 3.27+0.178\,479$$
$$=1.184\,691.$$

若记$f(x)=\ln x$,则$f'(x)=\frac{1}{x},f''(x)=-\frac{1}{x^2},f'''(x)=\frac{2}{x^3}$. 在

$[3.2,3.3]$上$|f''(x)|\leqslant\frac{1}{3.2^2}$,故截断误差

$$|R_1(3.27)|=\left|\frac{f''(\xi)}{2!}(3.27-3.20)(3.27-3.30)\right|$$

$$\leqslant\frac{1}{2\times3.2^2}\times0.07\times0.03=0.000\,103.$$

(2)因为$x=3.27$,故取$x_0=3.2,x_1=3.3,x_2=3.4$. 于是

$$\begin{aligned}\ln 3.27\approx L_2(3.27)&=\frac{(3.27-3.30)(3.27-3.40)}{(3.2-3.3)(3.2-3.4)}\times1.163\,151\\&+\frac{(3.27-3.20)(3.27-3.40)}{(3.3-3.2)(3.3-3.4)}\times1.193\,922\\&+\frac{(3.27-3.20)(3.27-3.30)}{(3.4-3.2)(3.4-3.3)}\times1.223\,775\\&=0.226\,814+1.086\,469-0.128\,496\\&=1.184\,787.\end{aligned}$$

$$|R_2(3.27)|=\left|\frac{f'''(\xi)}{3!}(3.27-3.20)(3.27-3.30)(3.27-3.40)\right|$$

$$\leqslant\frac{2}{6\times3.2^3}\times0.07\times0.03\times0.13=0.000\,003.$$

比较$|R_1(3.27)|$与$|R_2(3.27)|$可知,抛物线插值比线性插值的精度高.

4. Lagrange 插值基函数的一个重要性质

因为$\forall f\in P_n[a,b]$,$f^{(n+1)}(x)\equiv0$,故由余项公式(7.9)得

$$R_n(x)=f(x)-L_n(x)=0,$$

即
$$f(x)=L_n(x)=\sum_{k=0}^{n}l_k(x)f(x_k)\quad(\forall x\in[a,b]).$$

在上式中,取$f(x)=x^m(\forall m=0,1,\cdots,n)$,则有

$$\sum_{k=0}^{n}x_k^m l_k(x)=x^m\quad(\forall x\in[a,b]),$$

由此立即可知,$1,x,x^2,\cdots,x^k,\cdots,x^n$ 可由 $l_0(x),l_1(x),\cdots,l_k(x),\cdots,$

$l_n(x)$线性表出，从而 $l_0(x),l_1(x),\cdots,l_k(x),\cdots,l_n(x)$与 $1,x,x^2,\cdots,x^k,\cdots,x^n$ 等价.

特别地取$f(x)\equiv 1$，得

$$\sum_{k=0}^{n} l_k(x)=1. \tag{7.11}$$

例 7.4 已知 $y=f(x)$的函数值如下：

x	1	2	4	5	6	8
y	0	2	8	12	18	28

分别用二次和三次 Lagrange 插值公式求$f(5.8)$的近似值.

解 (1)因为 $x=5.8$，故选 $x_0=4,x_1=5,x_2=6$，于是

$$\begin{aligned} f(5.8)&\approx L_2(5.8)\\ &=\frac{(5.8-5)(5.8-6)}{(4-5)(4-6)}\times 8+\frac{(5.8-4)(5.8-6)}{(5-4)(5-6)}\times 12\\ &\quad+\frac{(5.8-4)(5.8-5)}{(6-4)(6-5)}\times 18\\ &=-0.64+4.32+12.96=16.64. \end{aligned}$$

(2)因为 $x=5.8$，故选 $x_0=4,x_1=5,x_2=6,x_3=8$，于是

$$\begin{aligned} f(5.8)&\approx L_3(5.8)\\ &=\frac{(5.8-5)(5.8-6)(5.8-8)}{(4-5)(4-6)(4-8)}\times 8\\ &\quad+\frac{(5.8-4)(5.8-6)(5.8-8)}{(5-4)(5-6)(5-8)}\times 12\\ &\quad+\frac{(5.8-4)(5.8-5)(5.8-8)}{(6-4)(6-5)(6-8)}\times 18\\ &\quad+\frac{(5.8-4)(5.8-5)(5.8-6)}{(8-4)(8-5)(8-6)}\times 28\\ &=-0.352+3.168+14.256-0.336 \end{aligned}$$

$=16.736.$

Lagrange 插值法的优点：

(1) Lagrange 插值多项式的系数容易求(容易得不用求)；

(2) Lagrange 插值多项式的形式对称，便于编程上机计算.

其缺点是：当需要增加节点(即增高插值多项式的次数)以提高精度时，原先的结果全都用不上，必须全部重新开始(见例 7.4). 这是因为每一个 $l_k(x)$ 都与所有节点有关，当增加一个节点时，所有 $l_k(x)$ 都要改变，这样建立起来的高一阶的插值多项式 $L_{n+1}(x)$ 已经与 $L_n(x)$ 没有什么关系了，于是在新的计算过程中就不能应用前次的计算结果.

§7.3　Newton 插值

一、Newton 插值多项式

1. Newton 插值基函数

针对 Lagrange 插值的缺点及其产生的原因，同时兼顾插值多项式的系数容易确定的要求，我们选取 $P_n[a,b]$ 的一个基：

$$(1, x-x_0, (x-x_0)(x-x_1), \cdots, (x-x_0)(x-x_1)\cdots(x-x_{n-1}))$$

作为插值基函数. 这 $n+1$ 个函数的特点是第 k 个函数只与前 $k-1$ 个节点有关，随着次数的增加，所依赖的节点数逐个增加.

若记 $\omega_0(x)=1, \omega_k(x)=\prod\limits_{i=0}^{k-1}(x-x_i)\ (k=1,2,\cdots,n)$，则次数不超过 n 的插值多项式可设为

$$N_n(x)=a_0+\sum_{k=1}^{n}a_k\omega_k(x).$$

2. Newton 插值多项式

利用插值条件 $N_n(x_i)=f(x_i)=y_i\ (i=0,1,2,\cdots,n)$，可推导出插值多项式

$$N_n(x)=a_0+\sum_{k=1}^{n}a_k\omega_k(x)$$

的系数公式.

令 $x=x_0$ 得 $a_0=f(x_0)\overset{\text{记为}}{=\!=}f[x_0]$，表示 $f(x)$ 关于节点 x_0 的零阶差商；

令 $x=x_1$ 得 $a_0+a_1(x_1-x_0)=f(x_1)\Rightarrow a_1=\dfrac{f(x_1)-f(x_0)}{x_1-x_0}\overset{\text{记为}}{=\!=}$ $f[x_0,x_1]$，表示 $f(x)$ 关于节点 x_0,x_1 的一阶差商；

令 $x=x_2$ 得 $a_0+a_1(x_2-x_0)+a_2(x_2-x_1)(x_2-x_0)=f(x_2)$，$\Rightarrow$

$$a_2=\frac{\dfrac{f(x_2)-f(x_0)}{x_2-x_0}-f[x_0,x_1]}{x_2-x_1}=\frac{f[x_0,x_2]-f[x_0,x_1]}{x_2-x_1}\overset{\text{记为}}{=\!=}f[x_0,x_1,x_2],$$

表示 $f(x)$ 关于节点 x_0,x_1,x_2 的二阶差商（一阶差商的差商）；

一般地，可得 $a_k=f[x_0,x_1,\cdots,x_k]$，表示 $f(x)$ 关于节点 $x_0,x_1,\cdots,x_k$ 的 k 阶差商（$k=0,1,\cdots,n-1$）.

插值多项式 $N_n(x)=f[x_0]+\sum\limits_{k=1}^{n}f[x_0,x_1,\cdots,x_k]\omega_k(x)$，即

$$\begin{aligned}N_n(x)=&f(x_0)+f[x_0,x_1](x-x_0)+f[x_0,x_1,x_2](x-x_0)(x-x_1)+\cdots\\&+f[x_0,x_1,\cdots,x_n](x-x_0)(x-x_1)\cdots(x-x_{n-1}),\end{aligned}\tag{7.12}$$

称为 n 次 **Newton 插值多项式**.

3. $N_{k+1}(x)$ 与 $N_k(x)$ 的关系

由(7.12)知

$$N_1(x)=f(x_0)+f[x_0,x_1](x-x_0),$$

$$\begin{aligned}N_2(x)&=f(x_0)+f[x_0,x_1](x-x_0)+f[x_0,x_1,x_2](x-x_0)(x-x_1)\\&=N_1(x)+f[x_0,x_1,x_2](x-x_0)(x-x_1),\end{aligned}$$

……

$$N_{k+1}(x)=N_k(x)+f[x_0,x_1,\cdots x_{k+1}](x-x_0)(x-x_1)\cdots(x-x_k),$$

即增加一个节点时，只需在 $N_k(x)$ 的基础上增加一项，原来的计算结果仍可利用.

二、差商及其性质

由上可知，Newton 插值多项式是 Newton 插值基函数$\{\omega_k(x)\}_{k=0}^n$的线性组合，其系数依次为被插值函数关于包含节点 x_0 在内的、相邻节点的各阶差商$f[x_0,x_1,\cdots,x_k]$. 因此，如何方便地求出各阶差商是进行 Newton 插值的关键.

1. 差商定义

已知$y=f(x)$在互异点 $x_0,x_1,\cdots,x_n$ 处的值$f(x_0),f(x_1),\cdots,f(x_n)$. 称

$$f[x_i,x_{i+1}]\equiv\frac{f(x_{i+1})-f(x_i)}{x_{i+1}-x_i}$$

为$f(x)$关于节点 x_i,x_{i+1}的一阶差商$(i=0,1,\cdots,n-1)$；称

$$f[x_i,x_{i+1},x_{i+2}]\equiv\frac{f[x_{i+1},x_{i+2}]-f[x_i,x_{i+1}]}{x_{i+2}-x_i}$$

为$f(x)$关于节点 x_i,x_{i+1},x_{i+2}的二阶差商$(i=0,1,2,\cdots,n-2)$；

……

称
$$f[x_i,x_{i+1},\cdots,x_{i+k}]\equiv\frac{f[x_{i+1},x_{i+2},\cdots,x_{i+k}]-f[x_i,x_{i+1},\cdots,x_{i+k-1}]}{x_{i+k}-x_i}$$

为$f(x)$关于节点 $x_i,x_{i+1},\cdots,x_{i+k}$的 k 阶差商$(i=0,1,2,\cdots,n-k)$.

注：可定义关于任意两点的一阶差商、任意三点的二阶差商、任意 $k+1$ 个点的 k 阶差商；差商也称为均差.

2. 差商的性质

(1)$f[x_0,x_1,\cdots,x_k]$可表示为函数值$f(x_0),f(x_1),\cdots,f(x_k)$的线性组合，

$$f[x_0,x_1,\cdots,x_k]=\sum_{i=0}^{k}\frac{1}{\omega'_{k+1}(x_i)}f(x_i);$$

(2)$f[x_0,x_1,\cdots,x_k]$是 $x_0,x_1,\cdots,x_k$的对称函数，即差商与其所含节点的次序无关，例如$f[x_0,x_1]=f[x_1,x_0]$，$f[x_0,x_1,x_5]=f[x_1,x_5,x_0]$

等;

(3)若$f(x)$的k阶差商$f[x_0,x_1,\cdots,x_{k-1},x]$是$x$的$m$次多项式($x_i\neq x\in[a,b]$),则$k+1$阶差商$f[x_0,x_1,\cdots,x_{k-1},x_k,x]$是$x$的$m-1$次多项式,由此可知$n$次多项式的高于$n$阶的差商均为零.

证 (1)可用数学归纳法证明,请读者自己完成;(2)由(1)立即可得;下面证明性质(3).

由性质(2)有

$$f[x_0,x_1,\cdots,x_k,x]=\frac{f[x_0,x_1,\cdots,x_{k-1},x]-f[x_0,x_1,\cdots,x_{k-1},x_k]}{x-x_k},$$

显然当$x=x_k$时,上式右端分子等于零,可知分子含有因子$x-x_k$.因为分子是m次多项式,分子、分母约去公因子$x-x_k$后,便是$m-1$次多项式.

3. Newton 插值公式的余项

利用各阶差商的定义可以推导出 Newton 插值公式的余项表达式:

$$\begin{aligned}E_n(x)&=f(x)-N_n(x)\\&=f[x_0,x_1,\cdots,x_n,x]\omega_{n+1}(x)\ (\forall x\in[a,b]).\end{aligned}\tag{7.13}$$

由于$f[x_0,x_1,\cdots,x_n,x]$与$f(x)$有关,而$f(x)$未知(正是欲求的),当然也不能用(7.13)来“计算”截断误差. 若以$x_{n+1}\approx x$,则

$$E_n(x)\approx f[x_0,x_1,\cdots,x_n,x_{n+1}]\omega_{n+1}(x).$$

利用插值多项式及其余项的唯一性可得,$\forall x\in[a,b]$,

$$\begin{aligned}E_n(x)&=f(x)-N_n(x)=f(x)-L_n(x)=R_n(x)\\&=\frac{f^{(n+1)}(\xi)}{(n+1)!}\omega_{n+1}(x),\end{aligned}$$

其中$\xi\in(a,b)$且与x有关.

由此可知,当所给数据点多于$n+1$个时,应该像 Larange 插值那样去选取节点.

4. 差商与导数的关系

因为$E_n(x)=R_n(x)$,即

$$f[x_0,x_1,\cdots,x_n,x]\omega_{n+1}(x)=\frac{f^{(n+1)}(\xi)}{(n+1)!}\cdot\omega_{n+1}(x),$$

故得　$$f[x_0,x_1,\cdots,x_n,x]=\frac{f^{(n+1)}(\xi)}{(n+1)!}\quad(\xi\in(a,b)),$$

进而有　$$f[x_0,x_1,\cdots,x_n]=\frac{f^{(n)}(\xi)}{n!}\quad(\xi\in(a,b)).\tag{7.14}$$

5. 差商表

为做 Newton 插值而计算差商,可通过列表进行,表中每阶差商的头一个就是 Newton 插值多项式的系数,见表 7.1.

表 7.1

x_i	$f(x_i)$	$f[x_i,x_{i+1}]$	$f[x_i,x_{i+1},x_{i+2}]$	$f[x_i,x_{i+1},x_{i+2},x_{i+3}]$	$f[x_i,x_{i+1},x_{i+2},x_{i+3},x_{i+4}]$
x_0	$\underline{f(x_0)}$				
x_1	$f(x_1)$	$\underline{f[x_0,x_1]}$			
x_2	$f(x_2)$	$f[x_1,x_2]$	$\underline{f[x_0,x_1,x_2]}$		
x_3	$f(x_3)$	$f[x_2,x_3]$	$f[x_1,x_2,x_3]$	$\underline{f[x_0,x_1,x_2,x_3]}$	
x_4	$f(x_4)$	$f[x_3,x_4]$	$f[x_2,x_3,x_4]$	$f[x_1,x_2,x_3,x_4]$	$\underline{f[x_0,x_1,x_2,x_3,x_4]}$
x_5	$f(x_5)$	$f[x_4,x_5]$	$f[x_3,x_4,x_5]$	$f[x_2,x_3,x_4,x_5]$	$f[x_1,x_2,x_3,x_4,x_5]$
⋮	⋮	⋮	⋮	⋮	⋮

例 7.5　用 Newton 插值法解例 7.4.

解　构造差商表如表 7.2 所示.

(1) 因为 $x=5.8$,故取 $x_0=4,x_1=5,x_2=6$,于是

$$N_2(x)=8+4(x-4)+(x-4)(x-5),$$

$$f(5.8)\approx N_2(5.8)=8+4\times(5.8-4)+(5.8-4)(5.8-5)$$
$$=16.64.$$

表 7.2

x	$f(x)$	一阶差商	二阶差商	三阶差商	四阶差商	五阶差商
1	0					
2	2	2				
4	<u>8</u>	3	$\frac{1}{3}$			
5	12	<u>4</u>	$\frac{1}{3}$	0		
6	18	6	<u>1</u>	$\frac{1}{6}$	$\frac{1}{30}$	
8	28	5	$-\frac{1}{3}$	$-\frac{1}{3}$	$-\frac{1}{12}$	$-\frac{1}{60}$

(2)取 $x_0=4, x_1=5, x_2=6, x_3=8$，则

$$f(5.8)\approx N_3(5.8)=N_2(5.8)+\frac{-1}{3}(5.8-4)(5.8-5)(5.8-6)$$

$$=16.640+0.096=16.736.$$

例 7.6 设 $f(x)=4x^7-3x^6+5x+6$，求 $f[2^0,2^1,2^2,\cdots,2^7]$.

解 $f[2^0,2^1,2^2,\cdots,2^7]$ 是 $f(x)$ 的 7 阶差商，故

$$f[2^0,2^1,2^2,\cdots,2^7]=\frac{f^{(7)}(\xi)}{7!}=\frac{4\cdot 7!}{7!}=4.$$

* §7.4 Hermite 插值

一、Hermite 插值公式

在实际问题中，有时不仅要求插值多项式 $p(x)$ 与被插值函数 $f(x)$ 在节点上的函数值相等，还要求在节点上它们的导数值，甚至高阶导数值相等. 这类问题称为 Hermite 插值问题，满足这种要求的插值多项式称为 **Hermite 插值多项式**.

设已知

$$f(x_k)=y_k, f'(x_k)=y'_k (k=0,1,\cdots,n).$$

构造 Hermite 插值多项式 $H_{2n+1} \in P_{2n+1}[a,b]$，满足条件

$$H_{2n+1}(x_k) = y_k, H'_{2n+1}(x_k) = y'_k (k=0,1,\cdots,n). \tag{7.15}$$

定理 7.3　满足插值条件(7.15)的 Hermite 插值多项式 $H_{2n+1}(x)$ 唯一存在,且

$$H_{2n+1}(x) = \sum_{k=0}^{n} \left[y_k + (x-x_k)\left(y'_k - 2y_k \sum_{\substack{i=0 \\ i\neq k}}^{n} \frac{1}{x_k - x_i} \right) \right] l_k^2(x), \tag{7.16}$$

其中 $l_k(x)$ 是 Lagrange 插值基函数.

证明　构造多项式

$$H_{2n+1}(x) = \sum_{k=0}^{n} [\alpha_k(x) y_k + \beta_k(x) y'_k], \tag{7.17}$$

为使 $H_{2n+1}(x)$ 满足插值条件(7.15)，只需 $\alpha(x)$,$\beta(x)$ 满足下列条件:

(1) $\alpha(x)$,$\beta(x)$ 都是 $2n+1$ 次多项式;

(2) $\alpha_k(x_j) = \begin{cases} 1, & j=k, \\ 0, & j\neq k, \end{cases} \quad \beta_k(x_j) = 0;$

(3) $\alpha'_k(x_j) = 0,\ \beta'_k(x_j) = \begin{cases} 1, & j=k, \\ 0, & j\neq k, \end{cases} (j,k=0,1,\cdots,n).$

设

$$\alpha_k(x) = (a_k x + b_k) l_k^2(x), \tag{7.18}$$

$$\beta_k(x) = (c_k x + d_k) l_k^2(x), \tag{7.19}$$

因为

$$l_k(x_j) = \begin{cases} 1, & j=k, \\ 0, & j\neq k, \end{cases} \quad (k=0,1,\cdots,n).$$

所以(7.18)和(7.19)满足条件(1),且当 $j\neq k$ 时满足条件(2)和(3).

令 $\alpha_k(x)$,$\beta_k(x)$ 当 $j=k$ 时满足(2)和(3)，得

$$a_k x_k + b_k = 1,$$

$$c_k x_k + d_k = 0,$$

$$a_k + 2(a_k x_k + b_k) l'_k(x_k) = 0,$$

$$c_k + 2(c_k x_k + d_k) l'_k(x_k) = 1,$$

解得 $a_k = -2l'_k(x_k), b_k = 1 + 2x_k l'_k(x_k), c_k = 1, d_k = -x_k$.

这里 $l'_k(x_k) = \sum\limits_{\substack{i=0 \\ i\neq k}}^{n} \dfrac{1}{x_k - x_i}$，于是有

$$\alpha_k(x) = \Big[1 - 2(x - x_k)\sum_{\substack{i=0 \\ i\neq k}}^{n} \frac{1}{x_k - x_i}\Big] l_k^2(x),$$

$$\beta_k(x) = (x - x_k) l_k^2(x),$$

代入(7.17)得到(7.16).

唯一性. 设还有 $Q_{2n+1} \in P_{2n+1}[a,b]$满足插值条件(7.15)，则每个节点 x_k 都是

$$\varphi(x) = H_{2n+1}(x) - Q_{2n+1}(x)$$

的二重零点. 故 $\varphi \in P_{2n+1}[a,b]$至少有 $2n+2$ 个零点，则只有 $\varphi(x) = 0$. 即有

$$Q_{2n+1}(x) \equiv H_{2n+1}(x).$$

定理 7.3 证明中的函数 $\alpha_k(x), \beta_k(x)(k = 0,1,\cdots,n)$称为关于插值条件(7.15)的插值问题的**插值基函数**. Hermite 插值多项式 $H_{2n+1}(x)$是其线性组合.

特别地，当 $n = 1$ 时，

$$H_3(x) = \left(1 - 2\frac{x - x_0}{x_0 - x_1}\right)\left(\frac{x - x_1}{x_0 - x_1}\right)^2 y_0 + \left(1 - 2\frac{x - x_1}{x_1 - x_0}\right)\left(\frac{x - x_0}{x_1 - x_0}\right)^2 y_1 + (x - x_0)\left(\frac{x - x_1}{x_0 - x_1}\right)^2 y'_0 + (x - x_1)\left(\frac{x - x_0}{x_1 - x_0}\right)^2 y'_1. \quad (7.20)$$

二、Hermite 插值余项

利用定理 7.2 的证明方法可证明下面的结论.

定理 7.4 设$f \in C^{2n+1}[a,b]$，$f^{(2n+2)}(x)$在(a,b)内存在，则对任意给定的 $x \in [a,b]$，插值多项式 $H_{2n+1}(x)$的插值余项为

$$R_n(x)=f(x)-H_{2n+1}(x)=\frac{f^{(2n+2)}(\xi)}{(2n+2)!}\omega_{n+1}^2(x),\tag{7.21}$$

其中 $\xi\in(a,b)$ 且依赖于 x.

***例 7.7**　设 $f(x)\in C^4[a,b]$，试求满足插值条件 $H(x_i)=f(x_i)$ $(i=0,1,2)$，$H'(x_1)=f'(x_1)$ 的插值多项式 $H(x)$. 其中 x_0,x_1,x_2 是 $[a,b]$ 上互异节点.

解　由给定的插值条件可确定一个 3 次 Hermite 插值多项式，对插值条件 $H(x_i)=f(x_i)\,(i=0,1,2)$，二次 Newton 插值多项式 $N_2(x)$ 也满足 $N_2(x_i)=f(x_i)\,(i=0,1,2)$. 故设

$$\begin{aligned}H(x)&=N_2(x)+A(x-x_0)(x-x_1)(x-x_2)\\&=f(x_0)+f[x_0,x_1](x-x_0)+f[x_0,x_1,x_2](x-x_0)(x-x_1)\\&\quad+A(x-x_0)(x-x_1)(x-x_2),\end{aligned}$$

而

$$\begin{aligned}H'(x)=&f[x_0,x_1]+f[x_0,x_1,x_2](x-x_1)+f[x_0,x_1,x_2](x-x_0)\\&+A[(x-x_1)(x-x_2)+(x-x_0)(x-x_2)\\&+(x-x_0)(x-x_1)].\end{aligned}$$

由 $H'(x_1)=f'(x_1)$，得

$$A=\frac{f'(x_1)-f[x_0,x_1]-f[x_0,x_1,x_2](x_1-x_0)}{(x_1-x_0)(x_1-x_2)}.$$

由插值条件，设 $H(x)$ 的余项为

$$R(x)=f(x)-H(x)=k(x)(x-x_0)(x-x_1)^2(x-x_2),$$

其中 $k(x)$ 待定. 构造辅助函数

$$\varphi(t)=f(t)-H(t)-k(x)(t-x_0)(t-x_1)^2(t-x_2),$$

$\varphi(t)$ 在区间 $[a,b]$ 内有 5 个零点，其中 x_1 为二重零点. 反复运用 Rolle 定理知 $\varphi^{(4)}(t)$ 在区间内至少有一个零点，此零点记为 ξ，即

$$\varphi^{(4)}(t)=f^{(4)}(\xi)-k(x)\cdot 4!\ =0.$$

故

$$k(x)=\frac{f^{(4)}(\xi)}{4!}.$$

于是

$$R(x)=f(x)-H(x)=\frac{f^{(4)}(\xi)}{4!}(x-x_0)(x-x_1)^2(x-x_2),$$

其中 $\xi\in(a,b)$ 且依赖于 x.

* §7.5 三次样条插值

一、三次样条插值函数

定义 7.1 设 $y=f(x)$ 是区间 $[a,b]$ 上的函数，在 $[a,b]$ 上给定一组节点

$$a=x_0<x_1<\cdots<x_n=b,$$

记 $f(x_k)=y_k(k=0,1,\cdots,n)$.

若分段函数 $S(x)$ 满足：

(1) $S(x_k)=y_k(k=0,1,\cdots,n)$；

(2) $S\in C^2[a,b]$；

(3) 在每个子区间 $[x_k,x_{k+1}]$ 上，$S(x)$ 是次数不超过 3 的多项式.

则称 $S(x)$ 是函数 $f(x)$ 的以 $x_0,x_1,\cdots,x_n$ 为节点的**三次样条插值函数**.

在每个子区间 $[x_k,x_{k+1}]$ 上，$S(x)$ 是次数不超过 3 的多项式，可设为

$$S_k(x)=a_kx^3+b_kx^2+c_kx+d_k(k=0,1,\cdots,n-1).$$

其中系数 a_k,b_k,c_k,d_k 待定. 于是为确定 $S(x)$，共有 $4n$ 个系数需要确定. 定义 7.1 提供了 $4n-2$ 个条件，其中插值条件有 $n+1$ 个 ($S(x_k)=y_k,k=0,1,\cdots,n$)，连续性条件有 $3n-3$ 个：

$$S(x_k-0)=S(x_k+0),$$
$$S'(x_k-0)=S'(x_k+0),$$
$$S''(x_k-0)=S''(x_k+0),k=1,2,\cdots,n-1.$$

这样，还缺少两个条件. 通常可在区间 $[a,b]$ 的端点 $a=x_0,b=x_n$ 上各

附加一个条件，称为**边界条件**. 常见的边界条件有如下三种类型.

1. 已知二端点处的一阶导数

$$S'(x_0)=y_0',S'(x_n)=y_n', \tag{7.22}$$

称为固定支边界条件.

2. 已知二端点处的二阶导数

$$S''(x_0)=y_0'',S''(x_n)=y_n'', \tag{7.23}$$

这种边界条件的特殊情况

$$S''(x_0)=S''(x_n)=0 \tag{7.24}$$

称为自然边界条件.

3. 已知二端点处的函数值、一阶导数值、二阶导数值分别相等

$$S(x_0)=S(x_n),S'(x_0+0)=S'(x_n-0),$$

$$S''(x_0+0)=S''(x_n-0), \tag{7.25}$$

这是周期型问题,适用于逼近周期函数或封闭曲线.

二、三次样条插值函数的构造方法

有了边界条件,从理论上讲,可以通过解 $4n$ 个未知量的方程组求得 $S(x)$,但往往很复杂.

实用中,总是把 $S(x)$ 表示为以在节点处的二阶导数 M_k,或一阶导数 m_k 为参量的函数. 因为这只需要解至多含 $n+1$ 个未知量的线性方程组,并且大多是容易求解的三对角方程组.

1. 三弯矩方程构造法

记节点处的二阶导数为 $S''(x_k)=M_k,k=0,1,\cdots,n$. 在每个子区间 $[x_k,x_{k+1}]$ 上, $S''(x)$ 是线性函数, 过 (x_k,M_k) 和 (x_{k+1},M_{k+1}) 两点的线性插值为

$$S''(x)=\frac{x-x_{k+1}}{x_k-x_{k+1}}M_k+\frac{x-x_k}{x_{k+1}-x_k}M_{k+1}.$$

记 $h_k=x_{k+1}-x_k$,代入上式并积分得

$$S'(x) = -\frac{(x-x_{k+1})^2}{2h_k}M_k + \frac{(x-x_k)^2}{2h_k}M_{k+1} + C_1,$$

$$S(x) = -\frac{(x-x_{k+1})^3}{6h_k}M_k + \frac{(x-x_k)^3}{6h_k}M_{k+1} + C_1x + C_2.$$

由插值条件 $S(x_k)=y_k, S(x_{k+1})=y_{k+1}$ 确定两个积分常数:

$$C_1 = \frac{y_{k+1}-y_k}{h_k} - \frac{h_k}{6}(M_{k+1}-M_k),$$

$$C_2 = y_k - \frac{h_k^2}{6}M_k - \left[\frac{y_{k+1}-y_k}{h_k} - \frac{h_k}{6}(M_{k+1}-M_k)\right]x_k.$$

于是得到

$$S'(x) = -\frac{(x-x_{k+1})^2}{2h_k}M_k + \frac{(x-x_k)^2}{2h_k}M_{k+1} + \frac{y_{k+1}-y_k}{h_k} - \frac{h_k}{6}(M_{k+1}-M_k). \tag{7.26}$$

$$S(x) = -\frac{(x-x_{k+1})^3}{6h_k}M_k + \frac{(x-x_k)^3}{6h_k}M_{k+1} + \left(y_k - \frac{h_k^2}{6}M_k\right)\frac{x_{k+1}-x}{h_k} + \left(y_{k+1} - \frac{h_k^2}{6}M_{k+1}\right)\frac{x-x_k}{h_k},\ x\in[x_k,x_{k+1}], k=0,1,\cdots,n-1.$$

整理得

$$S(x) = \frac{1}{6h_k}(x-x_k)(x-x_{k+1})(x-2x_k+x_{k+1})M_{k+1} - \frac{1}{6h_k}(x-x_k)(x-x_{k+1})(x+x_k-2x_{k+1})M_k + \frac{1}{h_k}[(x-x_k)y_{k+1}-(x-x_{k+1})y_k],$$

$$x\in[x_k,x_{k+1}], k=0,1,\cdots,n-1. \tag{7.27}$$

故只需求出 $M_k(k=1,2,\cdots,n-1)$ 就可确定 $S(x)$，可利用 $S'(x)$ 在节点 x_k 处的连续性条件 $S'(x_k-0)=S'(x_k+0)$ 得到 M_k 所满足的方程.

当 $x\in[x_k,x_{k+1}]$ 时，由(7.26)式可得

$$S'(x_k+0)=-M_k\frac{h_k}{2}+\frac{1}{h_k}(y_{k+1}-y_k)-\frac{M_{k+1}-M_k}{6}h_k$$

$$=-\frac{h_k}{3}M_k-\frac{h_k}{6}M_{k+1}+f[x_k,x_{k+1}],\tag{a}$$

当 $x\in[x_{k-1},x_k]$ 时，式(7.26)成为

$$S'(x)=-\frac{(x-x_k)^2}{2h_{k-1}}M_{k-1}+\frac{(x-x_{k-1})^2}{2h_{k-1}}M_k+\frac{y_k-y_{k-1}}{h_{k-1}}$$

$$-\frac{h_{k-1}}{6}(M_k-M_{k-1}),$$

于是可得

$$S'(x_k-0)=M_k\frac{h_{k-1}}{2}+\frac{1}{h_{k-1}}(y_k-y_{k-1})-\frac{M_k-M_{k-1}}{6}h_{k-1}$$

$$=\frac{h_{k-1}}{6}M_{k-1}+\frac{h_{k-1}}{3}M_k+f[x_{k-1},x_k].\tag{b}$$

令 $S'(x_k-0)=S'(x_k+0)$ 得

$$\frac{h_{k-1}}{6}M_{k-1}+\frac{h_{k-1}+h_k}{3}M_k+\frac{h_k}{6}M_{k+1}=f[x_{k+1},x_k]-f[x_{k-1},x_k].$$

同除以 $\frac{h_{k-1}+h_k}{6}$,得

$$\frac{h_{k-1}}{h_{k-1}+h_k}M_{k-1}+2M_k+\frac{h_k}{h_{k-1}+h_k}M_{k+1}=6\frac{f[x_{k+1},x_k]-f[x_{k-1},x_k]}{x_{k+1}-x_{k-1}}.$$

若记 $\mu_k=\frac{h_{k-1}}{h_{k-1}+h_k}$, $\lambda_k=\frac{h_k}{h_{k-1}+h_k}$, $d_k=6f[x_{k-1},x_k,x_{k+1}]$,则有

$$\mu_kM_{k-1}+2M_k+\lambda_kM_{k+1}=d_k,\ k=1,2,\cdots,n-1.\tag{7.28}$$

由于在力学上将 M_k 解释为细梁在截面 x_k 处的弯矩,故方程组(7.28)称为三弯矩方程.

方程组(7.28)有 $n+1$ 个未知量 $M_0,M_1,\cdots,M_n$,却只有 $n-1$ 个方程,必须附加上边界条件才能解出 $M_0,M_1,\cdots,M_n$.

(1)对于第一种边界条件，已知 $S'(x_0)=m_0, S'(x_n)=m_n$，在式(a)和(b)中分别取 $k=0$ 和 $k=n$ 得

$$2M_0+M_1=d_0, \tag{7.29}$$

$$M_{n-1}+2M_n=d_n, \tag{7.30}$$

其中 $d_0=\dfrac{6}{h_0}(f[x_0,x_1]-m_0), d_n=\dfrac{6}{h_{n-1}}(m_n-f[x_{n-1},x_n])$.

将方程(7.28),(7.29),(7.30)联立得

$$\begin{bmatrix} 2 & 1 & & & \\ \mu_1 & 2 & \lambda_1 & & \\ & \ddots & \ddots & \ddots & \\ & & \mu_{n-1} & 2 & \lambda_{n-1} \\ & & & 1 & 2 \end{bmatrix} \begin{bmatrix} M_0 \\ M_1 \\ \vdots \\ M_{n-1} \\ M_n \end{bmatrix} = \begin{bmatrix} d_0 \\ d_1 \\ \vdots \\ d_{n-1} \\ d_n \end{bmatrix}. \tag{7.31}$$

这是系数矩阵严格行对角占优的三对角方程组,存在唯一解，可用追赶法求解.

(2)对于第二种边界条件，已知 $S''(x_0)=M_0, S''(x_n)=M_n$，则(7.28)是 $n-1$ 阶的方程组,即

$$\begin{bmatrix} 2 & \lambda_1 & & & \\ \mu_2 & 2 & \lambda_2 & & \\ & \ddots & \ddots & \ddots & \\ & & \mu_{n-2} & 2 & \lambda_{n-2} \\ & & & \mu_{n-1} & 2 \end{bmatrix} \begin{bmatrix} M_1 \\ M_2 \\ \vdots \\ M_{n-2} \\ M_{n-1} \end{bmatrix} = \begin{bmatrix} d_1-\mu_1 M_0 \\ d_2 \\ \vdots \\ d_{n-2} \\ d_{n-1}-\lambda_{n-1}M_n \end{bmatrix}. \tag{7.32}$$

这也是系数矩阵严格行对角占优的三对角方程组,存在唯一解，可用追赶法求解.

(3)第三种边界条件，由 $S(x_0)=S(x_n), S''(x_0+0)=S''(x_n-0)$ 得 $y_n=y_0, M_n=M_0$；由 $S'(x_0+0)=S'(x_n-0)$，利用式(a)和(b)，并注意到 $M_n=M_0$，得

$$2M_0+\lambda_0 M_1+\mu_0 M_{n-1}=d_0, \tag{7.33}$$

其中 $$\mu_0=\frac{h_{n-1}}{h_0+h_{n-1}},\lambda_0=\frac{h_0}{h_0+h_{n-1}},$$

$$d_0=\frac{6}{h_0+h_{n-1}}(f[x_0,x_1]-f[x_{n-1},x_n]).$$

由(7.28)，(7.33)联立得一个含有 n 个未知量的方程组

$$\begin{bmatrix} 2 & \lambda_0 & & & \mu_0 \\ \mu_1 & 2 & \lambda_1 & & \\ & \ddots & \ddots & \ddots & \\ & & \mu_{n-2} & 2 & \lambda_{n-2} \\ \lambda_{n-1} & & & \mu_{n-1} & 2 \end{bmatrix}\begin{bmatrix} M_0 \\ M_1 \\ \vdots \\ M_{n-2} \\ M_{n-1} \end{bmatrix}=\begin{bmatrix} d_0 \\ d_1 \\ \vdots \\ d_{n-2} \\ d_{n-1} \end{bmatrix}. \quad (7.34)$$

其系数矩阵严格行对角占优，方程组存在唯一解.

例 7.8　已知函数 $y=f(x)$ 的数据如下，求 $f(x)$ 在区间 $[0,3]$ 上的三次样条插值函数.

x	0	1	2	3
$f(x)$	0	2	3	6
$f'(x)$	1			0

解　先计算方程组(7.31)中所需的各个数据：

$$h_0=h_1=h_2=1,\mu_1=\frac{h_0}{h_0+h_1}=\frac{1}{2},\mu_2=\frac{h_1}{h_1+h_2}=\frac{1}{2},$$

$$\lambda_1=\frac{h_1}{h_0+h_1}=\frac{1}{2},\lambda_2=\frac{h_2}{h_1+h_2}=\frac{1}{2},$$

$$d_0=\frac{6}{h_0}(f[x_0,x_1]-m_0)=6(2-1)=6,$$

$$d_1=6f[x_0,x_1,x_2]=6\times\frac{-1}{2}=-3,$$

$$d_2=6f[x_1,x_2,x_3]=6\times1=6,$$

$$d_3=2(m_3-f[x_2,x_3])=6(0-3)=-18.$$

再用追赶法解方程组

$$\begin{bmatrix} 2 & 1 & & \\ \frac{1}{2} & 2 & \frac{1}{2} & \\ & \frac{1}{2} & 2 & \frac{1}{2} \\ & & 1 & 2 \end{bmatrix}\begin{bmatrix} M_0 \\ M_1 \\ M_2 \\ M_3 \end{bmatrix}=\begin{bmatrix} 6 \\ -3 \\ 6 \\ -18 \end{bmatrix},$$

得 $$M_3=-\frac{38}{3},M_2=\frac{22}{3},M_1=-\frac{14}{3},M_0=\frac{16}{3}.$$

最后,将 $h_0=1,x_0=0,x_1=1,M_1=-\frac{14}{3},M_0=\frac{16}{3},y_1=2,y_0=0$ 代入 $k=0$ 时的公式(7.27)得

$$S(x)=-\frac{5}{3}x^3+\frac{8}{3}x^2+x,x\in[0,1];$$

将 $h_1=1,x_1=1,x_2=2,M_2=\frac{22}{3},M_1=-\frac{14}{3},y_2=3,y_1=2$ 代入 $k=1$ 时的公式(7.27)得

$$S(x)=2x^3-\frac{25}{3}x^2+12x-\frac{11}{3},x\in[1,2];$$

将 $h_2=1,x_2=2,x_3=3,M_3=-\frac{38}{3},M_2=\frac{22}{3},y_3=6,y_2=3$ 代入 $k=2$ 时的公式(7.27)得

$$S(x)=-\frac{10}{3}x^3+\frac{71}{3}x^2-\frac{156}{3}x+\frac{117}{3},x\in[2,3].$$

即三次样条插值函数

$$S(x)=\begin{cases}\frac{1}{3}(-5x^3+8x^2+3x), & x\in[0,1],\\ \frac{1}{3}(6x^3-25x^2+36x-11), & x\in[1,2],\\ \frac{1}{3}(-10x^3+71x^2-156x+117), & x\in[2,3].\end{cases}$$

2. 三转角方程

记节点处的一阶导数为 $S'(x_k)=m_k(k=0,1,\cdots,n)$，则 $S(x)$ 在每个子区间 $[x_k,x_{k+1}](k=0,1,\cdots,n-1)$ 上为满足

$$S(x_k)=y_k,S(x_{k+1})=y_{k+1},$$
$$S'(x_k)=m_k,S'(x_{k+1})=m_{k+1}$$

的三次 Hermite 插值多项式(见公式(7.4))，则

$$\begin{aligned}S(x)=&\left(1-2\frac{x-x_k}{x_k-x_{k+1}}\right)\left(\frac{x-x_{k+1}}{x_k-x_{k+1}}\right)^2 y_k\\&+\left(1-2\frac{x-x_{k+1}}{x_{k+1}-x_k}\right)\left(\frac{x-x_k}{x_{k+1}-x_k}\right)^2 y_{k+1}\\&+(x-x_k)\left(\frac{x-x_{k+1}}{x_k-x_{k+1}}\right)^2 m_k+(x-x_{k+1})\left(\frac{x-x_k}{x_{k+1}-x_k}\right)^2 m_{k+1}.\end{aligned}$$

若记 $h_k=x_{k+1}-x_k$，则上式可写为

$$\begin{aligned}S(x)=&\frac{1}{h_k^3}(x-x_{k+1})^2[h_k+2(x-x_k)]y_k\\&+\frac{1}{h_k^3}(x-x_k)^2[h_k+2(x_{k+1}-x)]y_{k+1}\\&+\frac{1}{h_k^2}(x-x_k)(x-x_{k+1})^2 m_k+\frac{1}{h_k^2}(x-x_k)^2(x-x_{k+1})m_{k+1}.\end{aligned}\tag{7.35}$$

于是求 $S(x)$ 的问题，就转化为求 $m_k(k=0,1,\cdots,n)$. 在 $[x_k,x_{k+1}]$ 上将式(7.35)对 x 求导两次，得

$$\begin{aligned}S''(x)=&\frac{2}{h_k^2}(3x-x_k-2x_{k+1})m_k+\frac{2}{h_k^2}(3x-2x_k-x_{k+1})m_{k+1}\\&+\frac{6}{h_k^3}(x_k+x_{k+1}-2x)(y_{k+1}-y_k).\end{aligned}$$

在 $[x_{k-1},x_k]$ 上的二阶导数

$$S''(x)=\frac{2}{h_{k-1}^2}(3x-x_{k-1}-2x_k)m_{k-1}+\frac{2}{h_{k-1}^2}(3x-2x_{k-1}-x_k)m_k$$

$$+\frac{6}{h_{k-1}^{3}}(x_{k-1}+x_k-2x)(y_k-y_{k-1}).$$

于是

$$S''(x_k+0)=-\frac{4}{h_k}m_k-\frac{2}{h_k}m_{k+1}+\frac{6}{h_k^2}(y_{k+1}-y_k), \tag{c}$$

$$S''(x_k-0)=\frac{2}{h_{k-1}}m_{k-1}+\frac{4}{h_{k-1}}m_k-\frac{6}{h_{k-1}^2}(y_k-y_{k-1}). \tag{d}$$

利用 $S''(x)$ 在 x_k 处连续条件，即

$$S''(x_k+0)=S''(x_k-0),\quad k=1,2,\cdots,n-1,$$

得到

$$\frac{1}{h_{k-1}}m_{k-1}+2\left(\frac{1}{h_{k-1}}+\frac{1}{h_k}\right)m_k+\frac{1}{h_k}m_{k+1}=3\left(\frac{y_{k+1}-y_k}{h_k^2}+\frac{y_k-y_{k-1}}{h_{k-1}^2}\right).$$

两端同时除以 $\frac{1}{h_{k-1}}+\frac{1}{h_k}$ 得

$$\begin{aligned}&\frac{h_k}{h_{k-1}+h_k}m_{k-1}+2m_k+\frac{h_{k-1}}{h_{k-1}+h_k}m_{k+1}\\&=3\left(\frac{h_k}{h_{k-1}+h_k}\cdot\frac{y_k-y_{k-1}}{h_{k-1}}+\frac{h_{k-1}}{h_{k-1}+h_k}\cdot\frac{y_{k+1}-y_k}{h_k}\right)\\&=3(\lambda_k f[x_{k-1},x_k]+\mu_k f[x_k,x_{k+1}]).\end{aligned}$$

若令

$$g_k=3(\lambda_k f[x_{k-1},x_k]+\mu_k f[x_k,x_{k+1}]),k=1,2,\cdots,n-1, \tag{7.36}$$

则有

$$\lambda_k m_{k-1}+2m_k+\mu_k m_{k+1}=g_k,k=1,2,\cdots,n-1. \tag{7.37}$$

上式是含有 $n+1$ 个未知量 $m_0,m_1,\cdots,m_n$ 的 $n-1$ 个方程的线性方程组.

(1) 对于第一种边界条件，已知 $S'(x_0)=m_0, S'(x_n)=m_n$，则 (7.37) 是含 $n-1$ 个未知量、$n-1$ 个方程的方程组:

$$\begin{bmatrix} 2 & \mu_1 & & & \\ \lambda_2 & 2 & \mu_2 & & \\ & \ddots & \ddots & \ddots & \\ & & \lambda_{n-2} & 2 & \mu_{n-2} \\ & & & \lambda_{n-1} & 2 \end{bmatrix}\begin{bmatrix} m_1 \\ m_2 \\ \vdots \\ m_{n-2} \\ m_{n-1} \end{bmatrix}=\begin{bmatrix} g_1-\lambda_1 m_0 \\ g_2 \\ \vdots \\ g_{n-2} \\ g_{n-1}-\mu_{n-1}m_n \end{bmatrix}. \quad (7.38)$$

这是系数矩阵严格行对角占优的三对角方程组,存在唯一解，可用追赶法求解.

(2)对于第二种边界条件，已知 $S''(x_0)=M_0, S''(x_n)=M_n$,又在(c)和(d)中分别令 $k=0$ 和 $k=n$,得

$$2m_0+m_1=3f[x_0,x_1]-\frac{h_0}{2}M_0, \quad (7.39)$$

$$m_{n-1}+2m_n=3f[x_{n-1},x_n]+\frac{h_{n-1}}{2}M_n. \quad (7.40)$$

将(7.37),(7.39),(7.40)联立得

$$\begin{bmatrix} 2 & 1 & & & \\ \lambda_1 & 2 & \mu_1 & & \\ & \ddots & \ddots & \ddots & \\ & & \lambda_{n-1} & 2 & \mu_{n-1} \\ & & & 1 & 2 \end{bmatrix}\begin{bmatrix} m_0 \\ m_1 \\ \vdots \\ m_{n-1} \\ m_n \end{bmatrix}=\begin{bmatrix} g_0 \\ g_1 \\ \vdots \\ g_{n-1} \\ g_n \end{bmatrix}, \quad (7.41)$$

其中　$g_0=3f[x_0,x_1]-\frac{h_0}{2}M_0, g_n=3f[x_{n-1},x_n]+\frac{h_{n-1}}{2}M_n.$

这也是系数矩阵严格行对角占优的三对角方程组,存在唯一解，可用追赶法求解.

(3)对于第三种边界条件，由 $S(x_0)=S(x_n), S'(x_0+0)=S'(x_n-0)$有 $y_n=y_0, m_n=m_0$;又由 $S''(x_0+0)=S''(x_n-0)$,利用(c)和(d),并注意到 $m_n=m_0$,得

$$2m_0+\mu_0 m_1+\lambda_0 m_{n-1}=d_0, \quad (7.42)$$

其中 $\mu_0=\dfrac{h_{n-1}}{h_0+h_{n-1}},\lambda_0=\dfrac{h_0}{h_0+h_{n-1}}$,

$$d_0=3(\lambda_0 f[x_{n-1},x_n]-\mu_0 f[x_0,x_1]).$$

由(7.37),(7.42)联立,并将 m_n 换成 m_0,得

$$\begin{bmatrix} 2 & \mu_0 & & & \lambda_0 \\ \lambda_1 & 2 & \mu_1 & & \\ & \ddots & \ddots & \ddots & \\ & & \lambda_{n-2} & 2 & \mu_{n-2} \\ \mu_{n-1} & & & \lambda_{n-1} & 2 \end{bmatrix}\begin{bmatrix} m_1 \\ m_2 \\ \vdots \\ m_{n-2} \\ m_{n-1} \end{bmatrix}=\begin{bmatrix} d_0 \\ g_1 \\ \vdots \\ g_{n-2} \\ g_{n-1} \end{bmatrix}, \tag{7.43}$$

其系数矩阵严格对角占优,故存在唯一解.

方程组(7.38),(7.41),(7.43)称为三转角方程,因为 m_k 在力学上解释为细梁在 x_k 截面处的转角之故.

例 7.9 已知函数 $y=f(x)$ 的数据如下,试利用三转角方程求 $f(x)$ 在区间[0,3]上的三次样条插值函数.

x	0	1	2	3
$f(x)$	0	2	3	6
$f'(x)$	1			0

解 使用三转角方程(7.38),因为 $m_0=1,m_3=0$ 已知,故此处是二阶方程组.

$$h_0=h_1=h_2=1;\mu_1=\frac{h_0}{h_0+h_1}=\frac{1}{2},\mu_2=\frac{h_1}{h_1+h_2}=\frac{1}{2};$$

$$\lambda_1=\frac{h_1}{h_0+h_1}=\frac{1}{2},\lambda_2=\frac{h_2}{h_1+h_2}=\frac{1}{2}.$$

$$\begin{aligned} g_1-\lambda_1 m_0 &=3(\lambda_1 f[x_0,x_1]+\mu_1 f[x_1,x_2])-\lambda_1 m_0 \\ &=3\left(\frac{1}{2}\times 2+\frac{1}{2}\times 1\right)-0.5\times 1=4, \end{aligned}$$

$$\begin{aligned}g_2-\lambda_2 m_3 &=3(\lambda_2 f[x_1,x_2]+\mu_2 f[x_2,x_3])-\lambda_2 m_3\\&=3\left(\frac{1}{2}\times 1+\frac{1}{2}\times 3\right)-0=6.\end{aligned}$$

于是三转角方程为

$$\begin{bmatrix}2 & \frac{1}{2}\\ \frac{1}{2} & 2\end{bmatrix}\begin{bmatrix}m_1\\ m_2\end{bmatrix}=\begin{bmatrix}4\\ 6\end{bmatrix}.$$

很容易解得 $m_1=\frac{4}{3}, m_2=\frac{8}{3}$.

对于 $k=0,1,2$,将 h_k,x_k,y_k,m_k 代入公式(7.35),可求得三次样条

插值函数 $S(x)=\begin{cases}\frac{1}{3}(-5x^3+8x^2+3x), & x\in[0,1],\\ \frac{1}{3}(6x^3-25x^2+36x-11), & x\in[1,2],\\ \frac{1}{3}(-10x^3+71x^2-156x+117), & x\in[2,3].\end{cases}$

三、插值余项及收敛性

三次样条插值函数误差的证明过程比较复杂,这里不加证明地给出如下定理.

定理7.5 设 $f\in C^4[a,b]$,$S(x)$ 满足边界条件一或边界条件二,则有如下估计:

$$\|f-S\|_\infty\leqslant\frac{5}{384}h^4\|f^{(4)}\|_\infty;$$

$$\|f'-S'\|_\infty\leqslant\frac{1}{24}h^3\|f^{(4)}\|_\infty;$$

$$\|f''-S''\|_\infty\leqslant\frac{3}{8}h^2\|f^{(4)}\|_\infty,$$

其中 $h=\max\limits_{0\leqslant k\leqslant n-1}h_k$.

对于本定理如果 $f\in C^4[a,b]$，则三次样条插值函数 $S(x)$ 及 $S'(x)$，$S''(x)$ 当 $h\to 0$ 时在 $[a,b]$ 上分别一致收敛于 $f(x)$，$f'(x)$ 和 $f''(x)$，且有

$$\|f-S\|_\infty=O(h^4),\ \|f'-S'\|_\infty=O(h^3),\ \|f''-S''\|_\infty=O(h^2).$$

* §7.6 最佳平方逼近

一、函数的最佳逼近

同插值一样，函数 $f(x)$ 的逼近问题，也是寻找一个比较简单的函数 $S(x)$ 近似代替 $f(x)$，或称为用 $S(x)$ 逼近 $f(x)$. 但“逼近方式”不同，或“要求满足的条件”不同.

插值的要求是，插值函数 $S(x)$ 与被插函数 $f(x)$ 在某些点(插值节点)处有相同的函数值，甚至某些阶的导数值. 而函数逼近则要求函数 $S(x)$ 与 $f(x)$ 在某区间 $[a,b]$ 上的误差 $\|f-S\|$ 最小. 这里我们从正交投影与正交分解引入相关概念.

1. 正交投影与正交分解

在 $\mathbb{R}^3$ 中，设 M 是 $\mathbb{R}^3$ 中包含零元素的平面，故 M 是 $\mathbb{R}^3$ 的完备子空间. 若 $\boldsymbol{x}$ 是 $\mathbb{R}^3$ 中任意一个向量，则必存在 $\boldsymbol{y}_0\in M$ 及 $\boldsymbol{x}_0\perp M$，使得

$$\boldsymbol{x}=\boldsymbol{y}_0+\boldsymbol{x}_0$$

其中 $\boldsymbol{y}_0$ 是 $\boldsymbol{x}$ 在 M 上的投影，$\|\boldsymbol{x}_0\|$ 是向量 $\boldsymbol{x}$ 到平面 M 的距离，即

$$\|\boldsymbol{x}_0\|=d(\boldsymbol{x},M)=\inf_{\boldsymbol{y}\in M}\|\boldsymbol{x}-\boldsymbol{y}\|.$$

将上述投影的概念推广到内积空间，有

定义 7.2 设 X 是内积空间，M 是 X 的子空间，$x\in X$. 若存在 $y_0\in M$ 和 $x_0\perp M$，使得

$$x=y_0+x_0, \tag{7.44}$$

则 y_0 称为 x 在 M 上的**正交投影**(简称投影)，而(7.44)式称为 x 的**正交分解**.

需要注意的是,当 X 是内积空间时并不能保证 X 中的每个元素 x 在 M 上的投影都存在,但唯一性是可断定的.

定理 7.6　设 X 是内积空间, M 是 X 的子空间, $x \in X$, 若 x 在 M 上的投影 y_0 存在, 则投影必定是唯一的, 且

$$\| x - y_0 \| = d(x,M) = \inf_{y \in M} \| x - y \|.$$

(证明从略.)

此定理表明,若 X 中的元素 x 在 X 的子空间 M 上的投影 y_0 存在, 则用 M 中的元素 y 逼近 x 时, 仅当 $y = y_0$ 逼近程度最佳, 或者说 y 与 x 的误差 $\| x - y \|$,仅当 $y = y_0$ 时达到最小值 $d(x,M)$.

定理 7.7　投影定理。若 M 是内积空间 X 的完备子空间, 则 X 中的每个元素 x 在 M 上的投影都唯一存在, 即存在唯一的 $y_0 \in M$ 和 $x_0 \perp M$,使得

$$x = y_0 + x_0.$$

(证明从略.)

2. 最佳逼近概念

定义 7.3　设 M 是赋范空间(X, $\| \cdot \|$)的子空间,$x \in X$,若存在 $y_0 \in M$,使得

$$\| x - y_0 \| = d(x,M) = \inf_{y \in M} \| x - y \|,$$

则称 y_0 为 x 在 M 上的**最佳逼近**.

由定义可知,若 y_0 为 x 在 M 上的最佳逼近,则用 M 中的任意元素逼近 x 所产生的误差中,以 y_0 逼近 x 所产生的误差最小,且最小误差为 $d(x,M)$.

按定义,最佳逼近与空间 X 上的范数有关. 在空间($C[a,b]$, $\| \cdot \|_\infty$)中的最佳逼近,称为**最佳一致逼近**;在 Hilbert 空间 $L^2[a,b]$①中的最佳逼近,称为**最佳平方逼近**.

本课程只讨论最佳平方逼近.

---

① 关于 $L^2[a,b]$相关定义见参考文献【1】

3. 最佳平方逼近

定义 7.4 设 M 是 Hilbert 空间 $L^2[a,b]$ 的有限维子空间，则 $L^2[a,b]$ 中每个元素 f 在 M 上的投影 S^* 都唯一存在，且

$$\delta = \| f - S^* \|_2 = d(f,M) = \min_{S\in M}\left(\int_a^b [f(x) - S(x)]^2 dx\right)^{\frac{1}{2}},$$

则称 S^* 为 f 在 M 上的**最佳平方逼近**.

注: 在实际中为了计算方便，通常考虑误差的平方

$$\delta^2 = \| f - S^* \|_2^2 = \min_{S\in M}\left(\int_a^b [f(x) - S(x)]^2 dx\right). \tag{7.45}$$

下面介绍求 S^* 的方法.

设 $\{\varphi_1,\varphi_2,\cdots,\varphi_n\}$ 是 M 的一个基(不必是 M 的标准正交系)，则 $\forall S\in M$ 可表示为

$$S(x) = \sum_{j=1}^n a_j\varphi_j(x).$$

那么问题归结为如何求出 $a_1,a_2,\cdots,a_n$，使得 S^* 是 f 在 M 上的最佳平方逼近，即 S^* 是 f 在 M 上的投影，这时 $f = S^* + (f - S^*)$，其中 $S^*\in M, f - S^* \perp M$，且

$$\delta = \| f - S^* \|_2 = d(f,M).$$

因 $f - S^* \perp M$，故对每个 $\varphi_i \in M(i = 1,\cdots,n)$，有

$$<\varphi_i, f - S^*> = <\varphi_i, f - \sum_{j=1}^n a_j\varphi_j> = <\varphi_i, f> - \sum_{j=1}^n \overline{a_j} <\varphi_i,\varphi_j> = 0.$$

得线性方程组

$$\begin{cases} <\varphi_1,\varphi_1>\overline{a_1} + <\varphi_1,\varphi_2>\overline{a_2} + \cdots + <\varphi_1,\varphi_n>\overline{a_n} = <\varphi_1,f>, \\ <\varphi_2,\varphi_1>\overline{a_1} + <\varphi_2,\varphi_2>\overline{a_2} + \cdots + <\varphi_2,\varphi_n>\overline{a_n} = <\varphi_2,f>, \\ \qquad\qquad\cdots\cdots \\ <\varphi_n,\varphi_1>\overline{a_1} + <\varphi_n,\varphi_2>\overline{a_2} + \cdots + <\varphi_n,\varphi_n>\overline{a_n} = <\varphi_n,f>. \end{cases} \tag{7.46}$$

由 S^* 存在唯一，则 $\overline{a_1},\cdots,\overline{a_n}$ 存在且唯一. 因此线性方程组的 Gram 行列式

$$G(\varphi_1,\cdots,\varphi_n)=\begin{vmatrix} <\varphi_1,\varphi_1> & <\varphi_1,\varphi_2> & \cdots & <\varphi_1,\varphi_n> \\ <\varphi_2,\varphi_1> & <\varphi_2,\varphi_2> & \cdots & <\varphi_2,\varphi_n> \\ \vdots & \vdots & & \vdots \\ <\varphi_n,\varphi_1> & <\varphi_n,\varphi_2> & \cdots & <\varphi_n,\varphi_n> \end{vmatrix}\neq 0,$$

并且

$$\overline{a_j}=\frac{G_j}{G(\varphi_1,\cdots,\varphi_n)},j=1,2,\cdots,n, \tag{7.47}$$

其中 G_j 是行列式 $G(\varphi_1,\cdots,\varphi_n)$ 的第 j 列换为 $(<\varphi_1,f>,\cdots,<\varphi_n,f>)^{\mathrm{T}}$ 后得到的行列式. 取 $\overline{a_j}$ 的共轭复数得 $a_j(j=1,\cdots,n)$.

注 1　如果 $L^2[a,b]$ 是实空间,则 $\overline{a_j}=a_j$,即

$$a_j=\frac{G_j}{G(\varphi_1,\cdots,\varphi_n)},j=1,2,\cdots,n.$$

注 2　最佳平方逼近的误差 $\delta^2=\|f-S^*\|_2^2$.

因 $f-S^*\perp S^*$, 则

$$\begin{aligned}\delta^2&=\|f-S^*\|_2^2=<f-S^*,f-S^*>=<f-S^*,f>-<f-S^*,S^*>\\&=<f-S^*,f>=<f,f>-<S^*,f>\\&=\|f\|_2^2-<\sum_{j=1}^{n}a_j\varphi_j,f>=\|f\|_2^2-\sum_{j=1}^{n}a_j<\varphi_j,f>.\end{aligned} \tag{7.48}$$

4. 多项式逼近

当 $L^2[a,b]$ 的有限维子空间 $M=P_n[a,b]$, $L^2[a,b]$ 中的元素 f 在 $P_n[a,b]$ 上的最佳平方逼近 S^* 是次数不超过 n 的多项式, 记为 S_n^*. 称 S_n^* 为 f 在 $P_n[a,b]$ 上的 n 次**最佳平方逼近**.

例 7.10　求函数 $f(x)=\mathrm{e}^x$ 在 $[0,1]$ 上的一次最佳平方逼近多项式 $S_1^*(x)$,并计算 $\delta^2=\|f-S_1^*\|_2^2$.

解　取 $P_1[0,1]$ 的基 $\{1,x\}$,设 $S_1^*(x)=a_0+a_1x$.

这里 $\varphi_0=1,\varphi_1=x,n=1$,故有方程组

$$\begin{cases}<\varphi_0,\varphi_0>a_0+<\varphi_1,\varphi_0>a_1=<\varphi_0,f>,\\<\varphi_0,\varphi_1>a_0+<\varphi_1,\varphi_1>a_1=<\varphi_1,f>.\end{cases}$$

其中 $$<\varphi_0,\varphi_0> = \int_0^1 1^2 \mathrm{d}x = 1,$$

$$<\varphi_1,\varphi_0> = <\varphi_0,\varphi_1> = \int_0^1 1\cdot x\mathrm{d}x = \frac{1}{2},$$

$$<\varphi_1,\varphi_1> = \int_0^1 x^2\mathrm{d}x = \frac{1}{3},$$

$$<\varphi_0,f> = \int_0^1 \mathrm{e}^x\mathrm{d}x = \mathrm{e}-1,\ <\varphi_1,f> = \int_0^1 x\mathrm{e}^x\mathrm{d}x = 1.$$

于是得方程组

$$\begin{bmatrix} 1 & \frac{1}{2} \\ \frac{1}{2} & \frac{1}{3} \end{bmatrix}\begin{bmatrix} a_0 \\ a_1 \end{bmatrix} = \begin{bmatrix} \mathrm{e}-1 \\ 1 \end{bmatrix}.$$

解得 $a_0 = 4\mathrm{e}-10, a_1 = 18-6\mathrm{e}$,

所以 $S_1^*(x) = 4\mathrm{e}-10+(18-6\mathrm{e})x \approx 0.873\ 12+1.690\ 32\ x.$

$$\begin{aligned}\delta^2 &= \|f-S_1^*\|_2^2 = \|f\|_2^2 - [a_0<f,\varphi_0>+a_1<f,\varphi_1>] \\ &= \int_0^1 \mathrm{e}^{2x}\mathrm{d}x-(4\mathrm{e}-10)(\mathrm{e}-1)-(18-6\mathrm{e}) \\ &= \frac{1}{2}(\mathrm{e}^2-1)-(4\mathrm{e}-10)(\mathrm{e}-1)-(18-6\mathrm{e}) \\ &\approx 3.94\times 10^{-3}.\end{aligned}$$

注:此方法计算比较麻烦,且方程组的系数阵是病态的,n 越大病态越严重.

二、用正交多项式作函数的最佳平方逼近

1. 求 S_n^* 的简洁方法

上一段中求 S_n^* 的主要困难在于求系数 a_j. 若将有限维子空间 M 的基选为正交基,特别是标准正交基,则计算就变得十分简单. 设 $\{e_1,e_2,\cdots,e_n\}$ 是 M 的一个标准正交基,则(7.46)的解为

$$\begin{cases} a_1 = \langle f, e_1 \rangle, \\ a_2 = \langle f, e_2 \rangle, \\ \cdots\cdots \\ a_n = \langle f, e_n \rangle. \end{cases}$$

于是得 $$S_n^*(x) = \sum_{j=1}^{n} \langle f, e_j \rangle e_j(x), \tag{7.49}$$

$$\begin{aligned} \delta^2 &= \| f - S^* \|_2^2 = \| f \|_2^2 - \langle \sum_{j=0}^{n} a_j e_j, f \rangle \\ &= \| f \|_2^2 - \sum_{j=1}^{n} a_j \langle e_j, f \rangle = \| f \|_2^2 - \sum_{j=1}^{n} \langle f, e_j \rangle \langle e_j, f \rangle, \end{aligned}$$

即 $$\delta^2 = \| f - S^* \|_2^2 = \| f \|_2^2 - \sum_{j=1}^{n} | \langle f, e_j \rangle |^2. \tag{7.50}$$

例 7.11　设 $M = \mathrm{span}\{1, \cos x, \sin x, \cos 2x, \sin 2x, \cdots, \cos nx, \sin nx\}$，则 M 是 $L^2[-\pi, \pi]$ 的 $2n+1$ 维子空间. 故 $\forall T_n \in M$，有

$$T_n(x) = \frac{a_0}{2} + \sum_{k=1}^{n} (a_k \cos kx + b_k \sin kx),$$

称 $T_n(x)$ 为 n 阶三角多项式. 求 $f \in L^2[-\pi, \pi]$ 在 M 上的 n 阶最佳平方逼近三角多项式 T_n.

解　若记 $e_0 = \frac{1}{\sqrt{2\pi}}, e_1 = \frac{1}{\sqrt{\pi}}\cos x, \varepsilon_1 = \frac{1}{\sqrt{\pi}}\sin x, e_2 = \frac{1}{\sqrt{\pi}}\cos 2x,$

$$\varepsilon_2 = \frac{1}{\sqrt{\pi}}\sin 2x, \cdots, e_n = \frac{1}{\sqrt{\pi}}\cos nx, \varepsilon_n = \frac{1}{\sqrt{\pi}}\sin nx;$$

则由例 5.10 知 $\{e_0, e_1, \varepsilon_1, e_2, \varepsilon_2, \cdots, e_n, \varepsilon_n\}$ 是 M 的一个标准正交基，故有

$$\begin{aligned} T_n(x) &= \frac{a_0}{2} + \sum_{k=1}^{n} (a_k \cos kx + b_k \sin kx) \\ &= \langle f, e_0 \rangle e_0 + \sum_{k=1}^{n} (\langle f, e_k \rangle e_k + \langle f, \varepsilon_k \rangle \varepsilon_k) \\ &= \frac{1}{\sqrt{2\pi}} \left(\int_{-\pi}^{\pi} f(x) \frac{1}{\sqrt{2\pi}} \mathrm{d}x \right) \end{aligned}$$

$$+\sum_{k=l}^{n}\left[\left(\int_{-\pi}^{\pi}f(x)\frac{\cos kx}{\sqrt{\pi}}\mathrm{d}x\right)\frac{\cos kx}{\sqrt{\pi}}+\left(\int_{-\pi}^{\pi}f(x)\frac{\sin kx}{\sqrt{\pi}}\mathrm{d}x\right)\frac{\sin kx}{\sqrt{\pi}}\right]$$

$$=\frac{a_0}{2}+\sum_{k=1}^{n}(a_k\cos kx+b_k\sin kx),$$

其中 $$a_k=\frac{1}{\pi}\int_{-\pi}^{\pi}f(x)\cos kx\mathrm{d}x,\quad k=0,1,2,\cdots,n,$$

$$b_k=\frac{1}{\pi}\int_{-\pi}^{\pi}f(x)\sin kx\mathrm{d}x,\quad k=1,2,\cdots,n.$$

这正是$f(x)$的 Fourier 系数.

结论:$f(x)$在 $M=\mathrm{span}\{1,\cos x,\sin x,\cos 2x,\sin 2x,\cdots,\cos nx,\sin nx\}$上的最佳平方逼近 T_n,就是$f(x)$的 Fourier 级数的前 $2n+1$ 项和.

2. 用 Legendre 多项式作函数的 n 次最佳平方逼近

(1)若$f\in L^2[-1,1]$,由于 n 阶 Legendre 多项式 $\mathrm{p}_n(x)$是$[-1,1]$上的 n 次多项式,且

$$P_n[-1,1]=\mathrm{span}\{\mathrm{p}_0,\mathrm{p}_1,\cdots,\mathrm{p}_n\},$$

则f 在 $P_n[-1,1]$上的 n 次最佳平方逼近为

$$S_n^*(x)=\sum_{k=0}^{n}\langle f,\frac{\mathrm{p}_k}{\|\mathrm{p}_k\|_2}\rangle\frac{\mathrm{p}_k(x)}{\|\mathrm{p}_k\|_2}=\sum_{k=0}^{n}\frac{<f,\mathrm{p}_k>}{<\mathrm{p}_k,\mathrm{p}_k>}\mathrm{p}_k(x)$$

$$=\sum_{k=0}^{n}\frac{2k+1}{2}<f,\mathrm{p}_k>\mathrm{p}_k(x).\tag{7.51}$$

$$\delta^2=\|f-S_n^*\|_2^2=\|f\|_2^2-\sum_{k=0}^{n}\frac{2k+1}{2}|<f,\mathrm{p}_k>|^2.\tag{7.52}$$

例 7.12 求$f(x)=\mathrm{e}^x$ 在 $P_3[-1,1]$上的三次最佳平方逼近多项式 $S_3^*(x)$.

解 $$S_3^*(x)=\frac{1}{2}<f,\mathrm{p}_0>\mathrm{p}_0(x)+\frac{3}{2}<f,\mathrm{p}_1>\mathrm{p}_1(x)$$

$$+\frac{5}{2}<f,\mathrm{p}_2>\mathrm{p}_2(x)+\frac{7}{2}<f,\mathrm{p}_3>\mathrm{p}_3(x).$$

其中 $$<f,p_0> = \int_{-1}^{1} e^x dx = e - e^{-1} \approx 2.3504,$$

$$<f,p_1> = \int_{-1}^{1} e^x \cdot x dx = 2e^{-1} \approx 0.7358,$$

$$<f,p_2> = \int_{-1}^{1} e^x \cdot \frac{3x^2-1}{2} dx = e - 7e^{-1} \approx 0.1431,$$

$$<f,p_3> = \int_{-1}^{1} e^x \cdot \frac{5x^3-3x}{2} dx = -5e + 37e^{-1} \approx 0.0201,$$

$$S_3^*(x) = \frac{1}{2}(e - e^{-1}) + \frac{3}{2} \cdot 2e^{-1}x + \frac{5}{2}(e - 7e^{-1})\frac{3x^2-1}{2}$$
$$+ \frac{7}{2}(-5e + 37e^{-1})\frac{5x^3-3x}{2}$$
$$\approx 0.1761x^3 + 0.5367x^2 + 0.9979x + 0.9963.$$

(2)若 $f \in L^2[a,b]$,则作变换

$$x = \frac{b-a}{2}t + \frac{b+a}{2}, \quad t \in [-1,1],$$

使得 $g(t) = f\left(\frac{b-a}{2}t + \frac{b+a}{2}\right)$ 变为 $[-1,1]$ 上的函数. 于是可用 Legendre 多项式系求出 $g(t)$ 的 n 次最佳平方逼近 $S_n(t)$,再换回原变量 x,得 $[a,b]$ 上的函数 $f(x)$ 的 n 次最佳平方逼近

$$S_n^*(x) = S_n^*\left(\frac{1}{b-a}(2x-a-b)\right),$$

其误差的平方

$$\delta^2 = \frac{b-a}{2}\left[\|g\|_2^2 - \sum_{k=0}^{n} \frac{2k+1}{2} |<g,p_k>|^2 \right]. \tag{7.53}$$

例 7.13 求 $f(x) = e^x$ 在 $P_2[0,1]$ 上的二次最佳平方逼近 $S_2^*(x)$.

解 令 $x = \frac{1}{2}(t+1)$,则

$$g(t) = f\left(\frac{1}{2}(t+1)\right) = e^{\frac{1}{2}(t+1)}, \quad t \in [-1,1].$$

g 关于 Legendre 多项式系的二次最佳平方逼近为

$$S_2(t)=\frac{1}{2}<g,\mathrm{p}_0>\mathrm{p}_0(t)+\frac{3}{2}<g,\mathrm{p}_1>\mathrm{p}_1(t)+\frac{5}{2}<g,\mathrm{p}_2>\mathrm{p}_2(t).$$

其中 $$<g,\mathrm{p}_0>=\int_{-1}^{1}\mathrm{e}^{\frac{1}{2}(t+1)}\mathrm{d}t=2\mathrm{e}-2,$$

$$<g,\mathrm{p}_1>=\int_{-1}^{1}t\mathrm{e}^{\frac{1}{2}(t+1)}\mathrm{d}t=2(3-\mathrm{e}),$$

$$<g,\mathrm{p}_2>=\int_{-1}^{1}\mathrm{e}^{\frac{1}{2}(t+1)}\cdot\frac{3t^2-1}{2}\mathrm{d}t=14\mathrm{e}-38.$$

于是 $$S_2(t)=\mathrm{e}-1+3(3-\mathrm{e})t+\frac{1}{2}(35\mathrm{e}-95)(3t^2-1).$$

将 $t=2x-1$ 代入 $S_2(t)$，得

$$\begin{aligned}S_2^*(x)&=(210\mathrm{e}-570)x^2+(588-216\mathrm{e})x+39\mathrm{e}-105\\&\approx 0.839\,188x^2+0.851\,12x+1.012\,99.\end{aligned}$$

$$\begin{aligned}\delta^2&=\frac{1}{2}\left[\|g\|_2^2-\sum_{k=0}^{2}\frac{2k+1}{2}|<g,\mathrm{p}_k>|^2\right]\\&=\frac{1}{2}\left[\int_{-1}^{1}|g(t)|^2\mathrm{d}t-\left(2(\mathrm{e}-1)^2+\frac{2}{3}(9-3\mathrm{e})^2+\frac{2}{5}(35\mathrm{e}-95)^2\right)\right]\\&=\frac{1}{2}\left[(\mathrm{e}^2-1)-\left(2(\mathrm{e}-1)^2+\frac{2}{3}(9-3\mathrm{e})^2+\frac{2}{5}(35\mathrm{e}-95)^2\right)\right]\\&\approx 3.619\,2\times10^{-5}.\end{aligned}$$

三、曲线拟合的最小二乘法

1. 曲线拟合的最小二乘原则

在科学技术与工程实际中，往往需要根据一组实验或测量数据$(x_j,f(x_j))(x_j\in[a,b],j=0,1,\cdots,m)$，寻找出反映变量 y 依赖于变量 x 的变化规律 $y=f(x)$ 的最佳近似表示式 $y=S^*(x),x\in[a,b]$. 在几何上，就是用曲线 $y=S(x)$ 拟合曲线 $y=f(x)$.

可以用插值的方法求 $f(x)$ 的近似表示式 $P_m(x)$. 但插值法要求 $P_m(x)$ 满足插值条件

$$P_m(x_j)=y_j=f(x_j),\quad j=0,1,\cdots,m.$$

即要求曲线 $P_m(x)$ 严格通过给定的 $m+1$ 个点 $(x_j, f(x_j))$. 但由于实测数据本身并不准确,而插值函数 $P_m(x)$ 保留了所有的实测误差. 倘若个别数据误差很大,则插值函数显然不能反映事物的客观规律性. 为此,我们放弃使 $y=S(x)$ 严格通过给定的 $m+1$ 个点的要求,而根据"最小二乘原则"寻求 $f(x)$ 在 $[a,b]$ 上的整体最佳近似表达式 $y=S^*(x)$.

何谓最小二乘原则?

设数据点 $(x_j, f(x_j))$ 处的偏差为 $\delta_j = S(x_j) - f(x_j), j=0,1,\cdots,m$. 如前所述,不宜要求每个 $\delta_j = 0$. 但为使近似曲线 $y=S^*(x)$ 尽可能反映所给数据点的变化规律,要求 $|\delta_i|$ 都较小还是必须的. 至少有 3 种途径可满足这种要求:

(1) 选取 $S(x)$ 使 $\sum\limits_{j=0}^{n} |\delta_j|$ 最小;

(2) 选取 $S(x)$ 使 $\max\limits_{1\leqslant j\leqslant m} |\delta_j|$ 最小;

(3) 选取 $S(x)$ 使 $\sum\limits_{j=0}^{n} \delta_j^2$ 最小.

为便于计算、分析和应用,通常采用(3),即根据"使偏差平方和最小"的原则(称为**最小二乘原则**),来选取最佳拟合曲线 $y=S^*(x)$. 按最小二乘原则选择拟合曲线的方法称为曲线拟合的**最小二乘法**.

2. 最小二乘问题的表述

设 $\{\varphi_0, \varphi_1, \cdots, \varphi_n\}$ $(n<m)$ 是 $[a,b]$ 上的线性无关的函数组, $M=\mathrm{span}\{\varphi_0, \varphi_1, \cdots, \varphi_n\}$,则曲线拟合的最小二乘问题可表述为对给定的数据 $(x_j, f(x_j))$ $(j=0,1,\cdots,m)$,在 M 中求一个函数

$$S^*(x) = \sum_{i=0}^{n} a_i^* \varphi_i \quad (n<m), \tag{7.54}$$

使得

$$\begin{aligned}\|\boldsymbol{\delta}\|_2^2 &= \sum_{j=0}^{m} \delta_j^2 = \sum_{j=0}^{m} \rho(x_j)[S^*(x_j) - f(x_j)]^2 \\ &= \min_{S\in M} \sum_{j=0}^{m} \rho(x_j)[S(x_j) - f(x_j)]^2,\end{aligned} \tag{7.55}$$

其中$\boldsymbol{\delta}=(\delta_0,\delta_1,\cdots,\delta_m)^{\mathrm{T}}$,$\rho(x)>0$是区间$[a,b]$上的权函数,$\rho(x_j)$表示数据$(x_j,f(x_j))$的权重,比如可表示此点重复观测的次数等. 满足(7.55)的函数$S^*(x)$称为问题的**最小二乘解**或$f(x)$的离散形式的最佳平方逼近函数. $\|\delta\|_2^2$称为**平方误差**.

3. 最小二乘法的应用

用最小二乘法解决实际问题分两个步骤进行.

(1)根据问题的实际背景及所给数据点的大致变化确定M,即确定$S(x)$所具有的形式. 通常可将所给数据点描绘在坐标纸上,观察其分布规律,来确定$S(x)$的形式.

(2)求$S^*(x)$,即确定系数$a_i^*(i=0,1,\cdots,n)$. 这可转化为求多元函数

$$I(a_0,a_1,\cdots,a_n)=\sum_{j=0}^{m}\rho(x_j)\Big[\sum_{i=0}^{n}a_i\varphi_i(x_j)-f(x_j)\Big]^2$$

的最小值点$(a_0^*,a_1^*,\cdots,a_n^*)$.

由极值存在的必要条件$\dfrac{\partial I}{\partial a_k}=0(k=0,1,\cdots,n)$,得

$$2\sum_{j=0}^{m}\rho(x_j)\Big[\sum_{i=0}^{n}a_i\varphi_i(x_j)-f(x_j)\Big]\varphi_k(x_j)=0,$$

即

$$\sum_{i=0}^{n}\Big[\sum_{j=0}^{m}\rho(x_j)\varphi_i(x_j)\varphi_k(x_j)\Big]a_i=\sum_{j=0}^{m}\rho(x_j)f(x_j)\varphi_k(x_j).$$

记

$$<\varphi_i,\varphi_k>=\sum_{j=0}^{m}\rho(x_j)\varphi_i(x_j)\varphi_k(x_j),$$

$$<f,\varphi_k>=\sum_{j=0}^{m}\rho(x_j)f(x_j)\varphi_k(x_j).$$

得线性方程组

$$\sum_{i=0}^{n}<\varphi_i,\varphi_k>a_i=<f,\varphi_k>,\quad k=0,1,\cdots,n,$$

即

$$\begin{bmatrix} <\varphi_0,\varphi_0> & <\varphi_1,\varphi_0> & \cdots & <\varphi_n,\varphi_0> \\ <\varphi_0,\varphi_1> & <\varphi_1,\varphi_1> & \cdots & <\varphi_n,\varphi_1> \\ \vdots & \vdots & & \vdots \\ <\varphi_0,\varphi_n> & <\varphi_1,\varphi_n> & \cdots & <\varphi_n,\varphi_n> \end{bmatrix} \begin{bmatrix} a_0 \\ a_1 \\ \vdots \\ a_n \end{bmatrix}$$

$$= \begin{bmatrix} <f,\varphi_0> \\ <f,\varphi_1> \\ \vdots \\ <f,\varphi_n> \end{bmatrix}. \tag{7.56}$$

通常称此方程组为法方程.

可证明当$\{\varphi_0,\varphi_1,\cdots,\varphi_n\}$线性无关时,其系数行列式不等于零,从而(7.56)有唯一解$(a_0^*,a_1^*,\cdots,a_n^*)$,并且$S^*(x)=\sum_{i=0}^{n} a_i^*\varphi_i$就是最小二乘解.

4. 多项式拟合

由于多项式的诸多优点,故通常取$M=P_n[a,b]$,于是$S^*(x)$是一个不超过n次的多项式.

例 7.14　已知一组实验数据如下:

x_k	0.00	0.25	0.50	0.75	1.00
$y_k=f(x_k)$	1.000 0	1.284 0	1.548 7	2.117 0	2.718 3

求其最小二乘解.

解　将表中的数据点描绘在坐标纸上,见图 7.3.

这些点近似在一条直线上,又近似在一条抛物线上. 我们不妨作两条拟合曲线$y=S_1^*(x)$,$y=S_2^*(x)$. 并予以比较.

(1)设$M=\mathrm{span}\{1,x\}$,则$S_1^*(x)=a_0^*+a_1^*x$. 此处$m=4,n=1$;$\varphi_0(x)=1,\varphi_1(x)=x,\rho(x)\equiv 1$.

因为

$$<\varphi_0,\varphi_0> = \sum_{k=0}^{4} 1\times 1 = 5,$$

$$<\varphi_0,\varphi_1> = <\varphi_1,\varphi_0> = \sum_{k=0}^{4} 1\cdot x_k = 2.5,$$

$$<\varphi_1,\varphi_1> = \sum_{k=0}^{4} x_k^2 = 1.875,$$

$$<f,\varphi_0> = \sum_{k=0}^{4} f(x_k) = 8.7680,$$

$$<f,\varphi_1> = \sum_{k=0}^{4} x_k f(x_k) = 5.4514,$$

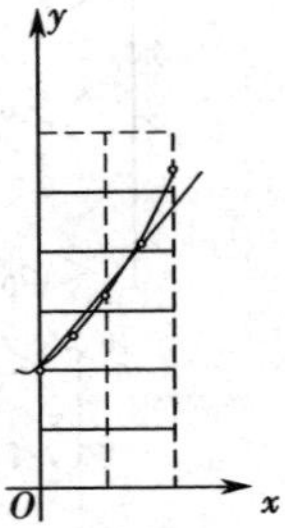

图 7.3

故法方程为

$$\begin{bmatrix}5 & 2.5\\ 2.5 & 1.875\end{bmatrix}\begin{bmatrix}a_0\\ a_1\end{bmatrix}=\begin{bmatrix}8.7680\\ 5.4514\end{bmatrix}.$$

解得

$$a_0^* = 0.89968, a_1^* = 1.70784.$$

故

$$S_1^*(x) = 0.89968 + 1.70784x,$$

其误差平方为

$$\|\delta\|_2^2 = \sum_{k=0}^{4} [S_1^*(x_k) - f(x_k)]^2 = 3.92\times 10^{-2}.$$

(2)设 $M = \text{span}\{1, x, x^2\}$,则

$$S_2^*(x) = a_0^* + a_1^* x + a_2^* x^2.$$

此处 $m = 4, n = 2; \varphi_0(x) = 1, \varphi_1(x) = x, \varphi_2(x) = x^2, \rho(x) \equiv 1.$

$$<\varphi_0,\varphi_0> = \sum_{k=0}^{4} 1\times 1 = 5,$$

$$<\varphi_0,\varphi_1> = <\varphi_1,\varphi_0> = \sum_{k=0}^{4} 1\cdot x_k = 2.5,$$

$$<\varphi_1,\varphi_1> = \sum_{k=0}^{4} x_k^2 = 1.875,$$

$$<\varphi_0,\varphi_2> = <\varphi_2,\varphi_0> = \sum_{k=0}^{4} x_k^2 = 1.875,$$

$$<\varphi_1,\varphi_2> = <\varphi_2,\varphi_1> = \sum_{k=0}^{4} x_k^3 = 1.5625,$$

$$<\varphi_2,\varphi_2> = \sum_{k=0}^{4} x_k^4 = 1.3828;$$

$$<f,\varphi_0> = \sum_{k=0}^{4} f(x_k) = 8.7680,$$

$$<f,\varphi_1> = \sum_{k=0}^{4} x_k f(x_k) = 5.4514,$$

$$<f,\varphi_2> = \sum_{k=0}^{4} x_k^2 f(x_k) = 4.4015.$$

故法方程为

$$\begin{bmatrix} 5 & 2.5 & 1.875 \\ 2.5 & 1.875 & 1.5625 \\ 1.875 & 1.5625 & 1.3828 \end{bmatrix} \begin{bmatrix} a_0 \\ a_1 \\ a_2 \end{bmatrix} = \begin{bmatrix} 8.7680 \\ 5.4514 \\ 4.4015 \end{bmatrix}.$$

解得

$$a_0^* = 1.0052, a_1^* = 0.8641, a_2^* = 0.8437,$$

故

$$S_2^*(x) = 1.0052 + 0.8641x + 0.8437x^2.$$

其误差平方为

$$\| \delta \|_2^2 = \sum_{k=0}^{4} [S_2^*(x_k) - f(x_k)]^2 = 2.76 \times 10^{-4}.$$

由于 $S_2^*(x)$ 的误差较小，故用 $S_2^*(x)$ 拟合 $y=f(x)$ 较合理.

例 7.15　已知实验数据如下：

x_k	1	2	3	4	5	6	7	8
$y_k=f(x_k)$	15.3	20.5	27.4	36.6	49.1	65.6	87.8	117.6

求问题的最小二乘解.

解 这些点近似在一条指数曲线上,故选择拟合曲线为经验公式 $y=ae^{bx}$.

将经验公式两边取对数得

$$\ln y=\ln a+bx.$$

令 $u=\ln y, a_0=\ln a$,则得直线方程

$$u=a_0+bx.$$

由数据 (x_k,y_k) 计算 (x_k,u_k),得

x_k	1	2	3	4	5	6	7	8
u_k	2.727 85	3.020 42	3.310 54	3.600 04	3.893 85	4.183 57	4.475 06	4.767 28

用上例中第一部分的方法求得 $a_0=2.436\ 85, b=0.291\ 21$,从而 $a=e^{a_0}=11.437$,故

$$y=11.437e^{0.291\ 21x}.$$

注:本段介绍的曲线拟合的最小二乘法与前两段讨论的函数的最佳平方逼近,尽管在形式上有所不同,但在本质上有很多类似之处.

若取 $M=\mathrm{span}\{1,x,x^2,\cdots,x^n\}$,则当 n 较大时,法方程的系数矩阵往往是病态的,应尽量避免. 避免的方法之一,是用正交多项式做最小二乘拟合(见参考文献[2]).

习题 7

A

一、判断题

1. 设 $(l_0(x),l_1(x),\cdots,l_n(x))$ 是区间 $[a,b]$ 上以 $a\leqslant x_0<x_1<\cdots<x_n\leqslant b$ 为节点的 Lagrange 插值基函数,则 $\sum\limits_{k=0}^{n}|l_k(x)|=1.$ ( )

2. 设 $L_n(x)$ 和 $N_n(x)$ 分别是 $f(x)[a,b]$ 上以 $a\leqslant x_0<x_1<\cdots<x_n\leqslant b$ 为节点的 n 次 Lagrange 插值多项式和 Newton 插值多项式，则 $L_n(x)\equiv N_n(x)$.　(　　)

3. 设 $f(x)$ 是 n 次多项式，$x_0,x_1,\cdots,x_n$ 是 $[a,b]$ 上的 $n+1$ 个互异的点，则 $f[x_0,x_1,\cdots,x_n]=0$.　(　　)

4. 设 $f(x)$ 在 $[a,b]$ 上有任意阶导数，则 n 次插值公式的余项 $R_n(x)=\dfrac{f^{(n)}(\xi)}{n!}\omega_n(x)$，$\xi\in(a,b)$ 且与 x 有关.　(　　)

5. 设 $f(x)$ 在 $[a,b]$ 上有三阶导数，$S(x)$ 是 $f(x)$ 的三次样条插值函数，在插值节点处有 $S''(x_k)=f''(x_k)(k=0,1,2,\cdots,n)$.　(　　)

二、填空题

1. 设 $(l_0(x),l_1(x),\cdots,l_n(x))$ 是区间 $[a,b]$ 上以 $a\leqslant x_0<x_1<\cdots<x_n\leqslant b$ 为节点的 Lagrange 插值基函数，则 $\sum\limits_{k=0}^{n}l_k(x)=$ ________，$\sum\limits_{k=0}^{n}l_k(x_k)=$ ________.

2. 填写下表：

x	$f(x)$	一阶差商	二阶差商	三阶差商
4	8			
5	12			
6	18			
8	28			

3. 利用第 2 题的差商表，选节点 $x_0=4,x_1=5,x_2=6$，则 $f(5.8)\approx N_2(5.8)=$ ________，而 $f(5.8)\approx N_3(5.8)=N_2(5.8)+$ ________ $=$ ________.

4. 已知$f(1)=2$,$f(2)=3$,$f'(1)=0$,$f'(2)=-1$. 则满足插值条件的三次插值多项式$H_3(x)=$ ________.

5. 若$S(x)=\begin{cases} x^3, & 0\leqslant x\leqslant 1, \\ \dfrac{1}{2}(x-1)^3+a(x-1)^2+3(x-1)+1, & 1\leqslant x\leqslant 3 \end{cases}$

是$f(x)$在$[0,3]$上以0,1,3为节点的三次样条插值函数,则$a=$ ______.

B

1. 给定函数$f(x)=\sin x$数据如下:

x	0.0	0.1	0.2	0.4
$f(x)$	0.000 0	0.099 8	0.198 7	0.389 4

利用二次 Lagrange 插值公式计算$f(0.15)$的近似值,并估计误差.

2. 给定函数$f(x)$数据如下:

x	76	77	78	79	81	82
$f(x)$	2.832 67	2.902 56	2.978 57	3.061 73	3.255 30	3.369 87

分别用二次和三次 Newton 插值公式计算$f(76.35)$的近似值.

3. 已知函数$y=f(x)$的数值如下:

x	0.00	0.20	0.40	0.60	0.80
y	1.000 0	1.221 4	1.491 8	1.822 1	2.225 5

用三次插值多项式求$f(0.45)$的近似值.

4. 证明:若$f(x)=u(x)v(x)$,则$f[x_0,x_1]=u[x_0]v[x_0,x_1]+u[x_0,x_1]v[x_1]$.

5. 设 $l_k(x)\,(k=0,1,\cdots,n)$ 是以互异的 $x_0,x_1,\cdots,x_n$ 为节点的 Lagrange 插值基函数，证明：

(1) $\sum\limits_{k=0}^{n} x_k^m l_k(x) \equiv x^m, m=0,1,\cdots,n$;

(2) $\sum\limits_{k=0}^{n} (x_k - x)^m l_k(x) \equiv 0, m=1,2,\cdots,n.$

6. 构造一个多项式 $p \in P_4[0,2]$ 使其满足：

$P(0)=f(0)=1,\ P(1)=f(1)=2,\ P(2)=f(2)=1,$

$P'(1)=f'(1)=0,\ P'(2)=f'(2)=-1.$

7. 已知 $f(0.1)=2,\ f(0.2)=4,\ f(0.3)=6$，求函数 $f(x)$ 在所给节点上的三次样条插值函数 $S(x)$，使其满足边界条件：

(1) $S'(0.1)=1,\ S'(0.3)=-1$;

(2) $S''(0.1)=0,\ S''(0.3)=1.$

8. 求函数 $f(x)=\dfrac{1}{x}$ 在区间上 $[1,2]$ 的二次最佳平方逼近多项式 $S_2^*(x)$，并求 $\| f-S_2^* \|_2^2$.

9. 求函数 $f(x)=e^{-x}$ 在区间上 $[1,3]$ 的二次最佳平方逼近多项式 $S_2^*(x)$.

10. 已知一组实验数据如下：

x_k	1	2	3	4	5	6	7
y_k	4	3	2	0	-1	-2	-5

试用二次多项式拟合以上数据，并计算平方误差 $\| \delta \|_2^2$.

第 8 章　数值积分与数值微分

对于定积分

$$I(f)=\int_a^b f(x)\,\mathrm{d}x,$$

若能求出$f(x)$的一个原函数，则可使用 Newton-Leibniz 公式计算之. 但实际上，许多函数$f(x)$的原函数很难求得，有时$f(x)$只是以表格等形式给出而根本就没有解析表示式，从而无法使用 Newton-Leibniz 公式以及基于 Newton-Leibniz 公式的各种方法. 我们只能求$I(f)=\int_a^b f(x)\,\mathrm{d}x$的近似值，本章介绍求其近似值的一种方法——数值积分法.

§8.1　数值求积公式及其代数精度

一、数值求积公式的一般形式

所谓“数值积分法”，是指用被积函数$f(x)$在节点

$$a\leqslant x_0<x_1<\cdots<x_n\leqslant b$$

处的值$f(x_k)$（$k=0,1,\cdots,n$）的带权和（即线性组合）

$$I_n(f)=\sum_{k=0}^{n}A_k f(x_k)\quad（其中 A_k 与 f(x) 无关）$$

作为

$$I(f)=\int_a^b f(x)\,\mathrm{d}x \tag{8.1}$$

的近似值.

称公式

$$\int_a^b f(x)\,\mathrm{d}x \approx \sum_{k=0}^{n} A_k f(x_k) \tag{8.2}$$

为**数值求积公式**，其中 x_k 称为**求积节点**，A_k 称为**求积系数**($k=0,1,\cdots,n$).

注意：求积系数 A_k 与被积函数无关. 式(8.2)是求积公式的一般形式，当取不同节点（个数不同、位置不同）和不同的求积系数时，就得到不同的求积公式.

称

$$R(f) = \int_a^b f(x)\,\mathrm{d}x - \sum_{k=0}^{n} A_k f(x_k) \tag{8.3}$$

为求积公式(8.2)的**余项**或**截断误差**.

二、求积公式的代数精度

不难发现求积公式

$$\int_0^1 f(x)\,\mathrm{d}x \approx \frac{1}{6}f(0) + \frac{2}{3}f\left(\frac{1}{2}\right) + \frac{1}{6}f(1)$$

对于 $f(x)=1$，$f(x)=x$ 和 $f(x)=2x^2$ 都是等式，即用此公式求得的值是积分的准确值，亦即余项 $R(f)=0$.

对于一个求积公式，它对越多的函数准确成立，我们就说它的精度越高. 为了将“精度”概念定量化，我们用代数多项式作为衡量“精度”的标准，就有如下的“代数精度”的概念.

定义 8.1　若求积公式(8.2)对于一切次数不超过 m 的多项式，均为等式（即 $R(f)=0$），而对某个 $m+1$ 次多项式不是等式（即 $R(f)\neq 0$），则称此求积公式具有 m **次代数精度**.

定理 8.1　求积公式(8.2)具有 m 次代数精度的充要条件是当 $f(x)=1,x,x^2,\cdots,x^m$ 时成为等式，而当 $f(x)=x^{m+1}$ 时不是等式.

证　只需证明 $\forall p\in P_m[a,b]$，使求积公式(8.2)是等式即可.

因为 $p(x)=\sum_{i=0}^{m} a_i x^i$，且 $\int_a^b x^i\,\mathrm{d}x = \sum_{k=0}^{n} A_k x_k^i\ (i=0,1,2,\cdots,m)$，所以

$$\int_a^b p(x)\,\mathrm{d}x = \int_a^b \left(\sum_{i=0}^m a_i x^i\right)\mathrm{d}x = \sum_{i=0}^m a_i \int_a^b x^i \mathrm{d}x$$
$$= \sum_{i=0}^m a_i \left(\sum_{k=0}^n A_k x_k^i\right)$$
$$= \sum_{k=0}^n A_k \left(\sum_{i=0}^m a_i x_k^i\right) = \sum_{k=0}^n A_k p(x_k).$$

例 8.1 设有求积公式

$$\int_{-1}^1 f(x)\,\mathrm{d}x \approx f\left(\frac{-1}{\sqrt{3}}\right) + f\left(\frac{1}{\sqrt{3}}\right),$$

求其代数精度 m.

解 当 $f(x)=1$ 时，$\int_{-1}^1 1\mathrm{d}x = 2$,

$$f\left(\frac{-1}{\sqrt{3}}\right) + f\left(\frac{1}{\sqrt{3}}\right) = 1+1=2,$$

左边 = 右边；

当 $f(x)=x$ 时，$\int_{-1}^1 x\mathrm{d}x = 0$，$f\left(\frac{-1}{\sqrt{3}}\right) + f\left(\frac{1}{\sqrt{3}}\right) = \frac{-1}{\sqrt{3}} + \frac{1}{\sqrt{3}} = 0$,

左边 = 右边；

当 $f(x)=x^2$ 时，$\int_{-1}^1 x^2\mathrm{d}x = \frac{2}{3}$，$f\left(\frac{-1}{\sqrt{3}}\right) + f\left(\frac{1}{\sqrt{3}}\right) = \left(\frac{-1}{\sqrt{3}}\right)^2 + \left(\frac{1}{\sqrt{3}}\right)^2 = \frac{2}{3}$,

左边 = 右边；

当 $f(x)=x^3$ 时，$\int_{-1}^1 x^3\mathrm{d}x = 0$，$f\left(\frac{-1}{\sqrt{3}}\right) + f\left(\frac{1}{\sqrt{3}}\right) = \left(\frac{-1}{\sqrt{3}}\right)^3 + \left(\frac{1}{\sqrt{3}}\right)^3 = 0$,

左边 = 右边；

至此可知，$m \geqslant 3$.

当 $f(x)=x^4$ 时，$\int_{-1}^1 x^4\mathrm{d}x = \frac{2}{5}$，$f\left(\frac{-1}{\sqrt{3}}\right) + f\left(\frac{1}{\sqrt{3}}\right) = \frac{1}{9} + \frac{1}{9} = \frac{2}{9}$,

左边 ≠ 右边，故其代数精度 $m=3$.

例 8.2 设有求积公式

$$\int_0^4 f(x)\,\mathrm{d}x \approx A_0 f(0) + \frac{8}{3} f(x_1) + A_2 f(4),$$

试确定其中的待定参数 A_0, x_1 及 A_2,使其具有尽可能高的代数精度,并求其代数精度.

解　令公式对于 $f(x)=1, x, x^2$ 成为等式,得

$$\begin{cases} A_0 + \dfrac{8}{3} + A_2 = 4, \\ \dfrac{8}{3}x_1 + 4A_2 = 8, \\ \dfrac{8}{3}x_1^2 + 16A_2 = \dfrac{64}{3}, \end{cases}$$

解之得 $A_0 = A_2 = \dfrac{2}{3}$, $x_1 = 2$,即求积公式为

$$\int_0^4 f(x)\,\mathrm{d}x \approx \frac{2}{3} f(0) + \frac{8}{3} f(2) + \frac{2}{3} f(4).$$

当 $f(x) = x^3$ 时, $\int_0^4 x^3 \mathrm{d}x = 64 = \dfrac{2}{3} f(0) + \dfrac{8}{3} f(2) + \dfrac{2}{3} f(4)$;

当 $f(x) = x^4$ 时, $\int_0^4 x^4 \mathrm{d}x = \dfrac{1\,024}{5} \neq \dfrac{2}{3} f(0) + \dfrac{8}{3} f(2) + \dfrac{2}{3} f(4) = \dfrac{640}{3}$;

所以,此求积公式的代数精度为 3.

§8.2　Newton-Cotes 公式

一、插值型求积公式及其余项

1. 插值型求积公式

利用被积函数 $f(x)$ 在节点 x_k ($a \leqslant x_0 < x_1 < \cdots < x_n \leqslant b$) 处的值 $f(x_k)$ ($k=0,1,\cdots,n$) 构造 n 次插值多项式

$$L_n(x) = \sum_{k=0}^{n} l_k(x) f(x_k),$$

并以 $L_n(x)\approx f(x)$ 得

$$\int_a^b f(x)\,\mathrm{d}x \approx \int_a^b L_n(x)\,\mathrm{d}x = \int_a^b \Big[\sum_{k=0}^{n} l_k(x) f(x_k)\Big]\mathrm{d}x$$

$$= \sum_{k=0}^{n}\Big(\int_a^b l_k(x)\,\mathrm{d}x\Big) f(x_k).$$

因为

$$A_k = \int_a^b l_k(x)\,\mathrm{d}x \quad (k=0,1,\cdots,n) \tag{8.4}$$

是与被积函数 $f(x)$ 无关(仅与节点 x_k 有关)的常数,故得一个数值积分公式

$$\int_a^b f(x)\,\mathrm{d}x \approx \sum_{k=0}^{n} A_k f(x_k).$$

定义 8.2 求积系数 A_k 由式(8.4)确定的求积公式 $\int_a^b f(x)\,\mathrm{d}x \approx \sum_{k=0}^{n} A_k f(x_k)$,称为**插值型求积公式**.

注意,全体($n+1$ 个)求积系数之和等于积分区间的长度,即

$$\sum_{k=0}^{n} A_k = \sum_{k=0}^{n}\int_a^b l_k(x)\,\mathrm{d}x = \int_a^b\Big[\sum_{k=0}^{n} l_k(x)\Big]\mathrm{d}x = \int_a^b 1\,\mathrm{d}x = b-a.$$

2. 插值型求积公式的余项

因为当 $f^{(n+1)}(x)$ 存在时,插值余项

$$R_n(x) = f(x) - L_n(x) = \frac{f^{(n+1)}(\xi)}{(n+1)!}\omega_{n+1}(x),$$

其中 $\xi\in(a,b)$ 且与 x 有关,故数值积分公式的余项

$$R(f) = \int_a^b [f(x) - L_n(x)]\,\mathrm{d}x = \int_a^b \frac{f^{(n+1)}(\xi)}{(n+1)!}\omega_{n+1}(x)\,\mathrm{d}x, \tag{8.5}$$

其中 $\xi\in(a,b)$ 且与 x 有关.

定理 8.2 $n+1$ 个求积节点的插值型求积公式的代数精度至少为 n.

证 由余项公式(8.5)立即可得.

由此,取 $f(x)\equiv 1$ 也可得 $\sum_{k=0}^{n} A_k = b-a$.

二、Newton-Cotes 公式

1. Cotes 系数与 Newton-Cotes 公式

将区间$[a,b]$ n 等分，令 $h=\dfrac{b-a}{n}$（称为步长），取等距节点

$$x_k=a+kh\,(k=0,1,2,\cdots,n)\ (\text{注意 } x_0=a, x_n=b),$$

作被积函数 $f(x)$ 的 n 次 Lagrange 插值多项式

$$L_n(x)=\sum_{k=0}^{n} l_k(x)f(x_k),$$

其中
$$l_k(x)=\prod_{\substack{i=0\\ i\neq k}}^{n}\frac{x-x_i}{x_k-x_i}=\prod_{\substack{i=0\\ i\neq k}}^{n}\frac{x-(a+ih)}{a(k-i)}.$$

此时，求积系数

$$A_k=\int_a^b l_k(x)\,\mathrm{d}x=\int_a^b\left(\prod_{\substack{i=0\\ i\neq k}}^{n}\frac{x-(a+ih)}{h(k-i)}\right)\mathrm{d}x\,(k=0,1,\cdots,n).$$

作变换 $x=a+th$，$t\in[0,n]$，则 $x-(a+kh)=h(t-i)$，$\mathrm{d}x=h\mathrm{d}t$，

当 $x=a$ 时 $t=0$，当 $x=b$ 时 $t=n$，故

$$\begin{aligned}A_k&=\int_a^b l_k(x)\,\mathrm{d}x=h\int_0^n\left(\prod_{\substack{i=0\\ i\neq k}}^{n}\frac{t-i}{k-i}\right)\mathrm{d}t\\&=\frac{(-1)^{n-k}h}{k!\,(n-k)!}\int_0^n\left(\prod_{\substack{i=0\\ i\neq k}}^{n}(t-i)\right)\mathrm{d}t\\&=\frac{(b-a)(-1)^{n-k}}{k!\,(n-k)!\,n}\int_0^n t(t-1)\cdots(t-k+1)(t-k-1)\cdots(t-n)\,\mathrm{d}t\\&\qquad(k=0,1,\cdots,n).\end{aligned}$$

若记

$$C_k^{(n)}=\frac{(-1)^{n-k}}{k!\,(n-k)!\,n}\int_0^n t\,(t-1)\cdots(t-k+1)(t-k-1)\cdots(t-n)\,\mathrm{d}t\quad(k=0,1,\cdots,n),\tag{8.6}$$

则 $A_k=(b-a)C_k^{(n)}\,(k=0,1,\cdots,n)$，故插值型求积公式成为

$$\int_a^b f(x)\mathrm{d}x \approx (b-a)\sum_{k=0}^{n} C_k^{(n)} f(x_k), \tag{8.7}$$

称 $C_k^{(n)}$ 为 **Cotes 系数**，称求积公式(8.7)为 **Newton-Cotes 公式**.

2. Cotes 系数的性质

由公式(8.6)知，Cotes 系数与被积函数和积分区间均无关，只与求积节点的个数有关，因此它可用来计算任意有界闭区间上任意函数的定积分的近似值. 表 8.1 列出了 $n=1\sim 8$ 时的 Cotes 系数.

表 8.1

n	$C_k^{(n)}$								
1	$\frac{1}{2}$	$\frac{1}{2}$							
2	$\frac{1}{6}$	$\frac{4}{6}$	$\frac{1}{6}$						
3	$\frac{1}{8}$	$\frac{3}{8}$	$\frac{3}{8}$	$\frac{1}{8}$					
4	$\frac{7}{90}$	$\frac{32}{90}$	$\frac{12}{90}$	$\frac{32}{90}$	$\frac{7}{90}$				
5	$\frac{19}{288}$	$\frac{75}{288}$	$\frac{50}{288}$	$\frac{50}{288}$	$\frac{75}{288}$	$\frac{19}{288}$			
6	$\frac{41}{840}$	$\frac{216}{840}$	$\frac{27}{840}$	$\frac{272}{840}$	$\frac{27}{840}$	$\frac{216}{840}$	$\frac{41}{840}$		
7	$\frac{751}{17\,280}$	$\frac{3\,577}{17\,280}$	$\frac{1\,323}{17\,280}$	$\frac{2\,989}{17\,280}$	$\frac{2\,989}{17\,280}$	$\frac{1\,323}{17\,280}$	$\frac{3\,577}{17\,280}$	$\frac{751}{17\,280}$	
8	$\frac{989}{28\,350}$	$\frac{5\,888}{28\,350}$	$\frac{-982}{28\,350}$	$\frac{10\,496}{28\,350}$	$\frac{-4\,540}{28\,350}$	$\frac{10\,496}{28\,350}$	$\frac{-982}{28\,350}$	$\frac{5\,888}{28\,350}$	$\frac{989}{28\,350}$

下面的定理给出了 Cotes 系数的一些重要性质.

定理 8.3 Cotes 系数满足下列关系式：

(1) $\sum_{k=0}^{n} C_k^{(n)} = 1$； (2) $C_{n-k}^{(n)} = C_k^{(n)}\ (k=0,1,\cdots,n)$.

证 (1) 因为 $\sum_{k=0}^{n} A_k = \sum_{k=0}^{n} (b-a)C_k^{(n)} = b-a$，所以 $\sum_{k=0}^{n} C_k^{(n)} = 1$.

(2) $C_{n-k}^{(n)}=\dfrac{(-1)^{n-(n-k)}}{(n-k)!\ k!\ n}\displaystyle\int_0^n\prod_{\substack{j=0\\j\neq n-k}}^{n}(t-j)\,\mathrm{d}t$

$$=\frac{(-1)^{k}}{(n-k)!\ k!\ n}\int_0^n\prod_{\substack{i=0\\j\neq n-k}}^{n}(t-j)\,\mathrm{d}t,$$

令 $t=n-s,\mathrm{d}t=-\mathrm{d}s$,当 $t=0$ 时 $s=n,t=n$ 时 $s=0$,故

$$C_{n-k}^{(n)}=\frac{(-1)^{k+n}}{(n-k)!\ k!\ n}\int_0^n\prod_{\substack{j=0\\j\neq n-k}}^{n}[s-(n-j)]\,\mathrm{d}s$$

$$=\frac{(-1)^{n-k}}{(n-k)!\ k!\ n}\int_0^n\prod_{\substack{i=0\\i\neq k}}^{n}(s-i)\,\mathrm{d}s=C_k^{(n)}\ (k=0,1,\cdots,n).$$

此外,当 $n\leqslant 7$ 时,所有的 Cotes 系数都是正的.

3. 几个常用的 Newton-Cotes 公式

1)梯形公式

当 $n=1$ 时,节点为 $x_0=a,x_1=b$;Cotes 系数为 $C_0^{(1)}=C_1^{(1)}=\dfrac{1}{2}$;

Newton-Cotes 公式成为

$$\int_a^b f(x)\,\mathrm{d}x\approx\frac{b-a}{2}[f(a)+f(b)]\overset{\text{记为}}{=\!=}T,\tag{8.8}$$

称为**梯形公式**. 其代数精度 $m=1$,余项公式为

$$R_T=-\frac{(b-a)^3}{12}f''(\eta)\ (\eta\in[a,b]).\tag{8.9}$$

2)Simpson 公式

当 $n=2$ 时,节点为 $x_0=a,x_1=\dfrac{a+b}{2},x_2=b$;Cotes 系数为 $C_0^{(2)}=\dfrac{1}{6}$,

$C_1^{(2)}=\dfrac{4}{6},C_2^{(2)}=\dfrac{1}{6}$;Newton-Cotes 公式成为

$$\int_a^b f(x)\,\mathrm{d}x\approx\frac{b-a}{6}\left[f(a)+4f\left(\frac{a+b}{2}\right)+f(b)\right]\overset{\text{记为}}{=\!=}S,\tag{8.10}$$

称为 **Simpson 公式或抛物线公式**. 其代数精度 $m=3$,余项公式为

$$R_S=-\frac{1}{90}\left(\frac{b-a}{2}\right)^5 f^{(4)}(\eta)\ (\eta\in[a,b]).\tag{8.11}$$

3) Cotes 公式

当 $n=4$ 时,节点为 $x_k=a+k\cdot\frac{b-a}{4}$ $(k=0,1,2,3,4)$;Cotes 系数为 $C_0^{(4)}=C_4^{(4)}=\frac{7}{90}, C_1^{(4)}=C_3^{(4)}=\frac{32}{90}, C_2^{(4)}=\frac{12}{90}$;Newton-Cotes 公式成为

$$\int_a^b f(x)\,\mathrm{d}x \approx \frac{b-a}{90}[7f(x_0)+32f(x_1)+12f(x_2)+32f(x_3)+7f(x_4)] \xlongequal{\text{记为}} C, \tag{8.12}$$

称为 **Cotes 公式**. 其代数精度 $m=5$,余项公式为

$$R_C=-\frac{2(b-a)}{945}\left(\frac{b-a}{4}\right)^6 f^{(6)}(\eta)\ (\eta\in[a,b]). \tag{8.13}$$

定理 8.4 当 n 为偶数时,$n+1$ 个求积节点的 Newton-Cotes 公式的代数精度至少为 $n+1$(即至少等于节点的个数).(证明从略.)

由于 $n\geqslant 8$ 时 $C_k^{(n)}$ $(k=0,1,\cdots,n)$ 不同号(有正有负),稳定性①得不到保证,故一般不采用 $n\geqslant 8$ 的 Newton-Cotes 公式.

§8.3 复化求积法

一、复化求积公式

1. 复化求积法

如前所述,多节点的 Newton-Cotes 公式不宜采用. 而当积分区间长度较大时,少节点的 Newton-Cotes 公式(比如梯形公式、Simpson 公式)的截断误差则比较大.

为了减少求积公式的误差,将积分区间 $[a,b]$ 等分为 n 个子区间 $[x_k,x_{k+1}]$ $(k=0,1,2,\cdots,n-1)$, $h=\frac{b-a}{n}$. 在每个子区间 $[x_k,x_{k+1}]$

① 关于"稳定性"概念及有关结论请见参考文献[1].

上,使用低阶的 Newton-Cotes 公式求出 $f(x)$ 在该子区间上的积分的近似值 $I_k(k=0,1,2,\cdots,n-1)$, 再将它们相加得

$$I_n(f)=\sum_{k=0}^{n-1} I_k,$$

根据定积分对积分区间的可加性,得

$$\int_a^b f(x)\,\mathrm{d}x=\sum_{k=0}^{n-1}\int_{x_k}^{x_{k+1}} f(x)\,\mathrm{d}x\approx\sum_{k=0}^{n-1} I_k=I_n(f).$$

这种求积分近似值的方法称为**复化求积法**.

2. 几种常用的复化求积公式

(1)复化梯形公式及其余项. 在每个 $[x_k,x_{k+1}]$ 上使用梯形公式,得

$$\begin{aligned}\int_a^b f(x)\,\mathrm{d}x&\approx\sum_{k=0}^{n-1}\frac{h}{2}[f(x_k)+f(x_{k+1})]\\&=\frac{h}{2}\Big[f(a)+2\sum_{k=1}^{n-1} f(x_k)+f(b)\Big],\end{aligned}\tag{8.14}$$

称之为**复化梯形公式**. 通常记

$$T_n=\frac{h}{2}\Big[f(a)+2\sum_{k=1}^{n-1} f(x_k)+f(b)\Big].\tag{8.15}$$

可以证明(参考文献[1]),当 $f\in C^2[a,b]$ 时,复化梯形公式的余项为

$$R_T(f)=\int_a^b f(x)\,\mathrm{d}x-T_n=-\frac{b-a}{12}h^2 f''(\eta),\eta\in[a,b].\tag{8.16}$$

(2)复化 Simpson 公式. 在每个 $[x_k,x_{k+1}]$ 上使用 Simpson 公式 $\left(\text{记子区间的中点为 } x_{k+\frac{1}{2}}=a+\left(k+\frac{1}{2}\right)h\right)$,得

$$\begin{aligned}\int_a^b f(x)\,\mathrm{d}x&\approx\sum_{k=0}^{n-1}\frac{h}{6}[f(x_k)+4f(x_{k+\frac{1}{2}})+f(x_{k+1})]\\&=\frac{h}{6}\Big[f(a)+2\sum_{k=1}^{n-1} f(x_k)+4\sum_{k=0}^{n-1} f(x_{k+\frac{1}{2}})+f(b)\Big],\end{aligned}\tag{8.17}$$

称之为**复化 Simpson 公式**. 通常记

$$S_n=\frac{h}{6}\left[f(a)+2\sum_{k=1}^{n-1}f(x_k)+4\sum_{k=0}^{n-1}f(x_{k+\frac{1}{2}})+f(b)\right].\tag{8.18}$$

可以证明,当$f\in C^4[a,b]$时,复化 Simpson 公式的余项为

$$R_S(f)=\int_a^b f(x)\mathrm{d}x-S_n=-\frac{b-a}{180}\left(\frac{h}{2}\right)^4 f^{(4)}(\eta),\eta\in[a,b].\tag{8.19}$$

(3)在每个$[x_k,x_{k+1}]$上使用 Cotes 公式(子区间的内分点分别为$x_{k+\frac{1}{4}},x_{k+\frac{1}{2}},x_{k+\frac{3}{4}}$),得

$$\begin{aligned}\int_a^b f(x)\mathrm{d}x&\approx\sum_{k=0}^{n-1}\frac{h}{90}[7f(x_k)+32f(x_{k+\frac{1}{4}})+12f(x_{k+\frac{1}{2}})\\&\quad+32f(x_{k+\frac{3}{4}})+7f(x_{k+1})]\\&=\frac{h}{90}\Big[7f(a)+14\sum_{k=1}^{n-1}f(x_k)+32\sum_{k=0}^{n-1}f(x_{k+\frac{1}{4}})\\&\quad+12\sum_{k=0}^{n-1}f(x_{k+\frac{1}{2}})+32\sum_{k=0}^{n-1}f(x_{k+\frac{3}{4}})+7f(b)\Big],\end{aligned}\tag{8.20}$$

称之为**复化 Cotes 公式**. 通常记

$$\begin{aligned}C_n=\frac{h}{90}\Big[&7f(a)+14\sum_{k=1}^{n-1}f(x_k)+32\sum_{k=0}^{n-1}f(x_{k+\frac{1}{4}})\\&+12\sum_{k=0}^{n-1}f(x_{k+\frac{1}{2}})+32\sum_{k=0}^{n-1}f(x_{k+\frac{3}{4}})+7f(b)\Big].\end{aligned}\tag{8.21}$$

可以证明,当$f\in C^6[a,b]$时,复化 Cotes 公式的余项为

$$R_C(f)=\int_a^b f(x)\mathrm{d}x-C_n=-\frac{2(b-a)}{945}\left(\frac{h}{4}\right)^6 f^{(6)}(\eta),\eta\in[a,b].\tag{8.22}$$

例 8.3 设$I=\int_0^1\frac{4}{1+x^2}\mathrm{d}x$.

(1)取$n=8$,利用复化梯形公式计算I的近似值(结果保留至小数点后第 6 位);

(2)取 $n=4$,利用复化 Simpson 公式计算 I 的近似值(结果保留至小数点后第 6 位).

解　(1)$h=\frac{1}{8}$,节点坐标依次为 $0,\frac{1}{8},\frac{1}{4},\frac{3}{8},\frac{1}{2},\frac{5}{8},\frac{3}{4},\frac{7}{8},1$;故

$$I\approx T_8=\frac{\frac{1}{8}}{2}\left\{f(0)+2\left[f\left(\frac{1}{8}\right)+f\left(\frac{1}{4}\right)+f\left(\frac{3}{8}\right)+f\left(\frac{1}{2}\right)+f\left(\frac{5}{8}\right)+f\left(\frac{3}{4}\right)+f\left(\frac{7}{8}\right)\right]+f(1)\right\}$$
$$=3.138\ 988.$$

(2)$h=\frac{1}{4}$,节点坐标依次为 $0,\frac{1}{4},\frac{1}{2},\frac{3}{4},1$;它们的中点分别为 $\frac{1}{8},\frac{3}{8},\frac{5}{8},\frac{7}{8}$. 采用 Simpson 公式计算时,使用的还是这 9 个点的函数值;故

$$I\approx S_4=\frac{\frac{1}{4}}{6}\left[f(0)+2\sum_{k=1}^{3}f(x_k)+4\sum_{k=0}^{3}f(x_{k+\frac{1}{2}})+f(1)\right]$$
$$=\frac{1}{24}\left\{f(0)+2\left[f\left(\frac{1}{4}\right)+f\left(\frac{1}{2}\right)+f\left(\frac{3}{4}\right)\right]+4\left[f\left(\frac{1}{8}\right)+f\left(\frac{3}{8}\right)+f\left(\frac{5}{8}\right)+f\left(\frac{7}{8}\right)\right]+f(1)\right\}$$
$$=3.141\ 593.$$

上述两种方法的计算量基本相同(均要计算 9 个点处的函数值),但将所得结果与积分的准确值($\pi=3.141\ 592\ 65\cdots$)比较便知,S_4 要比 T_8 精确得多.

二、变步长求积公式

1. 变步长求积法

在复化求积法中步长必须事先确定. 从理论上讲,可以根据求积余项进行先验估计,但实际上,由于余项公式中含有被积函数的导函数(其最大值难以估计)而变得很困难,在被积函数的解析表达式未知的情况下更是不可能的. 为解决这一矛盾,人们采用变步长(将步长逐次减半)的方法.

设将区间$[a,b]$ n 等分, $h=\dfrac{b-a}{n}$;使用某个复化求积公式计算出积分的近似值 I_n.

将步长减半$\left(h^{(1)}=\dfrac{h}{2}=\dfrac{b-a}{2n}\right)$,即将区间$[a,b]$ $2n$ 等分,亦即将每个子区间$[x_k,x_{k+1}]$对分一次,仍使用该复化求积公式计算出积分的近似值 I_{2n}.

若对于事先给定的允许误差限 $\varepsilon>0$,有 $|I_{2n}-I_n|\leqslant\varepsilon$,则以 I_{2n} 作为积分的近似值即可;否则,再将步长减半进行计算……直到相邻两次近似值之差的绝对值不超过 $\varepsilon>0$ 时,终止计算,以最后一次的计算结果作为积分的近似值. 这种方法称为**变步长求积法**.

为便于编制计算程序,通常将区间$[a,b]$的等分数依次取为(2^k)

$$2^0=1,2^1=2,\ 2^2=4,\ 2^3=8,\ 2^4=16,\cdots,$$

并用

$$|I_{2^k}-I_{2^{k-1}}|\leqslant\varepsilon$$

控制对分次数(理由见后). 当满足上述要求时,终止计算,取

$$\int_a^b f(x)\,\mathrm{d}x\approx I_{2^k};$$

否则再对分进行计算.

2. 变步长的梯形公式

对于积分

$$I(f)=\int_a^b f(x)\,\mathrm{d}x,$$

将区间$[a,b]$等分为 n 个子区间$[x_k,x_{k+1}]$，步长 $h=\frac{b-a}{n}$，节点为 $x_k=a+kh(k=0,1,2,\cdots,n)$. 在每个子区间$[x_k,x_{k+1}]$上使用梯形公式，由复化求积法得(需要用到 $n+1$ 个点处的函数值)

$$T_n=\frac{h}{2}\sum_{k=0}^{n-1}[f(x_k)+f(x_{k+1})].$$

现将步长 h 减半$\left(记\ h'=\frac{h}{2}\right)$，即将每个子区间$[x_k,x_{k+1}]$对分成两个子区间$[x_k,x_{k+\frac{1}{2}}]$和$[x_{k+\frac{1}{2}},x_{k+1}]$，在对分后的每个子区间上使用梯形公式，并相加得

$$\begin{aligned}T_{2n}&=\sum_{k=0}^{n-1}\left(\frac{h'}{2}[f(x_k)+f(x_{k+\frac{1}{2}})]+\frac{h'}{2}[f(x_{k+\frac{1}{2}})+f(x_{k+1})]\right)\\&=\frac{h}{4}\sum_{k=0}^{n-1}[f(x_k)+2f(x_{k+\frac{1}{2}})+f(x_{k+1})]\\&=\frac{h}{4}\sum_{k=0}^{n-1}[f(x_k)+f(x_{k+1})]+\frac{h}{2}\sum_{k=0}^{n-1}f(x_{k+\frac{1}{2}}).\end{aligned}$$

由此得 T_{2n}与 T_n 之间的关系式

$$T_{2n}=\frac{T_n}{2}+\frac{h}{2}\sum_{k=0}^{n-1}f(x_{k+\frac{1}{2}})=\frac{T_n}{2}+\frac{b-a}{2n}\sum_{k=0}^{n-1}f(x_{k+\frac{1}{2}}).\qquad(8.23)$$

公式(8.23)称为**变步长的梯形公式**.

值得注意的是：在求 T_{2n}时，前面已算出的结果 T_n 仍可以利用，只需对增加的 n 个中点 $x_{k+\frac{1}{2}}$进行计算$(k=0,1,2,\cdots,n-1)$即可.

由余项公式(8.16)知

$$I-T_n=-\frac{b-a}{12}h^2f''(\eta_1),\eta_1\in[a,b],$$

$$I-T_{2n}=-\frac{b-a}{12}\left(\frac{h}{2}\right)^2f''(\eta_2),\eta_2\in[a,b].$$

当$f''(x)$在$[a,b]$上变化不大时，$f''(\eta_1)\approx f''(\eta_2)$，于是得

$$\frac{I-T_{2n}}{I-T_n}\approx\frac{1}{4},$$

即对分后计算结果的误差大约为对分前的$\frac{1}{4}$. 在上式中解出 I 得

$$I\approx T_{2n}+\frac{1}{3}(T_{2n}-T_n),$$

这表明当取 $I\approx T_{2n}$时,截断误差约为$\frac{1}{3}(T_{2n}-T_n)$,故当 $|T_{2n}-T_n|\leqslant\varepsilon$ 时,可终止计算.

例 8.4 用变步长的梯形公式计算积分 $I=\int_0^1\frac{\sin x}{x}\mathrm{d}x$ 的近似值,使误差不超过10^{-7}.

解 对被积函数$f(x)=\frac{\sin x}{x}$补充定义 $f(0)=1$,则 $f(x)$ 在$[0,1]$上连续,故可积.

$$T_{2^0}=T_1=\frac{1}{2}[f(0)+f(1)]=\frac{1}{2}[1+\sin 1]\approx 0.920\ 735\ 5,$$

$$T_{2^1}=T_2=\frac{T_1}{2}+\frac{1}{2}f\left(\frac{1}{2}\right)\approx\frac{1}{2}\left[0.920\ 735\ 5+\frac{\sin 0.5}{0.5}\right]\approx 0.939\ 793\ 3,$$

$$T_{2^2}=T_4=\frac{T_2}{2}+\frac{1}{4}\left[f\left(\frac{1}{4}\right)+f\left(\frac{3}{4}\right)\right]\approx 0.944\ 513\ 5,$$

$$T_{2^3}=T_8=\frac{T_4}{2}+\frac{1}{8}\left[f\left(\frac{1}{8}\right)+f\left(\frac{3}{8}\right)+f\left(\frac{5}{8}\right)+f\left(\frac{7}{8}\right)\right]\approx 0.945\ 690\ 9,$$

……

$$T_{2^9}=T_{512}\approx 0.946\ 083\ 0,\ T_{2^{10}}=T_{1\ 024}\approx 0.946\ 083\ 1.$$

因为 $|T_{2^{10}}-T_{2^9}|\leqslant 10^{-7}$,所以取$\int_0^1\frac{\sin x}{x}\mathrm{d}x\approx 0.946\ 083\ 1$.

3. 关于变步长的 Simpson 公式和 Cotes 公式

可类似地推导出关于变步长的 Simpson 公式和 Cotes 公式,不过通常并不直接使用,故不具体给出. 但是,对分前后计算结果的误差的比较却是重要的.

假设$f^{(4)}(x)$在$[a,b]$上变化不大时,由余项公式(8.19)可得

$$\frac{I-S_{2n}}{I-S_n}\approx\frac{1}{16},$$

即对分后计算结果的误差大约为对分前的$\frac{1}{16}$. 在上式中解出I得

$$I\approx S_{2n}+\frac{1}{15}(S_{2n}-S_n),$$

这表明当取$I\approx S_{2n}$时,截断误差约为$\frac{1}{15}(S_{2n}-S_n)$,故当$|S_{2n}-S_n|\leqslant\varepsilon$时,可终止计算.

假设$f^{(6)}(x)$在$[a,b]$上变化不大时,由余项公式(8.22)可得

$$\frac{I-C_{2n}}{I-C_n}\approx\frac{1}{64},$$

即对分后计算结果的误差大约为对分前的$\frac{1}{64}$. 在上式中解出I得

$$I\approx C_{2n}+\frac{1}{63}(C_{2n}-C_n),$$

这表明当取$I\approx C_{2n}$时,截断误差约为$\frac{1}{63}(C_{2n}-C_n)$,故当$|C_{2n}-C_n|\leqslant\varepsilon$时,可终止计算.

§8.4　Romberg 算法与 Gauss 型求积公式

Romberg 算法是利用变步长的梯形求积序列(T_{2^k}),经过逐步加速而逼近积分真值的一种算法.

一、变步长求积公式之间的关系

1. (S_{2^k})与(T_{2^k})的关系

在公式$I\approx T_{2n}+\frac{1}{3}(T_{2n}-T_n)$中,我们以$T_{2n}$作为$I$的近似值,而

$\frac{1}{3}(T_{2n}-T_n)$是误差. 设想就以 $T_{2n}+\frac{1}{3}(T_{2n}-T_n)=\frac{4}{3}T_{2n}-\frac{1}{3}T_n$ 作为 I 的近似值,会不会更精确? 事实正是如此,因为

$$\begin{aligned}\frac{4}{3}T_{2n}-\frac{1}{3}T_n &=\frac{4}{3}\left[\frac{T_n}{2}+\frac{h}{2}\sum_{k=0}^{n-1}f(x_{k+\frac{1}{2}})\right]-\frac{1}{3}T_n\\ &=\frac{T_n}{3}+\frac{h}{6}\cdot 4\sum_{k=0}^{n-1}f(x_{k+\frac{1}{2}})\\ &=\frac{h}{3\times 2}\left[f(a)+2\sum_{k=1}^{n-1}f(x_k)+f(b)\right]\\ &\quad+\frac{h}{6}\cdot 4\sum_{k=0}^{n-1}f(x_{k+\frac{1}{2}})\\ &=\frac{h}{6}\left[f(a)+2\sum_{k=1}^{n-1}f(x_k)+4\sum_{k=0}^{n-1}f(x_{k+\frac{1}{2}})+f(b)\right]\\ &=S_n.\end{aligned}$$

而 $S_n\approx I$ 比 $T_{2n}\approx I$ 要精确得多(见例 8.3). 这就是说,既不以 T_n 作为积分的近似值,也不以 T_{2n}作为积分的近似值,而是以 T_{2n}和 T_n 的线性组合$\frac{4}{3}T_{2n}-\frac{1}{3}T_n$ 作为积分的近似值,其效果要好得多.

注意到,在求出了 T_n 与 T_{2n}之后,通过关系

$$S_n=\frac{4}{3}T_{2n}-\frac{1}{3}T_n=\frac{4T_{2n}-T_n}{4-1}\tag{8.24}$$

计算 S_n 要比直接用复化 Simpson 公式计算 S_n 的计算量小得多. 因此,可以利用比较“粗糙”的梯形序列经过作线性组合得到较为精确的 Simpson 序列.

2. (C_{2^k})与(S_{2^k})的关系

类似地,若以 $S_{2n}+\frac{1}{15}(S_{2n}-S_n)=\frac{16}{15}S_{2n}-\frac{1}{15}S_n$ 作为积分的近似值,要比用 S_{2n}的精确度更高,因为容易验证

$$\frac{16}{15}S_{2n}-\frac{1}{15}S_n=C_n,$$

即只要对 S_{2n} 和 S_n 作一个线性组合,就可得到精度比 S_{2n} 和 S_n 高得多的近似值 C_n.

同样,在计算出了 S_n 与 S_{2n} 之后,因精度达不到要求而需计算 C_n 时,利用关系

$$C_n = \frac{16}{15}S_{2n} - \frac{1}{15}S_n = \frac{4^2 S_{2n} - S_n}{4^2 - 1} \tag{8.25}$$

计算要比直接使用复化 Cotes 公式的计算量小得多. 故通常也是由 Simpson 序列 (S_{2^k}) 利用公式(8.25)得到 (C_{2^k}).

二、Romberg 算法

1. Romberg 序列

若记 $T_n = I_n^{(0)}, S_n = I_n^{(1)}, C_n = I_n^{(2)}$,则式(8.24)和式(8.25)可统一写为

$$I_n^{(m)} = \frac{4^m I_{2n}^{(m-1)} - I_n^{(m-1)}}{4^m - 1},\ n = 1, 2, 4, \cdots, 2^k, \cdots.$$

我们可以沿此途径继续进行,会得到收敛更快的近似值序列.

当取 $m = 3$ 时,得

$$I_n^{(3)} = \frac{4^3 I_{2n}^{(2)} - I_n^{(2)}}{4^3 - 1} = \frac{64C_{2n} - C_n}{63} \xlongequal{\text{记为}} R_n, \tag{8.26}$$

通常将 C_{2n} 和 C_n 的这个线性组合 R_n 称为积分 I 的 **Romberg 值**. 当 $n = 1, 2, 4, \cdots, 2^k, \cdots$ 时,得到一个近似值序列 (R_{2^k}),称之为 **Romberg 序列**.

2. Romberg 算法

根据公式(8.24)、(8.25)和(8.26),从梯形序列 (T_{2^k})(用变步长的梯形公式得到)出发,逐次求得 Simpson 序列 (S_{2^k})、Cotes 序列 (C_{2^k})、Romberg 序列 (R_{2^k}). 还可以继续进行下去,但由于所得到的新的近似值序列与原序列差别很小,故通常只到 Romberg 序列 (R_{2^k}) 为止. 当 $|R_{2^k} - R_{2^{k-1}}| \leqslant \varepsilon$ 时,即可终止计算,取 $I \approx R_{2^k}$. 这种求积分近似值的方

法称为 **Romberg 算法**.

Romberg 算法可按表 8.2 所列步骤进行计算.

表 8.2

k	T_{2^k}	$S_{2^{k-1}}$	$C_{2^{k-2}}$	$R_{2^{k-3}}$
0	①T_1			
1	②T_2	③S_1		
2	④T_4	⑤S_2	⑥C_1	
3	⑦T_8	⑧S_4	⑨C_2	⑩R_1
⋮	⋮	⋮	⋮	⋮

例 8.5 用 Romberg 算法解例 8.4.

解 用梯形公式计算

$$T_{2^0}=T_1=\frac{1}{2}[f(0)+f(1)]=\frac{1}{2}[1+\sin 1]\approx 0.920\ 735\ 5;$$

用步长逐次减半法计算

$$T_{2^1}=T_2=\frac{T_1}{2}+\frac{1}{2}f\left(\frac{1}{2}\right)\approx\frac{1}{2}\left[0.920\ 735\ 5+\frac{\sin 0.5}{0.5}\right]$$
$$\approx 0.939\ 793\ 3,$$

$$T_{2^2}=T_4=\frac{T_2}{2}+\frac{1}{4}\left[f\left(\frac{1}{4}\right)+f\left(\frac{3}{4}\right)\right]\approx 0.944\ 513\ 5,$$

$$T_{2^3}=T_8=\frac{T_4}{2}+\frac{1}{8}\left[f\left(\frac{1}{8}\right)+f\left(\frac{3}{8}\right)+f\left(\frac{5}{8}\right)+f\left(\frac{7}{8}\right)\right]\approx 0.945\ 690\ 9,$$

$$T_{2^4}=T_{16}=\frac{T_8}{2}+\frac{1}{16}\left[f\left(\frac{1}{16}\right)+f\left(\frac{3}{16}\right)+f\left(\frac{5}{16}\right)+f\left(\frac{7}{16}\right)\right.$$
$$\left.+f\left(\frac{9}{16}\right)+f\left(\frac{11}{16}\right)+f\left(\frac{13}{16}\right)+f\left(\frac{15}{16}\right)\right]$$
$$\approx 0.945\ 985\ 0.$$

再用 Romberg 算法进行加工(作线性组合),计算结果列于表 8.3:

表 8.3

k	T_{2^k}	$S_{2^{k-1}}$	$C_{2^{k-2}}$	$R_{2^{k-3}}$
0	0.920 735 5			
1	0.939 793 3	0.946 145 9		
2	0.944 513 5	0.946 086 9	0.946 083 0	
3	0.945 690 9	0.946 083 4	0.946 083 1	0.946 083 1
4	0.945 985 0	0.946 083 0	0.946 083 0	0.946 083 0

所以$\int_0^1 \frac{\sin x}{x}\mathrm{d}x \approx 0.946\ 083\ 0$.

与例 8.4 的方法比较，这里只用到了 T_1, T_2, T_4, T_8 和 T_{16}（即只对分 4 次），经过逐次加速至 R_2，便得到所要的结果，计算量大为减少. 因此，Romberg 算法是计算积分的有效方法.

三、Gauss 型求积公式简介

1. 求积公式的最高代数精度

Romberg 算法的缺点在于，每将区间对分后，就要计算被积函数 $f(x)$ 在新增节点处的值，而这些值的个数则是成倍增加的. 是否存在代数精度很高但所需计算的函数值又少的数值积分公式呢？回答是肯定的. 例 8.1 中的公式

$$\int_{-1}^{1} f(x)\mathrm{d}x \approx f\left(\frac{-1}{\sqrt{3}}\right) + f\left(\frac{1}{\sqrt{3}}\right)$$

就是这样的求积公式. 它只涉及被积函数在 2 个点的值，但却具有 3 次代数精度. 也就是说，$n+1$ 个求积节点的（插值型）求积公式的代数精度可以达到 $2n+1$ 次，只不过要适当选取求积节点及求积系数罢了.

容易证明：$n+1$ 个求积节点的（插值型）求积公式

$$\int_a^b f(x)\mathrm{d}x \approx \sum_{k=0}^{n} A_k f(x_k) \tag{8.2}$$

的代数精度最高是 $2n+1$ 次. 这只需验证式（8.2）对于 $2n+2$ 次多项

式 $\omega_{n+1}^2(x)=\left(\prod\limits_{k=0}^{n}(x-x_k)\right)^2$ 不成为等式即可.

事实上,因为连续函数 $\omega_{n+1}^2(x)\geqslant 0$ 且不恒为零,故(8.2)的左端

$$\int_a^b f(x)\,\mathrm{d}x=\int_a^b \omega_{n+1}^2(x)\,\mathrm{d}x>0,$$

而其右端

$$\sum_{k=0}^{n} A_k f(x_k)=\sum_{k=0}^{n} A_k \omega_{n+1}^2(x_k)=0.$$

一般带权函数 $\rho(x)$ 的插值型求积公式为

$$\int_a^b \rho(x)f(x)\,\mathrm{d}x\approx\sum_{k=0}^{n} A_k f(x_k), \tag{8.27}$$

其中 $\rho(x)\geqslant 0$ 为权函数. 若 $\rho(x)=1$ 时, 即为式(8.2).

2. Gauss 型求积公式

定义 8.3 若求积公式(8.27)具有 $2n+1$ 次代数精度,则称其为 **Gauss 型求积公式**,其求积节点 $x_k(k=0,1,2,\cdots,n)$ 称为 **Gauss 点**.

求积公式 $\int_{-1}^{1} f(x)\,\mathrm{d}x\approx f\left(\frac{-1}{\sqrt{3}}\right)+f\left(\frac{1}{\sqrt{3}}\right)$ 就是(二点)Gauss 型求积公式,Gauss 点为 $x_0=-\frac{1}{\sqrt{3}}\approx-0.577\,350\,3$,$x_1=\frac{1}{\sqrt{3}}\approx 0.577\,350\,3$;求积系数 $A_0=A_1=1$.

3. Gauss 点和求积系数的确定

求积公式(8.27)是否为 Gauss 型求积公式,取决于求积节点的选择.

定理 8.5 求积公式(8.27)为 Gauss 型求积公式的充分必要条件是求积节点是积分区间上带权函数 $\rho(x)$ 的正交多项式系 $\{P_n(x)\}$ 中 $n+1$ 次多项式 $P_{n+1}(x)$ 的 $n+1$ 个零点.(证明从略)

1)待定参数法

例 8.6 推证求积公式 $\int_{-1}^{1} f(x)\,\mathrm{d}x\approx f\left(\frac{-1}{\sqrt{3}}\right)+f\left(\frac{1}{\sqrt{3}}\right)$,即确定求积公

式

$$\int_{-1}^{1} f(x)\,dx \approx A_0 f(x_0) + A_1 f(x_1)$$

中的参数 x_0, x_1 和 A_0, A_1，使其具有尽可能高的代数精度.

解　因为有 4 个参数要定，故令公式 $\int_{-1}^{1} f(x)\,dx \approx A_0 f(x_0) + A_1 f(x_1)$ 对于 $f(x) = 1, x, x^2, x^3$ 准确成立，于是得到下面的非线性方程组

$$\begin{cases} A_0 + A_1 = 2, & (1) \\ A_0 x_0 + A_1 x_1 = 0, & (2) \\ A_0 x_0^2 + A_1 x_1^2 = \dfrac{2}{3}, & (3) \\ A_0 x_0^3 + A_1 x_1^3 = 0. & (4) \end{cases}$$

由(2)、(4)易知 $x_1 = -x_0$，代入(2)得 $A_0 - A_1 = 0$，与(1)联立解得 $A_0 = A_1 = 1$，再由(4)得 $x_0 = -\frac{1}{\sqrt{3}}$（注意 $x_0 < x_1$），于是 $x_1 = -x_0 = \frac{1}{\sqrt{3}}$. 所以求积公式为

$$\int_{-1}^{1} f(x)\,dx \approx f\left(\frac{-1}{\sqrt{3}}\right) + f\left(\frac{1}{\sqrt{3}}\right).$$

显然，其代数精度为 3.

2）正交多项式法

待定参数法需要解 $2n+2$ 个未知量的非线性方程组，这是非常困难的，当 n 较大时是不可能的. 由定理 8.5 可利用区间 $[a,b]$ 上的 $n+1$ 次正交多项式 $P_{n+1}(x)$ 确定 Gauss 点，然后利用 Gauss 点确定求积系数. 定理 8.5 的推导过程比较复杂，此处从略. 读者可通过查表得到 Gauss 点及其确定的求积系数，便可得到计算积分近似值所需的 Gauss 型求积公式.

4. Gauss-Legendre 求积公式及其应用举例

在区间 $[-1,1]$ 上，利用 Legendre 多项所得到的求积公式，通常称

为 **Gauss-Legendre 求积公式**.

例 8.7 求三点 Gauss-Legendre 求积公式

解 3 阶 Legendre 多项式 $p_3(x)=\frac{1}{2}(5x^3-3x)$ 的零点 $x_{1,2}=\pm\sqrt{\frac{3}{5}}, x_3=0$ 即 Gauss 点. 令求积公式

$$\int_{-1}^{1} f(x)\,dx \approx A_0 f\left(-\sqrt{\frac{3}{5}}\right)+A_1 f(0)+A_2 f\left(\sqrt{\frac{3}{5}}\right)$$

对于 $f(x)=1,x,x^2$ 是等式,得

$$\begin{cases} A_0+A_1+A_2=2, \\ -\sqrt{\frac{3}{5}}A_0+\sqrt{\frac{3}{5}}A_2=0, \\ \frac{3}{5}A_0+\frac{3}{5}A_2=\frac{2}{3}. \end{cases}$$

解之得 $A_0=A_2=\frac{5}{9}, A_1=\frac{8}{9}$(表 8.4 给出的是近似值),于是三点 Gauss-Legendre 求积公式为

$$\int_{-1}^{1} f(x)\,dx \approx \frac{5}{9}f\left(-\sqrt{\frac{3}{5}}\right)+\frac{8}{9}f(0)+\frac{5}{9}f\left(\sqrt{\frac{3}{5}}\right),$$

其代数精度 $m=5$.

一般地,$n+1$ 个节点的 Gauss-Legendre 求积公式的系数

$$A_k=\int_{-1}^{1}\frac{p_{n+1}(x)}{(x-x_k)p'_{n+1}(x_k)}dx, \text{或 } A_k=\frac{2}{(1-x_k^2)[p'_{n+1}(x_k)]^2},$$

其中 x_k 为第 k 个 Gauss 点(即 $p_{n+1}(x)$ 的第 k 个零点),

$$k=0,1,2,\cdots,n.$$

表 8.4 给出了 $n=0\sim4$,即一点、二点、三点、四点和五点的 Gauss-Legendre 求积公式的 Gauss 点和求积系数,供查阅使用.

表 8.4

n	x_k	A_k
0	0.000 000 0	2.000 000 0
1	±0.577 350 3	1.000 000 0
2	±0.774 596 7 0.000 000 0	0.555 555 6 0.888 888 9
3	±0.861 136 3 ±0.339 881 0	0.347 854 8 0.652 145 2
4	±0.906 179 8 ±0.536 489 3 0.000 000 0	0.236 926 9 0.476 728 7 0.568 888 9

Gauss-Legendre 求积公式不仅可以用来计算在区间$[-1,1]$上的定积分,而且对任意区间$[a,b]$上的定积分都适用,这只要作一个简单的变换即可将$\int_a^b f(x)\,\mathrm{d}x$ 化为$[-1,1]$上定积分.

令

$$x=\frac{b-a}{2}t+\frac{b+a}{2},$$

则 $t\in[-1,1]$,故

$$\int_a^b f(x)\,\mathrm{d}x=\frac{b-a}{2}\int_{-1}^1 f\left(\frac{b-a}{2}t+\frac{b+a}{2}\right)\mathrm{d}t=\frac{b-a}{2}\int_{-1}^1 g(t)\,\mathrm{d}t.$$

例 8.8　用三点 Gauss-Legendre 求积公式求

$$\int_0^1\frac{\sin x}{x}\mathrm{d}x$$

的近似值.

解　由表 8.4,三点 Gauss-Legendre 求积公式为

$$\int_{-1}^1 f(x)\,\mathrm{d}x\approx 0.5555556f(-0.774\,596\,7)+0.8888889f(0)$$
$$+0.5555556f(0.774\,596\,7).$$

令 $x=\frac{1}{2}t+\frac{1}{2}$,则

$$\int_0^1 \frac{\sin x}{x}\mathrm{d}x = \frac{1}{2}\int_{-1}^1 \frac{\sin\frac{t+1}{2}}{\frac{t+1}{2}}\mathrm{d}t = \int_{-1}^1 \frac{\sin\frac{t+1}{2}}{t+1}\mathrm{d}t$$

$$\approx 0.5555556\left[\frac{\sin\frac{1}{2}(-0.774\ 596\ 7+1)}{-0.774\ 596\ 7+1}\right]$$

$$+0.8888889\sin\frac{1}{2}$$

$$+0.5555556\left[\frac{\sin\frac{1}{2}(0.774\ 596\ 7+1)}{0.774\ 596\ 7+1}\right]$$

$$\approx 0.946\ 083\ 1.$$

这里只用到被积函数在三个节点处的值，就得到与例 8.4 和例 8.5 具有相同精度的近似值，计算量减少了很多. 这是 Gauss 型求积公式具有高精度的必然结果.

定理 8.6 设 $f\in C^{2n+2}[a,b]$，则 Gauss 型求积公式(8.27)的余项为

$$R(f) = \int_a^b \rho(x)f(x)\mathrm{d}x - \sum_{k=0}^{n} A_k f(x_k)$$
$$= \frac{f^{(2n+2)}(\eta)}{(2n+2)!}\int_a^b \rho(x)\omega_{n+1}^2(x)\mathrm{d}x, \eta\in(a,b). \qquad (8.28)$$

证明从略.

容易证明：Gauss 型求积公式的求积系数均为正数. Gauss 型求积公式是稳定且收敛的. 相关证明见参考文献[1].

§8.5 数值微分简介

已知函数在若干个点处的值，求其导数近似值的问题，称为数值微分问题. 这一节介绍数值微分的一种方法——利用函数的插值多项式求其导数的近似值. 本书重点是推导几个在下一章会用到的数值微分

公式.

一、插值型求导公式

1. 插值型求导公式的建立

已知函数 $y=f(x)$ 在区间 $[a,b]$ 上 $n+1$ 个点处的值如下：

x_k	x_0	x_1	x_2	…	x_n
$y_k=f(x_k)$	$f(x_0)$	$f(x_1)$	$f(x_2)$	…	$f(x_n)$

构造 $f(x)$ 的 n 次 Lagrange 插值多项式

$$L_n(x)=\sum_{k=0}^{n}\left(\prod_{\substack{i=0\\ i\neq k}}^{n}\frac{x-x_i}{x_k-x_i}\right)f(x_k),$$

则 $f(x)\approx L_n(x)$. 于是两边求导，得

$$f'(x)\approx L_n'(x), \tag{8.29}$$

及

$$f^{(m)}(x)\approx L_n^{(m)}(x),m=2,3,\cdots. \tag{8.30}$$

称它们为插值型求导公式或**数值微分公式**.

2. 插值型求导公式的余项

要特别注意的是：即使 $L_n(x)$ 与 $f(x)$ 近似程度很好，它们的导函数 $L_n'(x)$ 与 $f'(x)$ 在某些点上的差别却可能很大，故在使用数值微分公式时，要特别注意误差分析（高阶导数更是如此）. 通常将插值型求导公式写成

$$f'(x)=L_n'(x)+R$$

的形式（带余项的形式），其中 R 是数值微分公式(8.29)的余项.

由 Lagrange 插值多项式的余项

$$R_n(x)=f(x)-L_n(x)=\frac{f^{(n+1)}(\xi)}{(n+1)!}\omega_{n+1}(x),$$

其中 $\xi\in(a,b)$ 且与 x 有关，得

$$R=f'(x)-L_n'(x)$$
$$=\frac{f^{(n+1)}(\xi)}{(n+1)!}\omega_{n+1}'(x)+\frac{\omega_{n+1}(x)}{(n+1)!}\frac{\mathrm{d}}{\mathrm{d}x}[f^{(n+1)}(\xi)].\qquad(8.31)$$

由于ξ与x的具体关系并不知道,因此误差的第二项很难估计. 但若讨论的是插值节点$x_k(k=0,1,2,\cdots,n)$的导数,就要简单得多. 因为$\omega_{n+1}(x_k)=0$,故第二项为零,即此时余项为

$$R=\frac{f^{(n+1)}(\xi)}{(n+1)!}\omega_{n+1}'(x_k)=\frac{f^{(n+1)}(\xi)}{(n+1)!}\prod_{\substack{j=0\\j\neq k}}^{n}(x_k-x_j),\qquad(8.32)$$

其中$\xi\in(a,b)$且与x_k有关.

二、两点数值微分公式和三点数值微分公式

下面在等距节点情况下,求节点处的导数近似值.

1. 两点数值微分公式

当$n=1$时,节点只有两个x_0和x_1,函数值为$f(x_0)$和$f(x_1)$. 由此得线性插值多项式

$$L_1(x)=\frac{x-x_1}{x_0-x_1}f(x_0)+\frac{x-x_0}{x_1-x_0}f(x_1),$$

若记$h=x_1-x_0$,则上式可写为

$$L_1(x)=\frac{1}{h}[f(x_0)(x_1-x)+f(x_1)(x-x_0)],$$

两边对x求导得

$$L_1'(x)=\frac{1}{h}[f(x_1)-f(x_0)].$$

在式(8.32)中,取$n=1,a=x_0,b=x_1$得

$$R=\frac{f''(\xi)}{2!}[(x-x_0)+(x-x_1)]\quad(\xi\in(x_0,x_1)\text{且与}x\text{有关}).$$

于是在$x=x_0$和$x=x_1$两点有

$$\begin{cases} f'(x_0)=\dfrac{f(x_1)-f(x_0)}{h}-\dfrac{h}{2}f''(\xi), \quad \xi\in(x_0,x_1), & (8.33) \\ f'(x_1)=\dfrac{f(x_1)-f(x_0)}{h}+\dfrac{h}{2}f''(\xi), \quad \xi\in(x_0,x_1). & (8.34) \end{cases}$$

上两式为两点数值微分公式. 当$f''(x)$在$[x_0,x_1]$上有界时,可写为

$$f'(x_0)=f'(x_1)=\frac{f(x_1)-f(x_0)}{h}+O(h), \tag{8.35}$$

即若以差商$\dfrac{f(x_1)-f(x_0)}{h}$近似代替导数$f'(x_0)$和$f'(x_1)$,则截断误差为$O(h)$(与h同阶).

2. 三点数值微分公式

两点数值微分公式的精度很差,为了提高近似程度,可使用下面的三点数值微分公式.

当$n=2$时,三个节点为$x_0,x_1=x_0+h,x_2=x_0+2h$(h为步长),函数值为$f(x_0),f(x_1),f(x_2)$. 二次插值多项式为

$$\begin{aligned} L_2(x)&=\frac{(x-x_1)(x-x_2)}{(x_0-x_1)(x_0-x_2)}f(x_0)+\frac{(x-x_0)(x-x_2)}{(x_1-x_0)(x_1-x_2)}f(x_1) \\ &\quad+\frac{(x-x_0)(x-x_1)}{(x_2-x_0)(x_2-x_1)}f(x_2) \\ &=\frac{x^2-(x_1+x_2)x+x_1x_2}{2h^2}f(x_0)-\frac{x^2-(x_0+x_2)x+x_0x_2}{h^2}f(x_1) \\ &\quad+\frac{x^2-(x_0+x_1)x+x_0x_1}{2h^2}f(x_2). \end{aligned}$$

两边对x求导得

$$L_2'(x)=\frac{2x-x_1-x_2}{2h^2}f(x_0)-\frac{2x-x_0-x_2}{h^2}f(x_1)+\frac{2x-x_0-x_1}{2h^2}f(x_2). \tag{8.36}$$

令$x=x_0,x_1,x_2$得

$$L_2'(x_0)=\frac{1}{2h}[-3f(x_0)+4f(x_1)-f(x_2)],$$

$$L_2'(x_1)=\frac{1}{2h}[-f(x_0)+f(x_2)],$$

$$L_2'(x_2)=\frac{1}{2h}[f(x_0)-4f(x_1)+3f(x_2)].$$

在余项公式(8.32)中取 $n=2$,分别令 $x=x_0,x_1,x_2$ 得

$$R_{x_0}=\frac{h^2}{3}f'''(\xi)\ (\xi\in(x_0,x_2)),$$

$$R_{x_1}=-\frac{h^2}{6}f'''(\xi)\ (\xi\in(x_0,x_2)),$$

$$R_{x_2}=\frac{h^2}{3}f'''(\xi)\ (\xi\in(x_0,x_2));$$

故三点(一阶)数值微分公式为

$$\begin{cases} f'(x_0)=\frac{1}{2h}[-3f(x_0)+4f(x_1)-f(x_2)]+\frac{h^2}{3}f'''(\xi), & (8.37)\\ f'(x_1)=\frac{1}{2h}[-f(x_0)+f(x_2)]-\frac{h^2}{6}f'''(\xi), & (8.38)\\ f'(x_2)=\frac{1}{2h}[f(x_0)-4f(x_1)+3f(x_2)]+\frac{h^2}{3}f'''(\xi). & (8.39)\end{cases}$$

当 $f'''(x)$ 在 $[x_0,x_2]$ 上有界时,三点的截断误差均为 $O(h^2)$(与 h^2 同阶).

3. 三点二阶数值微分公式

将(8.36)再对 x 求导得

$$L_2''(x)=\frac{1}{h^2}[f(x_0)-2f(x_1)+f(x_2)]\qquad(\text{常数}),$$

还可证明当 $f^{(4)}(x)$ 在 $[x_0,x_2]$ 上有界时,在中点 x_1 处的截断误差为 $O(h^2)$,故有

$$f''(x_1)=\frac{1}{h^2}[f(x_0)-2f(x_1)+f(x_2)]+O(h^2).\qquad(8.40)$$

习题 8

A

一、判断题

1. $n+1$ 个求积节点的插值型求积公式的代数精度 m 满足不等式 $n \leqslant m \leqslant 2n+1$.　(　　)

2. 设 $A_k(k=0,1,2,\cdots,n)$ 是区间 $[a,b]$ 上的插值型求积公式的求积系数,则 $\sum_{k=0}^{n} A_k = 1$.　(　　)

3. 因为求积公式 $\int_{-1}^{1} f(x)\,dx \approx f\left(-\frac{1}{\sqrt{3}}\right) + f\left(\frac{1}{\sqrt{3}}\right)$,当 $f(x) = x^5$ 时 $R(f) = 0$,故其代数精度至少是 5.　(　　)

4. 奇数个求积节点的 Newton-Cotes 公式的代数精度至少等于节点的个数.　(　　)

5. Cotes 系数 $C_k^{(n)}$ 只与求积节点的个数有关,而与被积函数和积分区间均无关.　(　　)

6. $n+1$ 个求积节点的 Gauss 型求积公式的代数精度为 $2n+1$.　(　　)

7. Gauss 型求积公式的求积系数均大于零.　(　　)

二、填空题

1. 设 $C_k^{(n)}$ 是 Cotes 系数,则 $\sum_{k=0}^{n} C_k^{(n)} =$ ______.

2. 已知 Newton-Cotes 公式 $\int_a^b f(x)\,dx \approx (b-a)\sum_{k=0}^{3} C_k^{(3)} f(x_k)$ 中的 $C_0^{(3)} = \frac{1}{8}$,则 $C_1^{(3)} =$ ______, $C_2^{(3)} =$ ______, $C_3^{(3)} =$ ______.

3. 利用 Romberg 算法填写下表

k	T_{2^k}	S_{2^k}	C_{2^k}	R_{2^k}
0	3.000 000			
1	3.100 000			
2	3.131 176	3.141 593		
3				

4. 已知 Gauss 型求积公式$\int_{-1}^{1}\frac{1}{\sqrt{1-x^2}}f(x)\,\mathrm{d}x\approx\sum_{k=0}^{n}A_kf(x_k)$的 $n+1$ 个系数 $A_k(k=0,1,\cdots,n)$均相等,则 $A_k=$________.

B

1. 确定下列求积公式中的参数,使其代数精度不小于 2 次,并求出所得求积公式的代数精度:

(1)$\int_0^2 f(x)\,\mathrm{d}x\approx A_0f(0)+A_1f(1)+A_2f(2)$;

(2)$\int_{-1}^{1}f(x)\,\mathrm{d}x\approx Af(-1)+Bf(x_1)$.

2. 用复化梯形公式和复化 Simpson 公式计算下列积分:

(1)$\int_0^1\frac{\ln(1+x)}{1+x^2}\mathrm{d}x,n=5$;

(2)$\int_0^{1.2}\sqrt{x}\,\mathrm{e}^x\mathrm{d}x,n=6$;

(3)$\int_{-1}^{1}\mathrm{e}^{x^2}\mathrm{d}x,n=8$.

3. 用 Romberg 算法计算下列积分,要求截断误差不超过 ε:

(1)$\int_0^1\frac{\ln(1+x)}{1+x^2}\mathrm{d}x,\varepsilon=10^{-5}$;

(2)$\int_0^{0.8}\mathrm{e}^{-x^2}\mathrm{d}x,\ \varepsilon=10^{-6}$.

*4. 确定下列 Gauss 型求积公式中待定参数:

(1)$\int_0^1\frac{f(x)}{\sqrt{x}}\mathrm{d}x\approx A_0f(x_0)+A_1f(x_1)$;

(2) $\int_0^1 \ln\frac{1}{x}f(x)\,\mathrm{d}x \approx A_0 f(x_0) + A_0 f(x_1)$.

*5. 用 Gauss-Legendre 求积公式计算下列积分：

(1) $\int_0^1 \mathrm{e}^{x^2}\,\mathrm{d}x, n=3$；

(2) $\int_1^3 \mathrm{e}^x \sin x\,\mathrm{d}x, n=2$.

6. 将计算积分 $\int_a^b f(x)\,\mathrm{d}x$ 的梯形公式 $T=\frac{b-a}{2}[f(a)+f(b)]$ 与中矩形公式 $R=(b-a)f\left(\frac{a+b}{2}\right)$ 作线性组合，导出具有更高代数精度的求积公式，并指出所得求积公式的代数精度.

*7. 试确定待定参数 A,B,C,α，使得数值积分公式

$$\int_{-2}^{2} f(x)\,\mathrm{d}x \approx Af(-\alpha) + Bf(0) + Cf(\alpha)$$

具有尽可能高的代数精度，并指出所得公式的代数精度. 判断它是否为 Gauss 型求积公式.

第 9 章　常微分方程的数值解法

在工程技术领域中经常会遇到常微分方程的定解问题. 除了少数几种类型常微分方程可以像高等数学中那样求出准确解(也称解析解)外,大都只能求其近似解. 数值解法是一种用得最多且能在计算机上实现的近似方法. 本章介绍常微分方程初值问题数值解法的概念以及一些常用方法.

§9.1　常微分方程数值解法概述

在这一节中,我们将以一阶常微分方程初值问题为例,介绍数值解法的一些基本概念.

一、一阶常微分方程初值问题解的存在唯一性

1. 一阶常微分方程初值问题的表示

$$\begin{cases} y' = f(x,y), & a < x \leqslant b, \\ y(a) = y_0. \end{cases} \tag{9.1}$$

其中 $f(x,y)$ 是区域 $D = \{(x,y) \mid x \in [a,b], y \in \mathbb{R}\}$ 上的实值函数.

2. Lipschitz(李普希兹)条件

定义 9.1　若存在常数 $L>0$,使得 $\forall x \in [a,b]$ 及 $\forall y, \tilde{y} \in \mathbb{R}$,恒有

$$|f(x,y) - f(x,\tilde{y})| \leqslant L|y - \tilde{y}|,$$

则称 $f(x,y)$ 在域 D 上关于变量 y 满足 **Lipschitz 条件**,其中 L 称为 Lipschitz 常数.

例如函数 $\sin(x+y)$ 在 $\mathbb{R}^2$ 上关于 y 满足 Lipschitz 条件,因为 $\forall x \in \mathbb{R}$ 及 $\forall y, \tilde{y} \in \mathbb{R}$,恒有 $|\sin(x+y) - \sin(x+\tilde{y})| \leqslant |(x+y) - (x+\tilde{y})| =$

$|y-\tilde{y}|$，此处 $L=1$.

3. 初值问题(9.1)的解的存在唯一性

定理 9.1　若初值问题(9.1)中的 $f(x,y)$ 在域 D 上关于 y 满足 Lipschitz 条件，则 $\forall y_0 \in \mathbb{R}$，初值问题(9.1)在区间 $[a,b]$ 上有唯一解.(证明从略.)

今后总假设初值问题(9.1)存在唯一解. 要解决的问题只是如何求出它的解

$$y=y(x)\ (x\in[a,b]).$$

二、数值解法的基本概念

1. 数值解法的基本思想

对于常微分方程，即使是一阶常微分方程，也只有某些特殊类型的方程(如可分离变量、线性微分方程等)可以求出其准确解(用解析表达式给出的连续函数 $y=y(x)$，又称为**解析解**). 对于工程中所遇到的微分方程往往求不出准确解，只能设法求一个定解问题(微分方程加上定解条件)的近似解. 求近似解的方法有两类：一类是所谓的“近似解析法”，它能给出解 $y=y(x)$ 的近似表达式，如级数解法等；另一类就是我们要介绍的“数值解法”.

建立初值问题(9.1)数值解法的基本思想是将连续型问题(9.1)在一些给定的点(称为**节点**)

$$a=x_0<x_1<\cdots<x_n<x_{n+1}<\cdots<x_N=b$$

上离散化，使之变为一个差分方程(是一个代数方程)的初值问题，解之得(9.1)的解 $y(x)$ 在节点 x_n 处的值 $y(x_n)\ (n=0,1,2,\cdots,N)$ 的近似值

$$y_0,y_1,\cdots,y_n,\cdots,y_N.$$

称 $y_0,y_1,\cdots,y_n,\cdots,y_N$ 为初值问题(9.1)的**数值解**，$h_n=x_{n+1}-x_n$ 称为步长，一般取定步长，即 $h_n=h$，亦即节点是等距的，有 $x_n=x_0+nh\ (n=0,1,2,\cdots,N)$，见图 9.1.

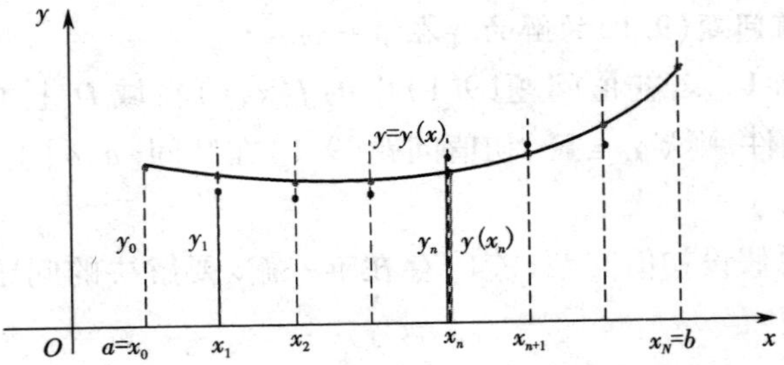

图 9.1

2. 离散化方法——计算格式的建立

基本的离散化方法有三种:数值微分法、数值积分法、Taylor 展开法.

1) 数值微分法

设节点等距分布,即 $x_0=a,x_n=x_0+nh,x_N=b$,在节点 $x_n(n=0,1,\cdots,N-1)$ 处,利用两点数值微分公式

$$y'(x_n)=\frac{y(x_{n+1})-y(x_n)}{h}-\frac{h}{2}y''(\xi_n),\xi_n\in(x_n,x_{n+1}),$$

将初值问题(9.1)中的微分方程化离散为

$$\frac{y(x_{n+1})-y(x_n)}{h}-\frac{h}{2}y''(\xi_n)=f(x_n,y(x_n)),$$

即

$$y(x_{n+1})=y(x_n)+hf(x_n,y(x_n))+\frac{h^2}{2}y''(\xi_n),$$

略去余项 $\frac{h^2}{2}y''(\xi_n)$ 得

$$y(x_{n+1})\approx y(x_n)+hf(x_n,y(x_n))(n=0,1,\cdots,N-1).$$

于是由初始条件 $y(x_0)=y_0$ 可得 $y(x_1)$ 的近似值

$$y_1=y_0+hf(x_0,y_0),$$

以 $y_1\approx y(x_1)$,又可得 $y(x_2)$ 的近似值

$$y_2 = y_1 + hf(x_1, y_1),$$

……

一般地，若已求得 $y(x_n)$ 的近似值 y_n，则以 $y_n \approx y(x_n)$，得 $y(x)$ 在下一个节点 x_{n+1} 处的近似值

$$y_{n+1} = y_n + hf(x_n, y_n)\ (n = 0, 1, \cdots, N-1). \tag{9.2}$$

称这个“步进式”（按节点顺序一步一步向前推进）的计算格式为 **Euler 格式**. 利用 Euler 格式可以求得初值问题(9.1)的数值解 $y_0, y_1, \cdots, y_n, \cdots, y_N$. 这种求数值解的方法称为 **Euler 方法**.

像这样计算 y_{n+1} 时只用到前一步的结果 y_n 的格式，称为单步法公式.

如果采用三点数值微分公式

$$y'(x_n) = \frac{y(x_{n+1}) - y(x_{n-1})}{2h} - \frac{h^2}{6}y'''(\xi_n),\ \xi_n \in (x_{n-1}, x_{n+1})$$

进行离散化，得到的便是两步法公式

$$y_{n+1} = y_{n-1} + 2hf(x_n, y_n)\ (n = 0, 1, \cdots N-1). \tag{9.3}$$

注意：多步法（比如 s 步法）公式需要先用其他方法计算出除 y_0 以外的 $y_1, y_2, \cdots, y_{s-1}$ 才能起步运算.

若格式关于待求的 y_{n+1} 是显式形式，就称为显格式. Euler 方法属于显式单步法，(9.3)的方法属显式两步法.

2）数值积分法

将初值问题(9.1)中的方程在 $[x_n, x_{n+1}]$ 上积分，即

$$\int_{x_n}^{x_{n+1}} y'(x)\,\mathrm{d}x = \int_{x_n}^{x_{n+1}} f(x, y(x))\,\mathrm{d}x$$

得

$$y(x_{n+1}) = y(x_n) + \int_{x_n}^{x_{n+1}} f(x, y(x))\,\mathrm{d}x.$$

一般说来，$\int_{x_n}^{x_{n+1}} f(x, y(x))\,\mathrm{d}x$ 难以求出，多采用数值积分. 采用不同的数值积分公式就会得到不同的计算格式. 比如采用梯形公式(8.8)和(8.9)，有

$$\int_{x_n}^{x_{n+1}} f(x,y(x))\mathrm{d}x = \frac{h}{2}[f(x_n,y(x_n)) + f(x_{n+1},y(x_{n+1}))] - \frac{h^3}{12}f''(\xi_n,y(\xi_n)).$$

于是得

$$y(x_{n+1}) = y(x_n) + \frac{h}{2}[f(x_n,y(x_n)) + f(x_{n+1},y(x_{n+1}))] - \frac{h^3}{12}f''(\xi_n,y(\xi_n)),\xi_n \in (x_n,x_{n+1}).$$

略去余项,得

$$y(x_{n+1}) \approx y(x_n) + \frac{h}{2}[f(x_n,y(x_n)) + f\Big(x_{n+1},y(x_{n+1})\Big)] \quad (n=0,1,\cdots,N-1).$$

从 $y(x_0)=y_0$ 出发,采用步进式方法,可得计算格式

$$y_{n+1} = y_n + \frac{h}{2}[f(x_n,y_n) + f(x_{n+1},y_{n+1})](n=0,1,\cdots,N-1), \tag{9.4}$$

称为**梯形格式**. 梯形格式是一种隐格式. 为了避免从这个隐格式中解出 y_{n+1}(往往要解非线性方程组),可将(9.4)与 Euler 格式联合使用. 将 $y_{n+1} = y_n + hf(x_n,y_n)$代入(9.4)的右端得

$$y_{n+1} = y_n + \frac{h}{2}[f(x_n,y_n) + f\Big(x_{n+1},y_n + hf(x_n,y_n)\Big)] \quad (n=0,1,\cdots,N-1), \tag{9.5}$$

这个格式称为**改进的 Euler 格式**.

例 9.1 设有初值问题

$$\begin{cases} y' = y - \dfrac{2x}{y}, & 0 < x \leqslant 1, \\ y(0) = 1. \end{cases}$$

(1)用 Euler 方法求其数值解,取 $h=0.1$;

(2)用改进的 Euler 方法求其数值解,取 $h=0.1$.

解 (1)解此初值问题的 Euler 格式为

$$\begin{cases} y_{n+1} = y_n + 0.1\left(y_n - \dfrac{2x_n}{y_n}\right), & n = 0,1,\cdots,9, \\ y_0 = 1. \end{cases}$$

即
$$\begin{cases} y_{n+1} = 1.1y_n - \dfrac{0.2x_n}{y_n}, & n = 0,1,\cdots,9, \\ y_0 = 1. \end{cases}$$

表 9.1 列出了计算结果,同时列出了准确解 $y(x) = \sqrt{2x+1}$ 在节点处的值,以资比较.

表 9.1

x_n	0.1	0.2	0.3	0.4	0.5	0.6	0.7	0.8	0.9	1.0
y_n	1.100 0	1.191 8	1.277 4	1.358 2	1.435 1	1.509 0	1.580 3	1.649 8	1.717 8	1.784 8
$y(x_n)$	1.095 4	1.183 2	1.264 9	1.341 6	1.414 2	1.483 2	1.549 2	1.612 5	1.673 3	1.732 1
$y_n - y(x_n)$	0.004 6	0.008 6	0.012 5	0.016 6	0.020 9	0.025 8	0.031 1	0.037 3	0.044 5	0.052 7

由计算结果可知,Euler 方法或者说 Euler 格式的精度较差.

(2)解此初值问题的改进的 Euler 格式为

$$\begin{cases} y_{n+1} = y_n + \dfrac{0.1}{2}\left[y_n - \dfrac{2x_n}{y_n} + y_n + 0.1\left(y_n - \dfrac{2x_n}{y_n}\right) - \dfrac{2x_{n+1}}{y_n + 0.1\left(y_n - \dfrac{2x_n}{y_n}\right)}\right], & n = 0,1,\cdots,9, \\ y_0 = 1. \end{cases}$$

即
$$\begin{cases} y_{n+1} = 1.105y_n - \dfrac{0.11x_n}{y_n} - \dfrac{0.1x_{n+1}}{1.1y_n - \dfrac{0.2x_n}{y_n}}, & n = 0,1,\cdots,9, \\ y_0 = 1. \end{cases}$$

表 9.2 列出了计算结果以及与准确解 $y(x) = \sqrt{2x+1}$ 在节点处的值的比较.

表 9.2

x_n	0.1	0.2	0.3	0.4	0.5	0.6	0.7	0.8	0.9	1.0
y_n	1.096 0	1.184 1	1.266 2	1.343 4	1.416 4	1.486 0	1.552 5	1.615 3	1.678 2	1.737 9
$y(x_n)$	1.095 4	1.183 2	1.264 9	1.341 6	1.414 2	1.483 2	1.549 2	1.612 5	1.673 3	1.732 1
$y_n-y(x_n)$	0.000 6	0.000 9	0.001 3	0.001 8	0.002 2	0.002 8	0.003 3	0.002 8	0.004 9	0.005 8

由本例可见,改进的 Euler 格式较之 Euler 格式的精度有明显提高.

3)Taylor 展开法

假设初值问题(9.1)的解 $y=y(x)$ 在区间 $[a,b]$ 上有连续的 $p+1$ 阶导数,则可将其在节点 x_n 处展为 p 阶 Taylor 公式

$$y(x)=y(x_n)+y'(x_n)(x-x_n)+\frac{y''(x_n)}{2!}(x-x_n)^2+\cdots+\frac{y^{(p)}(x_n)}{p!}(x-x_n)^p+R_n,$$

其中余项

$$R_n=\frac{y^{(p+1)}(\xi_n)}{(p+1)!}(x-x_n)^{p+1}(\xi_n\text{ 介于 }x_n\text{ 与 }x\text{ 之间}).$$

令 $x=x_{n+1}$(注意 $x_{n+1}-x_n=h$),得

$$y(x_{n+1})=y(x_n)+hy'(x_n)+\frac{h^2}{2!}y''(x_n)+\cdots+\frac{h^p}{p!}y^{(p)}(x_n)+\frac{h^{p+1}}{(p+1)!}y^{(p+1)}(\xi_n).$$

又因为 $y'(x)=f(x,y(x))$,故得

$$y(x_{n+1})=y(x_n)+hf(x_n,y(x_n))+\frac{h^2}{2!}f'(x_n,y(x_n))+\cdots+\frac{h^p}{p!}f^{(p-1)}(x_n,y(x_n))+\frac{h^{p+1}}{(p+1)!}y^{(p+1)}(\xi_n),$$

$$(x_n<\xi_n<x_{n+1}).$$

略去余项 $R_n=\frac{h^{p+1}}{(p+1)!}y^{(p+1)}(\xi_n)=O(h^{p+1})$，从 $y(x_0)=y_0$ 出发，采用步进式方法，可得计算格式

$$y_{n+1}=y_n+hf(x_n,y_n)+\frac{h^2}{2!}f'(x_n,y_n)+\cdots+\frac{h^p}{p!}f^{(p-1)}(x_n,y_n)$$

$$(n=0,1,\cdots,N-1).\tag{9.6}$$

公式(9.6)称为 p **阶 Taylor 格式**. 取 $p=1$ 即得 Euler 格式，即 Euler 格式是一阶 Taylor 格式. Taylor 方法是显式单步法.

三、数值方法的截断误差与阶

1. 局部截断误差与整体截断误差

定义 9.2　将节点 x_{n+1} 处解的准确值 $y(x_{n+1})$ 与用某种方法得到数值解 y_{n+1} 之差

$$e_{n+1}=y(x_{n+1})-y_{n+1}$$

称为该方法在节点 x_{n+1} 处的截断误差或**整体截断误差**；

当 $y_0=y(x_0),y_1=y(x_1),\cdots,y_n=y(x_n)$ 时，$y(x_{n+1})$ 与 y_{n+1} 之差

$$\varepsilon_{n+1}=y(x_{n+1})-y_{n+1}$$

称为该方法在节点 x_{n+1} 处的**局部截断误差**.

由定义可知，截断误差是指在计算中没有舍入误差的情况下，由于计算格式本身造成的误差，故又称为**方法误差**. 局部截断误差 ε_{n+1} 仅与在 x_{n+1} 处的这一步的计算有关；而整体截断误差 e_{n+1} 不仅与在 x_{n+1} 处的这一步的计算有关，而且与前面各节点 $x_n,x_{n-1},\cdots,x_1$ 处的计算都有关系.

显然在节点 x_{n+1} 处的局部截断误差要比整体截断误差容易估计，如果能用局部截断误差估计出整体截断误差，则对于确定数值方法的精度非常有益.

2. 数值方法的阶

定义 9.3　若某种数值方法的局部截断误差为 $\varepsilon_{n+1}=O(h^{p+1})$，则

称该方法具有 p **阶精度**,或称其为 p **阶方法(格式)**.

例如 Euler 方法是一阶方法.

事实上　Euler 方法 $y_{n+1}=y_n+hf(x_n,y_n)$,令 $y_n=y(x_n)$,则有

$$y_{n+1}=y(x_n)+hf(x_n,y(x_n)).$$

由 Taylor 公式有

$$y(x_{n+1})=y(x_n)+hy'(x_n)+\frac{h^2}{2!}y''(\xi_n),$$

又因为 $y'(x)=f(x,y(x))$,故得

$$y(x_{n+1})=y(x_n)+hf(x_n,y(x_n))+\frac{h^2}{2!}y''(\xi_n).$$

由 $y(x_{n+1})-y_{n+1}$ 得

$$\varepsilon_{n+1}=O(h^2).$$

即 Euler 方法是一阶方法.

梯形方法(9.4)具有二阶精度, 而 Taylor 格式(9.6)具有 p 阶精度.

§9.2　Runge-Kutta 法

一、Runge-Kutta 法的基本思想

由前分析可知,为了提高计算的精度,应尽量使用高阶的 Taylor 格式. 但当 $p>1$ 时,Taylor 格式(9.6)中不仅含有函数 $f(x,y(x))$,而且含有 $f(x,y(x))$ 对 x 的直到 $p-1$ 阶导数. 也就是说,每一步都要计算 f 在点 (x_n,y_n) 的函数值和导数值,甚至高阶导数值,这在 f 的结构比较复杂时,计算量是非常大的.

为了避免计算导数值和高阶导数值,受数值微分的启发,人们用 f 在若干个点处的函数值的适当线性组合代替在点 (x_n,y_n) 的导数值或高阶导数值,也能收到同样的效果. 这就是 Runge-Kutta 法的基本思

想,其数学表示式为

$$\begin{cases} y_{n+1}=y_n+h\sum\limits_{i=1}^{r}\lambda_iK_i, \\ K_1=f(x_n,y_n), \\ K_i=f(x_n+\alpha_ih,y_n+h\sum\limits_{j=1}^{i-1}\beta_{ij}K_j),i=2,3,\cdots,r, \end{cases} \qquad (9.7)$$

$$(n=0,1,2,\cdots,N-1)$$

适当选择其中的待定参数 $\lambda_i,\alpha_i,\beta_{ij}$,可使显式单步法(9.7)具有较高精度.

二、二阶 Runge-Kutta 格式

当 $r=2$ 时,(9.7)可写为

$$\begin{cases} y_{n+1}=y_n+h(\lambda_1K_1+\lambda_2K_2), \\ K_1=f(x_n,y_n), \\ K_2=f(x_n+\alpha h,y_n+h\beta K_1), \end{cases} \quad (n=0,1,2,\cdots,N-1). \qquad (9.8)$$

若取 $\lambda_1=1,\lambda_2=0$,则它就是 Euler 格式,只有一阶精度. 我们希望通过适当选择参数 $\lambda_1,\lambda_2,\alpha,\beta$,使(9.8)具有 2 阶精度,即局部截断误差为 $O(h^3)$. 因为 2 阶 Taylor 格式

$$y_{n+1}=y_n+hf(x_n,y_n)+\frac{h^2}{2!}f'(x_n,y_n)$$

的局部截断误差也是 $O(h^3)$,故将(9.8)与之比较,可得 $\lambda_1,\lambda_2,\alpha,\beta$ 所满足的方程组(推导过程从略):

$$\begin{cases} \lambda_1+\lambda_2=1, \\ \alpha\lambda_2=\dfrac{1}{2}, \\ \beta\lambda_2=\dfrac{1}{2}. \end{cases}$$

这个含有 4 个未知量、3 个方程的方程组有无穷多组解,每一组 $\lambda_1,\lambda_2,\alpha,\beta$ 都确定一个 2 阶格式,统称为 2 阶 Runge-Kutta 格式.

下面给出几个常用的2阶Runge-Kutta格式.

1. 改进的Euler格式

当取 $\lambda_1=\lambda_2=\frac{1}{2},\alpha=\beta=1$ 时,得

$$\begin{cases}y_{n+1}=y_n+\frac{h}{2}(K_1+K_2),\\K_1=f(x_n,y_n),\\K_2=f(x_n+h,y_n+hK_1),\end{cases}\quad(n=0,1,2,\cdots,N-1).\tag{9.9}$$

这就是前面介绍过的**改进的Euler格式**.

2. 中点格式

当取 $\lambda_1=0,\lambda_2=1,\alpha=\beta=\frac{1}{2}$ 时,得

$$\begin{cases}y_{n+1}=y_n+hK_2,\\K_1=f(x_n,y_n),\\K_2=f\left(x_n+\frac{h}{2},y_n+\frac{h}{2}K_1\right),\end{cases}\quad(n=0,1,2,\cdots,N-1).\tag{9.10}$$

称之为**中点格式**,或变形的Euler格式.

3. Heun格式

当取 $\lambda_1=\frac{1}{4},\lambda_2=\frac{3}{4},\alpha=\beta=\frac{2}{3}$ 时,得

$$\begin{cases}y_{n+1}=y_n+\frac{h}{4}(K_1+3K_2),\\K_1=f(x_n,y_n),\\K_2=f(x_n+\frac{2h}{3},y_n+\frac{2h}{3}K_1),\end{cases}\quad(n=0,1,2,\cdots,N-1).\tag{9.11}$$

称之为**Heun格式**.

类似地,可构造3阶Runge-Kutta格式,此处从略.

三、四阶Runge-Kutta格式

当 $r=4$ 时,(9.7)可写为

$$\begin{cases} y_{n+1}=y_n+h(\lambda_1K_1+\lambda_2K_2+\lambda_3K_3+\lambda_4K_4), \\ K_1=f(x_n,y_n), \\ K_2=f(x_n+\alpha_2h,y_n+h\beta_{21}K_1), \\ K_3=f\Big(x_n+\alpha_3h,y_n+h(\beta_{31}K_1+\beta_{32}K_2)\Big), \\ K_4=f\Big(x_n+\alpha_4h,y_n+h(\beta_{41}K_1+\beta_{42}K_2+\beta_{43}K_3)\Big), \end{cases}$$

$$(n=0,1,2,\cdots,N-1).$$

为使其成为 4 阶格式，将其与 4 阶 Taylor 格式进行比较，得到一个含有 13 个未知量、11 个方程的方程组（具体从略），自然有无限多组解，每一组解都确定一个 4 阶格式，统称为 4 阶 Runge-Kutta 格式.

下面是最常用的一个 4 阶 Runge-Kutta 格式——**标准 Runge-Kutta 格式**：

$$\begin{cases} y_{n+1}=y_n+\frac{h}{6}(K_1+2K_2+2K_3+K_4), \\ K_1=f(x_n,y_n), \\ K_2=f(x_n+\frac{h}{2},y_n+\frac{h}{2}K_1), \\ K_3=f(x_n+\frac{h}{2},y_n+\frac{h}{2}K_2), \\ K_4=f(x_n+h,y_n+hK_3), \end{cases} \quad (n=0,1,2,\cdots,N-1). \tag{9.12}$$

还有下面的 Gill 格式也是经常用到 4 阶 Runge-Kutta 格式：

$$\begin{cases} y_{n+1}=y_n+\dfrac{h}{6}(K_1+(2-\sqrt{2})K_2+(2+\sqrt{2})K_3+K_4), \\ K_1=f(x_n,y_n), \\ K_2=f\left(x_n+\dfrac{h}{2},y_n+\dfrac{h}{2}K_1\right), \\ K_3=f\left(x_n+\dfrac{h}{2},y_n+\dfrac{\sqrt{2}-1}{2}hK_1+\dfrac{2-\sqrt{2}}{2}hK_2\right), \\ K_4=f\left(x_n+h,y_n-\dfrac{\sqrt{2}}{2}hK_2+\dfrac{2+\sqrt{2}}{2}hK_3\right), \end{cases}$$

$$(n=0,1,2,\cdots,N-1). \quad (9.13)$$

例 9.2 设有初值问题

$$\begin{cases} y'=y-\dfrac{2x}{y},0<x\leqslant 1, \\ y(0)=1. \end{cases}$$

(1)用标准 Runge-Kutta 方法求解(取 $h=0.2$);

(2)比较它与改进的 Euler 方法的精度.

解 (1)用标准 Runge-Kutta 方法解此初值问题的计算公式为

$$\begin{cases} y_{n+1}=y_n+\dfrac{0.2}{6}(K_1+2K_2+2K_3+K_4), \\ K_1=y_n-\dfrac{2x_n}{y_n}, \\ K_2=y_n+0.1K_1-\dfrac{2(x_n+0.1)}{y_n+0.1K_1}, \\ K_3=y_n+0.1K_2-\dfrac{2(x_n+0.1)}{y_n+0.1K_2}, \\ K_4=y_n+0.2K_3-\dfrac{2(x_n+0.2)}{y_n+0.2K_3}, \\ y_0=1. \end{cases} \quad (n=0,1,2,3,4);$$

计算结果列于表 9.3.

表 9.3

x_n	y_n	$y(x_n)$	$\lvert y_n - y(x_n)\rvert$
0.2	1.183 2	1.183 2	0.000 0
0.4	1.341 7	1.341 6	0.000 1
0.6	1.483 3	1.483 2	0.000 1
0.8	1.612 5	1.612 5	0.000 0
1.0	1.732 1	1.732 1	0.000 0

(2)取 $h=0.1$ 时的改进的 Euler 方法(见例9.1)和取 $h=0.2$ 时的标准 Runge-Kutta 方法的计算量差不多,但表 9.2 与表 9.3 表明,使用标准 Runge-Kutta 方法所得结果比使用改进的 Euler 方法要精确得多.

需要指出的是,Runge-Kutta 格式是根据 Taylor 格式导出的,而 Taylor 格式含有 f 的直到 $p-1$ 阶导数,这就要求初值问题(9.1)的解具有较好的光滑性. 如果解不存在 4 阶连续导数,则使用标准 Runge-Kutta 方法所得结果可能反而不如使用改进的 Euler 方法所得结果精确.

* §9.3　收敛性与稳定性

我们主要讨论显式单步法的收敛性与稳定性. 其一般形式为

$$y_{n+1}=y_n+h\varphi(x_n,y_n,h), \tag{9.14}$$

其中 $\varphi(x,y,h)$ 称为**增量函数**.

某个数值方法在理论上是否合理,一方面要看其数值解 y_n 是否收敛于原微分方程的精确解 $y(x_n)$,另一方面要讨论的问题是若计算中某一步 y_n 有舍入误差,随着计算的逐步推进,此舍入误差的传播能否得到控制. 前者是方法的收敛性问题,后者是方法的数值稳定性问题,一个不收敛或不稳定的数值方法是毫无实用价值的.

一、收敛性

定义 9.4 对于初值问题(9.1)的一个数值方法,如果对任意固定的节点 $x_n = x_0 + nh$,当 $h \to 0$ 时,都有 $y_n \to y(x_n)$,则称该方法是收敛的.

定理 9.2 对于一个 $p(p \geqslant 1)$ 阶的显式单步法(9.14),若增量函数 $\varphi(x,y,h)$ 在区域 $\Omega = \{(x,y,h) \mid a \leqslant x \leqslant b, y \in \mathbb{R}, 0 < h \leqslant h_0\}$ 上关于 y 满足 Lipschitz 条件,则其整体截断误差为

$$|e_n| \leqslant |e_0| e^{L(b-a)} + \frac{Ch^p}{L}[e^{L(b-a)} - 1],$$

从而当微分方程的初值精确时,该方法收敛,其整体截断误差为

$$e_n = y(x_n) - y_n = O(h^p).$$

此定理的证明从略.

推论 设初值问题(9.1)中函数 $f(x,y)$ 在 D 上关于 y 满足 Lipschitz 条件,则 Runge-Kutta 方法是收敛的.

证明 由定理 9.2,为证明某种方法收敛,只需证明相应的增量函数在 Ω 上关于 y 满足 Lipschitz 条件. 此处仅以标准 Runge-Kutta 法为例加以证明.

标准 Runge-Kutta 方法的增量函数为

$$\varphi(x,y,h) = \frac{1}{6}[K_1(x,y,h) + 2K_2(x,y,h) + 2K_3(x,y,h) + K_4(x,y,h)],$$

其中

$$K_1(x,y,h) = f(x,y),$$

$$K_2(x,y,h) = f\left(x + \frac{h}{2}, y + \frac{h}{2}K_1(x,y,h)\right),$$

$$K_3(x,y,h) = f\left(x + \frac{h}{2}, y + \frac{h}{2}K_2(x,y,h)\right),$$

$$K_4(x,y,h) = f\left(x + h, y + hK_3(x,y,h)\right).$$

由 $f(x,y)$ 在 D 上关于 y 满足 Lipschitz 条件可知,存在常数 $L > 0$,使得在 Ω 上

$$|K_1(x,y,h)-K_1(x,z,h)|\leqslant L|y-z|,$$

$$\begin{aligned}&|K_2(x,y,h)-K_2(x,z,h)|\\&\leqslant L\left|\left[y+\frac{h}{2}K_1(x,y,h)\right]-\left[z+\frac{h}{2}K_1(x,z,h)\right]\right|\\&\leqslant L\left|(y-z)+\frac{h}{2}|K_1(x,y,h)-K_1(x,z,h)|\right|\\&\leqslant L\left(1+\frac{1}{2}hL\right)|y-z|.\end{aligned}$$

类似地,得到

$$\begin{aligned}&|K_3(x,y,h)-K_3(x,z,h)|\\&\leqslant L\left|(y-z)+\frac{h}{2}|K_2(x,y,h)-K_2(x,z,h)|\right|\\&\leqslant L\left(1+\frac{1}{2}hL+\frac{1}{4}h^2L^2\right)|y-z|\\&|K_4(x,y,h)-K_4(x,z,h)|\\&\leqslant L|(y-z)+h|K_3(x,y,h)-K_3(x,z,h)||\\&\leqslant L\left(1+hL+\frac{1}{2}h^2L^2+\frac{1}{4}h^3L^3\right)|y-z|.\end{aligned}$$

从而,在 Ω 上

$$\begin{aligned}&|\varphi(x,y,h)-\varphi(x,z,h)|\\&\leqslant L\left(1+hL+\frac{1}{6}h^2L^2+\frac{1}{24}h^3L^3\right)|y-z|\\&\leqslant L\left(1+h_0L+\frac{1}{6}h_0^2L^2+\frac{1}{24}h_0^3L^3\right)|y-z|.\end{aligned}$$

这表明 $\varphi(x,y,h)$ 在 Ω 上关于 y 满足 Lipschitz 条件,证毕.

二、稳定性

在考察方法的收敛性时,我们总是假定数值方法本身的计算是准确的. 但实际上求解差分方程时是按节点逐次进行的,若某一步计算有误差(例如由于数据四舍五入引起),此误差必然传播下去,若计算格式不能有效地控制误差的传播,将会使得数值解失去可靠性. 所以研究方法的稳定性也是非常必要的. 下面介绍绝对稳定性的概念.

设问题(9.1)在节点 x_n 处的数值解为 y_n(此为理论值),而实际计算时得到其近似值记为$\widetilde{y_n}$(以下称为计算值),称差值 $\delta_n=\widetilde{y_n}-y_n$ 为在节点 x_n 处的数值解的扰动(或摄动). 若某种数值方法在节点 x_n 处的数值解 y_n 上产生了大小为 δ_n 的扰动($\delta_n\neq 0$),即使以后的计算过程都是精确地进行的,由 δ_n 也会引起以后各节点处的数值解产生扰动. 如果由每个节点 x_n 处数值解的扰动 δ_n 引起下一个节点 x_{n+1}处数值解的扰动 δ_{n+1}都满足

$$|\delta_{n+1}|\leqslant|\delta_n|,$$

则由任一节点 x_m 处数值解的扰动 δ_m 引起以后各节点 x_n 处数值解的扰动 δ_n 都满足

$$|\delta_n|\leqslant|\delta_m|,\quad m=n+1,n+2,\cdots,N,$$

即扰动的传播得到控制. 因此有以下定义.

定义 9.5 若某种数值方法求问题(9.1)的数值解时, 由任一节点 x_n 处的数值解的扰动 δ_n 引起下一个节点 x_{n+1}处数值解的扰动 δ_{n+1}都满足

$$|\delta_{n+1}|\leqslant|\delta_n|,$$

则称该方法是**绝对稳定的**.

数值方法的绝对稳定性,通常用试验方程

$$y'=\lambda y \tag{9.15}$$

来讨论,其中 $\lambda<0$ 为常数. 选择此方程的理由,一是它比较简单,容易做出判断;二是一般初值问题(9.1)的方程可以局部线性化为这种形式. 事实上,在点(x_n,y_n)的某邻域,有

$$f(x,y)=f(x_n,y_n)+(x-x_n)\left.\frac{\partial f}{\partial x}\right|_{(x_n,y_n)}+(y-y_n)\left.\frac{\partial y}{\partial y}\right|_{(x_n,y_n)}+\cdots,$$

略去高阶项,并令

$$\lambda=\left.\frac{\partial f}{\partial x}\right|_{(x_n,y_n)},$$

代入式(9.1)的方程,得到

$$y' = \lambda y + f(x_n, y_n) + (x - x_n)\frac{\partial f}{\partial x}\bigg|_{(x_n,y_n)} - \lambda y_n, \tag{9.16}$$

若 $\lambda \neq 0$,作变换

$$z = y + \frac{1}{\lambda}\left[f(x_n, y_n) + \left(x - x_n + \frac{1}{\lambda}\right)\frac{\partial f}{\partial x}\bigg|_{(x_n,y_n)} - \lambda y_n\right],$$

方程(9.16)化为

$$z' = \lambda z$$

从而成为(9.15)的形式.

例 9.3 讨论 Euler 方法的绝对稳定性.

解 对于方程(9.15),Euler 格式为

$$y_{n+1} = (1 + h\lambda) y_n.$$

设 y_n 有扰动 δ_n 变为 $\widetilde{y_n} = y_n + \delta_n$,由此引起 y_{n+1} 有扰动 δ_{n+1} 变为 $\widetilde{y_{n+1}}$,则

$$\widetilde{y_{n+1}} = (1 + h\lambda)\widetilde{y_n}.$$

于是

$$\delta_{n+1} = (1 + h\lambda)\delta_n.$$

欲使 $|\delta_{n+1}| \leqslant |\delta_n|$,只需

$$|1 + h\lambda| \leqslant 1$$

因此,当

$$0 < h \leqslant -\frac{2}{\lambda}$$

时,Euler 方法是绝对稳定的.

例 9.4 研究改进的 Euler 格式的绝对稳定性.

解 由式(9.10)得方程(9.15)的改进 Euler 格式为

$$y_{n+1} = \left(1 + h\lambda + \frac{1}{2}h^2\lambda^2\right) y_n.$$

设 y_n 有扰动 δ_n 变为 $\widetilde{y_n} = y_n + \delta_n$,由此引起 y_{n+1} 有扰动 δ_{n+1} 变为

$\widetilde{y_{n+1}}$,则

$$\widetilde{y_{n+1}} = (1 + h\lambda + \frac{1}{2}h^2\lambda^2)\widetilde{y_n}.$$

于是

$$\delta_{n+1} = \left(1 + h\lambda + \frac{1}{2}h^2\lambda^2\right)\delta_n.$$

令

$$\left|1 + h\lambda + \frac{1}{2}h^2\lambda^2\right| \leqslant 1,$$

解得

$$0 < h \leqslant -\frac{2}{\lambda}.$$

故当步长 h 满足 $0 < h \leqslant -\frac{2}{\lambda}$ 时改进 Euler 方法是绝对稳定的.

对于标准 Runge-Kutta 方法,可以证明当步长满足

$$0 < h \leqslant -\frac{2.78}{\lambda}$$

时方法是绝对稳定的.

§9.4 一阶常微分方程组和高阶常微分方程初值问题的数值解法

一、一阶常微分方程组初值问题的数值解法

1. 一阶常微分方程组初值问题

对于一阶常微分方程组初值问题

$$\begin{cases} y_1' = f_1(x, y_1, y_2, \cdots, y_m), \\ y_2' = f_2(x, y_1, y_2, \cdots, y_m), \\ \cdots\cdots \\ y_m' = f_m(x, y_1, y_2, \cdots, y_m), \\ y_1(a) = s_1, y_2(a) = s_2, \cdots, y_m(a) = s_m. \end{cases} \quad (a < x \leqslant b) \tag{9.17}$$

引进向量记号,即令

$$\begin{aligned} \boldsymbol{Y} &= \boldsymbol{Y}(x) = (y_1(x), y_2(x), \cdots, y_m(x))^{\mathrm{T}} \\ &= (y_1, y_2, \cdots, y_m)^{\mathrm{T}} \in \mathbb{R}^m (x \in [a, b]), \end{aligned}$$

$$\boldsymbol{F} = (f_1, f_2, \cdots, f_m)^{\mathrm{T}}, \text{从而 } Y' = (y_1', y_2', \cdots, y_m')^{\mathrm{T}},$$

$$\boldsymbol{S} = (s_1, s_2, \cdots, s_m)^{\mathrm{T}} \in \mathbb{R}^m,$$

可将其写为

$$\begin{cases} \boldsymbol{Y}' = \boldsymbol{F}(x, \boldsymbol{Y}), a < x \leqslant b, \\ \boldsymbol{Y}(a) = \boldsymbol{S}. \end{cases} \tag{9.18}$$

即将初值问题(9.17)归结成为初值问题(9.1)的形式.

2. 解初值问题(9.18)的 Runge-Kutta 格式

由上面的分析可知,求解初值问题(9.1)的各种数值方法都可用来求解初值问题(9.18). 下面分别给出求解(9.18)的 Euler 格式、改进的 Euler 格式和标准 Runge-Kutta 格式(自然这些格式都是向量形式):

1) Euler 格式

$$\begin{cases} \boldsymbol{Y}_{n+1} = \boldsymbol{Y}_n + h\boldsymbol{F}(x_n, \boldsymbol{Y}_n), \\ \boldsymbol{Y}_0 = \boldsymbol{S}, \end{cases} \quad (n = 0, 1, 2, \cdots, N-1) \tag{9.19}$$

其中 $\boldsymbol{Y}_n = (y_{1n}, y_{2n}, \cdots, y_{mn})^{\mathrm{T}} (n = 0, 1, 2, \cdots, N)$.

2) 改进的 Euler 格式

$$\begin{cases} \boldsymbol{Y}_{n+1} = \boldsymbol{Y}_n + \dfrac{h}{2}(\boldsymbol{K}_1 + \boldsymbol{K}_2), \\ \boldsymbol{K}_1 = \boldsymbol{F}(x_n, \boldsymbol{Y}_n), \\ \boldsymbol{K}_2 = \boldsymbol{F}(x_n + h, \boldsymbol{Y}_n + h\boldsymbol{K}_1), \\ \boldsymbol{Y}_0 = \boldsymbol{S}. \end{cases} \quad (n = 0, 1, 2, \cdots, N-1.) \tag{9.20}$$

其中 $\boldsymbol{Y}_n=(y_{1n},y_{2n},\cdots,y_{mn})^{\mathrm{T}}$，$\boldsymbol{K}_1=(K_{11},K_{21},\cdots,K_{m1})^{\mathrm{T}}$，

$\boldsymbol{K}_2=(K_{12},K_{22},\cdots,K_{m2})^{\mathrm{T}}$.

3)标准 Runge-Kutta 格式

若记 $\boldsymbol{K}_j=(K_{1j},K_{2j},\cdots,K_{mj})^{\mathrm{T}}(j=1,2,3,4)$，则有

$$\begin{cases}\boldsymbol{Y}_{n+1}=\boldsymbol{Y}_n+\dfrac{h}{6}(\boldsymbol{K}_1+2\boldsymbol{K}_2+2\boldsymbol{K}_3+\boldsymbol{K}_4),\\ \boldsymbol{K}_1=\boldsymbol{F}(x_n,\boldsymbol{Y}_n),\\ \boldsymbol{K}_2=\boldsymbol{F}\left(x_n+\dfrac{h}{2},\boldsymbol{Y}_n+\dfrac{h}{2}\boldsymbol{K}_1\right),\\ \boldsymbol{K}_3=\boldsymbol{F}\left(x_n+\dfrac{h}{2},\boldsymbol{Y}_n+\dfrac{h}{2}\boldsymbol{K}_2\right),\\ \boldsymbol{K}_4=\boldsymbol{F}(x_n+h,\boldsymbol{Y}_n+h\boldsymbol{K}_3),\\ \boldsymbol{Y}_0=\boldsymbol{S}.\end{cases}\quad (n=0,1,2,\cdots,N-1) \tag{9.21}$$

显然，向量形式不便于实际计算，故必须写出它们的分量形式.

Euler 格式(9.19)的分量形式为

$$\begin{cases}y_{1\,n+1}=y_{1n}+hf_1(x_n,y_{1n},y_{2n},\cdots,y_{mn}),\\ y_{2\,n+1}=y_{2n}+hf_2(x_n,y_{1n},y_{2n},\cdots,y_{mn}),\\ \cdots\cdots\\ y_{m\,n+1}=y_{mn}+hf_m(x_n,y_{1n},y_{2n},\cdots,y_{mn}),\\ y_{10}=s_1,y_{20}=s_2,\cdots,y_{m0}=s_m.\end{cases}$$

$$(n=0,1,2,\cdots,N-1) \tag{9.22}$$

改进的 Euler 格式 (9.20)的分量形式：

对 $i=1,2,\cdots,m$，有

$$\begin{cases} y_{i\,n+1}=y_{in}+\dfrac{h}{2}(K_{i1}+K_{i2}), \\ K_{i1}=f_i(x_n,y_{1n},y_{2n},\cdots,y_{mn}), \\ K_{i2}=f_i(x_n+h,y_{1n}+hK_{11},y_{2n}+hK_{21},\cdots,y_{mn}+hK_{m1}), \\ y_{10}=s_1,y_{20}=s_2,\cdots,y_{m0}=s_m. \end{cases}$$

$$(n=0,1,2,\cdots,N-1) \qquad (9.23)$$

标准 Runge-Kutta 格式(9.21)的分量形式：

对 $i=1,2,\cdots,m$，有

$$\begin{cases} y_{i\,n+1}=y_{in}+\dfrac{h}{6}(K_{i1}+2K_{i2}+2K_{i3}+K_{i4}), \\ K_{i1}=f_i(x_n,y_{1n},y_{2n},\cdots,y_{mn}), \\ K_{i2}=f_i\left(x_n+\dfrac{h}{2},y_{1n}+\dfrac{h}{2}K_{11},y_{2n}+\dfrac{h}{2}K_{21},\cdots,y_{mn}+\dfrac{h}{2}K_{m1}\right), \\ K_{i3}=f_i\left(x_n+\dfrac{h}{2},y_{1n}+\dfrac{h}{2}K_{12},y_{2n}+\dfrac{h}{2}K_{22},\cdots,y_{mn}+\dfrac{h}{2}K_{m2}\right), \\ K_{i4}=f_i(x_n+h,y_{1n}+hK_{13},y_{2n}+hK_{23},\cdots,y_{mn}+hK_{m3}), \\ y_{10}=s_1,y_{20}=s_2,\cdots,y_{m0}=s_m. \end{cases}$$

$$(n=0,1,2,\cdots,N-1) \qquad (9.24)$$

例 9.5　写出用改进的 Euler 方法解初值问题

$$\begin{cases} y'=8x-4y+16z, \\ z'=5y-3z, \qquad (0<x\leqslant 1) \\ y(0)=1,z(0)=3 \end{cases}$$

的计算公式(分量形式).

解　在这个初值问题中，因 i 只取 1 和 2，故为了清楚起见，(9.20)可写为

$$\begin{cases} y_{n+1}=y_n+\dfrac{h}{2}(k_1+k_2), \\ z_{n+1}=z_n+\dfrac{h}{2}(l_1+l_2), \\ k_1=f(x_n,y_n,z_n), \\ l_1=g(x_n,y_n,z_n), \\ k_2=f(x_n+h,y_n+hk_1,z_n+hl_1), \\ l_2=g(x_n+h,y_n+hk_1,z_n+hl_1), \\ y_0,z_0. \end{cases} \quad (n=0,1,2,\cdots,N-1)$$

（读者可仿此写出 i 只取 1 和 2 时的标准 Runge-Kutta 格式的分量形式.）

此处 $f(x,y,z)=8x-4y+16z, g(x,y,z)=5y-3z, y_0=1, z_0=3$，故解此初值问题的改进的 Euler 方法的计算公式为

$$\begin{cases} y_{n+1}=y_n+\dfrac{h}{2}(k_1+k_2), \\ z_{n+1}=z_n+\dfrac{h}{2}(l_1+l_2), \\ k_1=8x_n-4y_n+16z_n, \\ l_1=5y_n-3z_n, \\ k_2=8(x_n+h)-4(y_n+hk_1)+16(z_n+hl_1), \\ l_2=5(y_n+hk_1)-3(z_n+hl_1), \\ y_0=1,z_0=3. \end{cases}$$

$$(n=0,1,2,\cdots,N-1)$$

二、高阶常微分方程初值问题的数值解法

1. 高阶常微分方程初值问题的一般形式

$$\begin{cases} y^{(m)}=f(x,y,y',\cdots,y^{(m-1)}), a<x\leqslant b, \\ y(a)=s_1, y'(a)=s_2,\cdots,y^{(m-1)}(a)=s_m. \end{cases} \tag{9.25}$$

2. 将高阶方程初值问题化为一阶方程组初值问题

若引进辅助未知函数：

$$y_1=y,y_2=y',y_3=y'',\cdots,y_m=y^{(m-1)},$$

则 $y^{(m)}=y'_m$，于是问题(9.25)化为

$$\begin{cases}y'_1=y_2,\\ y'_2=y_3,\\ \cdots\cdots\\ y'_m=f(x,y_1,y_2,\cdots,y_m),\\ y_1(a)=s_1,y_2(a)=s_2,\cdots,y_m(a)=s_m.\end{cases}\tag{9.26}$$

这是一阶常微分方程组的初值问题(9.17)的特例($f_1(x,y_1,\cdots,y_m)=y_2,\cdots,f_{m-1}(x,y_1,\cdots,y_m)=y_m,f_m(x,y_1,\cdots,y_m)=f(x,y_1,\cdots,y_m)$). 因此，求解(9.17)的各种数值方法对(9.26)都适用.

3. 高阶方程初值问题的 Runge-Kutta 解法举例

例 9.6　写出用改进的 Euler 方法解初值问题

$$\begin{cases}y''=f(x,y,y'),a<x\leqslant b,\\ y(a)=s_1,y'(a)=s_2\end{cases}$$

的计算格式.

解　(1)令 $z=y'$，则原初值问题化为

$$\begin{cases}y'=z,\\ z'=f(x,y,z), \qquad (a<x\leqslant b)\\ y(a)=s_1,z(a)=s_2.\end{cases}$$

(2)用改进的 Euler 方法解此初值问题的计算格式为

$$\begin{cases} y_{n+1}=y_n+\dfrac{h}{2}(k_1+k_2), \\ z_{n+1}=z_n+\dfrac{h}{2}(l_1+l_2), \\ k_1=z_n, \\ l_1=f(x_n,y_n,z_n), \\ k_2=z_n+hl_1, \\ l_2=f(x_n+h,y_n+hk_1,z_n+hl_1), \\ y_0=s_1, z_0=s_2. \end{cases} \quad (n=0,1,2,\cdots,N-1)$$

例 9.7 写出用标准 Runge-Kutta 方法解初值问题

$$\begin{cases} y''-(1+x^2)y=1, 0<x\leqslant 1, \\ y(0)=1, y'(0)=3 \end{cases}$$

的计算格式.

解 令 $z=y'$,将原问题化为

$$\begin{cases} y'=z, \\ z'=(1+x^2)y+1, \quad (0<x\leqslant 1) \\ y(0)=1, z(0)=3. \end{cases}$$

解此问题的标准 Runge-Kutta 格式为

$$
\begin{cases}
y_{n+1}=y_n+\dfrac{h}{6}(k_1+2k_2+2k_3+k_4),\\
z_{n+1}=z_n+\dfrac{h}{6}(l_1+2l_2+2l_3+l_4),\\
k_1=z_n,\\
l_1=(1+x_n^2)y_n+1,\\
k_2=z_n+\dfrac{h}{2}l_1,\\
l_2=\left[1+\left(x_n+\dfrac{h}{2}\right)^2\right]\left(y_n+\dfrac{h}{2}k_1\right)+1, \qquad (n=0,1,2,\cdots,N-1)\\
k_3=z_n+\dfrac{h}{2}l_2,\\
l_3=\left[1+\left(x_n+\dfrac{h}{2}\right)^2\right]\left(y_n+\dfrac{h}{2}k_2\right)+1,\\
k_4=z_n+hl_3,\\
l_4=[1+(x_n+h)^2](y_n+hk_3)+1,\\
y_0=1,z_0=3.
\end{cases}
$$

习题 9

A

一、判断题

1. 设 $f(x,y)$ 在域 $D=\{(x,y)\mid x\in[a,b],y\in\mathbb{R}\}$ 上连续且关于 y 满足 Lipschits 条件，则初值问题 $\begin{cases}y'=f(x,y),a<x\leqslant b,\\ y(a)=y_0\end{cases}$ 在区间 $[a,b]$ 上存在唯一解.　(　　)

2. 若求解初值问题 $\begin{cases}y'=f(x,y),a<x\leqslant b,\\ y(a)=y_0\end{cases}$ 的某种数值方法的整体截断误差 $e_n=O(h^{p+1})$ $(n=1,2,\cdots,N)$，其中 h 为步长，$p\in\mathbb{N}$，则该数

值方法是 p 阶方法. ( )

3. 若 $f(x,y)$ 在域 $D=\{(x,y)\mid x\in[a,b],y\in\mathbb{R}\}$ 上连续且关于 y 满足 Lipschits 条件，则解初值问题 $\begin{cases}y'=f(x,y),a<x\leqslant b,\\y(a)=y_0\end{cases}$ 的二阶和四阶 Runge-Kutta 方法是收敛的. ( )

4. 对于试验方程 $y'=\lambda y$($\lambda<0$ 为常数)，对任意步长 $h>0$，Euler 方法都是绝对稳定的. ( )

二、填空题

1. 对于初值问题 $\begin{cases}y''=f(x,y,y'),a<x\leqslant b,\\y(a)=y_0,y'(a)=y_0^{(1)},\end{cases}$ 若令 $z=y'$，则可将其化为一阶方程组初值问题__________.

2. 求解第 1 题中的初值问题的标准 Runge-Kutta 格式为__________.

3. 将常微分方程离散化为差分方程方法通常有______，______，______.

4. 用改进的 Euler 方法解 $\begin{cases}y'=-8y+7z,\\z'=x^2+yz,x\in(0,1],\\y(0)=1,z(0)=0\end{cases}$ 的计算格式为__________.

B

1. 用 Euler 方法解下列初值问题：

(1) $\begin{cases}y'=x+y,0<x\leqslant 1,\\y(0)=0,\end{cases}$ 取步长 $h=0.1$；

(2) $\begin{cases}y'=\dfrac{1}{x}(y^2+y),1<x\leqslant 3,\\y(1)=-2.618\,03,\end{cases}$ 取步长 $h=0.5$.

2. 用改进的 Euler 方法解初值问题：

$$\begin{cases} y' = x^2 + y^2, 0 < x \leqslant 1, \\ y(0) = 0, \end{cases}$$ 取步长 $h = 0.1$.

3. 用标准 Runge-Kutta 方法解初值问题：

$$\begin{cases} y' = \dfrac{3y}{1+x}, 0 < x \leqslant 1, \\ y(0) = 1, \end{cases}$$ 取步长 $h = 0.2$.

4. 写出用标准 Runge-Kutta 方法解初值问题

$$\begin{cases} y' = -8y + 7z, \\ z' = x^2 + yz, \qquad 0 < x \leqslant 1 \\ y(0) = 1, z(0) = 0, \end{cases}$$

的计算格式.

5. 写出用 Euler 方法及改进的 Euler 方法解初值问题

$$\begin{cases} y'' + \sin y = 0, \\ y(0) = 1, \qquad 0 < x \leqslant 1 \\ y'(0) = 0, \end{cases}$$

的计算格式.

* 第 10 章　广义逆矩阵及其应用

本章介绍广义逆矩阵及广义逆矩阵与线性方程组的关系.

§ 10.1　广义逆矩阵 A^-

定义 10.1　设 $\boldsymbol{A}\in\mathbb{C}^{m\times n}$，若存在 $\boldsymbol{G}\in\mathbb{C}^{n\times m}$，使 $\boldsymbol{AGA}=\boldsymbol{A}$，则称 $\boldsymbol{G}$ 是 $\boldsymbol{A}$ 的一个 $\{1\}$ - 逆，记为 $\boldsymbol{A}^{[1]}$，简记为 $\boldsymbol{A}^-$. 在不引起混淆时，也称 $\boldsymbol{A}^-$ 是 $\boldsymbol{A}$ 的**广义逆矩阵**. 所有满足等式 $\boldsymbol{AGA}=\boldsymbol{A}$ 的矩阵 $\boldsymbol{G}$ 构成的集合记为 $\boldsymbol{A}\{1\}$.

显然，任意 $\boldsymbol{G}\in\mathbb{C}^{n\times m}$ 都是零矩阵 $\boldsymbol{0}\in\mathbb{C}^{m\times n}$ 的 $\{1\}$ - 逆，若 $\boldsymbol{A}$ 是 n 阶可逆矩阵，则有 $\boldsymbol{AA}^{-1}\boldsymbol{A}=\boldsymbol{A}$，即 $\boldsymbol{A}^-=\boldsymbol{A}^{-1}$，故 $\boldsymbol{A}^-$ 是 $\boldsymbol{A}^{-1}$ 的推广.

定理 10.1　对任意 $\boldsymbol{A}\in\mathbb{C}^{m\times n}$，$\boldsymbol{A}^-$ 必定存在，且当 $\operatorname{rank}\boldsymbol{A}=r$ 时，若可逆矩阵 $\boldsymbol{P}\in\mathbb{C}^{m\times m}$ 与 $\boldsymbol{Q}\in\mathbb{C}^{n\times n}$ 满足 $\boldsymbol{PAQ}=\begin{bmatrix}\boldsymbol{E}_r & \boldsymbol{0}\\ \boldsymbol{0} & \boldsymbol{0}\end{bmatrix}_{m\times n}$，则

$$\boldsymbol{A}^-=\boldsymbol{Q}\begin{bmatrix}\boldsymbol{E}_r & \boldsymbol{0}\\ \boldsymbol{0} & \boldsymbol{0}\end{bmatrix}_{n\times m}\boldsymbol{P}.$$

证　只需验证 $\boldsymbol{A}^-=\boldsymbol{Q}\begin{bmatrix}\boldsymbol{E}_r & \boldsymbol{0}\\ \boldsymbol{0} & \boldsymbol{0}\end{bmatrix}_{n\times m}\boldsymbol{P}$ 满足 $\boldsymbol{AA}^-\boldsymbol{A}=\boldsymbol{A}$ 即可.

因为对任意 $\boldsymbol{A}\in\mathbb{C}^{m\times n}$，必有可逆矩阵 $\boldsymbol{P}\in\mathbb{C}^{m\times m}$ 与 $\boldsymbol{Q}\in\mathbb{C}^{n\times n}$，使 $\boldsymbol{PAQ}=\begin{bmatrix}\boldsymbol{E}_r & \boldsymbol{0}\\ \boldsymbol{0} & \boldsymbol{0}\end{bmatrix}_{m\times n}$；于是 $\boldsymbol{A}=\boldsymbol{P}^{-1}\begin{bmatrix}\boldsymbol{E}_r & \boldsymbol{0}\\ \boldsymbol{0} & \boldsymbol{0}\end{bmatrix}_{m\times n}\boldsymbol{Q}^{-1}$，故

$$\boldsymbol{AA}^-\boldsymbol{A}=\left(\boldsymbol{P}^{-1}\begin{bmatrix}\boldsymbol{E}_r & \boldsymbol{0}\\ \boldsymbol{0} & \boldsymbol{0}\end{bmatrix}_{m\times n}\boldsymbol{Q}^{-1}\right)\left(\boldsymbol{Q}\begin{bmatrix}\boldsymbol{E}_r & \boldsymbol{0}\\ \boldsymbol{0} & \boldsymbol{0}\end{bmatrix}_{n\times m}\boldsymbol{P}\right)\left(\boldsymbol{P}^{-1}\begin{bmatrix}\boldsymbol{E}_r & \boldsymbol{0}\\ \boldsymbol{0} & \boldsymbol{0}\end{bmatrix}_{m\times n}\boldsymbol{Q}^{-1}\right)$$

$$=P^{-1}\begin{bmatrix}E_r & 0\\0 & 0\end{bmatrix}_{m\times n}Q^{-1}=A.$$

根据定理 10. 1,求 A^- 的关键在于求 A 的等价标准形.

例 10. 1　设 $A=\begin{bmatrix}1 & 0 & -1\\0 & 2 & 4\\-1 & 2 & 5\\1 & 2 & 3\end{bmatrix}$, 求 A^-.

解　对 A 作初等变换求 A 的等价标准形,记录所作的初等行变换可得 P,记录所作的初等列变换可得 Q. 由

$$\begin{bmatrix}A & E_4\\E_3 & 0\end{bmatrix}=\left[\begin{array}{ccc:cccc}1 & 0 & -1 & 1 & 0 & 0 & 0\\0 & 2 & 4 & 0 & 1 & 0 & 0\\-1 & 2 & 5 & 0 & 0 & 1 & 0\\1 & 2 & 3 & 0 & 0 & 0 & 1\\\hdashline 1 & 0 & 0 & 0 & 0 & 0 & 0\\0 & 1 & 0 & 0 & 0 & 0 & 0\\0 & 0 & 1 & 0 & 0 & 0 & 0\end{array}\right]$$

$$\to\left[\begin{array}{ccc:cccc}1 & 0 & 0 & 1 & 0 & 0 & 0\\0 & 1 & 0 & 0 & \frac{1}{2} & 0 & 0\\0 & 0 & 0 & 1 & -1 & 1 & 0\\0 & 0 & 0 & -2 & 0 & -1 & 1\\\hdashline 1 & 0 & 1 & 0 & 0 & 0 & 0\\0 & 1 & -2 & 0 & 0 & 0 & 0\\0 & 0 & 1 & 0 & 0 & 0 & 0\end{array}\right]$$

得　$$\begin{bmatrix}E_r & 0\\0 & 0\end{bmatrix}_{4\times 3}=\begin{bmatrix}1 & 0 & 0\\0 & 1 & 0\\0 & 0 & 0\\0 & 0 & 0\end{bmatrix},P=\begin{bmatrix}1 & 0 & 0 & 0\\0 & \frac{1}{2} & 0 & 0\\1 & -1 & 1 & 0\\-2 & 0 & -1 & 1\end{bmatrix},$$

$$Q=\begin{bmatrix}1&0&1\\0&1&-2\\0&0&1\end{bmatrix},$$

故 $A^{-}=Q\begin{bmatrix}E_r&\mathbf{0}\\\mathbf{0}&\mathbf{0}\end{bmatrix}_{3\times4}P$

$$=\begin{bmatrix}1&0&1\\0&1&-2\\0&0&1\end{bmatrix}\begin{bmatrix}1&0&0&0\\0&1&0&0\\0&0&0&0\end{bmatrix}\begin{bmatrix}1&0&0&0\\0&\frac{1}{2}&0&0\\1&-1&1&0\\-2&0&-1&1\end{bmatrix}$$

$$=\begin{bmatrix}1&0&0&0\\0&\frac{1}{2}&0&0\\0&0&0&0\end{bmatrix}.$$

注意 A^{-} 不是唯一的. 例如若 $A=\begin{bmatrix}1&1\\0&0\end{bmatrix}$, $G_1=\begin{bmatrix}1&0\\0&0\end{bmatrix}$及 $G_2=\begin{bmatrix}1&2\\0&0\end{bmatrix}$均为 A^{-}. 若无特别申明,则只需求出一个 A^{-} 即可.

例 10.2 设 $A=\begin{bmatrix}1&1&1&0\\-1&-1&-1&0\\1&1&0&0\end{bmatrix}$,求 A^{-}.

解 $\begin{bmatrix}A&E_3\\E_4&\mathbf{0}\end{bmatrix}=\begin{bmatrix}1&1&1&0&1&0&0\\-1&-1&-1&0&0&1&0\\1&1&0&0&0&0&1\\1&0&0&0&0&0&0\\0&1&0&0&0&0&0\\0&0&1&0&0&0&0\\0&0&0&1&0&0&0\end{bmatrix}$

$$\rightarrow\begin{bmatrix}1&0&0&0&0&0&1\\0&1&0&0&1&0&-1\\0&0&0&0&1&1&0\\1&0&-1&0&0&0&0\\0&0&1&0&0&0&0\\0&1&0&0&0&0&0\\0&0&0&1&0&0&0\end{bmatrix},$$

$$A^{-}=\begin{bmatrix}1&0&-1&0\\0&0&1&0\\0&1&0&0\\0&0&0&1\end{bmatrix}\begin{bmatrix}1&0&0\\0&1&0\\0&0&0\\0&0&0\end{bmatrix}\begin{bmatrix}0&0&1\\1&0&-1\\1&1&0\end{bmatrix}=\begin{bmatrix}0&0&1\\0&0&0\\1&0&-1\\0&0&0\end{bmatrix}.$$

§10.2　矩阵的满秩分解

为了介绍另一种重要的广义逆矩阵 A^{+}，需要先了解矩阵分解的一些知识，本节介绍矩阵的满秩分解.

一、矩阵满秩分解的概念

定义 10.2　设 $A\in\mathbb{C}^{m\times n}$ 的秩 $\operatorname{rank} A=r>0$，若存在 $B\in\mathbb{C}^{m\times r}$ 及 $C\in\mathbb{C}^{r\times n}$，且 $\operatorname{rank} B=\operatorname{rank} C=r$，使得 $A=BC$，则称 $A=BC$ 为 A 的**满秩分解**.

定理 10.2　任意非零矩阵 $A\in\mathbb{C}^{m\times n}$，必存在满秩分解，但其满秩分解式不是唯一的.

证　因为 $\operatorname{rank} A=r>0$，由矩阵的等价标准形理论，存在 m 阶可逆矩阵 P 和 n 阶可逆矩阵 Q，使得

$$A=P\begin{bmatrix}E_r&0\\0&0\end{bmatrix}_{m\times n}Q=\left(P\begin{bmatrix}E_r\\0\end{bmatrix}\right)([E_r,0]Q).$$

若令 $\boldsymbol{B}=\boldsymbol{P}\begin{bmatrix}\boldsymbol{E}_r\\ \boldsymbol{0}\end{bmatrix}$，$\boldsymbol{C}=[\boldsymbol{E}_r,\boldsymbol{0}]\boldsymbol{Q}$，则 $\boldsymbol{A}=\boldsymbol{BC}$ 且 $\text{rank}\ \boldsymbol{B}=\text{rank}\ \boldsymbol{C}=r$，即满秩分解存在. 又对任意可逆的 r 阶方阵 $\boldsymbol{T}$，令 $\boldsymbol{B}_1=\boldsymbol{BT}=\boldsymbol{P}\begin{bmatrix}\boldsymbol{E}_r\\ \boldsymbol{0}\end{bmatrix}\boldsymbol{T}$，$\boldsymbol{C}_1=\boldsymbol{T}^{-1}\boldsymbol{C}=\boldsymbol{T}^{-1}[\boldsymbol{E}_r,\boldsymbol{0}]\boldsymbol{Q}$，则 $\boldsymbol{A}=\boldsymbol{B}_1\boldsymbol{C}_1$，显然也是 $\boldsymbol{A}$ 的满秩分解.

二、满秩分解的方法

下面介绍利用矩阵的最简行阶梯形，求满秩分解的方法. 为此先给出一个重要结论，然后举例说明满秩分解的求法.

定理 10.3 初等行变换不改变矩阵列向量组的线性关系.

***证** 设 $\boldsymbol{A}\in\mathbb{C}^{m\times n}$ 经过有限次初等行变换化为 $\boldsymbol{B}\in\mathbb{C}^{m\times n}$，即存在 m 阶可逆矩阵 $\boldsymbol{P}$，使得 $\boldsymbol{PA}=\boldsymbol{B}$. 若记 $\boldsymbol{A}=[\boldsymbol{\alpha}_1,\cdots,\boldsymbol{\alpha}_n]$，$\boldsymbol{B}=[\boldsymbol{\beta}_1,\cdots,\boldsymbol{\beta}_n]$，需证明向量组 $\boldsymbol{\alpha}_1,\cdots,\boldsymbol{\alpha}_n$ 和向量组 $\boldsymbol{\beta}_1,\cdots,\boldsymbol{\beta}_n$ 有完全相同的线性关系.

先证明 $\boldsymbol{\alpha}_1,\cdots,\boldsymbol{\alpha}_n$ 线性相关的充分必要条件是 $\boldsymbol{\beta}_1,\cdots,\boldsymbol{\beta}_n$ 线性相关.

若 $\boldsymbol{\beta}_1,\cdots,\boldsymbol{\beta}_n$ 线性相关，则存在 $\boldsymbol{K}=(k_1,\cdots,k_n)^{\mathrm{T}}\neq\boldsymbol{0}$. 使 $\boldsymbol{BK}=[\boldsymbol{\beta}_1,\cdots,\boldsymbol{\beta}_n](k_1,\cdots,k_n)^{\mathrm{T}}=k_1\boldsymbol{\beta}_1+\cdots+k_n\boldsymbol{\beta}_n=\boldsymbol{0}$. 于是有 $\boldsymbol{PAK}=\boldsymbol{BK}=\boldsymbol{0}$. 而 $\boldsymbol{P}$ 是可逆矩阵，故 $\boldsymbol{AK}=\boldsymbol{0}$. 即 $\boldsymbol{AK}=[\boldsymbol{\alpha}_1,\cdots,\boldsymbol{\alpha}_n](k_1,\cdots,k_n)^{\mathrm{T}}=k_1\boldsymbol{\alpha}_1+\cdots+k_n\boldsymbol{\alpha}_n=\boldsymbol{0}$. 由 $\boldsymbol{K}=(k_1,\cdots,k_n)^{\mathrm{T}}\neq\boldsymbol{0}$ 知 $\boldsymbol{\alpha}_1,\cdots,\boldsymbol{\alpha}_n$ 线性相关.

因为 $\boldsymbol{A}=\boldsymbol{P}^{-1}\boldsymbol{B}$，所以 $\boldsymbol{\alpha}_1,\cdots,\boldsymbol{\alpha}_n$ 线性相关，则 $\boldsymbol{\beta}_1,\cdots,\boldsymbol{\beta}_n$ 也线性相关. 又由于关系式 $\boldsymbol{AK}=k_1\boldsymbol{\alpha}_1+\cdots+k_n\boldsymbol{\alpha}_n=\boldsymbol{0}$ 与 $\boldsymbol{BK}=k_1\boldsymbol{\beta}_1+\cdots+k_n\boldsymbol{\beta}_n=\boldsymbol{0}$ 中的 $\boldsymbol{K}$ 是相同的，所以向量组 $\boldsymbol{\alpha}_1,\cdots,\boldsymbol{\alpha}_n$ 和向量组 $\boldsymbol{\beta}_1,\cdots,\boldsymbol{\beta}_n$ 有完全相同的线性关系.

定义 10.3 设 $\boldsymbol{A}\in\mathbb{C}^{m\times n}$ 是行阶梯形矩阵，如果 $\boldsymbol{A}$ 满足下列条件：

(1) $\boldsymbol{A}$ 的非零行的主元（最左边的非零元素）为 1，

(2) $\boldsymbol{A}$ 的非零行的主元所在的列的其他元素均为零，

则称 $\boldsymbol{A}$ 是最简行阶梯形矩阵.

由最简行阶梯形矩阵,可得

(1)非零行数等于该矩阵的秩;

(2)非零行的主元所在的列构成列向量组的极大无关组;

(3)非零行的主元右边的元素是用极大无关组线性表出其余列向量的表出系数.

例如最简行阶梯形矩阵

$$\boldsymbol{A}=\begin{bmatrix}1&3&0&-2&6\\0&0&1&5&-1\\0&0&0&0&0\end{bmatrix}=[\boldsymbol{\alpha}_1,\quad\boldsymbol{\alpha}_2,\quad\boldsymbol{\alpha}_3,\quad\boldsymbol{\alpha}_4,\quad\boldsymbol{\alpha}_5],$$

$\boldsymbol{\alpha}_1,\boldsymbol{\alpha}_3$ 是 $\boldsymbol{\alpha}_1,\boldsymbol{\alpha}_2,\boldsymbol{\alpha}_3,\boldsymbol{\alpha}_4,\boldsymbol{\alpha}_5$ 的极大无关组,且

$$\boldsymbol{\alpha}_2=3\boldsymbol{\alpha}_1,\boldsymbol{\alpha}_4=-2\boldsymbol{\alpha}_1+5\boldsymbol{\alpha}_3,\boldsymbol{\alpha}_5=6\boldsymbol{\alpha}_1-\boldsymbol{\alpha}_3.$$

例 10.3　求 $A=\begin{bmatrix}1&3&2&8&4\\-1&-3&1&7&-7\\1&3&-1&-7&7\end{bmatrix}$的满秩分解.

解　对 $\boldsymbol{A}$ 作初等行变换,求其最简行阶梯形矩阵.

$$\begin{aligned}\boldsymbol{A}&=[\boldsymbol{\alpha}_1,\boldsymbol{\alpha}_2,\boldsymbol{\alpha}_3,\boldsymbol{\alpha}_4,\boldsymbol{\alpha}_5]\\&=\begin{bmatrix}1&3&2&8&4\\-1&-3&1&7&-7\\1&3&-1&-7&7\end{bmatrix}\to\begin{bmatrix}1&3&0&-2&6\\0&0&1&5&-1\\0&0&0&0&0\end{bmatrix}\\&=[\boldsymbol{\beta}_1,\quad\boldsymbol{\beta}_2,\quad\boldsymbol{\beta}_3,\quad\boldsymbol{\beta}_4,\quad\boldsymbol{\beta}_5].\end{aligned}$$

由此知 $\boldsymbol{\beta}_1,\boldsymbol{\beta}_3$ 是 $\boldsymbol{\beta}_1,\boldsymbol{\beta}_2,\boldsymbol{\beta}_3,\boldsymbol{\beta}_4,\boldsymbol{\beta}_5$ 的极大无关组,且

$$\boldsymbol{\beta}_2=3\boldsymbol{\beta}_1,\ \boldsymbol{\beta}_4=-2\boldsymbol{\beta}_1+5\boldsymbol{\beta}_3,\ \boldsymbol{\beta}_5=6\boldsymbol{\beta}_1-\boldsymbol{\beta}_3.$$

因 $\boldsymbol{\alpha}_1,\boldsymbol{\alpha}_3,\boldsymbol{\alpha}_3,\boldsymbol{\alpha}_4,\boldsymbol{\alpha}_5$ 和 $\boldsymbol{\beta}_1,\boldsymbol{\beta}_2,\boldsymbol{\beta}_3,\boldsymbol{\beta}_4,\boldsymbol{\beta}_5$ 有完全相同的线性关系,故有

$$\boldsymbol{\alpha}_2=3\boldsymbol{\alpha}_1,\boldsymbol{\alpha}_4=-2\boldsymbol{\alpha}_1+5\boldsymbol{\alpha}_3,\boldsymbol{\alpha}_5=6\boldsymbol{\alpha}_1-\boldsymbol{\alpha}_3.$$

其矩阵形式为

$$\boldsymbol{A}=[\boldsymbol{\alpha}_1,\boldsymbol{\alpha}_2,\boldsymbol{\alpha}_3,\boldsymbol{\alpha}_4,\boldsymbol{\alpha}_5]=[\boldsymbol{\alpha}_1,\boldsymbol{\alpha}_3]\begin{bmatrix}1&3&0&-2&6\\0&0&1&5&-1\end{bmatrix}=\boldsymbol{BC}.$$

其中

$$B=[\boldsymbol{\alpha}_1,\boldsymbol{\alpha}_3]=\begin{bmatrix}1&2\\-1&1\\1&-1\end{bmatrix},C=\begin{bmatrix}1&3&0&-2&6\\0&0&1&5&-1\end{bmatrix}.$$

注:上例的做法表明,A 的列向量组的极大无关组可以构成满秩分解式中的 B,而 A 的最简行阶梯形矩阵的非零行可以构成 C.

例 10.4 求 $A=\begin{bmatrix}1&0&1\\-1&2&3\\2&3&8\end{bmatrix}$的满秩分解.

解 $A=\begin{bmatrix}1&0&1\\-1&2&3\\2&3&8\end{bmatrix}\to\begin{bmatrix}1&0&1\\0&2&4\\0&3&6\end{bmatrix}\to\begin{bmatrix}1&0&1\\0&1&2\\0&0&0\end{bmatrix}.$

故 $A=\begin{bmatrix}1&0\\-1&2\\2&3\end{bmatrix}\begin{bmatrix}1&0&1\\0&1&2\end{bmatrix}$ 为 A 的满秩分解.

§10.3 矩阵的奇异值分解

定理 10.4 设 $A\in\mathbb{C}^{m\times n}$的秩 $\operatorname{rank}A=r>0$,则存在 m 阶酉矩阵 V 和 n 阶酉矩阵 U,使 $A=VS_0U^{\mathrm{H}}$,其中 $S_0=\begin{bmatrix}S&0\\0&0\end{bmatrix}_{m\times n}$,$S=\operatorname{diag}(\mu_1,\mu_2,\cdots,\mu_r)$,$\mu_1\geqslant\mu_2\geqslant\cdots\geqslant\mu_r>0$.

***证** (1)构造 U. 因为 A 是 $m\times n$ 阶矩阵,所以 $A^{\mathrm{H}}A$ 是 n 阶正定或半正定的 Hermite 矩阵. 又因为 $\operatorname{rank}(A^{\mathrm{H}}A)=\operatorname{rank}A=r$, 所以 $A^{\mathrm{H}}A$ 有 r 个正特征值. 不妨设为 $\lambda_1\geqslant\lambda_2\geqslant\cdots\geqslant\lambda_r>0$,而 $\lambda_{r+1}=\lambda_{r+2}=\cdots=\lambda_n=0$ 是 $A^{\mathrm{H}}A$ 的 $n-r$ 个零特征值. 又设 $u_1,\cdots,u_n$ 分别是 $A^{\mathrm{H}}A$ 对应于特征值 $\lambda_1,\cdots,\lambda_n$ 的标准正交特征向量,于是 $U=[u_1,\cdots,u_n]$是 n 阶酉矩阵.

若记 $\boldsymbol{U}_1=[\boldsymbol{u}_1,\cdots,\boldsymbol{u}_r]$，$\boldsymbol{U}_2=[\boldsymbol{u}_{r+1},\cdots,\boldsymbol{u}_n]$，则 $\boldsymbol{U}=[\boldsymbol{U}_1,\boldsymbol{U}_2]$.

(2)构造 $\boldsymbol{S}$. 令 $\mu_1=\sqrt{\lambda_1},\cdots,\mu_r=\sqrt{\lambda_r}$，$\boldsymbol{S}=\mathrm{diag}(\mu_1,\mu_2,\cdots,\mu_r)$，则 $\boldsymbol{S}$ 可逆，且

$$
\begin{aligned}
\boldsymbol{U}_1^{\mathrm{H}}(\boldsymbol{A}^{\mathrm{H}}\boldsymbol{A})\boldsymbol{U}_1 &= \begin{bmatrix}\boldsymbol{u}_1^{\mathrm{H}}\\ \boldsymbol{u}_2^{\mathrm{H}}\\ \vdots\\ \boldsymbol{u}_r^{\mathrm{H}}\end{bmatrix}(\boldsymbol{A}^{\mathrm{H}}\boldsymbol{A})[\boldsymbol{u}_1,\cdots,\boldsymbol{u}_r]\\
&= \begin{bmatrix}\boldsymbol{u}_1^{\mathrm{H}}\\ \boldsymbol{u}_2^{\mathrm{H}}\\ \vdots\\ \boldsymbol{u}_r^{\mathrm{H}}\end{bmatrix}[\boldsymbol{A}^{\mathrm{H}}\boldsymbol{A}\boldsymbol{u}_1,\cdots,\boldsymbol{A}^{\mathrm{H}}\boldsymbol{A}\boldsymbol{u}_r]\\
&= \begin{bmatrix}\boldsymbol{u}_1^{\mathrm{H}}\\ \boldsymbol{u}_2^{\mathrm{H}}\\ \vdots\\ \boldsymbol{u}_r^{\mathrm{H}}\end{bmatrix}[\lambda_1\boldsymbol{u}_1,\cdots,\lambda_r\boldsymbol{u}_r]\\
&= \begin{bmatrix}\lambda_1\boldsymbol{u}_1^{\mathrm{H}}\boldsymbol{u}_1 & \lambda_2\boldsymbol{u}_1^{\mathrm{H}}\boldsymbol{u}_2 & \cdots & \lambda_r\boldsymbol{u}_1^{\mathrm{H}}\boldsymbol{u}_r\\ \lambda_1\boldsymbol{u}_2^{\mathrm{H}}\boldsymbol{u}_1 & \lambda_2\boldsymbol{u}_2^{\mathrm{H}}\boldsymbol{u}_2 & \cdots & \lambda_r\boldsymbol{u}_2^{\mathrm{H}}\boldsymbol{u}_r\\ \vdots & \vdots & & \vdots\\ \lambda_1\boldsymbol{u}_r^{\mathrm{H}}\boldsymbol{u}_1 & \lambda_2\boldsymbol{u}_r^{\mathrm{H}}\boldsymbol{u}_2 & \cdots & \lambda_r\boldsymbol{u}_r^{\mathrm{H}}\boldsymbol{u}_r\end{bmatrix}\\
&= \mathrm{diag}(\lambda_1,\lambda_2,\cdots,\lambda_r)=\mathrm{diag}(\mu_1^2,\mu_2^2,\cdots,\mu_r^2)=\boldsymbol{S}^2.
\end{aligned}
$$

(3)构造 $\boldsymbol{V}$. 作矩阵 $\boldsymbol{V}_1=\boldsymbol{A}\boldsymbol{U}_1\boldsymbol{S}^{-1}\in\mathbb{C}^{m\times r}$，并将其按列分块为 $\boldsymbol{V}_1=[\boldsymbol{v}_1,\boldsymbol{v}_2,\cdots,\boldsymbol{v}_r]$. 因为 $\boldsymbol{V}_1^{\mathrm{H}}\boldsymbol{V}_1=(\boldsymbol{A}\boldsymbol{U}_1\boldsymbol{S}^{-1})^{\mathrm{H}}(\boldsymbol{A}\boldsymbol{U}_1\boldsymbol{S}^{-1})=\boldsymbol{S}^{-1}\boldsymbol{U}_1^{\mathrm{H}}\boldsymbol{A}^{\mathrm{H}}\boldsymbol{A}\boldsymbol{U}_1\boldsymbol{S}^{-1}=\boldsymbol{S}^{-1}\boldsymbol{S}^2\boldsymbol{S}^{-1}=\boldsymbol{E}$. 故列向量组 $\boldsymbol{v}_1,\boldsymbol{v}_2,\cdots,\boldsymbol{v}_r$ 是 m 维标准正交向量组，于是可将其扩充为 $\mathbb{C}^m$ 的标准正交基 $\boldsymbol{v}_1,\boldsymbol{v}_2,\cdots,\boldsymbol{v}_r,\boldsymbol{v}_{r+1},\cdots,\boldsymbol{v}_m$.

令 $\boldsymbol{V}=[\boldsymbol{v}_1,\boldsymbol{v}_2,\cdots,\boldsymbol{v}_r,\boldsymbol{v}_{r+1},\cdots,\boldsymbol{v}_m]\xlongequal{\text{记为}}[\boldsymbol{V}_1,\boldsymbol{V}_2]$，则 $\boldsymbol{V}$ 是 m 阶酉矩

阵.

(4)证明 $\boldsymbol{V}\boldsymbol{S}_0\boldsymbol{U}^{\mathrm{H}}=\boldsymbol{A}$. 因为 $\boldsymbol{u}_{r+1},\cdots,\boldsymbol{u}_n$ 是 $\boldsymbol{A}^{\mathrm{H}}\boldsymbol{A}$ 对应于零特征值的特征向量,于是 $\langle\boldsymbol{A}\boldsymbol{U}_2,\boldsymbol{A}\boldsymbol{U}_2\rangle=(\boldsymbol{A}\boldsymbol{U}_2)^{\mathrm{H}}(\boldsymbol{A}\boldsymbol{U}_2)=\boldsymbol{U}_2^{\mathrm{H}}\boldsymbol{A}^{\mathrm{H}}\boldsymbol{A}\boldsymbol{U}_2=\boldsymbol{U}_2^{\mathrm{H}}\boldsymbol{0}=\boldsymbol{0}$. 即 $\boldsymbol{A}\boldsymbol{U}_2=\boldsymbol{0}$,故

$$
\begin{aligned}
\boldsymbol{V}\boldsymbol{S}_0\boldsymbol{U}^{\mathrm{H}}&=[\boldsymbol{V}_1,\boldsymbol{V}_2]\begin{bmatrix}\boldsymbol{S}&\boldsymbol{0}\\\boldsymbol{0}&\boldsymbol{0}\end{bmatrix}[\boldsymbol{U}_1,\boldsymbol{U}_2]^{\mathrm{H}}\\
&=[\boldsymbol{V}_1\boldsymbol{S},\boldsymbol{0}]\begin{bmatrix}\boldsymbol{U}_1^{\mathrm{H}}\\\boldsymbol{U}_2^{\mathrm{H}}\end{bmatrix}=\boldsymbol{V}_1\boldsymbol{S}\boldsymbol{U}_1^{\mathrm{H}}+\boldsymbol{0}\boldsymbol{U}_2^{\mathrm{H}}\\
&=\boldsymbol{A}\boldsymbol{U}_1\boldsymbol{S}^{-1}\boldsymbol{S}\boldsymbol{U}_1^{\mathrm{H}}+\boldsymbol{A}\boldsymbol{U}_2\boldsymbol{U}_2^{\mathrm{H}}=\boldsymbol{A}(\boldsymbol{U}_1\boldsymbol{U}_1^{\mathrm{H}}+\boldsymbol{U}_2\boldsymbol{U}_2^{\mathrm{H}})\\
&=\boldsymbol{A}[\boldsymbol{U}_1,\boldsymbol{U}_2]\begin{bmatrix}\boldsymbol{U}_1^{\mathrm{H}}\\\boldsymbol{U}_2^{\mathrm{H}}\end{bmatrix}=\boldsymbol{A}\boldsymbol{U}\boldsymbol{U}^{\mathrm{H}}=\boldsymbol{A}.
\end{aligned}
$$

定义 10.4 定理 10.4 中的 $\boldsymbol{A}=\boldsymbol{V}\boldsymbol{S}_0\boldsymbol{U}^{\mathrm{H}}$ 称为 $\boldsymbol{A}$ 的**奇异值分解**, $\mu_1=\sqrt{\lambda_1},\cdots,\mu_r=\sqrt{\lambda_r}$ 称为 $\boldsymbol{A}$ 的奇异值.

从上述证明可知在 $\boldsymbol{A}$ 的奇异值分解 $\boldsymbol{A}=\boldsymbol{V}\boldsymbol{S}_0\boldsymbol{U}^{\mathrm{H}}$ 中, $\boldsymbol{U}=[\boldsymbol{u}_1,\cdots,\boldsymbol{u}_n]$,而 $\boldsymbol{u}_1,\cdots,\boldsymbol{u}_n$ 分别是 $\boldsymbol{A}^{\mathrm{H}}\boldsymbol{A}$ 对应于特征值 $\lambda_1,\cdots,\lambda_n$ 的标准正交特征向量, $\boldsymbol{S}_0$ 可由 $\boldsymbol{A}$ 的奇异值 $\mu_1=\sqrt{\lambda_1},\cdots,\mu_r=\sqrt{\lambda_r}$ 构成, $\boldsymbol{V}=[\boldsymbol{v}_1,\boldsymbol{v}_2,\cdots,\boldsymbol{v}_r,\boldsymbol{v}_{r+1},\cdots,\boldsymbol{v}_m]=[\boldsymbol{V}_1,\boldsymbol{V}_2]$,其中 $\boldsymbol{V}_1=\boldsymbol{A}\boldsymbol{U}_1\boldsymbol{S}^{-1}$, $\boldsymbol{V}_2=[\boldsymbol{v}_{r+1},\cdots,\boldsymbol{v}_m]$,而 $\boldsymbol{v}_{r+1},\cdots,\boldsymbol{v}_m$ 可通过求齐次线性方程组 $\boldsymbol{V}_1^{\mathrm{H}}\boldsymbol{x}=\boldsymbol{0}$ 的基础解系,然后正交化,单位化得到.

例 10.5 求 $\boldsymbol{A}$ 的奇异值分解 $\boldsymbol{A}=\boldsymbol{V}\boldsymbol{S}_0\boldsymbol{U}^{\mathrm{H}}$,其中 $\boldsymbol{A}=\begin{bmatrix}1&1&2\\1&-1&0\\1&1&2\\1&-1&0\end{bmatrix}$.

解 $\boldsymbol{A}^{\mathrm{H}}\boldsymbol{A}=\begin{bmatrix}1&1&1&1\\1&-1&1&-1\\2&0&2&0\end{bmatrix}\begin{bmatrix}1&1&2\\1&-1&0\\1&1&2\\1&-1&0\end{bmatrix}=\begin{bmatrix}4&0&4\\0&4&4\\4&4&8\end{bmatrix}$,

$$\det(\lambda\boldsymbol{E}-\boldsymbol{A}^{\mathrm{H}}\boldsymbol{A})=\begin{vmatrix}\lambda-4 & 0 & -4\\ 0 & \lambda-4 & -4\\ -4 & -4 & \lambda-8\end{vmatrix}=(\lambda-12)(\lambda-4)\lambda,$$

则　$\lambda_1=12,\lambda_2=4,\lambda_3=0.\ \mu_1=\sqrt{12}=2\sqrt{3},\mu_2=\sqrt{4}=2.$

$$\boldsymbol{S}=\begin{bmatrix}2\sqrt{3} & 0\\ 0 & 2\end{bmatrix},\boldsymbol{S}_0=\begin{bmatrix}\boldsymbol{S} & \boldsymbol{0}\\ \boldsymbol{0} & \boldsymbol{0}\end{bmatrix}_{4\times3}=\begin{bmatrix}2\sqrt{3} & 0 & 0\\ 0 & 2 & 0\\ 0 & 0 & 0\\ 0 & 0 & 0\end{bmatrix}.$$

当 $\lambda_1=12$，解方程组 $(12\boldsymbol{E}-\boldsymbol{A}^{\mathrm{H}}\boldsymbol{A})\boldsymbol{x}=\boldsymbol{0}$，得基础解系 $\boldsymbol{x}_1=(1,1,2)^{\mathrm{T}}$，单位化得 $\boldsymbol{u}_1=\left(\frac{1}{\sqrt{6}},\frac{1}{\sqrt{6}},\frac{2}{\sqrt{6}}\right)^{\mathrm{T}}$；

当 $\lambda_2=4$，解方程组 $(4\boldsymbol{E}-\boldsymbol{A}^{\mathrm{H}}\boldsymbol{A})\boldsymbol{x}=\boldsymbol{0}$，得基础解系 $\boldsymbol{x}_2=(1,-1,0)^{\mathrm{T}}$，单位化得 $\boldsymbol{u}_1=\left(\frac{1}{\sqrt{2}},\frac{-1}{\sqrt{2}},0\right)^{\mathrm{T}}$.

当 $\lambda_3=0$，解方程组 $(0\boldsymbol{E}-\boldsymbol{A}^{\mathrm{H}}\boldsymbol{A})\boldsymbol{x}=\boldsymbol{0}$，得基础解系 $\boldsymbol{x}_3=(1,1,-1)^{\mathrm{T}}$，单位化得 $\boldsymbol{u}_3=\left(\frac{1}{\sqrt{3}},\frac{1}{\sqrt{3}},\frac{-1}{\sqrt{3}}\right)^{\mathrm{T}}$；

所以得　$$\boldsymbol{U}=[\boldsymbol{u}_1,\boldsymbol{u}_2,\boldsymbol{u}_3]=\begin{bmatrix}\frac{1}{\sqrt{6}} & \frac{1}{\sqrt{2}} & \frac{1}{\sqrt{3}}\\ \frac{1}{\sqrt{6}} & \frac{-1}{\sqrt{2}} & \frac{1}{\sqrt{3}}\\ \frac{2}{\sqrt{6}} & 0 & \frac{-1}{\sqrt{3}}\end{bmatrix}.$$

$$\boldsymbol{V}_1=\boldsymbol{A}\boldsymbol{U}_1\boldsymbol{S}^{-1}=\begin{bmatrix}1 & 1 & 2\\ 1 & -1 & 0\\ 1 & 1 & 2\\ 1 & -1 & 0\end{bmatrix}\begin{bmatrix}\frac{1}{\sqrt{6}} & \frac{1}{\sqrt{2}}\\ \frac{1}{\sqrt{6}} & \frac{-1}{\sqrt{2}}\\ \frac{2}{\sqrt{6}} & 0\end{bmatrix}\begin{bmatrix}\frac{1}{\sqrt{12}} & 0\\ 0 & \frac{1}{2}\end{bmatrix}$$

$$
=\begin{bmatrix}\frac{1}{\sqrt{2}} & 0\\ 0 & \frac{1}{\sqrt{2}}\\ \frac{1}{\sqrt{2}} & 0\\ 0 & \frac{1}{\sqrt{2}}\end{bmatrix}=[\boldsymbol{v}_1,\boldsymbol{v}_2],
$$

解齐次线性方程组 $\boldsymbol{V}_1^{\mathrm{H}}\boldsymbol{x}=\boldsymbol{0}$, $\begin{bmatrix}\frac{1}{\sqrt{2}} & 0 & \frac{1}{\sqrt{2}} & 0\\ 0 & \frac{1}{\sqrt{2}} & 0 & \frac{1}{\sqrt{2}}\end{bmatrix}\begin{bmatrix}\xi_1\\ \xi_2\\ \xi_3\\ \xi_4\end{bmatrix}=\begin{bmatrix}0\\ 0\end{bmatrix}$,

得 $\boldsymbol{v}_3=\left(\frac{1}{\sqrt{2}},\ 0,\ \frac{-1}{\sqrt{2}},\ 0\right)^{\mathrm{T}},\boldsymbol{v}_4=\left(0,\ \frac{1}{\sqrt{2}},\ 0,\ \frac{-1}{\sqrt{2}}\right)^{\mathrm{T}}$,

即

$$
\boldsymbol{V}=[\boldsymbol{v}_1,\ \boldsymbol{v}_2,\ \boldsymbol{v}_3,\ \boldsymbol{v}_4]=\frac{1}{\sqrt{2}}\begin{bmatrix}1 & 0 & 1 & 0\\ 0 & 1 & 0 & 1\\ 1 & 0 & -1 & 0\\ 0 & 1 & 0 & -1\end{bmatrix}.
$$

因此,$\boldsymbol{A}=\boldsymbol{V}\boldsymbol{S}_0\boldsymbol{U}^{\mathrm{H}}$ 为 $\boldsymbol{A}$ 的奇异值分解.

注:在定理 10.4 的证明中有 $\boldsymbol{V}_1=\boldsymbol{A}\boldsymbol{U}_1\boldsymbol{S}^{-1}$,即 $\boldsymbol{V}_1\boldsymbol{S}\boldsymbol{U}_1^{\mathrm{H}}=\boldsymbol{A}$. 若记 $\boldsymbol{B}=\boldsymbol{V}_1\in\mathbb{C}^{m\times r}$,$\boldsymbol{C}=\boldsymbol{S}\boldsymbol{U}_1^{\mathrm{H}}\in\mathbb{C}^{r\times n}$,则 rank $\boldsymbol{B}$ = rank $\boldsymbol{C}=r$,且 $\boldsymbol{A}=\boldsymbol{B}\boldsymbol{C}$. 这里得到了 $\boldsymbol{A}$ 的一个与奇异值分解有关的满秩分解.

§ 10.4 广义逆矩阵 $\boldsymbol{A}^+$

定义 10.5 设 $\boldsymbol{A}\in\mathbb{C}^{m\times n}$,若存在 $\boldsymbol{G}\in\mathbb{C}^{n\times m}$ 满足 Moore-Penrose(摩尔 - 彭若斯)方程

(1) $AGA=A$,

(2) $GAG=G$,

(3) $(AG)^{H}=AG$,

(4) $(GA)^{H}=GA$,

则称 G 是 A 的 $\{1,2,3,4\}$ - 逆或 M-P 逆,记为 A^{+},也简称为 A 的广义逆.

若 G 满足(1)和 (3),则称 G 是 A 的一个 $\{1,3\}$ - 逆,记为 $A^{[1,3]}$. 满足(1)和(3)的所有的 $A^{[1,3]}$ 构成的集合记为 $A\{1,3\}$.

若 G 满足(1)和(4),则称 G 是 A 的一个 $\{1,4\}$ - 逆,记为 $A^{[1,4]}$. 满足(1)和(4)的所有的 $A^{[1,4]}$ 构成的集合记为 $A\{1,4\}$.

事实上可以定义 A 满足 M-P 方程中的任何一个,或任何两个,或任何三个的广义逆矩阵. 例如 $A^{[3]}$, $A^{[2,3]}$, $A^{[1,2,4]}$,等等.

关系式 $A^{+}\in A\{1,3\}\subset A\{1\}$ 及 $A^{+}\subset A\{1,4\}\subset A\{1\}$ 显然成立.

若 A 是 n 阶可逆矩阵,则由定义不难看出 $A^{+}=A^{-1}$,可见 A^{+} 也是 A^{-1} 的推广.

定理 10.5　对任意 $A\in\mathbb{C}^{m\times n}$, A^{+} 存在且唯一.

证　如果 $A=0$,则 $A^{+}=0$. 下设 $\operatorname{rank} A=r>0$,且 $A=BC$ 是 A 的满秩分解.

构造矩阵 $G=C^{H}(CC^{H})^{-1}(B^{H}B)^{-1}B^{H}$,则

(1) $AGA=BCC^{H}(CC^{H})^{-1}(B^{H}B)^{-1}B^{H}BC=BC=A$;

$$\begin{aligned}(2)\ GAG&=C^{H}(CC^{H})^{-1}(B^{H}B)^{-1}B^{H}BCC^{H}(CC^{H})^{-1}(B^{H}B)^{-1}B^{H}\\&=C^{H}(CC^{H})^{-1}(B^{H}B)^{-1}B^{H}=G;\end{aligned}$$

$$\begin{aligned}(3)\ [AG]^{H}&=[BCC^{H}(CC^{H})^{-1}(B^{H}B)^{-1}B^{H}]^{H}=[B(B^{H}B)^{-1}B^{H}]^{H}\\&=B(B^{H}B)^{-1}B^{H}=BCC^{H}(CC^{H})^{-1}(B^{H}B)^{-1}B^{H}=AG;\end{aligned}$$

$$\begin{aligned}(4)\ [GA]^{H}&=[C^{H}(CC^{H})^{-1}(B^{H}B)^{-1}B^{H}BC]^{H}=[C^{H}(CC^{H})^{-1}C]^{H}\\&=C^{H}(CC^{H})^{-1}C=C^{H}(CC^{H})^{-1}(B^{H}B)^{-1}B^{H}BC=GA.\end{aligned}$$

因此 A^{+} 存在,且 $A^{+}=C^{H}(CC^{H})^{-1}(B^{H}B)^{-1}B^{H}$.

下面证明唯一性.

设$\boldsymbol{A}^{+}=\boldsymbol{X}$,且$\boldsymbol{A}^{+}=\boldsymbol{Y}$,则

$$\begin{aligned}\boldsymbol{X}&=\boldsymbol{XAX}=\boldsymbol{X}(\boldsymbol{AX})^{\mathrm{H}}=\boldsymbol{XX}^{\mathrm{H}}\boldsymbol{A}^{\mathrm{H}}=\boldsymbol{XX}^{\mathrm{H}}(\boldsymbol{AYA})^{\mathrm{H}}=\boldsymbol{XX}^{\mathrm{H}}\boldsymbol{A}^{\mathrm{H}}(\boldsymbol{AY})^{\mathrm{H}}\\&=\boldsymbol{X}(\boldsymbol{AX})^{\mathrm{H}}(\boldsymbol{AY})^{\mathrm{H}}=\boldsymbol{XAXAY}=\boldsymbol{XAY}=(\boldsymbol{XA})^{\mathrm{H}}\boldsymbol{YAY}\\&=(\boldsymbol{XA})^{\mathrm{H}}(\boldsymbol{YA})^{\mathrm{H}}\boldsymbol{Y}=\boldsymbol{A}^{\mathrm{H}}\boldsymbol{X}^{\mathrm{H}}\boldsymbol{A}^{\mathrm{H}}\boldsymbol{Y}^{\mathrm{H}}\boldsymbol{Y}=(\boldsymbol{AXA})^{\mathrm{H}}\boldsymbol{Y}^{\mathrm{H}}\boldsymbol{Y}=\boldsymbol{A}^{\mathrm{H}}\boldsymbol{Y}^{\mathrm{H}}\boldsymbol{Y}\\&=(\boldsymbol{YA})^{\mathrm{H}}\boldsymbol{Y}=\boldsymbol{YAY}=\boldsymbol{Y}.\end{aligned}$$

在定理10.5的证明中,得出了求$\boldsymbol{A}^{+}$的一个公式

$$\boldsymbol{A}^{+}=\boldsymbol{C}^{\mathrm{H}}(\boldsymbol{CC}^{\mathrm{H}})^{-1}(\boldsymbol{B}^{\mathrm{H}}\boldsymbol{B})^{-1}\boldsymbol{B}^{\mathrm{H}},$$

其中$\boldsymbol{A}=\boldsymbol{BC}$是$\boldsymbol{A}$的满秩分解.

例 10.6 设$\boldsymbol{A}=\begin{bmatrix}1&0&3\\2&3&0\\1&1&1\end{bmatrix}$,求$\boldsymbol{A}^{+}$.

解 $$\boldsymbol{A}=\begin{bmatrix}1&0&3\\2&3&0\\1&1&1\end{bmatrix}\to\begin{bmatrix}1&0&3\\0&3&-6\\0&1&-2\end{bmatrix}\to\begin{bmatrix}1&0&3\\0&1&-2\\0&0&0\end{bmatrix},$$

于是$\boldsymbol{A}$满秩分解为

$$\boldsymbol{A}=\begin{bmatrix}1&0\\2&3\\1&1\end{bmatrix}\begin{bmatrix}1&0&3\\0&1&-2\end{bmatrix}=\boldsymbol{BC},$$

故 $$\begin{aligned}\boldsymbol{A}^{+}&=\boldsymbol{C}^{\mathrm{H}}(\boldsymbol{CC}^{\mathrm{H}})^{-1}(\boldsymbol{B}^{\mathrm{H}}\boldsymbol{B})^{-1}\boldsymbol{B}^{\mathrm{H}}\\&=\begin{bmatrix}1&0\\0&1\\3&-2\end{bmatrix}\left(\begin{bmatrix}1&0&3\\0&1&-2\end{bmatrix}\begin{bmatrix}1&0\\0&1\\3&-2\end{bmatrix}\right)^{-1}\cdot\\&\quad\left(\begin{bmatrix}1&2&1\\0&3&1\end{bmatrix}\begin{bmatrix}1&0\\2&3\\1&1\end{bmatrix}\right)^{-1}\begin{bmatrix}1&2&1\\0&3&1\end{bmatrix}\\&=\begin{bmatrix}1&0\\0&1\\3&-2\end{bmatrix}\frac{1}{14}\begin{bmatrix}5&6\\6&10\end{bmatrix}\frac{1}{11}\begin{bmatrix}10&-7\\-7&6\end{bmatrix}\begin{bmatrix}1&2&1\\0&3&1\end{bmatrix}\end{aligned}$$

$$=\frac{1}{154}\begin{bmatrix} 8 & 19 & 9 \\ -10 & 34 & 8 \\ 44 & -11 & 11 \end{bmatrix}.$$

由公式 $\boldsymbol{A}^{+}=\boldsymbol{C}^{\mathrm{H}}(\boldsymbol{C}\boldsymbol{C}^{\mathrm{H}})^{-1}(\boldsymbol{B}^{\mathrm{H}}\boldsymbol{B})^{-1}\boldsymbol{B}^{\mathrm{H}}$ 不难看出:

(1)当 $\boldsymbol{A}$ 是列满秩矩阵时,$\boldsymbol{A}=\boldsymbol{A}\boldsymbol{E}$ 是 $\boldsymbol{A}$ 的满秩分解,故 $\boldsymbol{A}^{+}=(\boldsymbol{A}^{\mathrm{H}}\boldsymbol{A})^{-1}\boldsymbol{A}^{\mathrm{H}}$;

(2)当 $\boldsymbol{A}$ 是行满秩矩阵时,$\boldsymbol{A}=\boldsymbol{E}\boldsymbol{A}$ 是 $\boldsymbol{A}$ 的满秩分解,故 $\boldsymbol{A}^{+}=\boldsymbol{A}^{\mathrm{H}}(\boldsymbol{A}\boldsymbol{A}^{\mathrm{H}})^{-1}$.

例 10.7　$\boldsymbol{A}=\begin{bmatrix} 1 & 0 \\ 0 & 1 \\ 1 & 0 \end{bmatrix}$,求 $\boldsymbol{A}^{+}$.

解　因为 $\boldsymbol{A}$ 是列满秩矩阵,故

$$\boldsymbol{A}^{+}=(\boldsymbol{A}^{\mathrm{H}}\boldsymbol{A})^{-1}\boldsymbol{A}^{\mathrm{H}}=\left(\begin{bmatrix} 1 & 0 & 1 \\ 0 & 1 & 0 \end{bmatrix}\begin{bmatrix} 1 & 0 \\ 0 & 1 \\ 1 & 0 \end{bmatrix}\right)^{-1}\begin{bmatrix} 1 & 0 & 1 \\ 0 & 1 & 0 \end{bmatrix}$$

$$=\begin{bmatrix} \frac{1}{2} & 0 \\ 0 & 1 \end{bmatrix}\begin{bmatrix} 1 & 0 & 1 \\ 0 & 1 & 0 \end{bmatrix}=\begin{bmatrix} \frac{1}{2} & 0 & \frac{1}{2} \\ 0 & 1 & 0 \end{bmatrix}.$$

定理 10.6　对任意 $\boldsymbol{A}\in\mathbb{C}^{m\times n}$,若 $\boldsymbol{A}$ 的奇异值分解为 $\boldsymbol{A}=\boldsymbol{V}\begin{bmatrix} \boldsymbol{S} & \boldsymbol{0} \\ \boldsymbol{0} & \boldsymbol{0} \end{bmatrix}_{m\times n}\boldsymbol{U}^{\mathrm{H}}$,则 $\boldsymbol{A}^{+}=\boldsymbol{U}\begin{bmatrix} \boldsymbol{S}^{-1} & \boldsymbol{0} \\ \boldsymbol{0} & \boldsymbol{0} \end{bmatrix}_{n\times m}\boldsymbol{V}^{\mathrm{H}}$.

证　记 $\boldsymbol{U}\begin{bmatrix} \boldsymbol{S}^{-1} & \boldsymbol{0} \\ \boldsymbol{0} & \boldsymbol{0} \end{bmatrix}_{n\times m}\boldsymbol{V}^{\mathrm{H}}=\boldsymbol{G}$,于是

(1)$\boldsymbol{AGA}=\boldsymbol{V}\begin{bmatrix} \boldsymbol{S} & \boldsymbol{0} \\ \boldsymbol{0} & \boldsymbol{0} \end{bmatrix}\boldsymbol{U}^{\mathrm{H}}\boldsymbol{U}\begin{bmatrix} \boldsymbol{S}^{-1} & \boldsymbol{0} \\ \boldsymbol{0} & \boldsymbol{0} \end{bmatrix}\boldsymbol{V}^{\mathrm{H}}\boldsymbol{V}\begin{bmatrix} \boldsymbol{S} & \boldsymbol{0} \\ \boldsymbol{0} & \boldsymbol{0} \end{bmatrix}\boldsymbol{U}^{\mathrm{H}}=\boldsymbol{V}\begin{bmatrix} \boldsymbol{S} & \boldsymbol{0} \\ \boldsymbol{0} & \boldsymbol{0} \end{bmatrix}\boldsymbol{U}^{\mathrm{H}}=\boldsymbol{A}$;

(2)$\boldsymbol{GAG}=\boldsymbol{U}\begin{bmatrix} \boldsymbol{S}^{-1} & \boldsymbol{0} \\ \boldsymbol{0} & \boldsymbol{0} \end{bmatrix}\boldsymbol{V}^{\mathrm{H}}\boldsymbol{V}\begin{bmatrix} \boldsymbol{S} & 0 \\ 0 & 0 \end{bmatrix}\boldsymbol{U}^{\mathrm{H}}\boldsymbol{U}\begin{bmatrix} \boldsymbol{S}^{-1} & \boldsymbol{0} \\ \boldsymbol{0} & \boldsymbol{0} \end{bmatrix}\boldsymbol{V}^{\mathrm{H}}$

$$=U\begin{bmatrix}S^{-1} & 0\\0 & 0\end{bmatrix}V^{H}=G;$$

$$(3)(AG)^{H}=\left(V\begin{bmatrix}S & 0\\0 & 0\end{bmatrix}U^{H}U\begin{bmatrix}S^{-1} & 0\\0 & 0\end{bmatrix}V^{H}\right)^{H}=\left(V\begin{bmatrix}E & 0\\0 & 0\end{bmatrix}V^{H}\right)^{H}$$

$$=V\begin{bmatrix}E & 0\\0 & 0\end{bmatrix}V^{H}=V\begin{bmatrix}S & 0\\0 & 0\end{bmatrix}U^{H}U\begin{bmatrix}S^{-1} & 0\\0 & 0\end{bmatrix}V^{H}=AG;$$

$$(4)(GA)^{H}=\left(U\begin{bmatrix}S^{-1} & 0\\0 & 0\end{bmatrix}V^{H}V\begin{bmatrix}S & 0\\0 & 0\end{bmatrix}U^{H}\right)^{H}=\left(U\begin{bmatrix}E & 0\\0 & 0\end{bmatrix}U^{H}\right)^{H}$$

$$=U\begin{bmatrix}E & 0\\0 & 0\end{bmatrix}U^{H}=U\begin{bmatrix}S^{-1} & 0\\0 & 0\end{bmatrix}V^{H}V\begin{bmatrix}S & 0\\0 & 0\end{bmatrix}U^{H}=GA;$$

由定义知，$A^{+}=G=U\begin{bmatrix}S^{-1} & 0\\0 & 0\end{bmatrix}_{n\times m}V^{H}$.

例 10.8 $A=\begin{bmatrix}1 & 0\\0 & 1\\1 & 0\end{bmatrix}$，利用 A 的奇异值分解求 A^{+}.

解 $\operatorname{rank}A=r=2$，A 是列满秩矩阵.

$$A^{H}A=\begin{bmatrix}1 & 0 & 1\\0 & 1 & 0\end{bmatrix}\begin{bmatrix}1 & 0\\0 & 1\\1 & 0\end{bmatrix}=\begin{bmatrix}2 & 0\\0 & 1\end{bmatrix}.$$

因为 $\det(\lambda E-A^{H}A)=\begin{vmatrix}\lambda-2 & 0\\0 & \lambda-1\end{vmatrix}=(\lambda-2)(\lambda-1)$，

所以 $\lambda_1=2,\lambda_2=1$；

于是 $\mu_1=\sqrt{2},\mu_2=1,S=\begin{bmatrix}\sqrt{2} & 0\\0 & 1\end{bmatrix}$.

解齐次线性方程组 $(2E-A^{H}A)x=0$，得 $u_1=(1,0)^{T}$；
解齐次线性方程组 $(E-A^{H}A)x=0$，得 $u_2=(0,1)^{T}$.

因为 $A^{H}A$ 无零特征值，U_2 不出现，所以

$$\boldsymbol{U}=\boldsymbol{U}_1=[\boldsymbol{u}_1,\boldsymbol{u}_2]=\begin{bmatrix}1&0\\0&1\end{bmatrix}.$$

$$\boldsymbol{V}_1=\boldsymbol{A}\boldsymbol{U}_1\boldsymbol{S}^{-1}=\begin{bmatrix}1&0\\0&1\\1&0\end{bmatrix}\begin{bmatrix}1&0\\0&1\end{bmatrix}\begin{bmatrix}\frac{1}{\sqrt{2}}&0\\0&1\end{bmatrix}=\begin{bmatrix}\frac{1}{\sqrt{2}}&0\\0&1\\\frac{1}{\sqrt{2}}&0\end{bmatrix}=[\boldsymbol{v}_1,\boldsymbol{v}_2],$$

又 $m-r=3-2=1$，解齐次线性方程组 $\boldsymbol{V}_1^{\mathrm{H}}\boldsymbol{x}=\boldsymbol{0}$，得

$$\boldsymbol{v}_3=\left(\frac{1}{\sqrt{2}},0,\frac{-1}{\sqrt{2}}\right)^{\mathrm{T}}=\boldsymbol{V}_2,$$

于是
$$\boldsymbol{V}=[\boldsymbol{V}_1,\boldsymbol{V}_2]=[\boldsymbol{v}_1,\boldsymbol{v}_2,\boldsymbol{v}_3]=\begin{bmatrix}\frac{1}{\sqrt{2}}&0&\frac{1}{\sqrt{2}}\\0&1&0\\\frac{1}{\sqrt{2}}&0&\frac{-1}{\sqrt{2}}\end{bmatrix}.$$

所以
$$\boldsymbol{A}^{+}=\boldsymbol{U}\begin{bmatrix}\boldsymbol{S}^{-1}&\boldsymbol{0}\\\boldsymbol{0}&\boldsymbol{0}\end{bmatrix}_{2\times 3}\boldsymbol{V}^{\mathrm{H}}$$

$$=\begin{bmatrix}1&0\\0&1\end{bmatrix}\begin{bmatrix}\frac{1}{\sqrt{2}}&0&0\\0&1&0\end{bmatrix}\begin{bmatrix}\frac{1}{\sqrt{2}}&0&\frac{1}{\sqrt{2}}\\0&1&0\\\frac{1}{\sqrt{2}}&0&\frac{-1}{\sqrt{2}}\end{bmatrix}=\begin{bmatrix}\frac{1}{2}&0&\frac{1}{2}\\0&1&0\end{bmatrix}.$$

定理 10.7　对任意 $\boldsymbol{A}\in\mathbb{C}^{m\times n}$，若 $\operatorname{rank}\boldsymbol{A}=r$，则

$$\boldsymbol{A}^{+}=\boldsymbol{U}_1\operatorname{diag}\left(\frac{1}{\lambda_1},\cdots,\frac{1}{\lambda_r}\right)\boldsymbol{U}_1^{\mathrm{H}}\boldsymbol{A}^{\mathrm{H}},$$

其中 $\lambda_1,\lambda_2,\cdots,\lambda_r$ 是 $\boldsymbol{A}^{\mathrm{H}}\boldsymbol{A}$ 的 r 个正特征值，$\boldsymbol{U}_1=[\boldsymbol{u}_1,\boldsymbol{u}_2,\cdots,\boldsymbol{u}_r]$，而 $\boldsymbol{u}_1,\boldsymbol{u}_2,\cdots,\boldsymbol{u}_r$ 分别是 $\boldsymbol{A}^{\mathrm{H}}\boldsymbol{A}$ 的对应于 $\lambda_1,\lambda_2,\cdots,\lambda_r$ 的标准正交特征向量.

证　在定理 10.4 的证明过程中，有等式

$$\boldsymbol{A}=\boldsymbol{V}\boldsymbol{S}_0\boldsymbol{U}^{\mathrm{H}}=[\boldsymbol{V}_1,\boldsymbol{V}_2]\begin{bmatrix}\boldsymbol{S}&\boldsymbol{0}\\\boldsymbol{0}&\boldsymbol{0}\end{bmatrix}[\boldsymbol{U}_1,\boldsymbol{U}_2]^{\mathrm{H}}=[\boldsymbol{V}_1\boldsymbol{S},\boldsymbol{0}]\begin{bmatrix}\boldsymbol{U}_1^{\mathrm{H}}\\\boldsymbol{U}_2^{\mathrm{H}}\end{bmatrix}$$

$$=\boldsymbol{V}_1\boldsymbol{S}\boldsymbol{U}_1^{\mathrm{H}}+\boldsymbol{0}\boldsymbol{U}_2^{\mathrm{H}}=\boldsymbol{V}_1\boldsymbol{S}\boldsymbol{U}_1^{\mathrm{H}}.$$

在上式中,令 $\boldsymbol{B}=\boldsymbol{V}_1$,$\boldsymbol{C}=\boldsymbol{S}\boldsymbol{U}_1^{\mathrm{H}}$,则 $\boldsymbol{A}=\boldsymbol{V}_1\boldsymbol{S}\boldsymbol{U}_1^{\mathrm{H}}=\boldsymbol{B}\boldsymbol{C}$ 是 $\boldsymbol{A}$ 的满秩分解. 于是,考虑到 $\boldsymbol{V}_1=\boldsymbol{A}\boldsymbol{U}_1\boldsymbol{S}^{-1}$,有

$$\boldsymbol{A}^+=(\boldsymbol{S}\boldsymbol{U}_1^{\mathrm{H}})^{\mathrm{H}}[\boldsymbol{S}\boldsymbol{U}_1^{\mathrm{H}}(\boldsymbol{S}\boldsymbol{U}_1^{\mathrm{H}})^{\mathrm{H}}]^{-1}(\boldsymbol{V}_1^{\mathrm{H}}\boldsymbol{V}_1)^{-1}\boldsymbol{V}_1^{\mathrm{H}}=\boldsymbol{U}_1\boldsymbol{S}[\boldsymbol{S}\boldsymbol{U}_1^{\mathrm{H}}\boldsymbol{U}_1\boldsymbol{S}]^{-1}\boldsymbol{V}_1^{\mathrm{H}}$$

$$=\boldsymbol{U}_1\boldsymbol{S}(\boldsymbol{S}^2)^{-1}\boldsymbol{V}_1^{\mathrm{H}}=\boldsymbol{U}_1\boldsymbol{S}^{-1}(\boldsymbol{A}\boldsymbol{U}_1\boldsymbol{S}^{-1})^{\mathrm{H}}=\boldsymbol{U}_1(\boldsymbol{S}^2)^{-1}\boldsymbol{U}_1^{\mathrm{H}}\boldsymbol{A}^{\mathrm{H}}$$

$$=\boldsymbol{U}_1\mathrm{diag}\left(\frac{1}{\mu_1{}^2},\cdots,\frac{1}{\mu_r^2}\right)\boldsymbol{U}_1^{\mathrm{H}}\boldsymbol{A}^{\mathrm{H}}=\boldsymbol{U}_1\mathrm{diag}\left(\frac{1}{\lambda_1},\cdots,\frac{1}{\lambda_r}\right)\boldsymbol{U}_1^{\mathrm{H}}\boldsymbol{A}^{\mathrm{H}}.$$

利用公式 $\boldsymbol{A}^+=\boldsymbol{U}_1\mathrm{diag}\left(\frac{1}{\lambda_1},\cdots,\frac{1}{\lambda_r}\right)\boldsymbol{U}_1^{\mathrm{H}}\boldsymbol{A}^{\mathrm{H}}$ 计算 $\boldsymbol{A}^+$,只需求出 $\boldsymbol{A}^{\mathrm{H}}\boldsymbol{A}$ 的非零特征值及相对应的标准正交特征向量即可,计算量较小.

例 10.9 对于 $\boldsymbol{A}=\begin{bmatrix}1&0\\0&1\\1&0\end{bmatrix}$,利用公式

$$\boldsymbol{A}^+=\boldsymbol{U}_1\mathrm{diag}\left(\frac{1}{\lambda_1},\cdots,\frac{1}{\lambda_r}\right)\boldsymbol{U}_1^{\mathrm{H}}\boldsymbol{A}^{\mathrm{H}}$$

计算 $\boldsymbol{A}^+$.

解 由例 10.8 知 $\boldsymbol{U}_1=\begin{bmatrix}1&0\\0&1\end{bmatrix}$,$\lambda_1=2$,$\lambda_2=1$,所以

$$\boldsymbol{A}^+=\boldsymbol{U}_1\mathrm{diag}\left(\frac{1}{\lambda_1},\frac{1}{\lambda_2}\right)\boldsymbol{U}_1^{\mathrm{H}}\boldsymbol{A}^{\mathrm{H}}$$

$$=\begin{bmatrix}1&0\\0&1\end{bmatrix}\begin{bmatrix}\frac{1}{2}&0\\0&1\end{bmatrix}\begin{bmatrix}1&0\\0&1\end{bmatrix}^{\mathrm{H}}\begin{bmatrix}1&0&1\\0&1&0\end{bmatrix}$$

$$=\begin{bmatrix}\frac{1}{2}&0&\frac{1}{2}\\0&1&0\end{bmatrix}.$$

$\boldsymbol{A}^+$ 与 $\boldsymbol{A}^{-1}$ 有很多相类似的性质.

定理 10.8 设 $A\in\mathbb{C}^{m\times n}$,则

(1) $(A^+)^+=A$;

(2) $(A^{\mathrm{H}})^+=(A^+)^{\mathrm{H}}$;

(3) $(A^{\mathrm{H}}A)^+=A^+(A^{\mathrm{H}})^+$, $(AA^{\mathrm{H}})^+=(A^{\mathrm{H}})^+A^+$;

(4) $A^+=(A^{\mathrm{H}}A)^+A^{\mathrm{H}}=A^{\mathrm{H}}(AA^{\mathrm{H}})^+$;

(5) 对任意 $D\in A\{1,4\}$, $G\in A\{1,3\}$, $A^+=DAG$.

*证 (1) 由定义 10.5 知, A^+ 和 A 的位置是对称的,所以 $(A^+)^+=A$.

(2) ① $A^{\mathrm{H}}(A^+)^{\mathrm{H}}A^{\mathrm{H}}=(AA^+A)^{\mathrm{H}}=A^{\mathrm{H}}$,

② $(A^+)^{\mathrm{H}}A^{\mathrm{H}}(A^+)^{\mathrm{H}}=(A^+AA^+)^{\mathrm{H}}=(A^+)^{\mathrm{H}}$,

③ $[A^{\mathrm{H}}(A^+)^{\mathrm{H}}]^{\mathrm{H}}=[(A^+A)^{\mathrm{H}}]^{\mathrm{H}}=(A^+A)^{\mathrm{H}}=A^{\mathrm{H}}(A^+)^{\mathrm{H}}$,

④ $[(A^+)^{\mathrm{H}}A^{\mathrm{H}}]^{\mathrm{H}}=[(AA^+)^{\mathrm{H}}]^{\mathrm{H}}=(AA^+)^{\mathrm{H}}=(A^+)^{\mathrm{H}}A^{\mathrm{H}}$,

由定义 10.5 可知, $(A^{\mathrm{H}})^+=(A^+)^{\mathrm{H}}$.

(3) 只证明 $(A^{\mathrm{H}}A)^+=A^+(A^{\mathrm{H}})^+$.

①
$$\begin{aligned}A^{\mathrm{H}}A[A^+(A^{\mathrm{H}})^+]A^{\mathrm{H}}A&=A^{\mathrm{H}}AA^+(A^+)^{\mathrm{H}}A^{\mathrm{H}}A=A^{\mathrm{H}}AA^+(AA^+)^{\mathrm{H}}A\\&=A^{\mathrm{H}}AA^+AA^+A=A^{\mathrm{H}}AA^+A=A^{\mathrm{H}}A;\end{aligned}$$

②
$$\begin{aligned}[A^+(A^{\mathrm{H}})^+]A^{\mathrm{H}}A[A^+(A^{\mathrm{H}})^+]&=A^+(A^+)^{\mathrm{H}}A^{\mathrm{H}}AA^+(A^{\mathrm{H}})^+\\&=A^+(AA^+)^{\mathrm{H}}AA^+(A^{\mathrm{H}})^+\\&=A^+AA^+AA^+(A^{\mathrm{H}})^+\\&=A^+AA^+(A^{\mathrm{H}})^+=A^+(A^{\mathrm{H}})^+;\end{aligned}$$

③
$$\begin{aligned}[A^{\mathrm{H}}AA^+(A^{\mathrm{H}})^+]^{\mathrm{H}}&=[A^{\mathrm{H}}(AA^+)^{\mathrm{H}}(A^+)^{\mathrm{H}}]^{\mathrm{H}}=A^+AA^+A\\&=(A^+A)^{\mathrm{H}}(A^+A)^{\mathrm{H}}=A^{\mathrm{H}}(A^+)^{\mathrm{H}}A^{\mathrm{H}}(A^+)^{\mathrm{H}}\\&=A^{\mathrm{H}}(AA^+)^{\mathrm{H}}(A^+)^{\mathrm{H}}=A^{\mathrm{H}}AA^+(A^{\mathrm{H}})^+;\end{aligned}$$

④
$$\begin{aligned}[A^+(A^{\mathrm{H}})^+A^{\mathrm{H}}A]^{\mathrm{H}}&=[A^+(A^+)^{\mathrm{H}}A^{\mathrm{H}}A]^{\mathrm{H}}=[A^+(AA^+)^{\mathrm{H}}A]^{\mathrm{H}}\\&=[A^+AA^+A]^{\mathrm{H}}=[(A^+A)^{\mathrm{H}}(A^+A)^{\mathrm{H}}]^{\mathrm{H}}\\&=A^+AA^+A=A^+(AA^+)^{\mathrm{H}}A=A^+(A^+)^{\mathrm{H}}A^{\mathrm{H}}A\\&=A^+(A^{\mathrm{H}})^+A^{\mathrm{H}}A.\end{aligned}$$

由定义 10.5 知, $(A^{\mathrm{H}}A)^+=A^+(A^{\mathrm{H}})^+$.

(4) 只证 $\boldsymbol{A}^{+}=(\boldsymbol{A}^{\mathrm{H}}\boldsymbol{A})^{+}\boldsymbol{A}^{\mathrm{H}}$.

① $$\begin{aligned}\boldsymbol{A}[(\boldsymbol{A}^{\mathrm{H}}\boldsymbol{A})^{+}\boldsymbol{A}^{\mathrm{H}}]\boldsymbol{A}&=\boldsymbol{A}\boldsymbol{A}^{+}(\boldsymbol{A}^{\mathrm{H}})^{+}\boldsymbol{A}^{\mathrm{H}}\boldsymbol{A}=\boldsymbol{A}\boldsymbol{A}^{+}(\boldsymbol{A}^{+})^{\mathrm{H}}\boldsymbol{A}^{\mathrm{H}}\boldsymbol{A}\\&=\boldsymbol{A}\boldsymbol{A}^{+}(\boldsymbol{A}\boldsymbol{A}^{+})^{\mathrm{H}}\boldsymbol{A}=\boldsymbol{A}\boldsymbol{A}^{+}(\boldsymbol{A}\boldsymbol{A}^{+})\boldsymbol{A}=\boldsymbol{A}\boldsymbol{A}^{+}\boldsymbol{A}\boldsymbol{A}^{+}\boldsymbol{A}\\&=\boldsymbol{A}\boldsymbol{A}^{+}\boldsymbol{A}=\boldsymbol{A};\end{aligned}$$

② $$\begin{aligned}[(\boldsymbol{A}^{\mathrm{H}}\boldsymbol{A})^{+}\boldsymbol{A}^{\mathrm{H}}]\boldsymbol{A}[(\boldsymbol{A}^{\mathrm{H}}\boldsymbol{A})^{+}\boldsymbol{A}^{\mathrm{H}}]&=[(\boldsymbol{A}^{\mathrm{H}}\boldsymbol{A})^{+}\boldsymbol{A}^{\mathrm{H}}\boldsymbol{A}(\boldsymbol{A}^{\mathrm{H}}\boldsymbol{A})^{+}]\boldsymbol{A}^{\mathrm{H}}\\&=(\boldsymbol{A}^{\mathrm{H}}\boldsymbol{A})^{+}\boldsymbol{A}^{\mathrm{H}};\end{aligned}$$

③ $$\begin{aligned}[\boldsymbol{A}(\boldsymbol{A}^{\mathrm{H}}\boldsymbol{A})^{+}\boldsymbol{A}^{\mathrm{H}}]^{\mathrm{H}}&=\boldsymbol{A}[(\boldsymbol{A}^{\mathrm{H}}\boldsymbol{A})^{+}]^{\mathrm{H}}\boldsymbol{A}^{\mathrm{H}}=\boldsymbol{A}[(\boldsymbol{A}^{\mathrm{H}}\boldsymbol{A})^{\mathrm{H}}]^{+}\boldsymbol{A}^{\mathrm{H}}\\&=\boldsymbol{A}(\boldsymbol{A}^{\mathrm{H}}\boldsymbol{A})^{+}\boldsymbol{A}^{\mathrm{H}};\end{aligned}$$

④ $$\begin{aligned}[(\boldsymbol{A}^{\mathrm{H}}\boldsymbol{A})^{+}\boldsymbol{A}^{\mathrm{H}}\boldsymbol{A}]^{\mathrm{H}}&=\boldsymbol{A}^{\mathrm{H}}\boldsymbol{A}[(\boldsymbol{A}^{\mathrm{H}}\boldsymbol{A})^{+}]^{\mathrm{H}}=\boldsymbol{A}^{\mathrm{H}}\boldsymbol{A}[(\boldsymbol{A}^{\mathrm{H}}\boldsymbol{A})^{\mathrm{H}}]^{+}\\&=\boldsymbol{A}^{\mathrm{H}}\boldsymbol{A}(\boldsymbol{A}^{\mathrm{H}}\boldsymbol{A})^{+}=[\boldsymbol{A}^{\mathrm{H}}\boldsymbol{A}(\boldsymbol{A}^{\mathrm{H}}\boldsymbol{A})^{+}]^{\mathrm{H}}\\&=[(\boldsymbol{A}^{\mathrm{H}}\boldsymbol{A})^{+}]^{\mathrm{H}}\boldsymbol{A}^{\mathrm{H}}\boldsymbol{A}=[(\boldsymbol{A}^{\mathrm{H}}\boldsymbol{A})^{\mathrm{H}}]^{+}\boldsymbol{A}^{\mathrm{H}}\boldsymbol{A}\\&=(\boldsymbol{A}^{\mathrm{H}}\boldsymbol{A})^{+}\boldsymbol{A}^{\mathrm{H}}\boldsymbol{A}.\end{aligned}$$

由定义 10.5 可知，$\boldsymbol{A}^{+}=(\boldsymbol{A}^{\mathrm{H}}\boldsymbol{A})^{+}\boldsymbol{A}^{\mathrm{H}}$.

(5) ① $\boldsymbol{A}(\boldsymbol{DAG})\boldsymbol{A}=\boldsymbol{ADAGA}=\boldsymbol{AGA}=\boldsymbol{A}$;

② $(\boldsymbol{DAG})\boldsymbol{A}(\boldsymbol{DAG})=\boldsymbol{DAGADAG}=\boldsymbol{DADAG}=\boldsymbol{DAG}$;

③ $$\begin{aligned}[\boldsymbol{A}(\boldsymbol{DAG})]^{\mathrm{H}}&=[(\boldsymbol{ADA})\boldsymbol{G}]^{\mathrm{H}}=(\boldsymbol{AG})^{\mathrm{H}}=\boldsymbol{AG}=\boldsymbol{ADAG}\\&=\boldsymbol{A}(\boldsymbol{DAG});\end{aligned}$$

④ $$\begin{aligned}[(\boldsymbol{DAG})\boldsymbol{A}]^{\mathrm{H}}&=[\boldsymbol{D}(\boldsymbol{AGA})]^{\mathrm{H}}=(\boldsymbol{DA})^{\mathrm{H}}=\boldsymbol{DA}=\boldsymbol{DAGA}\\&=(\boldsymbol{DAG})\boldsymbol{A}.\end{aligned}$$

由定义 10.5 可知 $\boldsymbol{A}^{+}=\boldsymbol{DAG}$.

§ 10.5 有解方程组的通解及最小范数解

设 $\boldsymbol{A}\in\mathbb{C}^{m\times n}$，$\boldsymbol{x}=(x_1,\cdots,x_n)^{\mathrm{T}}$，$\boldsymbol{b}=(b_1,\cdots,b_m)^{\mathrm{T}}$，$\boldsymbol{Ax}=\boldsymbol{b}$ 是非齐次线性方程组. 本节利用广义逆矩阵研究 $\boldsymbol{Ax}=\boldsymbol{b}$ 的解. 首先研究一个线性矩阵方程.

定理 10.9 设 $\boldsymbol{A}\in\mathbb{C}^{m\times n}$，$\boldsymbol{B}\in\mathbb{C}^{p\times q}$，$\boldsymbol{D}\in\mathbb{C}^{m\times q}$，$\boldsymbol{X}$ 是 $n\times p$ 阶未知矩阵，则矩阵方程 $\boldsymbol{AXB}=\boldsymbol{D}$ 有解的充分必要条件是 $\boldsymbol{AA}^{-}\boldsymbol{DB}^{-}\boldsymbol{B}=\boldsymbol{D}$.

有解时,其通解为 $\boldsymbol{X}=\boldsymbol{A}^{-}\boldsymbol{D}\boldsymbol{B}^{-}+\boldsymbol{Y}-\boldsymbol{A}^{-}\boldsymbol{A}\boldsymbol{Y}\boldsymbol{B}\boldsymbol{B}^{-}$,其中 $\boldsymbol{Y}$ 是任意 $n\times p$ 阶矩阵.

证　先证必要性.

若 $\boldsymbol{AXB}=\boldsymbol{D}$ 有解,设其解为 $\boldsymbol{X}_0$,则 $\boldsymbol{AX}_0\boldsymbol{B}=\boldsymbol{D}$,故

$$\boldsymbol{D}=\boldsymbol{AX}_0\boldsymbol{B}=(\boldsymbol{AA}^{-}\boldsymbol{A})\boldsymbol{X}_0(\boldsymbol{BB}^{-}\boldsymbol{B})=\boldsymbol{AA}^{-}(\boldsymbol{AX}_0\boldsymbol{B})\boldsymbol{B}^{-}\boldsymbol{B}=\boldsymbol{AA}^{-}\boldsymbol{DB}^{-}\boldsymbol{B}.$$

再证充分性.

如果 $\boldsymbol{AA}^{-}\boldsymbol{DB}^{-}\boldsymbol{B}=\boldsymbol{D}$ 成立,即 $\boldsymbol{A}(\boldsymbol{A}^{-}\boldsymbol{DB}^{-})\boldsymbol{B}=\boldsymbol{D}$,故 $\boldsymbol{X}_0=\boldsymbol{A}^{-}\boldsymbol{DB}^{-}$ 是 $\boldsymbol{AXB}=\boldsymbol{D}$ 的解.

最后证明 $\boldsymbol{X}=\boldsymbol{A}^{-}\boldsymbol{DB}^{-}+\boldsymbol{Y}-\boldsymbol{A}^{-}\boldsymbol{AYBB}^{-}$(对任意 $\boldsymbol{Y}\in\mathbb{C}^{n\times p}$)是通解.

因为当 $\boldsymbol{AXB}=\boldsymbol{D}$ 有解时,有 $\boldsymbol{AA}^{-}\boldsymbol{DB}^{-}\boldsymbol{B}=\boldsymbol{D}$. 故对任意 $\boldsymbol{Y}\in\mathbb{C}^{n\times p}$,有

$$\begin{aligned}&\boldsymbol{A}(\boldsymbol{A}^{-}\boldsymbol{DB}^{-}+\boldsymbol{Y}-\boldsymbol{A}^{-}\boldsymbol{AYBB}^{-})\boldsymbol{B}\\=&\boldsymbol{AA}^{-}\boldsymbol{DB}^{-}\boldsymbol{B}+\boldsymbol{AYB}-\boldsymbol{AA}^{-}\boldsymbol{AYBB}^{-}\boldsymbol{B}\\=&\boldsymbol{AA}^{-}\boldsymbol{DB}^{-}\boldsymbol{B}+\boldsymbol{AYB}-\boldsymbol{AYB}\\=&\boldsymbol{AA}^{-}\boldsymbol{DB}^{-}\boldsymbol{B}=\boldsymbol{D}.\end{aligned}$$

上式表明,对 $n\times p$ 阶矩阵 $\boldsymbol{Y}$,$\boldsymbol{X}=\boldsymbol{A}^{-}\boldsymbol{DB}^{-}+\boldsymbol{Y}-\boldsymbol{A}^{-}\boldsymbol{AYBB}^{-}$ 是 $\boldsymbol{AXB}=\boldsymbol{D}$ 的解.

另一方面,设 $\boldsymbol{X}$ 是 $\boldsymbol{AXB}=\boldsymbol{D}$ 的任意一个解,通过适当选取 $\boldsymbol{Y}$,则

$$\boldsymbol{X}=\boldsymbol{X}+\boldsymbol{A}^{-}\boldsymbol{DB}^{-}-\boldsymbol{A}^{-}\boldsymbol{DB}^{-}=\boldsymbol{A}^{-}\boldsymbol{DB}^{-}+\boldsymbol{X}-\boldsymbol{A}^{-}\boldsymbol{AXBB}^{-},$$

即 $\boldsymbol{X}$ 可以表示成 $\boldsymbol{A}^{-}\boldsymbol{DB}^{-}+\boldsymbol{Y}-\boldsymbol{A}^{-}\boldsymbol{AYBB}^{-}$ 的形式,故 $\boldsymbol{X}=\boldsymbol{A}^{-}\boldsymbol{DB}^{-}+\boldsymbol{Y}-\boldsymbol{A}^{-}\boldsymbol{AYBB}^{-}$ 是 $\boldsymbol{AXB}=\boldsymbol{D}$ 的通解.

在定理 10.9 中取 $p=q=1$,$\boldsymbol{B}=1$,就得到下面关于线性方程组的解的定理.

定理 10.10　线性方程组 $\boldsymbol{Ax}=\boldsymbol{b}$ 有解的充要条件是 $\boldsymbol{AA}^{-}\boldsymbol{b}=\boldsymbol{b}$. 当 $\boldsymbol{Ax}=\boldsymbol{b}$ 有解时,其通解为 $\boldsymbol{x}=\boldsymbol{A}^{-}\boldsymbol{b}+(\boldsymbol{E}-\boldsymbol{A}^{-}\boldsymbol{A})\boldsymbol{y}$,其中 $\boldsymbol{y}$ 是任意的 $\boldsymbol{n}$ 维列向量.

定理 10.10 表明,当 $\boldsymbol{Ax}=\boldsymbol{b}$ 有解时,$\boldsymbol{A}^{-}\boldsymbol{b}$ 是其一个特解,而

$(\boldsymbol{E}-\boldsymbol{A}^{-}\boldsymbol{A})\boldsymbol{y}$ 是其导出组 $\boldsymbol{Ax}=\boldsymbol{0}$ 的通解.

例 10.10 利用定理 10.10 解线性方程组 $\begin{cases}x_1+3x_3=3,\\2x_1+3x_2=0,\\x_1+x_2+x_3=1.\end{cases}$

解 记 $\boldsymbol{A}=\begin{bmatrix}1&0&3\\2&3&0\\1&1&1\end{bmatrix}$, $\boldsymbol{b}=\begin{bmatrix}3\\0\\1\end{bmatrix}$, 可求得 $\boldsymbol{A}^{-}=\begin{bmatrix}1&0&0\\-1&0&1\\0&0&0\end{bmatrix}$, 于是有 $\boldsymbol{AA}^{-}\boldsymbol{b}=\boldsymbol{b}$, 故方程组 $\boldsymbol{Ax}=\boldsymbol{b}$ 有解, 且通解

$$\begin{aligned}\boldsymbol{x}&=\boldsymbol{A}^{-}\boldsymbol{b}+(\boldsymbol{E}-\boldsymbol{A}^{-}\boldsymbol{A})\boldsymbol{y}\\&=\begin{bmatrix}1&0&0\\-1&0&1\\0&0&0\end{bmatrix}\begin{bmatrix}3\\0\\1\end{bmatrix}+\begin{bmatrix}0&0&-3\\0&0&2\\0&0&1\end{bmatrix}\begin{bmatrix}y_1\\y_2\\y_3\end{bmatrix}=\begin{bmatrix}3\\-2\\0\end{bmatrix}+y_3\begin{bmatrix}-3\\2\\1\end{bmatrix},\end{aligned}$$

其中 y_3 是任意常数.

定义 10.6 在有解线性方程组 $\boldsymbol{Ax}=\boldsymbol{b}$ 的所有解中, 2 - 范数最小的解称为**最小范数解**.

定理 10.11 对任意的 $\boldsymbol{D}\in\boldsymbol{A}\{1,4\}$, $\boldsymbol{Db}$ 都是有解线性方程组 $\boldsymbol{Ax}=\boldsymbol{b}$ 的最小范数解, 且最小范数解是唯一的.

*证 因为 $\boldsymbol{D}\in\boldsymbol{A}\{1,4\}\subset\boldsymbol{A}\{1\}$, 由定理 10.10 知 $\boldsymbol{Db}$ 是有解线性方程组 $\boldsymbol{Ax}=\boldsymbol{b}$ 的解, 且 $\boldsymbol{Ax}=\boldsymbol{b}$ 任一解可以表示为 $\boldsymbol{x}=\boldsymbol{Db}+(\boldsymbol{E}-\boldsymbol{DA})\boldsymbol{y}$ 的形式.

先证 $\boldsymbol{Db}$ 是最小范数解, 只需证明 $\|\boldsymbol{x}\|_2^2\geqslant\|\boldsymbol{Db}\|_2^2$.

$$\begin{aligned}\|\boldsymbol{x}\|_2^2&=\|\boldsymbol{Db}+(\boldsymbol{E}-\boldsymbol{DA})\boldsymbol{y}\|_2^2=\langle\boldsymbol{Db}+(\boldsymbol{E}-\boldsymbol{DA})\boldsymbol{y},\boldsymbol{Db}+(\boldsymbol{E}-\boldsymbol{DA})\boldsymbol{y}\rangle\\&=[\boldsymbol{Db}+(\boldsymbol{E}-\boldsymbol{DA})\boldsymbol{y}]^{\mathrm{H}}[\boldsymbol{Db}+(\boldsymbol{E}-\boldsymbol{DA})\boldsymbol{y}]\\&=(\boldsymbol{Db})^{\mathrm{H}}(\boldsymbol{Db})+[(\boldsymbol{E}-\boldsymbol{DA})\boldsymbol{y}]^{\mathrm{H}}[(\boldsymbol{E}-\boldsymbol{DA})\boldsymbol{y}]\\&\quad+(\boldsymbol{Db})^{\mathrm{H}}(\boldsymbol{E}-\boldsymbol{DA})\boldsymbol{y}+[(\boldsymbol{E}-\boldsymbol{DA})\boldsymbol{y}]^{\mathrm{H}}(\boldsymbol{Db})\\&=\|\boldsymbol{Db}\|_2^2+\|(\boldsymbol{E}-\boldsymbol{DA})\boldsymbol{y}\|_2^2+(\boldsymbol{Db})^{\mathrm{H}}(\boldsymbol{E}-\boldsymbol{DA})\boldsymbol{y}\\&\quad+[(\boldsymbol{E}-\boldsymbol{DA})\boldsymbol{y}]^{\mathrm{H}}(\boldsymbol{Db})\end{aligned}$$

$$\geqslant \|\boldsymbol{Db}\|_2^2+(\boldsymbol{Db})^{\mathrm{H}}(\boldsymbol{E}-\boldsymbol{DA})\boldsymbol{y}+[(\boldsymbol{E}-\boldsymbol{DA})\boldsymbol{y}]^{\mathrm{H}}(\boldsymbol{Db}).$$

其中$(\boldsymbol{Db})^{\mathrm{H}}(\boldsymbol{E}-\boldsymbol{DA})\boldsymbol{y}=0$，$[(\boldsymbol{E}-\boldsymbol{DA})\boldsymbol{y}]^{\mathrm{H}}(\boldsymbol{Db})=0$，因为若设 $\boldsymbol{x}_0$ 是 $\boldsymbol{Ax}=\boldsymbol{b}$ 的一个解，即 $\boldsymbol{Ax}_0=\boldsymbol{b}$，则

$$\begin{aligned}(\boldsymbol{Db})^{\mathrm{H}}(\boldsymbol{E}-\boldsymbol{DA})\boldsymbol{y}&=(\boldsymbol{DAx}_0)^{\mathrm{H}}(\boldsymbol{E}-\boldsymbol{DA})\boldsymbol{y}=\boldsymbol{x}_0^{\mathrm{H}}(\boldsymbol{DA})^{\mathrm{H}}(\boldsymbol{E}-\boldsymbol{DA})\boldsymbol{y}\\&=\boldsymbol{x}_0^{\mathrm{H}}(\boldsymbol{DA})(\boldsymbol{E}-\boldsymbol{DA})\boldsymbol{y}=\boldsymbol{x}_0^{\mathrm{H}}(\boldsymbol{DA}-\boldsymbol{DADA})\boldsymbol{y}\\&=\boldsymbol{x}_0^{\mathrm{H}}(\boldsymbol{DA}-\boldsymbol{DA})\boldsymbol{y}=0;\end{aligned}$$

$$[(\boldsymbol{E}-\boldsymbol{DA})\boldsymbol{y}]^{\mathrm{H}}(\boldsymbol{Db})=[(\boldsymbol{Db})^{\mathrm{H}}(\boldsymbol{E}-\boldsymbol{DA})\boldsymbol{y}]^{\mathrm{H}}=[0]^{\mathrm{H}}=0.$$

所以，$\|\boldsymbol{x}\|_2^2\geqslant\|\boldsymbol{Db}\|_2^2+0+0=\|\boldsymbol{Db}\|_2^2$.

再证明唯一性.

如果 $\boldsymbol{x}^*$ 也是 $\boldsymbol{Ax}=\boldsymbol{b}$ 的最小范数解，则必存在某个 $\boldsymbol{y}^*$，使得 $\boldsymbol{x}^*=\boldsymbol{Db}+(\boldsymbol{E}-\boldsymbol{DA})\boldsymbol{y}^*$ 且

$$\|\boldsymbol{x}^*\|_2^2=\|\boldsymbol{Db}\|_2^2.$$

另外，仿照前面证明过程可得

$$\|\boldsymbol{x}^*\|_2^2=\|\boldsymbol{Db}+(\boldsymbol{E}-\boldsymbol{DA})\boldsymbol{y}^*\|_2^2=\|\boldsymbol{Db}\|_2^2+\|(\boldsymbol{E}-\boldsymbol{DA})\boldsymbol{y}^*\|_2^2.$$

故 $\|(\boldsymbol{E}-\boldsymbol{DA})\boldsymbol{y}^*\|_2^2=0$，$(\boldsymbol{E}-\boldsymbol{DA})\boldsymbol{y}^*=0$，即

$$\boldsymbol{x}^*=\boldsymbol{Db}+(\boldsymbol{E}-\boldsymbol{DA})\boldsymbol{y}^*=\boldsymbol{Db}.$$

定理 10.12　设 $\boldsymbol{D}\in\mathbb{C}^{n\times m}$，若对一切使线性方程组 $\boldsymbol{Ax}=\boldsymbol{b}$ 有解的 $\boldsymbol{b}$，$\boldsymbol{Db}$ 都是 $\boldsymbol{Ax}=\boldsymbol{b}$ 的最小范数解，则 $\boldsymbol{D}\in\{1,4\}$.

证　将 $\boldsymbol{A}$ 按列分块，记 $\boldsymbol{A}=[\boldsymbol{b}_1,\cdots,\boldsymbol{b}_n]$，则方程组 $\boldsymbol{Ax}=\boldsymbol{b}_1,\cdots,\boldsymbol{Ax}=\boldsymbol{b}_n$都是有解方程组. 由题设条件，$\boldsymbol{Db}_i$ 是 $\boldsymbol{Ax}=\boldsymbol{b}_i(i=1,\cdots,n)$的最小范数解.

由定理 10.11 知，当 $\boldsymbol{G}\in\{1,4\}$ 时，$\boldsymbol{Gb}_i$ 是 $\boldsymbol{Ax}=\boldsymbol{b}_i(i=1,\cdots,n)$的唯一最小范数解，于是有 $\boldsymbol{Db}_1=\boldsymbol{Gb}_1,\cdots,\boldsymbol{Db}_n=\boldsymbol{Gb}_n$，从而

$$\boldsymbol{DA}=\boldsymbol{D}[\boldsymbol{b}_1,\cdots,\boldsymbol{b}_n]=[\boldsymbol{Db}_1,\cdots,\boldsymbol{Db}_n]=[\boldsymbol{Gb}_1,\cdots,\boldsymbol{Gb}_n]=\boldsymbol{GA};$$

故　$\boldsymbol{ADA}=\boldsymbol{AGA}=\boldsymbol{A}$，$(\boldsymbol{DA})^{\mathrm{H}}=(\boldsymbol{GA})^{\mathrm{H}}=\boldsymbol{GA}=\boldsymbol{DA}$，即 $\boldsymbol{D}\in\{1,4\}$.

例 10.11　设 $\boldsymbol{A}=\begin{bmatrix}1&2\\0&0\\2&4\end{bmatrix}$，$\boldsymbol{b}=\begin{bmatrix}1\\0\\2\end{bmatrix}$，求 $\boldsymbol{Ax}=\boldsymbol{b}$ 的通解及最小范数

解.

解法1 $\begin{cases}x_1+2x_2=1\\2x_1+4x_2=2\end{cases}\Leftrightarrow x_1+2x_2=1$. 易知一个特解为 $\boldsymbol{x}=\begin{bmatrix}1\\0\end{bmatrix}$,其导出组的一个基础解系为$\begin{bmatrix}-2\\1\end{bmatrix}$,故通解为

$$\boldsymbol{x}=\begin{bmatrix}1\\0\end{bmatrix}+k\begin{bmatrix}-2\\1\end{bmatrix}=(1-2k,k)^{\mathrm{T}},k\text{ 为任意常数.}$$

因为 $\|\boldsymbol{x}\|_2^2=(1-2k)^2+k^2=5k^2-4k+1=f(k)$,令 $f'(k)=10k-4=0$ 得唯一解 $k=\dfrac{2}{5}$,所以最小范数解为 $\boldsymbol{x}^*=\left(\dfrac{1}{5},\dfrac{2}{5}\right)^{\mathrm{T}}$.

解法2 由 $\begin{bmatrix}\boldsymbol{A}&\boldsymbol{E}\\\boldsymbol{E}&\boldsymbol{0}\end{bmatrix}=\begin{bmatrix}1&2&1&0&0\\0&0&0&1&0\\2&4&0&0&1\\1&0&0&0&0\\0&1&0&0&0\end{bmatrix}\to\begin{bmatrix}1&0&1&0&0\\0&0&0&1&0\\0&0&-2&0&1\\1&-2&0&0&0\\0&0&0&0&0\end{bmatrix}$,

得 $\boldsymbol{A}^-=\begin{bmatrix}1&-2\\0&0\end{bmatrix}\begin{bmatrix}1&0&0\\0&0&0\end{bmatrix}\begin{bmatrix}1&0&0\\0&1&0\\-2&0&1\end{bmatrix}=\begin{bmatrix}1&0&0\\0&0&0\end{bmatrix}$,

$$\boldsymbol{A}^-\boldsymbol{A}=\begin{bmatrix}1&0&0\\0&0&0\end{bmatrix}\begin{bmatrix}1&2\\0&0\\2&4\end{bmatrix}=\begin{bmatrix}1&2\\0&0\end{bmatrix}.$$

设 $\boldsymbol{y}=(l,k)^{\mathrm{T}}$ 为任意2维向量,则通解为

$$\boldsymbol{x}=\boldsymbol{A}^-\boldsymbol{b}+(\boldsymbol{E}-\boldsymbol{A}^-\boldsymbol{A})\boldsymbol{y}=\begin{bmatrix}1&0&0\\0&0&0\end{bmatrix}\begin{bmatrix}1\\0\\2\end{bmatrix}+\begin{bmatrix}0&-2\\0&1\end{bmatrix}\begin{bmatrix}l\\k\end{bmatrix}$$

$$=\begin{bmatrix}1\\0\end{bmatrix}+k\begin{bmatrix}-2\\1\end{bmatrix}=(1-2k,k)^{\mathrm{T}},\text{其中 }k\text{ 为任意常数.}$$

求 $\boldsymbol{x}^*$ 同解法1.

解法 3　因为 $A^+\in A\{1,4\}\subset A\{1\}$，故 $Ax=b$ 的通解可写为 $x=A^+b+(E-A^+A)y$，其中 y 是任意 n 维列向量，而 $x^*=A^+b$ 是最小范数解.

由 $A=\begin{bmatrix}1&2\\0&0\\2&4\end{bmatrix}\to\begin{bmatrix}1&2\\0&0\\0&0\end{bmatrix}$，得 $A=\begin{bmatrix}1\\0\\2\end{bmatrix}[1,2]$，于是

$$A^+=\begin{bmatrix}1\\2\end{bmatrix}\left([1,2]\begin{bmatrix}1\\2\end{bmatrix}\right)^{-1}\left([1,0,2]\begin{bmatrix}1\\0\\2\end{bmatrix}\right)^{-1}[1,0,2]$$

$$=\frac{1}{25}\begin{bmatrix}1&0&2\\2&0&4\end{bmatrix},$$

$$A^+A=\frac{1}{25}\begin{bmatrix}1&0&2\\2&0&4\end{bmatrix}\begin{bmatrix}1&2\\0&0\\2&4\end{bmatrix}=\frac{1}{5}\begin{bmatrix}1&2\\2&4\end{bmatrix};$$

设 $y=(k_1,k_2)^{\mathrm{T}}$ 为任意 2 维向量，则

$$x=A^+b+(E-A^+A)y=\frac{1}{25}\begin{bmatrix}1&0&2\\2&0&4\end{bmatrix}\begin{bmatrix}1\\0\\2\end{bmatrix}+\frac{1}{5}\begin{bmatrix}4&-2\\-2&1\end{bmatrix}\begin{bmatrix}k_1\\k_2\end{bmatrix}$$

$$=\frac{1}{5}\begin{bmatrix}1\\2\end{bmatrix}+\frac{1}{5}\begin{bmatrix}4k_1-2k_2\\-2k_1+k_2\end{bmatrix}=\left(\frac{1}{5},\frac{2}{5}\right)^{\mathrm{T}}+k\left(-\frac{2}{5},\frac{1}{5}\right)^{\mathrm{T}},$$

其中 k 是任意常数.

$$x^*=\left(\frac{1}{5},\frac{2}{5}\right)^{\mathrm{T}}.$$

§10.6　无解方程组的最小二乘解

定义 10.7　设 $A\in\mathbb{C}^{m\times n}$，$x=(x_1,\cdots,x_n)^{\mathrm{T}}$，$b=(b_1,\cdots,b_m)^{\mathrm{T}}$，$Ax=b$ 是无解线性方程组，寻找 $x\in\mathbb{C}^n$，使 $\|Ax-b\|_2$ 最小的问题，称

为线性最小二乘问题. 满足此要求的 $\boldsymbol{x}$ 称为 $\boldsymbol{Ax}=\boldsymbol{b}$ 的**最小二乘解**.

定理 10.13 设 $\boldsymbol{Ax}=\boldsymbol{b}$ 是无解线性方程组,则对任何 $\boldsymbol{G}\in\boldsymbol{A}\{1,3\}$, $\boldsymbol{Gb}$ 是 $\boldsymbol{Ax}=\boldsymbol{b}$ 的最小二乘解.

证 因为 $\boldsymbol{G}\in\boldsymbol{A}\{1,3\}$,即 $\boldsymbol{AGA}=\boldsymbol{A},(\boldsymbol{AG})^{\mathrm{H}}=\boldsymbol{AG}$,故

$$\begin{aligned}(\boldsymbol{AGb}-\boldsymbol{b})^{\mathrm{H}}(\boldsymbol{Ax}-\boldsymbol{AGb})&=[\boldsymbol{b}^{\mathrm{H}}(\boldsymbol{AG})^{\mathrm{H}}-\boldsymbol{b}^{\mathrm{H}}][\boldsymbol{Ax}-\boldsymbol{AGb}]\\&=\boldsymbol{b}^{\mathrm{H}}(\boldsymbol{AG})^{\mathrm{H}}\boldsymbol{Ax}-\boldsymbol{b}^{\mathrm{H}}\boldsymbol{Ax}-\boldsymbol{b}^{\mathrm{H}}(\boldsymbol{AG})^{\mathrm{H}}\boldsymbol{AGb}\\&\quad+\boldsymbol{b}^{\mathrm{H}}\boldsymbol{AGb}\\&=\boldsymbol{b}^{\mathrm{H}}\boldsymbol{AGAx}-\boldsymbol{b}^{\mathrm{H}}\boldsymbol{Ax}-\boldsymbol{b}^{\mathrm{H}}\boldsymbol{AGAGb}+\boldsymbol{b}^{\mathrm{H}}\boldsymbol{AGb}\\&=\boldsymbol{b}^{\mathrm{H}}\boldsymbol{Ax}-\boldsymbol{b}^{\mathrm{H}}\boldsymbol{Ax}-\boldsymbol{b}^{\mathrm{H}}\boldsymbol{AGb}+\boldsymbol{b}^{\mathrm{H}}\boldsymbol{AGb}=\boldsymbol{0}.\end{aligned}$$

$$(\boldsymbol{Ax}-\boldsymbol{AGb})^{\mathrm{H}}(\boldsymbol{AGb}-\boldsymbol{b})=[(\boldsymbol{AGb}-\boldsymbol{b})^{\mathrm{H}}(\boldsymbol{Ax}-\boldsymbol{AGb})]^{\mathrm{H}}=\boldsymbol{0}.$$

于是 $\forall\boldsymbol{x}\in\mathbb{C}^n$,有

$$\begin{aligned}\|\boldsymbol{Ax}-\boldsymbol{b}\|_2^2&=\|\boldsymbol{AGb}-\boldsymbol{b}+\boldsymbol{Ax}-\boldsymbol{AGb}\|_2^2\\&=\langle\boldsymbol{AGb}-\boldsymbol{b}+\boldsymbol{Ax}-\boldsymbol{AGb},\boldsymbol{AGb}-\boldsymbol{b}+\boldsymbol{Ax}-\boldsymbol{AGb}\rangle\\&=[\boldsymbol{AGb}-\boldsymbol{b}+\boldsymbol{Ax}-\boldsymbol{AGb}]^{\mathrm{H}}[\boldsymbol{AGb}-\boldsymbol{b}+\boldsymbol{Ax}-\boldsymbol{AGb}]\\&=(\boldsymbol{AGb}-\boldsymbol{b})^{\mathrm{H}}(\boldsymbol{AGb}-\boldsymbol{b})+(\boldsymbol{Ax}-\boldsymbol{AGb})^{\mathrm{H}}(\boldsymbol{Ax}-\boldsymbol{AGb})\\&\quad+(\boldsymbol{AGb}-\boldsymbol{b})^{\mathrm{H}}(\boldsymbol{Ax}-\boldsymbol{AGb})+(\boldsymbol{Ax}-\boldsymbol{AGb})^{\mathrm{H}}(\boldsymbol{AGb}-\boldsymbol{b})\\&=\|\boldsymbol{AGb}-\boldsymbol{b}\|_2^2+\|\boldsymbol{Ax}-\boldsymbol{AGb}\|_2^2\geqslant\|\boldsymbol{AGb}-\boldsymbol{b}\|_2^2.\end{aligned}$$

所以 $\boldsymbol{Gb}$ 是 $\boldsymbol{Ax}=\boldsymbol{b}$ 的最小二乘解.

定理 10.14 设 $\boldsymbol{Ax}=\boldsymbol{b}$ 是线性方程组,则

(1) 当 $\boldsymbol{Ax}=\boldsymbol{b}$ 有解时,其通解为 $\boldsymbol{x}=\boldsymbol{A}^{+}\boldsymbol{b}+(\boldsymbol{E}-\boldsymbol{A}^{+}\boldsymbol{A})\boldsymbol{y}$,其中 $\boldsymbol{y}$ 是任意的 n 维列向量,而 $\boldsymbol{A}^{+}\boldsymbol{b}$ 是 $\boldsymbol{Ax}=\boldsymbol{b}$ 的唯一最小范数解;

(2) 当 $\boldsymbol{Ax}=\boldsymbol{b}$ 无解时,$\boldsymbol{x}=\boldsymbol{A}^{+}\boldsymbol{b}+(\boldsymbol{E}-\boldsymbol{A}^{+}\boldsymbol{A})\boldsymbol{y}$ 是 $\boldsymbol{Ax}=\boldsymbol{b}$ 的最小二乘解,其中 $\boldsymbol{y}$ 是任意的 n 维列向量,而 $\boldsymbol{A}^{+}\boldsymbol{b}$ 是 $\boldsymbol{Ax}=\boldsymbol{b}$ 的唯一最小范数最小二乘解.

证 (1) 因为 $\boldsymbol{A}^{+}\in\boldsymbol{A}\{1\}$,故由定理 10.10 知,当 $\boldsymbol{Ax}=\boldsymbol{b}$ 有解时,其通解为 $\boldsymbol{x}=\boldsymbol{A}^{+}\boldsymbol{b}+(\boldsymbol{E}-\boldsymbol{A}^{+}\boldsymbol{A})\boldsymbol{y}$,其中 $\boldsymbol{y}$ 是任意的 n 维列向量.

又 $\boldsymbol{A}^{+}\in\boldsymbol{A}\{1,4\}$,根据定理 10.11,$\boldsymbol{A}^{+}b$ 是 $\boldsymbol{Ax}=\boldsymbol{b}$ 的唯一最小范数

解.

(2)在定理 10.13 的证明过程中,有不等式

$$\|Ax-b\|_2^2=\|AGb-b\|_2^2+\|Ax-AGb\|_2^2 \geqslant \|AGb-b\|_2^2(\forall G\in A\{1,3\}),$$

此式表明,n 维列向量 x 是无解线性方程组 $Ax=b$ 的最小二乘解的充分必要条件是 $\|Ax-AGb\|_2^2=0$, 即 $Ax=AGb$,亦即 x 是有解方程组 $Ax=AGb$ 的解.

根据定理 10.11,对于 $D\in A\{1,4\}$,$DAGb$ 是方程组 $Ax=AGb$ 的唯一最小范数解.

考虑到 $A^+=DAG$,故 A^+b 是 $Ax=AGb$ 的唯一最小范数解,也是无解线性方程组 $Ax=b$ 的唯一最小范数最小二乘解.

若 x 是有解方程组 $Ax=AGb$ 的解,则 x 是齐次线性方程组 $A(x-Gb)=0$ 的解. 于是有 $x-Gb=(E-A^+A)y$,即 $x=Gb+(E-A^+A)y$,其中 y 是任意的 n 维列向量.

又 $A^+\in A\{1,3\}$,$A^+\in A\{1\}$,所以对于任意的 n 维列向量 y,$x=A^+b+(E-A^+A)y$ 是无解线性方程组 $Ax=b$ 的最小二乘解.

例 10.12　已知线性方程组 $\begin{bmatrix}-1&1\\0&-1\\-1&0\end{bmatrix}\begin{bmatrix}x_1\\x_2\end{bmatrix}=\begin{bmatrix}1\\1\\1\end{bmatrix}$无解,试求其最小范数最小二乘解.

解　$A=\begin{bmatrix}-1&1\\0&-1\\-1&0\end{bmatrix}\to\begin{bmatrix}1&0\\0&1\\0&0\end{bmatrix}$,$r(A)=2$,即 A 是列满秩的,故

$$A^+=(A^HA)^{-1}A^H$$

$$=\left(\begin{bmatrix}-1&0&-1\\1&1&0\end{bmatrix}\begin{bmatrix}-1&1\\0&-1\\-1&0\end{bmatrix}\right)^{-1}\begin{bmatrix}-1&0&-1\\1&-1&0\end{bmatrix}$$

$$=\begin{bmatrix}2&-1\\-1&2\end{bmatrix}^{-1}\begin{bmatrix}-1&0&-1\\1&-1&0\end{bmatrix}$$

$$=\frac{1}{3}\begin{bmatrix}2&1\\1&2\end{bmatrix}\begin{bmatrix}-1&0&-1\\1&-1&0\end{bmatrix}=\frac{1}{3}\begin{bmatrix}-1&-1&-2\\1&-2&-1\end{bmatrix},$$

所以最小范数最小二乘解为

$$\boldsymbol{x}=\boldsymbol{A}^{+}\boldsymbol{b}=\frac{1}{3}\begin{bmatrix}-1&-1&-2\\1&-2&-1\end{bmatrix}\begin{bmatrix}1\\1\\1\end{bmatrix}=-\frac{1}{3}\begin{bmatrix}4\\2\end{bmatrix}.$$

习题 10

A

一、判断题

1. 对任意 $\boldsymbol{A}\in\mathbb{C}^{m\times n}$,存在 $\boldsymbol{A}^{-}\in\mathbb{C}^{n\times m}$,使得 $\boldsymbol{A}^{-}\boldsymbol{A}=\boldsymbol{E}$. ( )

2. 对任意 $\boldsymbol{A}\in\mathbb{C}^{m\times n}$,$\boldsymbol{A}$ 的广义逆矩阵 $\boldsymbol{A}^{+}\in\mathbb{C}^{n\times m}$存在且唯一 ( )

3. 对任意非零矩阵 $\boldsymbol{A}\in\mathbb{C}^{m\times n}$,均可进行满秩分解,但分解式不唯一. ( )

4. 对任意 $\boldsymbol{D}\in\boldsymbol{A}\{1,4\}$,$\boldsymbol{Db}$ 是有解线性方程组 $\boldsymbol{Ax}=\boldsymbol{b}$ 的唯一最小范数解. ( )

5. 对任意 $\boldsymbol{A}\in\mathbb{C}^{m\times n}$,$\boldsymbol{A}^{+}=\boldsymbol{A}^{[1,3]}\boldsymbol{A}\boldsymbol{A}^{[1,4]}$. ( )

二、填空题

1. 设 $\boldsymbol{A}\in\mathbb{C}^{m\times n}$是列满秩矩阵,则 $\boldsymbol{A}$ 的满秩分解为 $\boldsymbol{A}=$________.

2. 对任意 $\boldsymbol{A}\in\mathbb{C}^{m\times n}$, 若 $\boldsymbol{A}$ 的奇异值分解为 $\boldsymbol{A}=\boldsymbol{V}\begin{bmatrix}\boldsymbol{S}&\boldsymbol{0}\\\boldsymbol{0}&\boldsymbol{0}\end{bmatrix}_{m\times n}\boldsymbol{U}^{\mathrm{H}}$, 则 $\boldsymbol{A}^{+}=$__________.

3. 设 $A=\begin{bmatrix}1 & 0 & 1\\ 0 & \frac{1}{2} & 0\\ 0 & 0 & 2\end{bmatrix}$,则 $A^{-}=$ ＿＿＿＿＿＿ .

4. 线性方程组 $\begin{bmatrix}1 & 2\\ 0 & 0\\ 2 & 4\end{bmatrix}\begin{bmatrix}x_1\\ x_2\end{bmatrix}=\begin{bmatrix}1\\ 0\\ 2\end{bmatrix}$ 的最小范数解 $x=$ ＿＿＿＿＿＿

.

B

1. 设 $A\in\mathbb{C}^{n\times n}$,证明:存在可逆的 A^{-}.

2. 设 $A\in\mathbb{C}^{m\times n}$,证明:$(A^{-})^{\mathrm{T}}\in A^{\mathrm{T}}\{1\}$.

3. 设 $A=\begin{bmatrix}1 & 1 & 1 & 0\\ -1 & -1 & -1 & 0\\ 1 & 1 & 0 & 0\end{bmatrix}$,求 A^{-}.

4. 设 $A=\begin{bmatrix}1 & 0 & 1\\ -1 & 2 & 3\\ 2 & 3 & 8\end{bmatrix}$,$B=\begin{bmatrix}1 & -1\\ 2 & -2\\ 4 & -4\end{bmatrix}$. 求 A,B 的满秩分解.

5. 设 $A=\begin{bmatrix}1 & 2 & 1\\ -1 & 0 & 1\end{bmatrix}$,$B=\begin{bmatrix}1 & 1\\ 1 & 1\\ 0 & 0\end{bmatrix}$,求 A,B 的奇异值分解.

6. 设 $A=\begin{bmatrix}-1 & 0 & 1\\ 2 & 0 & -2\end{bmatrix}$,利用公式 $A^{+}=U_1(S^2)^{-1}U_1^{\mathrm{H}}A^{\mathrm{H}}$ 计算 A^{+}.

7. 设 $A^2=A=A^{\mathrm{H}}$,证明:$A=A^{+}$.

8. 设 $A=BC$ 是 A 的满秩分解,证明:$A^{+}=C^{+}B^{+}$.

9. 设 $A\in\mathbb{C}^{m\times n}$,而 $U\in\mathbb{C}^{m\times m}$, $V\in\mathbb{C}^{n\times n}$均为酉矩阵,则 $(UAV^{\mathrm{H}})^{+}=VA^{+}U^{\mathrm{H}}$.

10. 设 $A=\begin{bmatrix}1 & 0\\ 1 & -1\\ 0 & 1\end{bmatrix}$, $b=\begin{bmatrix}1\\ 1\\ 1\end{bmatrix}$,求无解线性方程组 $Ax=b$ 的最小范数最小二乘解.

11. 设 $A=\begin{bmatrix}1 & 0 & -1 & 1\\ 0 & 2 & 2 & 2\\ -1 & 4 & 5 & 3\end{bmatrix}$, $b=\begin{bmatrix}4\\ 1\\ 2\end{bmatrix}$,求无解线性方程组 $Ax=b$ 的最小范数最小二乘解.

参考文献

［1］ 熊洪允,曾绍标,毛云英. 应用数学基础(上、下册)［M］. 4版. 天津:天津大学出版社,2004.

［2］ 曾绍标,韩秀芹,翟瑞彩. 工程数学基础［M］. 北京:科学出版社,2001.

［3］ 丁学仁,蔡高厅. 工程中的矩阵理论［M］. 天津:天津大学出版社,1988.

［4］ 天津大学数学系. 高等数学［M］. 北京:高等教育出版社,2010.

［5］ 易大义,沈元宝,李有法. 计算方法［M］. 2 版. 杭州:浙江大学出版社,2007.

［6］ 曾绍标,汤雁.《应用数学基础》学习指导［M］. 天津:天津大学出版社,2004.

［7］ 天津大学本书编写组. 工程数学基础简明教程［M］. 哈尔滨:哈尔滨工程大学出版社,2013.

A 类习题参考答案